U0142236

凝煉知識品味閱讀

凝煉知識品味閱讀

基礎線性代數

黃學亮 編著

A Short Course in Linear Algebra

第五版

五南圖書出版公司 印行

五版序

感謝讀友的支持使本書進入第五版。事實證明，本書不論在教材或參考書上均極適合。

本版除將上版作一勘誤及調整外，也加了一些新的問題，包括計算、推證與正誤題。書後增附習題證明題與較難之計算題之詳解，可以供讀者參考。

用過四版的讀友們會發現本版更為精簡，新增之奇異值分解（SVD）之計算稍複雜，若時間或教學環境不許可下可略之。

最後老話一句，老師、讀友之任何意見，指正均極歡迎，因為這些都是鞭策本書未來改版努力之方向與動力。

黃學亮　敬上

四版序

感謝讀友們的支持使本書進入第四版，本版除了將三版作一勘誤和調整（包括定理、例題之順序）外，這版也增加了許多新的例題、練習，多屬小型證明題，因為我認為證明題最能訓練數學思維，尤其有助於將定義、定理間之關聯性作有系統之統合，而進一步洞悉定義、定理間之深層意涵。這是我期望讀者研讀本書後之收獲。

作者因囿於自身水準，不當之處在所難免，因此，任何人之批評、指正都是鞭策我在本書未來改版努力之力道與方向。

本書使用之符號

1. ★表示較難之節或例（練習）題，初學者可略之。
2. 為簡潔之原因，部分定理帶有序號，表示是在該節之定理，如定理 2.3B 表示 2.3 節定理 B，若只是定理 B，那表示是該節之定理 B，以此類推。

黃學亮　敬上

序言

因為線性代數在包括線性規劃、計量經濟、統計線性模式、通信及控制工程許多領域之應用上都佔有重要關鍵工具的地位，因此線性代數不論在理論或應用上都有豐碩的成果，除數學系外許多學系如：統計系、工業工程系、電機系、自控系、經濟系、企管系、工管系、資管系、資工系等多將線性代數列為必修課程，其理即在此。

基本上線性代數包括兩個重要的部分，一是矩陣，一是向量空間、線性轉換等，兩者有相當相通之處，因作者寫書對象與個人寫作興趣使得線性代數的教材大致有兩類，一是較偏向向量空間、線性轉換等方面及矩陣代數，熟稔的集合知識是不可或缺的，對多數學生而言這類教材較為理論、抽象而難理解，另一類較偏向矩陣及向量空間、線性轉換等部分，這類教材抽象度較低也易於了解，本書在架構上即屬這一類，簡明易學是本書的特色。因此在寫作上大致把握以下方向進行：

1. 本書名為《基礎線性代數》，顧名思義，它所需之數學知識盡量維持最低要求，只要簡易之集合知識即可，而且本書除極小篇幅涉及複數系，餘均僅限於實數系。

2. 本書在理論上力求精簡，每章之例題、習題在難度上均力求放低，具有中等程度的同學都能自行解答八成以上的習題，我們也精選了一些基本的證明問題，此提供同學對定理定義有融會貫通之機會。

3. 本書後附習題略解或提示，可供同學解答之參考。雖然線性代數不是一門易於學習的課程，但我們相信只要同學認真學習、思考、做作業，一定可以由本書打下很好的基礎，由這個基礎，同學可藉參考一些更深入的教材而逐步提升個人在線性代數的學養。

作者係在公餘完成本書，加以作者學淺，其中錯植之處在所難免，希望學者專家不吝賜正以及建議，至為感荷。

黃學亮　敬上

目錄

矩陣與線性聯立方程組

$A \cdot B = 1 \cdot (-2) + 0 \cdot 1 + (-3) \cdot 1 = -5$

$A \cdot B = 1 \cdot (-2) + 0 \cdot 1 + (-3) \cdot 1 = -5$
$A \cdot B = 1 \cdot (-2) + 0 \cdot 1 + (-3) \cdot 1 = -5$
$A \cdot B = 1 \cdot (-2) + 0 \cdot 1 + (-3) \cdot 1 = -5$
$A \cdot B = 1 \cdot (-2) + 0 \cdot 1 + (-3) \cdot 1 = -5$
$A \cdot B = 1 \cdot (-2) + 0 \cdot 1 + (-3) \cdot 1 = -5$
$A \cdot B = 1 \cdot (-2) + 0 \cdot 1 + (-3) \cdot 1 = -5$
$A \cdot B = 1 \cdot (-2) + 0 \cdot 1 + (-3) \cdot 1 = -5$
$A \cdot B = 1 \cdot (-2) + 0 \cdot 1 + (-3) \cdot 1 = -5$

1.1　矩陣之意義及基本運算(一)

矩陣之意義

A 爲 $m \times n$ 階**矩陣**（matrix）意指 A 是由 mn 個數 a_{11}, $a_{12} \cdots\cdots a_{mn}$ 形成之 m 個**列**（row），n 個**行**（column）之**矩形排列**（rectangular array）：

$$A=\begin{bmatrix} a_{11} & a_{12} \cdots a_{1n} \\ a_{21} & a_{22} \cdots a_{2n} \\ \cdots\cdots & \cdots\cdots \\ a_{m1} & a_{m2} \cdots a_{mn} \end{bmatrix}$$

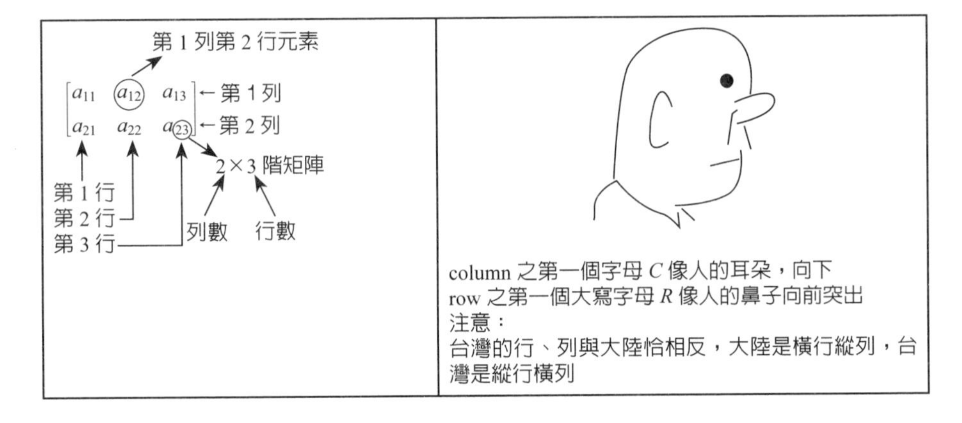

矩陣 A 常以 $A=[a_{ij}]_{m\times n}$ 表之，其中 a_{ij} 爲第 i 列第 j 行之元素。A 之第 i 列第 j 行元素常寫成 A 之 (i, j) 元素。在不致混淆之情況下，亦可寫成 $A=[a_{ij}]$。一個矩陣只有一列者稱爲**列矩陣**（row matrix），只有一行者稱爲**行矩陣**（column matrix）。所有元素均爲 0 之矩陣稱爲**零陣**（zero matrix 或 null matrix），以 **0** 表之。

例 1 $A=\begin{bmatrix}1 & 2 & -3\\0 & -5 & 2\end{bmatrix}$，則

(1) $a_{11}=1, a_{22}=-5, a_{23}=2$。

(2) A 之第一列為 $[1 \quad 2 \quad -3]$

(3) A 之第二行為$\begin{bmatrix}2\\-5\end{bmatrix}$

方陣

一矩陣之行數與列數均爲 n 時，稱爲 n 階**方陣**（square matrix），其在理論與應用上均極重要。方陣 A 之$a_{11}, a_{22}\cdots a_{nn}$稱爲**主對角線**（main diagonal 或 principal diagonal）。主對角線元素之和稱爲**跡**（trace），「跡」的應用很廣，容後有較多的討論。

三種特殊之方陣

(1) **單位陣**（identity matrix），若方陣$A=[a_{ij}]_{n\times n}$之所有元素a_{ij}滿足$a_{ij}=\begin{cases}0, & i\neq j\\1, & i=j\end{cases}$時謂之，常以$I_n$表之，$n$ 表方陣之階數，在不混淆之情況下常逕寫成 I。

簡言之，單位陣就是主對角線元素均爲 1 而其餘元素均爲 0 之方陣。

(2) **對角陣**（diagonal matrix），除主對角線之元素外其它元素均爲 0 之方陣謂之，常以 $\text{diag}[a_{11}, a_{22}\cdots a_{nn}]$或$\Lambda$表之，單位陣爲對角陣之特例。

如 3 階對角陣$A=\begin{bmatrix}a & 0 & 0\\0 & b & 0\\0 & 0 & c\end{bmatrix}=\text{diag}[a, b, c]$

(3) **三角陣**（triangular matrix）可分：

① **上三角陣**（upper triangular matrix）：主對角線（不含）以下之元素均為 0 者謂之。

② **下三角陣**（lower triangular matrix）：主對角線（不含）以上之元素均為 0 者謂之。

若無特別指明，本書之三角陣概指上三角陣。

3 階上三角陣

$$A=\begin{bmatrix} a & m & n \\ 0 & b & p \\ 0 & 0 & c \end{bmatrix}$$

3 階下三角陣

$$A=\begin{bmatrix} a & 0 & 0 \\ m & b & 0 \\ n & p & c \end{bmatrix}$$

矩陣基本運算

在談矩陣基本運算前，我們先對二矩陣相等作一定義。

定義

A、B 為二同階矩陣，$A=[a_{ij}]_{m\times n}$，$B=[b_{ij}]_{m\times n}$，若 $a_{ij}=b_{ij}, \forall i, j, 1\le i\le m, 1\le j\le n$，則 $A=B$。

A. 矩陣之加減法

定義

若 $A=[a_{ij}]_{m\times n}, B=[b_{ij}]_{m\times n}, C=[c_{ij}]_{m\times n}$，則定義 $C=A\pm B$ 為 $c_{ij}=a_{ij}\pm b_{ij}, 1\le i\le m, 1\le j\le n$。

定理 A A, B, C為同階矩陣，則(1)$A+B=B+A$（滿足交換律）
(2)$(A+B)+C=A+(B+C)$（滿足結合律）。

證

令$A=[a_{ij}]$, $B=[b_{ij}]$, $C=[c_{ij}]$，則：

(1) $A+B=[a_{ij}+b_{ij}]=[b_{ij}+a_{ij}]=B+A$

(2) $(A+B)+C=[(a_{ij}+b_{ij})+c_{ij}]=[a_{ij}+(b_{ij}+c_{ij})]=A+(B+C)$ ■

定理 B 若 0 為實數零且 $\mathbf{0}$ 與 A 為同階矩陣，則 (1) $0\cdot A=\mathbf{0}$
(2) $A+(-A)=(-A)+A=\mathbf{0}$ (3) $\mathbf{0}+A=A+\mathbf{0}=A$。

B. 純量與矩陣之乘法

定義

若 λ 為一**純量**（scalar），且$A=[a_{ij}]_{m\times n}$, $C=[c_{ij}]_{m\times n}$，定義 $C=\lambda A$ 為 $c_{ij}=\lambda a_{ij}$, $1\le i\le m$, $1\le j\le n$。

若不習慣純量這個名詞，也可把純量視爲某個實數。

矩陣之轉置

定義

任意二矩陣$A=[a_{ij}]_{m\times n}$, $B=[b_{ij}]_{n\times m}$，若$a_{ij}=b_{ji}$, $1\le i\le m$, $1\le j\le n$，則 A, B 互為轉置，A 之**轉置矩陣**（transpose matrix）常用 A' 或 A^T 表示。

例如 $A=\begin{bmatrix}1 & 4\\ 2 & 5\\ 3 & 6\end{bmatrix}$ 則$A^T=\begin{bmatrix}1 & 2 & 3\\ 4 & 5 & 6\end{bmatrix}$

定理 C	
(1) $(A^T)^T=A$	(3) $(\alpha A)^T=\alpha A^T$，α 為純量
(2) $(A+B)^T=A^T+B^T$	(4) $(AB)^T=B^TA^T$

證

(1) $A=\begin{bmatrix}a_{11} & a_{12}\cdots & a_{1n}\\ a_{21} & a_{22}\cdots & a_{2n}\\ & \cdots\cdots\cdots & \\ a_{m1} & a_{m2}\cdots & a_{mn}\end{bmatrix}$ 則 $A^T=\begin{bmatrix}a_{11} & a_{21}\ldots & a_{m1}\\ a_{12} & a_{22}\ldots & a_{m2}\\ \vdots & \vdots & \vdots\\ a_{1n} & a_{2n}\ldots & a_{mn}\end{bmatrix}$

$\therefore (A^T)^T=\begin{bmatrix}a_{11} & a_{12}\cdots & a_{1n}\\ a_{21} & a_{22}\cdots & a_{2n}\\ & \cdots\cdots\cdots & \\ a_{m1} & a_{m2}\cdots & a_{mn}\end{bmatrix}=A$ ■

(2) 留作習題

(3) 顯然成立

(4) $(AB)^T$ 之 (i, j) 元素為 AB 之 (j, i) 元素

①AB 之 (j, i) 元素是 A 之第 j 列與 B 之第 i 行之乘積和，即：

$$(a_{j1}, a_{j2}\cdots a_{jn})\begin{pmatrix}b_{1i}\\ b_{2i}\\ \vdots\\ b_{ni}\end{pmatrix}=a_{j1}b_{1i}+a_{j2}b_{2i}+\cdots+a_{jn}b_{ni}$$

②B^TA^T 之 (i, j) 元素是 B 轉置後之第 i 列與 A 轉置後之第 j 行之乘積和，即

$$b_i^T a_j^T = (b_{1i}, b_{2i}, \cdots b_{ni})\begin{pmatrix} a_{j1} \\ a_{j2} \\ \vdots \\ a_{jn} \end{pmatrix} = b_{1i}a_{j1} + b_{2i}a_{j2} + \cdots + b_{ni}a_{jn}$$

比較①，②得證。■

對稱陣與斜對稱陣

定義

A 為一 n 階方陣，若 $A=A^T$ 則 A 為一**對稱陣**（symmetric matrix），若 $A=-A^T$ 則 A 為**斜對稱陣**（skew-symmetric matrix）。

定理D　若 A 為斜對稱陣，則 A 之主對角線元素均為 0。

證

$\because$ A 為斜對稱陣，A 之每一個元素 a_{ij} 均有 $a_{ij}=-a_{ji}$

$\therefore$ 對 A 主對角線上任一元素 a_{ii} 而言，$a_{ii}=-a_{ii}$ $\Rightarrow$ $2a_{ii}=0$

即 $a_{ii}=0$，$i=1, 2\cdots n$ ■

由定理D知 A **主對角線元素有一不為0，A 便不為斜對稱陣**。

隨堂演練

A, B 爲二同階斜對稱陣，試證 AB 爲斜對稱陣之充要條件爲 $AB=-BA$。

一個簡單的方陣分解

矩陣分解一向在線性代數中扮演重要角色，在此我們介紹第一個方陣分解：**任一方陣可分解成對稱陣與斜對稱陣之和**。

> **定理 E** 若A為任一n階方陣，令$S=\frac{1}{2}(A+A^T), P=\frac{1}{2}(A-A^T)$，則 S 為對稱陣，P 為斜對稱陣且 $A=(S+P)$。

證

1. (1)$S=(A+A^T)^T=A^T+(A^T)^T=A^T+A=A+A^T$

   ∴ S 為對稱陣

   (2)$P=(A-A^T)^T=(A^T)-(A^T)^T=A^T-A=-(A-A^T)$

   ∴ P 為斜對稱陣

2. $S+P=\frac{1}{2}(A+A^T)+\frac{1}{2}(A-A^T)=A$ ■

例 2 將 $A=\begin{bmatrix} 1 & 0 & -1 \\ 4 & 2 & 1 \\ -1 & 4 & -3 \end{bmatrix}$ 分解成一個對稱陣 S 與一個斜對稱陣 P 之和。

解

$$A=\begin{bmatrix} 1 & 0 & -1 \\ 4 & 2 & 1 \\ -1 & 4 & -3 \end{bmatrix}, A^T=\begin{bmatrix} 1 & 4 & -1 \\ 0 & 2 & 4 \\ -1 & 1 & -3 \end{bmatrix}$$

取 $S=\frac{1}{2}(A+A^T)=\begin{bmatrix} 1 & 2 & -1 \\ 2 & 2 & \frac{5}{2} \\ -1 & \frac{5}{2} & -3 \end{bmatrix}$，

$$P=\frac{1}{2}(A-A^T)=\begin{bmatrix} 0 & -2 & 0 \\ 2 & 0 & -\frac{3}{2} \\ 0 & \frac{3}{2} & 0 \end{bmatrix}$$

$$A=S+P$$

隨堂演練

$A=\begin{bmatrix} 1 & 3 \\ 2 & 4 \end{bmatrix}$，試將 A 表成對稱陣 B 與斜對稱陣 C 之和。

Ans：$B=\frac{1}{2}\begin{bmatrix} 2 & 5 \\ 5 & 8 \end{bmatrix}$，$C=\frac{1}{2}\begin{bmatrix} 0 & 1 \\ -1 & 0 \end{bmatrix}$

習題 1-1

1. 下列何者為斜對稱陣？

$$A=\begin{bmatrix}1 & 2 & -3\\ -2 & 0 & -4\\ 3 & 4 & -3\end{bmatrix}，B=\begin{bmatrix}1 & 2 & -3\\ 2 & 0 & 4\\ -3 & 4 & -3\end{bmatrix}，C=\begin{bmatrix}0 & 2 & -3\\ -2 & 0 & 4\\ 3 & -4 & 0\end{bmatrix}$$

2. $A=\begin{bmatrix}-4 & 3\\ 2 & 5\end{bmatrix}$，試將 A 表成一個對稱陣 B 與一個斜對稱陣 C 之和。

3. 以 3 階方陣為例說明上三角陣之轉置為下三角陣。

4. $A=[(i-1)j]_{2\times 2}$，$B=[(i+2j)]_{2\times 2}$，試求 (a) $A+2B$ (b) $3A-B$

5. 若 $A=\begin{bmatrix}x+y & y+2z\\ 2z+w & 2x-w\end{bmatrix}=\begin{bmatrix}-1 & 4\\ 8 & 0\end{bmatrix}$，求 x, y, z, w。

6. A 為任一 $m\times n$ 階矩陣，r 為純量，若 $rA=\mathbf{0}_{m\times n}$，證明 $r=0$ 或 $A=\mathbf{0}_{m\times n}$。

7. 試證定理 C(2)。

1.2 矩陣基本運算(二)

矩陣之乘法

(1) $1\times m$ 之列矩陣 A 與 $n\times 1$ 之行矩陣 B 之乘法

① 可乘之條件：$m=n$

② 乘法之結果：

$$A=[a_1, a_2\cdots a_m]，B=\begin{bmatrix} b_1 \\ b_2 \\ \vdots \\ b_m \end{bmatrix},$$

則 $A\cdot B=[\sum_{i=1}^{m} a_ib_i]$ 或逕寫成 $\sum_{i=1}^{m} a_i b_i$

例 1 $A=[1, 0, -3]$，$B=\begin{bmatrix} -2 \\ 1 \\ 1 \end{bmatrix}$，$D=[1, 2]$

則 $A\cdot B=[1, 0, -3]\begin{bmatrix} -2 \\ 1 \\ 1 \end{bmatrix}=1\times(-2)+0\times 1+(-3)\times 1=-5$

$B\cdot D$ 不存在（何故？）

隨堂演練

A 為 $1\times m$ 列向量，B 為 $m\times 1$ 行向量，試證 $A\cdot B=B^T\cdot A^T$。

(2) $m\times n$ 階矩陣 A 與 $k\times p$ 階矩陣 B 之乘法

A 為 $m\times n$ 階矩陣，B 為 $k\times p$ 階矩陣，則

① A, B 可乘之條件為 $n=k$，即 A 之行數與 B 之列數相同。

② 乘法結果：AB 爲 $m\times p$ 矩陣

$A=[a_{ij}]$, $B=[b_{ij}]$ 及 $C=[c_{ij}]$

$C=A\cdot B$　則　$c_{ij}=\sum_{j=1}^{n} a_{ij}b_{jk}$

例 2　A, B, C 為三矩陣，若 $AC=CB$，試證 A, B 均為方陣。

解

設 A 為 $m\times n$ 陣，AC 可乘∴可設 C 為 $n\times p$ 陣，又 CB 為可乘，可設 B 為 $p\times r$ 階，由上，AC 為 $m\times p$ 階，CB 為 $n\times r$ 階∵ $AC=CB$ ∴ $m=n$，$p=r$，故之。

例 3　$A=\begin{bmatrix}2 & 3 & 1\\ 0 & 4 & -2\end{bmatrix}$，$B=\begin{bmatrix}0 & 2\\ 2 & 1\end{bmatrix}$，則 AB 不存在，且

$$BA=\begin{bmatrix}0 & 2\\ 2 & 1\end{bmatrix}\begin{bmatrix}2 & 3 & 1\\ 0 & 4 & -2\end{bmatrix}$$

$$=\begin{bmatrix}0 & 8 & -4\\ 4 & 10 & 0\end{bmatrix}。$$

在線性代數中，找反例是個很重要之訓練項目，找反例時，數據宜簡單，當然這些反例都不只一個，因此同學在看完例題後，自己也能另外找一些反例。

例 4　下列有關矩陣乘法之敘述何者成立？A, B 為 $m\times n$ 矩陣 C 為 $n\times p$ 矩陣

(a) 若 $A=B$ 則 $AC=BC$

(b) 若 $AC=BC$ 則 $A=B$

(c) 若 $A \neq B$ 則 $AC \neq BC$

解

(a) 顯然成立。

(b) 取

$$A=\begin{bmatrix}1 & 0\\0 & 1\end{bmatrix}，B=\begin{bmatrix}1 & 1\\0 & 0\end{bmatrix}，C=\begin{bmatrix}1 & 0\\0 & 0\end{bmatrix}$$

$AC=BC$ 但 $A \neq B$，故「若 $AC=BC$ 則 $A=B$」不恆成立。

(c) 利用命題**「若 $\boldsymbol{A}$ 則 $\boldsymbol{B}$」成立，那麼「若非 $\boldsymbol{B}$ 則非 $\boldsymbol{A}$」亦成立**，既然「若 $AC=BC$ 則 $A=B$」不恆成立，那麼「若 $A \neq B$ 則 $AC \neq BC$」自不恆成立，若 $C=\mathbf{0}$ 即便 $A \neq B$ 仍有 $AC=BC$。

隨堂演練

若 A, B 爲同階方陣，下列敘述何者成立？

(a) 若 $A=\mathbf{0}$ 或 $B=\mathbf{0}$ 則 $AB=\mathbf{0}$

(b) 若 $AB \neq \mathbf{0}$ 則 $A \neq \mathbf{0}$ 且 $B \neq \mathbf{0}$

(c) 若 $AB=\mathbf{0}$ 則 $A=\mathbf{0}$ 或 $B=\mathbf{0}$

(d) 若 $AB=\mathbf{0}$ 則 $BA=\mathbf{0}$

（提示 (a)(b) 顯然成立，(c)(d) 取 $A=\begin{bmatrix}0 & 0\\1 & 0\end{bmatrix}$，$B=\begin{bmatrix}0 & 0\\0 & 1\end{bmatrix}$ 作反例）

例 5 A, B 為可乘，若 A 有一列為零列，試證 AB 必有一零列。

解

$A=[a_{ij}]_{m\times n}$，$B=[b_{ij}]_{n\times p}$，設 A 之第 i 列為零列，

即 $a_{i1}=a_{i2}=\cdots=a_{in}=0$

$C = AB = [c_{ij}]_{m\times p}$

$\because c_{ij} = \sum_{k=1}^{n} a_{ik}b_{kj} = \sum_{k=1}^{n} 0 \cdot b_{ij} = 0$，$j = 1, 2\cdots p$

$\therefore AB$ 存在一個零列

隨堂演練

$$A=\begin{bmatrix} 1 & -1 & 0 & 3 \\ -2 & 4 & -5 & 3 \\ -1 & 0 & 2 & 0 \\ 5 & 4 & -7 & 6 \end{bmatrix}，B=\begin{bmatrix} 1 & -1 & 0 & 1 \\ 2 & -1 & 1 & 3 \\ 3 & 2 & 1 & 0 \\ 0 & 2 & 4 & 1 \end{bmatrix}$$

$C = AB$，求 c_{32}, c_{43}

Ans：$c_{32} = 5$，$c_{43} = 21$

定理 A　在 A, B, C 之加乘有意義情況下：

(1) $A(B + C) = AB + AC$

(2) $(A + B) \cdot C = AC + BC$

(3) $(AB)C = A(BC)$

(4) $(AB)^T = B^T A^T$

證

$A = [a_{ij}]_{m\times n}$，$B = [b_{ij}]_{m\times p}$，$C = [c_{ij}]_{m\times p}$，$D = [d_{ij}]_{m\times p}$

$D = A(B + C)$，$d_{ij} = \sum_{k=1}^{n} a_{ik}(b_{kj} + c_{kj}) = \sum_{k=1}^{n} a_{ik}b_{kj} + \sum_{k=1}^{n} a_{ik}b_{kj}$

$\therefore A(B + C) = AB + AC$ ∎

交換陣

定義

若二矩陣 A, B 滿足 $A \cdot B = B \cdot A$，則稱 A, B 為**可交換**（commute），或稱 A, B 為**交換陣**（commute matrix）。

隨堂演練

$A=\begin{bmatrix}-1 & 0\\ 8 & 4\end{bmatrix}$，$B=\begin{bmatrix}0 & 2\\ 2 & 1\end{bmatrix}$，$C=\begin{bmatrix}0 & 1\\ 0 & 0\end{bmatrix}$

1. 驗證 $AB=\begin{bmatrix}0 & -2\\ 8 & 20\end{bmatrix}$，$BA=\begin{bmatrix}16 & 8\\ 6 & 4\end{bmatrix}$，這說明了 $AB = BA$ 不恆成立
2. 驗證 $C^2=\begin{bmatrix}0 & 0\\ 0 & 0\end{bmatrix}$，這說明了即便 $C^2 = \mathbf{0}$ 亦不表示 $C = \mathbf{0}$

讀者要注意的是：

所謂**矩陣的可交換性是對「矩陣之乘法」而言**，因爲矩陣之加法 $A + B = B + A$ 只要 A, B 是同階均可成立。

定理 B A 為任意 n 階方陣，則 $AI_n = I_nA = A$。

證

取 $A=\begin{bmatrix}a_{11} & a_{12} & \cdots & a_{1n}\\ a_{21} & a_{22} & \cdots & a_{2n}\\ & \cdots\cdots\cdots & & \\ a_{n1} & a_{n2} & \cdots & a_{nn}\end{bmatrix}$，$I_n=\begin{bmatrix}1 & & \mathbf{0}\\ & \ddots & \\ \mathbf{0} & & 1\end{bmatrix}$

則 $A \cdot I_n = I_n \cdot A = A$ 顯然成立 ■

若無可交換之條件下，實數之一些熟悉之性質在矩陣乘法便不恆成立，例如：

$x^2 - y^2 = (x+y)(x-y)$ 成立：$A^2 - B^2 = (A+B)(A-B)$ 不恆成立

$x^3 - y^3 = (x-y)(x^2+xy+y^2)$ 成立：$A^3 - B^3 = (A-B)(A^2+AB+B^2)$ 不恆成立

又 $IA = AI$ 即 I 與任一同階方陣均爲可交換，由定理 B，

$$\left.\begin{aligned} I - A^2 &= (I+A)(I-A) \\ I - A^3 &= (I-A)(I+A+A^2) \\ I - A - 2A^2 &= (I+A)(I-2A) \end{aligned}\right\} \text{均成立}$$

例 6 若 A, B 為同階可交換陣，試證 A^T, B^T 亦為可交換陣。

解

$\because A, B$ 為可交換 $\quad \therefore AB = BA$，現要證明 $A^T B^T = B^T A^T$：

$(AB)^T = B^T A^T \quad (BA)^T = A^T B^T$

但 $AB = BA \quad \therefore B^T A^T = A^T B^T$

例 7 A, B 均為 n 階方陣，若 $A + B = AB$，試證 A, B 為可交換。

解

$A + B = AB \therefore B + A = BA$，但 $A + B = B + A$ 得 $AB = BA$，即 A, B 為可交換。

例 8 A, B, C 為 3 個 n 階方陣，若 $ABC = I$，應用二同階方陣 X, Y，若 $XY = I$ 則 $YX = I$ 之性質，問下列算式何者成立？

(a) $CBA = I$ (b) $BCA = I$ (c) $BAC = I$ (d) $ACB = I$

解

$A(BC)=I \quad \therefore (BC)A=I$ 即 (b) 成立。

例 8 除了 $BCA=I$ 外，$(AB)C=I \quad \therefore CAB=I$ 也成立。

矩陣之冪

定義

A 為一 k 階方陣，n 為正整數，則 $A^n=\underbrace{A\cdot A\cdots A}_{n\text{ 次}}$。

例 9 $A=\begin{bmatrix}1 & 1\\ 1 & 1\end{bmatrix}$，試證 $A^n=2^{n-1}A$，n 為正整數。

解

用數學歸納法：

$n=1$ 時　　左式 $=A=2^{1-1}A=$ 右式

$n=k$ 時　　設左式 $=A^k=2^{k-1}A$ 成立

$n=k+1$ 時　　左式 $=A^{k+1}=A^k\cdot A=(2^{k-1}A)A=2^{k-1}A^2$

$$=2^{k-1}(2A)=2^kA=2^{(k+1)-1}A$$

$\therefore$ 當 n 為任一正整數時，原式均成立

矩陣 A，B 若為可交換則二項定理成立即：

$$(A+B)^n=A^n+\binom{n}{1}A^{n-1}B+\binom{n}{2}A^{n-2}B^2+\cdots+\binom{n}{n}B^n$$

尤其重要的是因 A，I 爲可交換，$\therefore$ 我們有

$$(A+I)^n=A^n+\binom{n}{1}A^{n-1}+\binom{n}{2}A^{n-2}+\cdots\binom{n}{n}I$$

例 10 $A=\begin{bmatrix} a & b & 0 \\ 0 & a & b \\ 0 & 0 & a \end{bmatrix}$ 求 A^n

解

$$A = aI + B，B=\begin{bmatrix} 0 & b & 0 \\ 0 & 0 & b \\ 0 & 0 & 0 \end{bmatrix}，則\ B^2=\begin{bmatrix} 0 & 0 & b^2 \\ 0 & 0 & 0 \\ 0 & 0 & 0 \end{bmatrix}，B^3=\mathbf{0}$$

$$\begin{aligned} A^n &= (aI+B)^n \\ &= (aI)^n + \binom{n}{1}(aI)^{n-1}B + \binom{n}{2}(aI)^{n-2}B^2 \\ &= a^nI + \binom{n}{1}a^{n-1}B + \binom{n}{2}a^{n-2}B^2 \\ &= \begin{bmatrix} a^n & \binom{n}{1}a^{n-1}b & \binom{n}{2}a^{n-2}b^2 \\ 0 & a^n & \binom{n}{1}a^{n-1}b \\ 0 & 0 & a^n \end{bmatrix} \end{aligned}$$

> $\binom{n}{m}=\dfrac{n!}{m!(n-m)!}$；
> $n!$ 爲階乘式
> $n! = n(n-1)(n-2)\cdots 3\cdot 2\cdot 1$
> 且 $0! = 1$

例 11 A，B，C 均為 n 階方陣，且 $A = B + C$，$BC = CB$ 及 $C^2 = \mathbf{0}$，若 $p \in Z^+$，試證 $A^{p+1} = B^p\{B + (p+1)C\}$。

解

$$\begin{aligned} A^{p+1} &= (B+C)^{p+1} \\ &= B^{p+1} + \binom{p+1}{1}B^pC + \binom{p+1}{2}B^{p-1}C^2 + \cdots + C^{p+1} \\ &= B^{p+1} + (p+1)B^pC \\ &= B^p[B+(p+1)C] \end{aligned}$$

> Z^+：非負整數所成集合
> $Z^+ = \{1, 2, \cdots\}$

例 12 設 α 為 n 維列向量，$\alpha^T\alpha=1$，$A=I-\alpha\alpha^T$，$B=I-2\alpha\alpha^T$ 試證 $AB=A$

解

$$
\begin{aligned}
AB &= (I-\alpha\alpha^T)(I-2\alpha\alpha^T) \\
&= I-\alpha\alpha^T-2\alpha\alpha^T+\alpha\alpha^T 2\alpha\alpha^T \\
&= I-3\alpha\alpha^T+2\alpha\alpha^T\alpha\alpha^T \\
&= I-3\alpha\alpha^T+2\alpha(\alpha^T\alpha)\alpha^T \\
&= I-3\alpha\alpha^T+2\alpha\alpha^T \\
&= I-\alpha\alpha^T=A
\end{aligned}
$$

冪等陣

定義

A 為一 n 階方陣，若 A 滿足 $A^2=A$ 則稱 A 為**冪等陣**（idempotent matrix），若 A 為冪等陣且具對稱性時稱 A 為**對稱冪等陣**（symmetric idempotent matrix）。

除 $A=I$ 或 O_n（n 階零方陣以 O_n 表之）外其它形式之 A 亦可能爲冪等陣，因此 A **為冪等陣時**，A **未必為** I **或** O_n。

例如 $A=\begin{bmatrix}1 & 0\\ 0 & 0\end{bmatrix}$ 滿足 $A^2=A$，但 $A\neq I$

例 13 若 A 為冪等陣則 $A^n=A$（$n\in N$）從而證明 n 為偶數時 A^n 為冪等陣。

解

(a) $\because A^2=A$

$\therefore A^3=A \cdot A^2=A \cdot A=A$；$A^4=A \cdot A^3=A \cdot A=A, \cdots$

(b) 由 (a)，$A^2=A$, $A^4=(A^2)^2=A^2 \cdots$

例 13 也可用數學歸納法證之。

例 14 若 $AB=A$, $BA=B$，試證 A 為冪等陣。

解

$A(BA)=AB=A$ 又 $(AB)A=A \cdot A=A^2$

但 $A(BA)=(AB)A$ $\therefore A=A^2$ 即 A 為冪等陣

隨堂演練

若 A 爲冪等陣，試證 $I-A$ 亦爲冪等陣。

跡

我們在 1.1 節曾提到跡，現在我們將對跡作一正式定義。

定義

方陣 A 主對角線元素之和稱為**跡**（trace），以 tr(A) 表示，即 $\text{tr(A)}=\sum_{i=1}^{n} a_{ii}$。

例如$A=\begin{bmatrix} a & b & c \\ d & e & f \\ g & h & i \end{bmatrix}$，$a, e, i$爲主對角線元素，$\text{tr}(A)=a+e+i$。

只有方陣才有跡，跡在方陣之運算與導證上至爲有用。

隨堂演練

3 階單位陣的跡爲何？n 階單位陣的跡又爲何？

Ans. 3, n

> 定理 C　A, B 均為 n 階方陣，則　(1)$\text{tr}(A+B)=\text{tr}(B+A)$　(2) $\text{tr}(AB)=\text{tr}(BA)$　(3)$\text{tr}(\alpha A+\beta B)=\alpha\text{tr}(A)+\beta\text{tr}(B)$，$\alpha$, β 為純量。　(4)$\text{tr}(A)=\text{tr}(A^T)$

證

取$A=[a_{ij}]$, $B=[b_{ij}]$

(1) $\text{tr}(A+B)=\sum_{i=1}^{n}(a_{ii}+b_{ii})=\sum_{i=1}^{n}a_{ii}+\sum_{i=1}^{n}b_{ii}=\text{tr}(A)+\text{tr}(B)$

(2) $\text{tr}(AB)=\sum_{i=1}^{n}\sum_{k=1}^{n}a_{ik}b_{ki}=\sum_{k=1}^{n}\sum_{i=1}^{n}b_{ki}a_{ik}=\text{tr}(BA)$

(3), (4) 顯然成立。 ■

例 15　若A, B為同階方陣且A為對稱陣，試證$\text{tr}(AB)=\text{tr}(AB^T)$。

解

$$\text{tr}(AB)\xlongequal{\text{定理 C(4)}}\text{tr}(B^TA^T)=\text{tr}(B^TA)\xlongequal{\text{定理 C(2)}}\text{tr}(AB^T)$$

隨堂演練

A 爲 n 階對稱陣，B 爲 n 階斜對稱陣，試證 $\text{tr}(AB)=0$。

若 a 為一純量，我們規定 $\text{tr}(a)=a$ 即純量之跡仍為原純量，

這在某些問題極爲有用，因此**讀者在面對有關 X^TAX, $X\in R^n$ 之問題時不妨養成掃描乘積階數之習慣**。

定理 D　A 為 n 階方陣，X 為 n 階行矩陣則 $X^TAX=X^TA^TX$，且若 A 為斜方陣則 $X^TAX=0$

證

(a) $\because X^TAX$ 為純量

$\therefore X^TAX=\text{tr}(X^TAX)=\text{tr}((X^TAX)^T)=\text{tr}(X^TA^T(X^T)^T)$

$=\text{tr}(X^TA^TX)=X^TA^TX$

(b) 由 (a)，$X^TAX=X^TA^TX=X^T(-A)X$　$\therefore X^TAX=0$ ■

這是重要結果，在涉及斜對稱陣問題常被用到。

例 16　A, B, C 分別為 $m\times n$, $n\times p$, $p\times m$ 矩陣，試證 $\text{tr}(ABC)=\text{tr}(CAB)$，又 $\text{tr}(ABC)=\text{tr}(BAC)$ 是否成立？

解

(a) 令 $Y=AB$ 則 $\text{tr}(ABC)=\text{tr}(YC)=\text{tr}(CY)=\text{tr}(CAB)$

(b) BAC 為不可乘，故 tr(ABC) = tr(BAC) 不成立。

定理 E　A 為 m 階實數方陣，若 $AA^T=A^TA=\boldsymbol{O}$，則 $A=\boldsymbol{O}$。

證

$B=A^T$ 則 $\text{tr}(AA^T)=\text{tr}(AB)=\Sigma\Sigma a_{ij}b_{ji}$

$=\Sigma\Sigma a_{ij}a_{ij}=\Sigma\Sigma a_{ij}^2=0$　$\therefore a_{ij}=0$　$1\le i\le m$，$1\le j\le m$

即 $A=\boldsymbol{O}$

$A^T A = \mathbf{0}$ 時同法可證 $A = \mathbf{0}$ ■

由定理 E 可知 A **為對稱方陣，若** $A^2 = \mathbf{0}$ **則** $A = \mathbf{0}$**，若** A **不為實對稱陣則** $A^2 = \mathbf{0}$ **不保證** $A = \mathbf{0}$。此外 A 爲方陣，$\boldsymbol{A^T A = 0, AA^T = 0}$ **以及 rank(A) = 0 都是證明一個矩陣是零矩陣之重要途徑**。

習題 1-2

1. 試證$\begin{bmatrix} \lambda & 1 \\ 0 & \lambda \end{bmatrix}^n = \begin{bmatrix} \lambda^n & n\lambda^{n-1} \\ 0 & \lambda^n \end{bmatrix}$，$n$ 爲正整數。

2. (a) 若$A=\begin{bmatrix} 1 & 2 \\ 0 & 1 \\ -1 & 1 \end{bmatrix}$，$B=\begin{bmatrix} -3 & 0 \\ 2 & 4 \\ 1 & -2 \end{bmatrix}$，$C=\begin{bmatrix} 1 & 1 \\ 2 & 1 \end{bmatrix}$，求$(A+2B)C$。

   (b) $C=\begin{bmatrix} 0 & -1 \\ -2 & 4 \\ 3 & -2 \end{bmatrix}$，$A=\begin{bmatrix} 2 & -3 & 1 \\ 0 & 1 & -4 \end{bmatrix}$，求 $\mathrm{tr}(CA)$。

3. 試驗證下列方陣均爲指定之矩陣方程式之解。

   (a) $A=\begin{bmatrix} -1 & 2 \\ 2 & 3 \end{bmatrix}$，$A^2-2A-7I_2=\mathbf{0}$

   (b) $A=\begin{bmatrix} 2 & 1 \\ 3 & 1 \end{bmatrix}$，$A^2-3A-I_2=\mathbf{0}$

   (c) $A=\begin{bmatrix} 0 & 1 & 0 \\ 0 & 0 & 1 \\ -a & -b & -c \end{bmatrix}$，$A^3+cA^2+bA+aI_3=\mathbf{0}$

4. 若 $AVA^T=BVB^T$，試證 V 必爲方陣，且 A, B 爲同階矩陣。

5. 若 A 爲 n 階對稱陣，B 爲 n 階斜對稱陣，試證 $\mathrm{tr}(AB)=0$。

6. 若 A, B 均爲 n 階對稱陣，證明：若且唯若 A, B 爲可交換，則 AB 爲對稱陣。

★7. 試證 $\begin{bmatrix} 0 & 1 \\ 0 & 0 \end{bmatrix}$ 無平方根。$\left(\text{即不存在一個實二階方陣 } A\text{，使得 } A^2 = \begin{bmatrix} 0 & 1 \\ 0 & 0 \end{bmatrix}\right)$

★8. 試證不存在兩個 n 階方陣，使得 $AB - BA = I$。（提示：二邊同時取跡）

9. A 為一 n 階方陣，若 $A^2 = \mathbf{0}$，試證 $A(I+A)^n = A$，n 為正整數。

10. A, B, C 為三矩陣，若 A, C 可交換且 B, C 可交換，試證 $(AB + BA)$ 與 C 亦為可交換。

★11. 求與 $\begin{bmatrix} 1 & 2 \\ 3 & 4 \end{bmatrix}$ 可交換之二階方陣。

12. A, B 均為 n 階方陣，若 $A, B, A + B$ 均為冪等陣，且 A 與 B 為可交換，試證 $AB = \mathbf{0}$

13. A, B 為同階方陣，若 A 為對稱冪等陣且 BA 為對稱陣，試證 $BA^2 = AB^TA$

14. 設方陣 A 滿足 $A = A^2$，試證 $(A+I)^n = I + (2^n - 1)$，對任意正整數 n 均成立。

15. 求與 $A = \begin{bmatrix} 1 & 1 \\ 0 & 1 \end{bmatrix}$ 為可交換之方陣 B。

1.3 線性聯立方程組

引例

我們先以初級代數的一個簡單例子作爲本節之引子。

例 A：$\begin{cases} x+\ \ y=4 & ① \\ 2x+3y=10 & ② \end{cases}$ 恰有一組解 (2, 2)，其幾何意義為二條直線 $x+y=4$ 與 $2x+3y=10$ 之交點為 (2, 2)。

B：$\begin{cases} x+\ \ y=4 \\ 2x+2y=8 \end{cases}$ 有無窮多組解，其幾何意義為二條重合直線，故有無窮多個交點。

C：$\begin{cases} x+\ \ y=4 \\ 2x+2y=5 \end{cases}$ 之解集合為 ϕ，其幾何意義為二條平行直線，故無交點。

隨堂演練

1. 試繪出例 1A 方程組之圖形。2. 以例 1A 之 (1) 第一式與第二式互換 (2) 第一式 ×3，第二式不變 (3) 第一式不變，第一式 ×2 然後加到第二式，試分別驗證解均未改變。

由例 1，我們知 ***n*** **元線性聯立方程組解之個數，只有** 3 **種情況：**(1) **恰有一組解** (2) **有無限多組解** (3) **無解。不可能恰有** 2 **個相異解，或其它有限個相異解（見例** 4(a)**）**。

我們現在可將例 1 之經驗擴張到 n 元線性聯立方程組。

n元線性聯立方程組解之一些名詞

考慮下列聯立方程組：

$$\begin{cases} a_{11}x_1+a_{12}x_2+\cdots+a_{1n}x_n=b_1 \\ a_{21}x_1+a_{22}x_2+\cdots+a_{2n}x_n=b_2 \\ \cdots\cdots\cdots\cdots\cdots\cdots \\ a_{m1}x_1+a_{m2}x_2+\cdots+a_{mn}x_n=b_m \end{cases} \quad \text{I}$$

令上述線性聯立方程組 I 之解集合為 K：

(1) $K=\phi$（即I無解）時，稱方程組*為**不相容**（inconsistent），或矛盾方程組。

(2) $K\neq\phi$（即 I 有解）時，稱方程組為**相容**（consistent）。

若聯立方程組 I 之 $b_1=b_2=\cdots\cdots=b_m=0$ 時稱為**齊次線性聯立方程組**（homogeneous system of linear equations），若

(1) 恰有一組解 $\mathbf{0}=(0, 0, \cdots 0)$，此種解稱為**零解**（zero solution）或 trivial 解。

(2) 若存在其它異於零之解稱為**非零解**（non-zero solution）或 non-trivial 解。

n元線性聯立方程組之解法——Gauss-Jordan法

線性聯立方程組之解法很多，本節將介紹 Gauss-Jordan 法。

Gauss-Jordan 法之步驟：

(1) 將本節 I 之聯立方程組 * 寫成如下之**擴張矩陣**（augmented matrix）

$$\left[\begin{array}{cccc|c} a_{11} & a_{12} & \cdots & a_{1n} & b_1 \\ a_{21} & a_{22} & \cdots & a_{2n} & b_2 \\ \cdots & \cdots & \cdots & \cdots & \vdots \\ a_{m1} & a_{m2} & \cdots & a_{mn} & b_m \end{array}\right] \quad **$$

其中 $\begin{bmatrix} a_{11} & a_{12} & \cdots & a_{1n} \\ a_{21} & a_{22} & \cdots & a_{2n} \\ \cdots & \cdots & \cdots & \cdots \\ a_{m1} & a_{m2} & \cdots & a_{mn} \end{bmatrix}$ 稱爲**係數矩陣**（coefficient matrix），

$\begin{bmatrix} b_1 \\ b_2 \\ \vdots \\ b_m \end{bmatrix}$ 稱爲**右手係數**（right-hand coefficient）

(2) 透過基本列運算將 ** 化成簡化之列梯形式：

在此標題中出現了二個重要之名詞：

A. **基本列運算**（elementary row operation）：所謂基本列運算有三種：

① 任意二列對調。

② 任一列乘上異於零之數。

③ 任一列乘上一個異於零之數再加到另一列。這些運算亦稱爲**列等值**（row equivalent），也就是說**這些運算只是便於我們求得解集合，並不會改變聯立方程組之解**。

B. **列梯形式**（row echlon form）是指一個矩陣同時滿足下列三個條件：

① **每列左起之第一個非零元素必為** 1，此元素稱爲**樞元**

（pivot）或**領先係數**（leading coefficient）。

② 若第 k 列爲非零列，則樞元之左邊 0 的個數一定比第 $k+1$ 列來得少。

③ 所有零列必在非零列之下方。

C. **簡化之列梯形式**（reduced row echelon form）：一個矩陣若滿足①列梯形式；②樞元所在之行其它元素均爲 0。

例如 $\begin{bmatrix}1&0&0\\0&1&0\\0&0&1\end{bmatrix}$、$\begin{bmatrix}1&2&0\\0&0&1\\0&0&0\end{bmatrix}$ $\begin{bmatrix}1&3&0&6\\0&0&1&3\\0&0&0&0\end{bmatrix}$ 均爲簡化之列梯形式。

列梯形式利用基本列運算可化成簡化列梯形式。

(3) 由簡化之列梯形式直接讀出解，或列梯形式用**後代法**（back substitution）由後列向前列逐一代入求解。

爲了便利說明，我們採用下列符號：

(1) 第 i 列與第 j 列互換　　：$R_i \leftrightarrow R_j$

(2) 第 i 列乘 a　　：$aR_i \rightarrow R_i$

(3) 第 i 列乘 a 加到第 j 列　　：$aR_i + R_j \rightarrow R_j$

學者在實作上可不必寫這些符號。

例 1　解 $\begin{cases}2x_1+3x_2=5\\3x_1-\ x_2=2\end{cases}$

解

$$\left[\begin{array}{cc|c}2&3&5\\3&-1&2\end{array}\right]$$

各列的方程式意義

$$\xrightarrow{\frac{1}{2}R_1 \to R_1} \left[\begin{array}{cc|c} ① & \frac{3}{2} & \frac{5}{2} \\ 3 & -1 & 2 \end{array}\right] \begin{array}{l} \cdots\cdots x_1+\frac{3}{2}x_2=\frac{5}{2} \\ \cdots\cdots 3x_1-x_2=2 \end{array}$$

$$\xrightarrow{-3R_1+R_2 \to R_2} \left[\begin{array}{cc|c} 1 & \frac{3}{2} & \frac{5}{2} \\ 0 & -\frac{11}{2} & -\frac{11}{2} \end{array}\right] \begin{array}{l} \cdots\cdots x_1+\frac{3}{2}x_2=\frac{5}{2} \\ \cdots\cdots -\frac{11}{2}x_2=-\frac{11}{2} \end{array}$$

$$\xrightarrow{-\frac{2}{11}R_2 \to R_2} \left[\begin{array}{cc|c} 1 & \frac{3}{2} & \frac{5}{2} \\ 0 & ① & 1 \end{array}\right] \begin{array}{l} \cdots\cdots x_1+\frac{3}{2}x_2=\frac{5}{2} \\ \cdots\cdots x_2=1 \end{array}$$

$$\xrightarrow{-\frac{3}{2}\times R_2+R_1 \to R_1} \left[\begin{array}{cc|c} 1 & 0 & 1 \\ 0 & 1 & 1 \end{array}\right] \begin{array}{l} \cdots\cdots x_1=1 \\ \cdots\cdots x_2=1 \end{array}$$

$\therefore\ x_1=1,\ x_2=1$

在例 1 解答中之虛線顯示列運算及呈現之方程式，只是協助讀者將 [A | b] 運算過程與實際方程組變化情形作一說明，讀者在作答時可不書寫。同時讀者應可看出在列運算中，方程式之解均不改變。列運算時，係數矩陣中之○爲樞紐。

隨堂演練

驗證 $\begin{cases} 3x_1+2x_2+3x_3=9 \\ 2x_1+5x_2-7x_3=-12 \\ x_1+2x_2-2x_3=-3 \end{cases}$ 之解爲 $x_1=1, x_2=0,\ x_3=2$。

例 2 解 $\begin{cases} 3x_1+2x_2+3x_3=9 \\ 2x_1+5x_2-7x_3=-12 \\ 8x_1+9x_2-x_3=2 \end{cases}$

解

$$\left[\begin{array}{ccc|c} 3 & 2 & 3 & 9 \\ 2 & 5 & -7 & -12 \\ 8 & 9 & -1 & 2 \end{array}\right] \xrightarrow{R_2 \longleftrightarrow R_1} \left[\begin{array}{ccc|c} 2 & 5 & -7 & -12 \\ 3 & 2 & 3 & 9 \\ 8 & 9 & -1 & 2 \end{array}\right]$$

$$\xrightarrow{\frac{1}{2} \times R_1 \longrightarrow R_1} \left[\begin{array}{ccc|c} ① & \frac{5}{2} & -\frac{7}{2} & -6 \\ 3 & 2 & 3 & 9 \\ 8 & 9 & -1 & 2 \end{array}\right]$$

$$\xrightarrow[(-8) \times R_1 + R_3 \longrightarrow R_3]{(-3) \times R_1 + R_2 \longrightarrow R_2} \left[\begin{array}{ccc|c} 1 & \frac{5}{2} & -\frac{7}{2} & -6 \\ 0 & -\frac{11}{2} & \frac{27}{2} & 27 \\ 0 & -11 & 27 & 50 \end{array}\right]$$

$$\xrightarrow{-\frac{2}{11} \times R_2 \longrightarrow R_2} \left[\begin{array}{ccc|c} 1 & \frac{5}{2} & -\frac{7}{2} & -6 \\ 0 & ① & -\frac{27}{11} & -\frac{54}{11} \\ 0 & -11 & 27 & 50 \end{array}\right]$$

$$\xrightarrow{11 \times R_2 + R_3 \longrightarrow R_3} \left[\begin{array}{ccc|c} 1 & \frac{5}{2} & -\frac{7}{2} & -6 \\ 0 & 1 & -\frac{27}{11} & -\frac{54}{11} \\ 0 & 0 & 0 & -4 \end{array}\right] \quad *$$

* 之最後一列表示 $0x_1 + 0x_2 + 0x_3 = -4$，此為矛盾方程式，故無解

例 3 解 $\begin{cases} 3x_1+2x_2+3x_3=9 \\ 2x_1+5x_2-7x_3=-12 \end{cases}$

解

此例相當於求二個平面 $3x_1+2x_2+3x_3=9$ 與 $2x_1+5x_2-7x_3=-12$ 之交集。

$$\left[\begin{array}{ccc|c} 3 & 2 & 3 & 9 \\ 2 & 5 & -7 & -12 \end{array}\right]$$

$$\xrightarrow{\frac{1}{3}\times R_1 \longrightarrow R_1} \left[\begin{array}{ccc|c} \textcircled{1} & \frac{2}{3} & 1 & 3 \\ 2 & 5 & -7 & -12 \end{array}\right]$$

$$\xrightarrow{(-2)\times R_1+R_2 \longrightarrow R_2} \left[\begin{array}{ccc|c} 1 & \frac{2}{3} & 1 & 3 \\ 0 & \frac{11}{3} & -9 & -18 \end{array}\right]$$

$$\xrightarrow{\frac{3}{11}\times R_2 \longrightarrow R_2} \left[\begin{array}{ccc|c} 1 & \frac{2}{3} & 1 & 3 \\ 0 & \textcircled{1} & -\frac{27}{11} & -\frac{54}{11} \end{array}\right]$$

$$\xrightarrow{\left(-\frac{2}{3}\right)\times R_2+R_1 \longrightarrow R_1} \left[\begin{array}{ccc|c} 1 & 0 & \frac{29}{11} & \frac{69}{11} \\ 0 & 1 & -\frac{27}{11} & -\frac{54}{11} \end{array}\right] \quad *$$

* 表示 $\begin{cases} x_1+\frac{29}{11}x_3=\frac{69}{11} \\ x_2-\frac{27}{11}x_3=-\frac{54}{11} \end{cases}$

令 $x_3=t$，則 $\begin{cases} x_2=\frac{27}{11}t-\frac{54}{11} \\ x_1=\frac{-29}{11}t+\frac{69}{11} \end{cases}$，$t\in R$

$$\therefore \text{解為 } x_1=-\frac{29}{11}t+\frac{69}{11}，x_2=\frac{27}{11}t-\frac{54}{11}，x_3=t，t\in R$$

讀者可驗證，上述方程式之解滿足例 3 之方程組，它的解顯示二平面交集爲一直線。例 3 之 t 稱爲**自由變數**（free variable）。**自由變數的個數恰為矩陣 A 之行數減去非零列之個數**。

> 定理 A　A 為 $m\times n$ 矩陣，若 $n>m$ 則 $AX=\mathbf{0}$ 有異於 $\mathbf{0}$ 之解。

證

若將 A 化成簡化的列梯形式 U，則 U 至多有 m 個非零列，而自由變數之個數為 n 減非零列個數，每個自由變數可配置任意值而為 $AX=\mathbf{0}$ 之解，故 $n>m$ 時，$AX=\mathbf{0}$ 有異於 $\mathbf{0}$ 之解。

■

定理 A 之口語就是線性聯立方程組之**未知數個數比方程式個數多時，它一定有異於 0 之解**。這由例 3 就可看得很清楚。

例 4　下列有關線性聯立方程組 $Ax=b$ 之敘述，何者成立？

(a) 可能恰有 2 個相異組之解 x_1，x_2 均滿足 $Ax=b$

(b) $[A|b]$ 經由列運算不會改變 $Ax=b$ 之解

(c) 若 y_1 是方程組 $Ax=\mathbf{0}$ 之解，y_2 是方程組 $Ax=b$ 之解則 y_1+y_2 亦為方程組 $Ax=b$ 之解

(d) 若 x_1，x_2 均為 $Ax=b$ 之解則 $\lambda x_1+\mu x_2$ 亦為 $Ax=b$ 之解

解

僅 (b)，(c) 成立，說明如下：

(a) 若 x_1，x_2 為 $Ax=b$ 二個相異解，則 $\bar{x}=\lambda x_1+(1-\lambda)x_2$ 亦為 $Ax=b$ 之解，此可證明如下：

$A\bar{x}=A(\lambda x_1+(1-\lambda)x_2)=\lambda Ax_1+(1-\lambda)Ax_2=\lambda b+(1-\lambda)b=b$

因此若 $Ax=b$ 有二個相異解 x_1，x_2 則必存在另一個解 $y=\lambda x_1+(1-\lambda)x_2$，即不可能恰存在二個相異解∴本敘述不成立。因此，本題錯在「恰」字。若改為「存在」有 2 個相異之解 x_1，x_2 均滿足 $Ax=b$ 就可成立。如例 3，改 $t=0, 1$ 即得 2 個相異解。

(b) 成立

(c) $A(y_1+y_2)=Ay_1+Ay_2=\mathbf{0}+b=b$，即 y_1+y_2 為 $Ax=b$ 之解

(d) $Ay=A(\lambda x_1+\mu x_2)=\lambda Ax_1+\mu Ax_2=\lambda b+\mu b=(\lambda+\mu)b$，除非 $\lambda+\mu=1$ 否則 $\lambda x_1+\mu x_2$ 不為 $Ax=b$ 之解。

例 5 若 $\begin{cases} x+2y+z=-2 \\ y+kz=-1 \\ x+ky=-1 \end{cases}$ 有無限多組解，求 $k=$ ？並解之。

解

$$\left[\begin{array}{ccc|c} 1 & 2 & 1 & -2 \\ 0 & 1 & k & -1 \\ 1 & k & 0 & -1 \end{array}\right] \to \left[\begin{array}{ccc|c} 1 & 2 & 1 & -2 \\ 0 & 1 & k & -1 \\ 0 & k-2 & -1 & 1 \end{array}\right]$$

$$\to \left[\begin{array}{ccc|c} 1 & 2 & 1 & -2 \\ 0 & 1 & k & -1 \\ 0 & 0 & (k-1)^2 & -(k-1) \end{array}\right]$$

顯然 $k=1$ 時有無限多組解，此時之解為：

$$\left[\begin{array}{ccc|c} 1 & 2 & 1 & -2 \\ 0 & 1 & 1 & -1 \\ 0 & 0 & 0 & 0 \end{array}\right] \to \left[\begin{array}{ccc|c} 1 & 0 & -1 & 0 \\ 0 & 1 & 1 & -1 \\ 0 & 0 & 0 & 0 \end{array}\right]$$

$\therefore z = t, y = -1 - t, x = t, t \in R$

隨堂演練

解 $\begin{cases} 5x_1 + 6x_2 + 4x_3 = 10 \\ 5x_1 + 8x_2 + 2x_3 = 0 \\ 3x_1 + 4x_2 + 2x_3 = 4 \end{cases}$ 驗證 $x_3 = t,\ x_2 = t - 5,\ x_1 = 8 - 2t$，$t$ 爲實數是爲其解。

齊次聯立方程組之例解

例 6 解齊次聯立方程組

$$\begin{cases} x_1 - 2x_2 + 3x_3 - 2x_4 = 0 \\ 4x_1 - 9x_2 + x_3 + 2x_4 = 0 \\ 8x_1 - 6x_2 + 6x_3 + 4x_4 = 0 \end{cases}$$

解

$$\left[\begin{array}{cccc|c} 1 & -2 & 3 & -2 & 0 \\ 4 & -9 & 1 & 2 & 0 \\ 8 & -6 & 6 & 4 & 0 \end{array}\right]$$

$$\xrightarrow[(-8) \times R_1 + R_3 \longrightarrow R_3]{(-4) \times R_1 + R_2 \longrightarrow R_2} \left[\begin{array}{cccc|c} \textcircled{1} & -2 & 3 & -2 & 0 \\ 0 & -1 & -11 & 10 & 0 \\ 0 & 10 & -18 & 20 & 0 \end{array}\right]$$

$$\xrightarrow{(-1)\times R_2\to R_2}\left[\begin{array}{cccc|c} 1 & -2 & 3 & -2 & 0 \\ 0 & \textcircled{1} & 11 & -10 & 0 \\ 0 & 10 & -18 & 20 & 0 \end{array}\right]$$

$$\xrightarrow[(-10)\times R_2+R_3\to R_3]{2\times R_2+R_1\to R_1}\left[\begin{array}{cccc|c} 1 & 0 & 25 & -22 & 0 \\ 0 & 1 & 11 & -10 & 0 \\ 0 & 0 & -128 & 120 & 0 \end{array}\right]$$

$$\xrightarrow{-\frac{1}{128}\times R_3\to R_3}\left[\begin{array}{cccc|c} 1 & 0 & 25 & -22 & 0 \\ 0 & 1 & 11 & -10 & 0 \\ 0 & 0 & \textcircled{1} & -\frac{15}{16} & 0 \end{array}\right]$$

$$\xrightarrow[(-11)\times R_3+R_2\to R_2]{(-25)\times R_3+R_1\to R_1}\left[\begin{array}{cccc|c} 1 & 0 & 0 & \frac{23}{16} & 0 \\ 0 & 1 & 0 & \frac{5}{16} & 0 \\ 0 & 0 & 1 & -\frac{15}{16} & 0 \end{array}\right] \quad *$$

* 表示 $x_1+\frac{23}{16}x_4=0,\ x_2+\frac{5}{16}x_4=0,\ x_3-\frac{15}{16}x_4=0$

$\therefore$令 $x_4=t$ 則$x_1=-\frac{23}{16}t,\ x_2=-\frac{5}{16}t,\ x_3=\frac{15}{16}t$，$t\in R$

習題 1-3

1. 解 $\begin{cases} 3x_1+2x_2-x_3=5 \\ x_1-2x_2-3x_3=-1 \\ 5x_1+x_2-4x_3=6 \end{cases}$

2. 解 $\begin{cases} x_1+2x_2+x_3+x_4=5 \\ 2x_1+x_2+2x_3+x_4=7 \\ 3x_1+3x_2+3x_3+2x_4=12 \end{cases}$

3. 解 $x_1+2x_2+x_3+x_4=2$

4. 解 $\begin{cases} x_1+2x_2+x_3+x_4=5 \\ 2x_1+x_2+2x_3+x_4=7 \\ 3x_1+3x_2+3x_3+2x_4=16 \end{cases}$

5. 求 $\begin{cases} \lambda x+y+z=1 \\ x+\lambda y+z=\lambda \\ x+y+\lambda z=\lambda^2 \end{cases}$ (1) 無限多組解　(2) 惟一解之 $\lambda=$ ？

6. 若 $\begin{cases} 2x+y+z=a \\ x-2y+z=b \\ 5x-5y+4z=c \end{cases}$ 有解，試求 a, b, c 間之關係。

7. $\begin{cases} ax+y=1 \\ x+ay=1 \end{cases}$，試分別求 a 值使得方程組 (a) 恰有一組解　(b) 無限多組解　(c) 無解。

8. 下列敘述何者成立？
   (a) 若矩陣 A 是一簡化列梯矩陣則 A 為一列梯矩陣。
   (b) 若 A 為一列梯矩陣則 A 為一簡化列梯矩陣。
   (c) 若 A 不為一列梯矩陣則 A 不為一簡化列梯矩陣。

9. 敘述「不可能恰找到一組解 (a_0, b_0, c_0) 滿足 $\begin{cases} ax+by+cz=h \\ a'x+b'y+c'z=h' \end{cases}$」是否成立

10. A 為 $m\times n$ 階矩陣，若 $AX=b$ 有解，試證 $A^TX=\mathbf{0}$ 之解必滿足 $b^TX=\mathbf{0}$。

11. 試證 $AX=\mathbf{0}$ 與 $A^TAX=\mathbf{0}$ 有相同之解 。

12. (a) A 為 $m\times n$ 階矩陣，$b\in R^n$，且 $\mathbf{0}\in R^n$，若 u 為 $Ax=b$ 的解，v 為 $Ax=\mathbf{0}$ 解，試證 $u+\mathrm{v}$ 為 $Ax=b$ 之解。

    (b) A 為 $m\times n$ 階矩陣，$b\in R^n$，若 u, v 是 $Ax=b$ 之二個解，試證 $u-v$ 是 $Ax=\mathbf{0}$ 之解。

1.4 反矩陣與直交陣

定義

A 為一 n 階方陣，若存在一個 n 階方陣 B 使得 $AB = BA = I_n$，則稱 B 為 A 之**反矩陣**（inverse matrix），A 之反矩陣記做 A^{-1}。
若 A 之反矩陣存在則稱 A 為**非奇異陣**（non-singular matrix）或**可逆**（invertible），否則 A 為**奇異陣**（singular matrix）或**不可逆**（non-invertible）。

因此，讀者要記住下列二組基本結果：

1. A 為非奇異陣⇔ A 為可逆 ⇔ A^{-1} 存在。

2. A 為奇異陣⇔ A 為不可逆 ⇔ A^{-1} 不存在。

方陣 A 之奇異性、行列式、可逆性，A 之列是否為線性獨立，A 的秩…都彼此關聯著，讀者宜記住它們間的關係。

定理 A　若 A 為 n 階非奇異陣（即 A 為可逆），則 A^{-1} 為唯一。

證

設 B, C 均為 A 之反矩陣，則

$B = BI_n = B(CA) = B(AC) = (BA)C = I_nC = C$ ■

定理 B　A, B 均為 n 階方陣若 $AB=I_n$ 則 $B=A^{-1}$，且 $A=B^{-1}$。

證

$\because$ $AB=I_n$，A^{-1}, B^{-1} 均存在

$\therefore$ $A^{-1}(AB)=A^{-1}I$，得 $B=A^{-1}$

同法可證 $A=B^{-1}$ ■

兩個簡單而好用的反矩陣

定理 C　$A=\begin{bmatrix} a & b \\ c & d \end{bmatrix}$，若 $ad-bc\neq 0$，則 $A^{-1}=\dfrac{1}{ad-bc}\begin{bmatrix} d & -b \\ -c & a \end{bmatrix}$。

證（見下面之隨堂練習）

隨堂練習

試證定理 C

定理 D　若 $A=\begin{bmatrix} a_{11} & & \mathbf{0} \\ & a_{22} & \\ \mathbf{0} & & \ddots \; a_{nn} \end{bmatrix}$，$a_{11}a_{22}\cdots a_{nn}\neq 0$。

則 A 為可逆且 $A^{-1}=\begin{bmatrix} a_{11}^{-1} & & \mathbf{0} \\ & a_{22}^{-1} & \\ \mathbf{0} & & \ddots \; a_{nn}^{-1} \end{bmatrix}$

若 a_{11}，$a_{22}\cdots$，a_{nn} 至少有一為 0 時，A 為奇異陣，A^{-1} 不存在

隨堂演練

試證定理 D

一般用來求方陣之反矩陣的方法有好幾種，本節先介紹將矩陣〔$A|I$〕經列運算求得〔$I\,|\,A^{-1}$〕。

例 1 求 $A=\begin{bmatrix}1 & -1\\ 1 & 2\end{bmatrix}$之反矩陣。

解

$$\left[\underbrace{\begin{matrix}1 & -1\\ 1 & 2\end{matrix}}_{A}\right|\left.\underbrace{\begin{matrix}1 & 0\\ 0 & 1\end{matrix}}_{I}\right]$$

$$\xrightarrow{(-1)\times R_1+R_2\longrightarrow R_2}\left[\begin{array}{cc|cc}1 & -1 & 1 & 0\\ 0 & 3 & -1 & 1\end{array}\right]\xrightarrow{\frac{1}{3}R_2\rightarrow R_2}\left[\begin{array}{cc|cc}1 & -1 & 1 & 0\\ 0 & 1 & -\frac{1}{3} & \frac{1}{3}\end{array}\right]$$

$$\xrightarrow{R_1+R_2\longrightarrow R_1}\left[\underbrace{\begin{matrix}1 & 0\\ 0 & 1\end{matrix}}_{I}\right|\left.\underbrace{\begin{matrix}\frac{2}{3} & \frac{1}{3}\\ -\frac{1}{3} & \frac{1}{3}\end{matrix}}_{A^{-1}}\right]$$

$$\therefore A^{-1}=\begin{bmatrix}\frac{2}{3} & \frac{1}{3}\\ -\frac{1}{3} & \frac{1}{3}\end{bmatrix}。$$

例 2 求$\begin{bmatrix}7 & -3 & -3\\ -1 & 1 & 0\\ -1 & 0 & 1\end{bmatrix}$之反矩陣。

解

$$\left[\begin{array}{rrr|rrr} 7 & -3 & -3 & 1 & 0 & 0 \\ -1 & 1 & 0 & 0 & 1 & 0 \\ -1 & 0 & 1 & 0 & 0 & 1 \end{array}\right] \rightarrow \left[\begin{array}{rrr|rrr} -1 & 0 & 1 & 0 & 0 & 1 \\ -1 & 1 & 0 & 0 & 1 & 0 \\ 7 & -3 & -3 & 1 & 0 & 0 \end{array}\right]$$

$$\rightarrow \left[\begin{array}{rrr|rrr} 1 & 0 & -1 & 0 & 0 & -1 \\ -1 & 1 & 0 & 0 & 1 & 0 \\ 7 & -3 & -3 & 1 & 0 & 0 \end{array}\right] \rightarrow \left[\begin{array}{rrr|rrr} 1 & 0 & -1 & 0 & 0 & -1 \\ 0 & 1 & -1 & 0 & 1 & -1 \\ 0 & -3 & 4 & 1 & 0 & 7 \end{array}\right]$$

$$\rightarrow \left[\begin{array}{rrr|rrr} 1 & 0 & -1 & 0 & 0 & -1 \\ 0 & 1 & -1 & 0 & 1 & -1 \\ 0 & 0 & 1 & 1 & 3 & 4 \end{array}\right] \rightarrow \left[\underbrace{\begin{array}{rrr} 1 & 0 & 0 \\ 0 & 1 & 0 \\ 0 & 0 & 1 \end{array}}_{I} \middle| \underbrace{\begin{array}{rrr} 1 & 3 & 3 \\ 1 & 4 & 3 \\ 1 & 3 & 4 \end{array}}_{A^{-1}}\right]$$

$$\therefore A^{-1} = \begin{bmatrix} 1 & 3 & 3 \\ 1 & 4 & 3 \\ 1 & 3 & 4 \end{bmatrix}$$

反矩陣之性質

> **定理 E**　若 A, B 為同階非奇異陣，則：
>
> (1) A^{-1} 為非奇異陣
>
> (2) $(A^{-1})^{-1} = A$
>
> (3) $(AB)^{-1} = B^{-1}A^{-1}$
>
> (4) $(A^T)^{-1} = (A^{-1})^T$
>
> (5) $(\alpha A)^{-1} = \dfrac{1}{\alpha} A^{-1}$，$\alpha \neq 0$

證

(1) 由定義 A^{-1} 為非奇異陣顯然成立。

(2) $\because AA^{-1}=(A^{-1})^{-1}A^{-1}=I$，$A$ 與 $(A^{-1})^{-1}$ 均為 A^{-1} 之反矩陣，由定理 A，$(A^{-1})^{-1}=A$。

(3) $(AB)(B^{-1}A^{-1})=A(BB^{-1})A^{-1}=AIA^{-1}=A\cdot A^{-1}=I$

又 $(B^{-1}A^{-1})(AB)=B^{-1}(A^{-1}A)B=B^{-1}IB=B^{-1}\cdot B=I$

$\therefore (AB)^{-1}=B^{-1}A^{-1}$

(4) $\because (A\cdot A^{-1})^T=(A^{-1})^T\cdot A^T=I^T=I$（定理 1.1C(4)）

$\therefore (A^{-1})^T=(A^T)^{-1}$ ■

我們在定理 E(4) 之導證時，提前應用了「若 A 爲可逆，則 A^T 亦爲可逆」

例 3 若 A, B 均為 n 階非奇異陣，且 A, B 為交換陣，試證 A^{-1}, B^{-1} 亦為交換陣。

解

$(AB)^{-1}=B^{-1}A^{-1}, (BA)^{-1}=A^{-1}B^{-1}$

$\because A, B$ 為交換陣 $AB=BA$

$\therefore (AB)^{-1}=(BA)^{-1}$，即 $A^{-1}B^{-1}=B^{-1}A^{-1}$

因此，A^{-1}, B^{-1} 為交換陣

例 4 若 A 為可逆，試證 $(A^{-1})^n=(A^n)^{-1}$，n 為任一正整數。

解

利用數學歸納法

$n=1$ 時　　左式 = 右式

$n=k$ 時　　設 $(A^{-1})^k=(A^k)^{-1}$ 成立。

$n=k+1$ 時　　左式 $=(A^{-1})^{k+1}=(A^{-1})^k\cdot A^{-1}=(A^k)^{-1}\cdot A^{-1}$

$=(A\cdot A^k)^{-1}=(A^{k+1})^{-1}$

$\therefore$ 當 n 為任一正整數，原式均成立

例 5 若 $AB=B+I$ 試證 $BA=B+I$。

解

$AB=B+I\Rightarrow(A-I)B=I$，得 $(A-I)$ 與 B 互為反矩陣

$\therefore B(A-I)=I$ 從而 $BA=B+I$

例 6 A 為 $m\times n$ 階矩陣，若 $AX=\mathbf{0}$, $\forall X\in R^n$，試證 $A=\mathbf{0}_{m\times n}$，利用此結果證明：若 $AX=BX$，$\forall X\in R^n$ 則 $A=B$。

解

(a) 我們可用反證法：設 $A\neq\mathbf{0}$，不失一般性，設 $a_{ij}\neq 0$，取 $X=[0,0,\cdots,0,1,0,\cdots 0]^T$（1 在第 j 個位置），則 $AX\neq\mathbf{0}$ 但此與 $AX=\mathbf{0}$ 之假設不合

$\therefore A=\mathbf{0}_{m\times n}$

(b) $AX=BX$ $\quad\therefore(A-B)X=\mathbf{0}$ $\forall X\in R^n$，由 (a) $A-B=\mathbf{0}$

$\therefore A=B$

隨堂演練

若 A 爲不可逆，試問是否存在一個方陣 B，$B\neq\mathbf{0}$ 使得 $AB=\mathbf{0}$（假設 A,B 均爲 n 階方陣）

Ans：不可能

例 7 若方陣 A 為可逆，且滿足 $A^2-3A+I=\mathbf{0}$，試以 A,I_n 表示 A^{-1}。

解

$A^2-3A+I=\mathbf{0}$ $\quad\therefore I=\mathbf{0}-(A^2-3A)=-A^2+3A$

$$\therefore A^{-1}=A^{-1}\cdot I=A^{-1}(-A^2+3A)=-A+3I$$

左反矩陣與右反矩陣

A, B 分別爲 $m\times n$ 階與 $n\times m$ 階矩陣，若 $AB=I$ 則稱爲 A 爲 B 之**左反矩陣**（left inverse matrix）與 B 是 A 之**右反矩陣**（right inverse matrix）

例 8 求 $A=\begin{bmatrix}1 & 0 & 1\\ 0 & 1 & 1\end{bmatrix}$之右反矩陣

解

A 為 2×3 階矩陣，則 A 之右反矩陣必為 3×2 階矩陣（我們可這麼想：A 為 2×3 階則 B 必為 $3\times p$ 階，AB 為 $2\times p$ 階，因 $AB=I$ 為 2 階單位陣$\therefore p=2$）設

$B=\begin{bmatrix}a & b\\ c & d\\ e & f\end{bmatrix}$為 A 之右反矩陣，

$$AB=\begin{bmatrix}1 & 0 & 1\\ 0 & 1 & 1\end{bmatrix}\begin{bmatrix}a & b\\ c & d\\ e & f\end{bmatrix}=\begin{bmatrix}a+e & b+f\\ c+e & d+f\end{bmatrix}=\begin{bmatrix}1 & 0\\ 0 & 1\end{bmatrix}$$

$$\therefore\begin{cases}a+e=1\\ c+e=0\\ b+f=0\\ d+f=1\end{cases}$$

取 $f=\beta$，則 $b=-\beta$，$d=1-\beta$

$e=\alpha$，則 $c=-\alpha$，$a=1-\alpha$

得$B=\begin{bmatrix}1-\alpha & -\beta\\ -\alpha & 1-\beta\\ \alpha & \beta\end{bmatrix}$，$\alpha,\beta\in R$，因此 A 之右反矩陣有無限多個。

同法可求 A 之左反矩陣

反矩陣之進一步的例子

例 9　若 $A=\begin{bmatrix}\frac{1}{3} & 0 & 0\\ 0 & \frac{1}{4} & 0\\ 0 & 0 & \frac{1}{4}\end{bmatrix}$滿足 $A^{-1}XA=A+2XA$，求 X。

解

$A^{-1}XA-2XA=(A^{-1}-2I)XA=A$（$A$ 為可逆）

$\therefore (A^{-1}-2I)X=I$

得 $X=(A^{-1}-2I)^{-1}$

$$=\left(\begin{bmatrix}3 & 0 & 0\\ 0 & 4 & 0\\ 0 & 0 & 4\end{bmatrix}-\begin{bmatrix}2 & 0 & 0\\ 0 & 2 & 0\\ 0 & 0 & 2\end{bmatrix}\right)^{-1}$$

$$=\begin{bmatrix}1 & 0 & 0\\ 0 & 2 & 0\\ 0 & 0 & 2\end{bmatrix}^{-1}=\begin{bmatrix}1 & 0 & 0\\ 0 & \frac{1}{2} & 0\\ 0 & 0 & \frac{1}{2}\end{bmatrix}$$

例 10 $A=\begin{bmatrix}1&0&0&0\\0&3&-4&2\\-2&0&5&4\\0&4&2&7\end{bmatrix}$，若 $B=(I+A)^{-1}(I-A)$，求 $(I+B)^{-1}$。

解

$$B+I=(I+A)^{-1}(I-A)+(I+A)^{-1}(I+A)=(I+A)^{-1}2I$$

$$\therefore (I+B)^{-1}=((I+A)^{-1}2I)^{-1}=\frac{1}{2}(I+A)$$

$$=\frac{1}{2}\begin{bmatrix}2&0&0&0\\0&4&-4&2\\-2&0&6&4\\0&4&2&8\end{bmatrix}=\begin{bmatrix}1&0&0&0\\0&2&-2&1\\-1&0&3&2\\0&2&1&4\end{bmatrix}$$

正交陣

定義

A 為 n 階方陣，a_j，$j=1,2\cdots n$ 為 A 之第 j 行，若 A 之任意二行均滿足 $a_i^T a_j=\begin{cases}1，i=j\\0，i\neq j\end{cases}$，則 A 為**正交陣**（orthogonal matrix）。

有些作者稱正交陣爲直交陣。

由定理可證出下列定理：

定理 F A 為 n 階方陣，若且惟若 $A^TA=I$，亦即 $A^T=A^{-1}$ 則 A 為正交陣。

證

由定義，若且惟若 A 為正交陣，則 A 之任二行 a_i，a_j 滿足

$$a_i^T a_j = \delta_{ij} = \begin{cases} 1, & i=j \\ 0, & i \neq j \end{cases}$$

但 $a_i^T a_j$ 是 $A^T A$ 之 (i, j) 元素，

$\therefore A$ 為正交陣之充要條件為 $A^T A = I$ ■

有些作者以定理 F 做爲正交陣之定義，那麼前述定義便爲定理。

因此若 **A 為正交陣則 A 必為可逆的**，即存在 A^{-1}，**且它的反矩陣即為矩陣之轉置**，因此，求正交陣之反矩陣是一件很容易的事。

> 定理 G 若 A, B 為同階正交陣，則：
> (1) A^T, A^{-1} 均為正交陣
> (2) AB 為正交陣

證

(1) $\because (A^T)^{-1} = (A^{-1})^{-1} = A$，又 $(A^T)^T = A$ $\therefore (A^T)^{-1} = (A^T)^T$，即 A^T 為正交陣，又 $A^T = A^{-1}$ $\therefore$ 由定理 F，A^{-1} 亦為正交陣

(2) $\because (A \cdot B)^{-1} = B^{-1} \cdot A^{-1} = B^T \cdot A^T = (A \cdot B)^T$

$\therefore A \cdot B$ 為正交陣 ■

例 11 驗證 $A = \begin{bmatrix} \cos\theta & \sin\theta & 0 \\ -\sin\theta & \cos\theta & 0 \\ 0 & 0 & 1 \end{bmatrix}$ 為一正交陣，並求 A^{-1}。

解

$$A=\begin{bmatrix}\cos\theta & \sin\theta & 0\\ -\sin\theta & \cos\theta & 0\\ 0 & 0 & 1\end{bmatrix};\ A^T=\begin{bmatrix}\cos\theta & -\sin\theta & 0\\ \sin\theta & \cos\theta & 0\\ 0 & 0 & 1\end{bmatrix}$$

$$A^T\cdot A=\begin{bmatrix}\cos\theta & -\sin\theta & 0\\ \sin\theta & \cos\theta & 0\\ 0 & 0 & 1\end{bmatrix}\begin{bmatrix}\cos\theta & \sin\theta & 0\\ -\sin\theta & \cos\theta & 0\\ 0 & 0 & 1\end{bmatrix}=I$$

$\therefore$ A 為一正交陣

$$A^{-1}=A^T=\begin{bmatrix}\cos\theta & -\sin\theta & 0\\ \sin\theta & \cos\theta & 0\\ 0 & 0 & 1\end{bmatrix}$$

隨堂演練

驗證 $B=\dfrac{1}{\sqrt{6}}\begin{bmatrix}\sqrt{2} & \sqrt{3} & 1\\ \sqrt{2} & -\sqrt{3} & 1\\ \sqrt{2} & 0 & -2\end{bmatrix}$ 爲一正交陣，並求 B^{-1}。

Ans：$\dfrac{1}{\sqrt{6}}\begin{bmatrix}\sqrt{2} & \sqrt{2} & \sqrt{2}\\ \sqrt{3} & -\sqrt{3} & 0\\ 1 & 1 & -2\end{bmatrix}$

例 12 A 為 n 階對稱陣，且 A 滿足 $A^2+4A+3I=\mathbf{0}$，試證 $A+2I$ 為正交陣。

解

我們判斷 $(A+2I)^T(A+2I)\overset{?}{=}I$：

$$(A+2I)^T(A+2I)=(A^T+2I)(A+2I)=(A+2I)(A+2I)$$
$$=A^2+4A+4I=(A^2+4A+3I)+I=I$$

$\therefore$ $A+2I$ 為正交陣。

例 13 若行向量 X 為 $ABY=b$ 之一個解，其中 A, B 為 n 階非奇異陣，A 為對稱正交陣，X, Y, b 為 $n\times 1$ 行矩陣，試證 X 亦為 $BY=Ab$ 之一個解。

解

因 X 為 $ABY=b$ 之解 $\therefore A^{-1}(AB)X=A^{-1}b$，即 $(A^{-1}A)BX=A^{-1}b$，$BX=A^{-1}b=A^Tb=Ab$，即 X 亦為 $BY=Ab$ 之一個解

Householder轉換

當已知一 n 階方陣之某一個行 $W=[w_1, w_2\cdots w_n]^T$，我們便可透過 Householder 轉換得到一個對稱正交陣，**但在作轉換前，我們應檢視 W 是否為單位向量**，否則要用 $\sqrt{w_1^2+w_1^2+\cdots+w_n^2}$ 遍除 W 內各分量，化成單位向量。$\sqrt{w_1^2+w_1^2+\cdots+w_n^2}$ 爲向量 W 之長度以 $\|W\|$ 表之。

定理 H 設 $W=[w_1, w_2\cdots\cdots w_n]^T$，且 $\sqrt{w_1^2+w_2^2+\cdots+w_n^2}=1$ 則 $H=I-2WW^T$ 為一對稱正交陣。

證

(1) 先證 H 為正交陣

$$
\begin{aligned}
H^TH &= (I-2WW^T)^T(I-2WW^T) \\
&= (I-2WW^T)(I-2WW^T) \\
&= I-2WW^T-2WW^T+4WW^TWW^T \\
&= I-4WW^T+4W\underbrace{(W^TW)}_{1}W^T
\end{aligned}
$$

$$=I-4WW^T+4WW^T=I$$

∴ H 為一正交陣

(2) 次證 H 具有對稱性：

∵ $H=I-2WW^T$

∴ $H^T=(I-2WW^T)^T=I-2WW^T$ 即 H 有對稱性

由 (1), (2)：H 為一對稱正交陣 ■

例 14 已知 3 階方陣之一個行為 $[1,0,0]^T$，試用 Householder 轉換來建構一個對稱正交陣。

解

∵ $W=[1,0,0]^T$ 之 $\|W\|=\sqrt{1^2+0^2+0^2}=1$

∴ $H=I-2WW^T$

$$=\begin{bmatrix}1&0&0\\0&1&0\\0&0&1\end{bmatrix}-2\begin{bmatrix}1\\0\\0\end{bmatrix}[1,0,0]$$

$$=\begin{bmatrix}1&0&0\\0&1&0\\0&0&1\end{bmatrix}-2\begin{bmatrix}1&0&0\\0&0&0\\0&0&0\end{bmatrix}$$

$$=\begin{bmatrix}-1&0&0\\0&1&0\\0&0&1\end{bmatrix}$$

隨堂演練

已知 2 階方陣之一個行爲 $[3,4]^T$，試用 Householder 轉換來建構一個對稱正交陣。

Ans：$\begin{bmatrix}\frac{7}{25}&-\frac{24}{25}\\-\frac{24}{25}&-\frac{7}{25}\end{bmatrix}$

在已知方陣之一行時，我們可用 Householder 轉換來得到一個對稱正交陣，若已知不只一行時，且這些行互爲正交時，便要用定義求得正交陣。（見習題第 21 題）

習題 1-4

用列運算法求 1 ～ 4 題之反矩陣（若存在的話）：

1. $\begin{bmatrix} 7 & 6 & 2 \\ -14 & -2 & 11 \\ -7 & -11 & 8 \end{bmatrix}$

2. $\begin{bmatrix} -6 & -6 & 6 \\ 3 & -3 & -3 \\ 2 & 6 & 2 \end{bmatrix}$

3. $\begin{bmatrix} 3 & 2 & 3 \\ 2 & 5 & -7 \\ 1 & 2 & -2 \end{bmatrix}$

4. $\begin{bmatrix} 1 & -a & 0 & 0 \\ 0 & 1 & -a & 0 \\ 0 & 0 & 1 & -a \\ 0 & 0 & 0 & 1 \end{bmatrix}$

5. 若 P 爲非奇異陣且 $B=PAP^{-1}$，試證 $B^n=PA^nP^{-1}$，n 爲正整數，利用此結果，若$P=\begin{bmatrix} 1 & 0 & 0 \\ 1 & 1 & 0 \\ 1 & 1 & 1 \end{bmatrix}$，$\Lambda=\begin{bmatrix} a & 0 & 0 \\ 0 & b & 0 \\ 0 & 0 & c \end{bmatrix}$，$AP=P\Lambda$，求$A^n$。

6. 若A爲非奇異陣，試證$(A+B)A^{-1}(A-B)=(A-B)A^{-1}(A+B)$。

7. A 爲 n 階方陣，下列敘述何者成立？
   (a) $A^2=\mathbf{0}$ 則 $A=\mathbf{0}$
   (b) $A\neq\mathbf{0}$ 則 $A^2\neq\mathbf{0}$
   (c) $A=\mathbf{0}$ 則 $A^2=\mathbf{0}$
   (d) $A^2\neq\mathbf{0}$ 則 $A\neq\mathbf{0}$

8. 試證 $(I+A^{-1})^{-1}=(A+I)^{-1}A$。假設 A，$A+I$ 均爲可逆。

9. 假設題目內之所有反矩陣均存在（即不考慮反矩陣不存在之情況）：
   (a) 證 $A-A(A+B)^{-1}A=B-B(A+B)^{-1}B$
   (b) 設 A, B 與 $A+B$ 均爲可逆之 n 階方陣，試證 $A^{-1}+B^{-1}$ 之反矩陣爲 $A(A+B)^{-1}B$。
   (c) 由 (a) 若 $(A+B)^{-1}=A^{-1}+B^{-1}$ 則 $AB^{-1}A=BA^{-1}B$

10. 若 A 爲斜對稱陣，且 A^{-1} 存在，試證 A^{-1} 爲斜對稱陣。

11. P 爲一對稱正交陣，若 P 之第一行爲 $\begin{bmatrix}1\\1\\1\end{bmatrix}$，用 Householder 轉換求 P。

12. A 爲 n 階方陣，(a) $A^2+5A+I=\mathbf{0}$，試證 $A-I$ 爲可逆，又 $(A-I)^{-1}=$？ (b) $A^2-A-2I=\mathbf{0}$，試證 A, $A+2I$ 爲可逆，又 $A^{-1}=$？$(A+2I)^{-1}=$？

13. 下列敘述何者成立？
   (a) A 爲冪等陣（即 $A^2=A$），若 A 爲可逆則 $A=I$
   (b) A 爲冪等陣（即 $A^2=A$），若 $A\neq I$ 則 A 爲不可逆
   (c) A, B 均爲 n 階方陣，其中 A 爲可逆。若 $AB=\mathbf{0}$ 則 $B=\mathbf{0}$
   (d) A, B 均爲 n 階方陣，其中 A 爲可逆。若 $B\neq\mathbf{0}$ 則 $AB\neq\mathbf{0}$

14. $A=\begin{bmatrix}3&0&1\\1&3&0\\0&-1&4\end{bmatrix}$，若 $AB=A+2B$，求 $B=$？

15. (a) A, B 爲對稱陣，試證 $[(AB)^T]^{-1} = A^{-1}B^{-1}$

    (b) A, B 爲 n 階方陣，$AB = A + B$，試證 $A - I$ 爲可逆，且由此證明 $AB = BA$

16. 若 n 階對稱陣 A 滿足 $(A+2I)(A+4I) = \mathbf{0}$，試證 $A + 3I$ 爲正交陣。

17. 若 $A^3 = 2I$，試用 A, I 表達：

    (a) A^{-1} (b) $(A - I)^{-1}$

18. 若 $A^2 = \mathbf{0}$ 求 $(I - A)^{-1}$

19. 若 $A^2 + 2A + 2I = \mathbf{0}$，$A$ 爲奇數階方陣，試證 A 爲可逆並以 A, I 表示。

20. 若 $A = \begin{bmatrix} 1 & 1 & 1 & 1 \\ 1 & 1 & -1 & -1 \\ 1 & -1 & 1 & -1 \\ 1 & -1 & -1 & 1 \end{bmatrix}$ 求 A^n

21. 若 A 爲一正交陣，求 x, y, z

$$A = \begin{bmatrix} \frac{1}{\sqrt{3}} & \frac{1}{\sqrt{2}} & x \\ \frac{1}{\sqrt{3}} & 0 & y \\ \frac{1}{\sqrt{3}} & -\frac{1}{\sqrt{2}} & z \end{bmatrix}$$

22. 假設 A, B, C 均爲同階方陣，問下列敘述何者成立？
    (a) 若 A, B 均爲可逆，則 $A+B$ 爲可逆
    (b) 若 A 爲可逆，B 爲不可逆，則 $A+B$ 爲可逆
    (c) 若 A 爲可逆，B 爲不可逆，則 $A+B$ 爲不可逆
    (d) 若 A, B 均爲不可逆，則 $A+B$ 爲不可逆

23. A 爲一 n 階方陣且 $A^k=\mathbf{0}$，k 爲任一正整數，則稱 A 爲**零勢陣**（nilpotent）試證：
    (a) $I-A^k=(I-A)(I+A+A^2+\cdots+A^{k-1})$
    (b) $(I-A)^{-1}=I+A+A^2+\cdots+A^{k-1}$

24. A 爲一 n 階方陣且 $I+A+A^2+\cdots+A^k=\mathbf{0}$，試證 $A^{-1}=A^k$。

1.5 基本矩陣

定義

單位陣在恰經一次基本列運算後所得之方陣稱為**基本矩陣**（elementary matrix），以 E 表示。

由定義，**基本矩陣是單位陣恰經有一次基本列運算（非行運算），後所得之新的方陣**，像$B=\begin{bmatrix}1&0&0\\2&1&0\\0&0&3\end{bmatrix}$不爲基本矩陣。因爲 I_3 要經 2 次基本列運算才可變成 B。

基本列運算有三種，因此基本矩陣也有下列三種：

(1) **E_{ij}：將第 i 列與第 j 列互換所得之基本矩陣**

例：

$$I=\begin{bmatrix}1&0&0\\0&1&0\\0&0&1\end{bmatrix} \quad \text{則}$$

$$E_{23}=\begin{bmatrix}1&0&0\\0&0&1\\0&1&0\end{bmatrix} \quad E_{31}=\begin{bmatrix}0&0&1\\0&1&0\\1&0&0\end{bmatrix}$$

讀者可驗證$E_{23}\cdot E_{23}=I, E_{31}\cdot E_{31}=I$，事實上 $E_{ij}^2=I$ 成立。

(2) **$E_i(k), k\neq0$：以 k 乘第 i 列所得之基本矩陣**

例：

$$I=\begin{bmatrix}1&0&0\\0&1&0\\0&0&1\end{bmatrix}，E_3(-5)=\begin{bmatrix}1&0&0\\0&1&0\\0&0&-5\end{bmatrix},$$

$$E_3(-\frac{1}{5})=\begin{bmatrix}1 & 0 & 0\\ 0 & 1 & 0\\ 0 & 0 & \frac{-1}{5}\end{bmatrix}$$

讀者可驗證$E_3(-5)\cdot E_3(-\frac{1}{5})=I$，事實上$E_i(k)\cdot E_i(\frac{1}{k})=I$，$k\neq 0$成立。

(3) **$E_{ij}(k), k\neq 0$：以 k 乘第 i 列後加到第 i 列所得之基本矩陣。**

例：

$$E_{23}(k)=\begin{bmatrix}1 & 0 & 0\\ 0 & 1 & 0\\ 0 & k & 1\end{bmatrix}\qquad E_{23}(-k)=\begin{bmatrix}1 & 0 & 0\\ 0 & 1 & 0\\ 0 & -k & 1\end{bmatrix}$$

隨堂演練

以 I_3 爲例，驗證 $E_{23}(k)\cdot E_{23}(-k)=I$。

基本矩陣有下列重要性質：

定理 A　每個基本矩陣均為可逆，且

$E_{ij}^{-1}=E_{ij}$；$E_i^{-1}(k)=E_i(\frac{1}{k}), k\neq 0$；

$E_{ij}^{-1}(k)=E_{ij}(-k)$

讀者請用 3 階單位陣驗證之。

隨堂演練

$$P_1=\begin{bmatrix}0&1&0\\1&0&0\\0&0&1\end{bmatrix}，P_2=\begin{bmatrix}1&0&0\\0&0&1\\0&1&0\end{bmatrix}$$

問 $P_1^{-1}, P_2^{-1}=$ ？(1) 用定理 A (2) 用求反矩陣法。

Ans：$P_1^{-1}=P_1$，$P_2^{-1}=P_2$

EA與AE

E 爲一基本矩陣，A 爲任一方陣，則讀者可藉由實作自然地體認出：

EA 為 A 經列運算之結果

AE 為 A 經行運算之結果

> **EA 與 AE 之記憶**
>
> $EA \rightarrow A$ 列改變
>
> $AE \rightarrow A$ 行改變

亦即 **$B=E_{ij}A$ 表示 B 是由 A 之第 i 列與第 j 列調換而得，$B=E_i(k)\,A$ 表示 B 是由 A 之第 i 列乘 k 而得，$B=E_{ij}(k)A$ 表示 B 是由 A 之第 i 列乘 k 然後加到第 j 列而來，$B=AE$ 也是一樣，只不過將列改為行。**

下面例子可幫助讀者了解。

例 1 $A=\begin{bmatrix}-1&2&0\\3&1&-4\\0&-2&-5\end{bmatrix}，E=\begin{bmatrix}1&0&0\\2&1&0\\0&0&1\end{bmatrix}$，

求 $EA=$? $AE=$?

解

(1) EA（E：I_3 第 1 列 ×2 + 第 2 列 → 第 2 列 ⇒ $EA = A$ 之第 1 列 ×2 + 第 2 列 → 第 2 列）

$$=\begin{bmatrix}1&0&0\\2&1&0\\0&0&1\end{bmatrix}\begin{bmatrix}-1&2&0\\3&1&-4\\0&-2&-5\end{bmatrix}=\begin{bmatrix}-1&2&0\\1&5&-4\\0&-2&-5\end{bmatrix}$$

(2) AE（E：I_3 第 2 行 ×2 + 第 1 行 → 第 2 行 ⇒ AE：A 第 2 行 ×2 + 第 1 行 → 第 1 行）

$$\begin{bmatrix}-1&2&0\\3&1&-4\\0&-2&-5\end{bmatrix}\begin{bmatrix}1&0&0\\2&1&0\\0&0&1\end{bmatrix}=\begin{bmatrix}3&2&0\\5&1&-4\\-4&-2&-5\end{bmatrix}$$

例 2 $A=\begin{bmatrix}-1&2&0\\3&1&-4\\0&-2&5\end{bmatrix}$，$E=\begin{bmatrix}1&0&0\\0&0&1\\0&1&0\end{bmatrix}$ 求 $EA=$ ？ $AE=$ ？

解

(1) $$EA=\begin{bmatrix}1&0&0\\0&0&1\\0&1&0\end{bmatrix}\begin{bmatrix}-1&2&0\\3&1&-4\\0&-2&5\end{bmatrix}=\begin{bmatrix}-1&2&0\\0&-2&5\\3&1&-4\end{bmatrix}$$

(2) $$AE=\begin{bmatrix}-1&2&0\\3&1&-4\\0&-2&5\end{bmatrix}\begin{bmatrix}1&0&0\\0&0&1\\0&1&0\end{bmatrix}$$

$$=\begin{bmatrix}-1&0&2\\3&-4&1\\0&5&-2\end{bmatrix}$$

隨堂演練

（承例 2）$E=\begin{bmatrix}1&0&0\\0&1&0\\1&0&1\end{bmatrix}$ 求 AE

Ans：$\begin{bmatrix}-1&2&0\\-1&1&-4\\5&-2&5\end{bmatrix}$

例 3 A 為 n 階可逆方陣，將 A 之第 i, j 列互換後得一新方陣 B，求 AB^{-1}。

解

$$B = E_{ij}A$$

$$\therefore AB^{-1}=A\,(E_{ij}A)^{-1}=A\,(A^{-1}E_{ij}^{-1})=A\cdot A^{-1}E_{ij}=E_{ij}$$

可逆方陣之基本矩陣乘積分解

> **定理 B** A 為一方陣，若且唯若 A^{-1} 存在則 A 可為數個基本矩陣之乘積。

例 4 $A=\begin{bmatrix}4&3\\1&1\end{bmatrix}$，試將 A 分解成若干個基本矩陣積。

解

$$A=\begin{bmatrix}4&3\\1&1\end{bmatrix}\xrightarrow[E_{12}]{R_1\leftrightarrow R_2}\begin{bmatrix}1&1\\4&3\end{bmatrix}\xrightarrow[E_{12}(-4)]{-4\times R_1+R_2\to R_2}$$

$$\begin{bmatrix}1 & 1\\0 & -1\end{bmatrix}\xrightarrow[E_2(-1)]{-1\times R_2\to R_2}\begin{bmatrix}1 & 1\\0 & 1\end{bmatrix}\xrightarrow[E_{21}(-1)]{-R_2+R_1\to R_1}\begin{bmatrix}1 & 0\\0 & 1\end{bmatrix}=I_2$$

$\therefore\ I_2=E_{21}(-1)E_2(-1)E_{12}(-4)E_{12}A$

$$\begin{aligned}\Rightarrow A&=[E_{21}(-1)E_2(-1)E_{12}(-4)E_{12}]^{-1}\\&=E_{12}^{-1}E_{12}^{-1}(-4)E_2^{-1}(-1)E_{21}^{-1}(-1)\\&=E_{12}E_{12}(4)E_2(-1)E_{21}(1)\\&=\begin{pmatrix}0 & 1\\1 & 0\end{pmatrix}\begin{pmatrix}1 & 0\\4 & 1\end{pmatrix}\begin{pmatrix}1 & 0\\0 & -1\end{pmatrix}\begin{pmatrix}1 & 1\\0 & 1\end{pmatrix}\end{aligned}$$

要注意的是上述方法並非唯一的。

隨堂演練

1. 驗證例 4 之結果。
2. $A=\begin{bmatrix}2 & 1\\0 & 1\end{bmatrix}$，試將 A 分解成若干個基本矩陣之乘積。

   Ans：$A=\begin{bmatrix}2 & 0\\0 & 1\end{bmatrix}\begin{bmatrix}1 & \frac{1}{2}\\0 & 1\end{bmatrix}$

例 5 $A=\begin{bmatrix}1 & 1 & 1\\0 & 1 & 1\\0 & 0 & 1\end{bmatrix}$，試將 A 分解成若干個基本矩陣積並利用此結果求 A^{-1}。

解

$$A=\begin{bmatrix}1 & 1 & 1\\0 & 1 & 1\\0 & 0 & 1\end{bmatrix}\xrightarrow[E_{21}(-1)]{-1R_2+R_1\to R_1}\begin{bmatrix}1 & 0 & 0\\0 & 1 & 1\\0 & 0 & 1\end{bmatrix}\xrightarrow[E_{32}(-1)]{-1R_3+R_2\to R_2}\begin{bmatrix}1 & 0 & 0\\0 & 1 & 0\\0 & 0 & 1\end{bmatrix}$$

$\therefore\ I_3=E_{32}(-1)E_{21}(-1)A$

得

$$A^{-1} = E_{32}(-1)E_{21}(-1)$$

$$= \begin{bmatrix} 1 & 0 & 0 \\ 0 & 1 & -1 \\ 0 & 0 & 1 \end{bmatrix} \begin{bmatrix} 1 & -1 & 0 \\ 0 & 1 & 0 \\ 0 & 0 & 1 \end{bmatrix} = \begin{bmatrix} 1 & -1 & 0 \\ 0 & 1 & -1 \\ 0 & 0 & 1 \end{bmatrix}$$

習題 *1-5*

1. 試以基本矩陣連乘積之形式表 $A=\begin{bmatrix}3 & 2\\1 & 1\end{bmatrix}$。

2. 若 $E=\begin{bmatrix}1 & 0\\6 & 1\end{bmatrix}$ 求 E^{-1}，又 $E^3=$？

3. 若 $A=\begin{bmatrix}1 & 0 & 0\\0 & 1 & 0\\0 & -c & 1\end{bmatrix}\begin{bmatrix}1 & 0 & 0\\0 & 1 & 0\\-b & 0 & 1\end{bmatrix}\begin{bmatrix}1 & 0 & 0\\-a & 1 & 0\\0 & 0 & 1\end{bmatrix}$，求 A^{-1}。

4. 若 $A=\begin{bmatrix}1 & 0 & 3 & 0\\0 & 1 & 0 & 0\\0 & 0 & 1 & 0\\0 & 0 & 0 & 1\end{bmatrix}$，求 A^{-1}。

5. $A=\begin{bmatrix}2 & 3 & 0 & -1\\1 & -4 & 2 & 3\\5 & 2 & -3 & 0\\-1 & 2 & 1 & 1\end{bmatrix}$，$E=\begin{bmatrix}0 & 1 & 0 & 0\\1 & 0 & 0 & 0\\0 & 0 & 1 & 0\\0 & 0 & 0 & 1\end{bmatrix}$，求 EA、AE 及 E^2A。

6. (承第 5 題) $U=\begin{bmatrix}0 & 0 & 0 & 0\\0 & 0 & 0 & 0\\0 & 1 & 0 & 0\\0 & 0 & 0 & 0\end{bmatrix}$，求 UA 及 AU。

7. $A=\begin{bmatrix} -1 & 2 & 0 \\ 3 & 1 & -4 \\ 0 & -2 & -5 \end{bmatrix}$ (a) $EA=\begin{bmatrix} -1 & 2 & 0 \\ 3 & 1 & -4 \\ -1 & 0 & -5 \end{bmatrix}$，求 $E=$？

(b) $AE=\begin{bmatrix} -1 & 0 & 2 \\ 3 & -4 & 1 \\ 0 & -5 & -2 \end{bmatrix}$，求 $E=$ ？

8. 下列敘述何眞？

(a) I_n 爲一基本矩陣

(b) 二個基本矩陣之積仍爲基本矩陣

(c) 二個基本矩陣之和仍爲基本矩陣

(d) 若 A 爲不可逆方陣則 A 亦可能表爲若干個基本矩陣之乘積。

9. 求

$$\begin{bmatrix} 1 & 0 & 0 & 0 \\ 0 & 1 & 0 & 0 \\ 0 & 2 & 1 & 0 \\ 0 & 0 & 0 & 1 \end{bmatrix}\begin{bmatrix} -2 & 3 & 0 & 4 \\ 2 & 5 & -1 & -1 \\ 3 & 1 & 0 & 2 \\ 7 & -1 & 0 & 0 \end{bmatrix}\begin{bmatrix} 1 & 1 & 0 & 0 \\ 0 & 1 & 0 & 0 \\ 0 & 0 & 1 & 0 \\ 0 & 0 & 0 & 1 \end{bmatrix}\begin{bmatrix} 1 & 0 & 0 & 0 \\ 0 & 1 & 0 & 0 \\ 0 & 2 & 1 & 0 \\ 0 & 0 & 0 & 1 \end{bmatrix}$$

10. 分別求 $P_1=\begin{bmatrix} 0 & 0 & 1 \\ 1 & 0 & 0 \\ 0 & 1 & 0 \end{bmatrix}$ 與 $P_2=\begin{bmatrix} 0 & 1 & 0 \\ 0 & 0 & 1 \\ 1 & 0 & 0 \end{bmatrix}$ 之反矩陣。（注意：P_1，P_2 是否爲基本矩陣？）

1.6 *LU*分解（三角分解）

*LU*分解

本節，我們要利用列運算將一個矩陣 A 分解成一個主對角線元素為 1 之下三角陣 L 及一個上三角陣 U，這種分解稱 ***LU* 分解**（LU decomposition）。我們可利用此種分解所得之結果去解聯立線性方程組 $AX=b$ 或反矩陣 A^{-1}。

我們以 3 階方陣為例說明之。

$$\underbrace{\begin{bmatrix} a_{11} & a_{12} & a_{13} \\ a_{21} & a_{22} & a_{23} \\ a_{31} & a_{32} & a_{33} \end{bmatrix}}_{A} = \underbrace{\begin{bmatrix} 1 & 0 & 0 \\ l_{21} & 1 & 0 \\ l_{31} & l_{32} & 1 \end{bmatrix}}_{L} \underbrace{\begin{bmatrix} u_{11} & u_{12} & u_{13} \\ 0 & u_{22} & u_{23} \\ 0 & 0 & u_{33} \end{bmatrix}}_{U}$$

假設 $a_{11}\neq 0$

比較係數得

$u_{11}=a_{11}$

$l_{21}u_{11}=a_{21} \Longrightarrow l_{21}=\dfrac{a_{21}}{u_{11}}=\dfrac{a_{21}}{a_{11}}$，同理 $l_{31}=\dfrac{a_{31}}{a_{11}}\cdots$

事實上，我們可用基本列運算求得 L, U：假定 $a_{11}\neq 0$，我們為了使 A 之第一行其它元素為 0，因此，我們用第一列 $\times\left(-\dfrac{a_{21}}{a_{11}}\right)$ 加到第二列，第一列 $\times\left(-\dfrac{a_{31}}{a_{11}}\right)$ 加到第三列……如此，得到 L 之第一行 $\left[1, \dfrac{a_{21}}{a_{11}}, \dfrac{a_{31}}{a_{11}}\right]^T$，如果此時之 A 變成 $\mathring{A}$，則

$$\mathring{A}=\begin{bmatrix} a_{11} & a_{12} & a_{13} \\ 0 & b_{22} & b_{23} \\ 0 & b_{32} & b_{33} \end{bmatrix}$$

為使 $b_{32}=0$，若 $b_{22}\neq 0$，我們需以第二列 $\times\left(-\frac{b_{32}}{b_{22}}\right)$加第三列，因此得到 L 之第二行 $\left[0, 1, \frac{b_{32}}{b_{22}}\right]^T$，而 U 則是這些列運算之結果。LU 分解也稱為 Crout 方法

$A=LU$ 分解在線性聯立方程組之應用

$A=LU$ 分解可用在線性聯立方程組 $AX=b$ 上，∵ $A=LU$，∴ $AX=LUX=b$，先令 $UX=Y$ 解 $LY=b$，得出 $Y=b'$，然後再解 $UX=b'$ 即可得出 X。

> LU 分解在解
> $Ax=b$：
> $A=LU$
> $Ax=b$
> └→ $L(UX)=b$
> Y
> ↓
> $Y=b'$
> ↓
> $Ux=b$
> └→ x

例 1 $A=\begin{bmatrix} 1 & 2 \\ 2 & 3 \end{bmatrix}$ (a) 作 LU 分解

(b) 解 $AX=b$，$b=\begin{bmatrix} 3 \\ 5 \end{bmatrix}$。

解

(a) LU 分解

step 1 $L_1=\begin{bmatrix} 1 \\ 2 \end{bmatrix}\;-2\begin{bmatrix} ① & 2 \\ 2 & 3 \end{bmatrix}$

step 2 $L_2=\begin{bmatrix}0\\1\end{bmatrix}\leftarrow \begin{bmatrix}1 & 2\\0 & \textcircled{-1}\end{bmatrix}$

step 3 $\therefore L=[L_1 \quad L_2]=\begin{bmatrix}1 & 0\\2 & 1\end{bmatrix}$，$U=\begin{bmatrix}1 & 2\\0 & -1\end{bmatrix}$，

即 $A=\begin{bmatrix}1 & 2\\2 & 3\end{bmatrix}=\begin{bmatrix}1 & 0\\2 & 1\end{bmatrix}\begin{bmatrix}1 & 2\\0 & -1\end{bmatrix}$

(b)解 $AX=b$，即 $LUX=b$，令 $Y=UX$，先解 $LY=b$：

$$\underbrace{\begin{bmatrix}1 & 0\\2 & 1\end{bmatrix}}_{L}\underbrace{\begin{bmatrix}3\\5\end{bmatrix}}_{b}\longrightarrow\left[\begin{array}{cc|c}1 & 0 & 3\\0 & 1 & -1\end{array}\right] \quad \therefore b'=\begin{bmatrix}3\\-1\end{bmatrix}$$

次解 $UX=b'$

$$\underbrace{\begin{bmatrix}1 & 2\\0 & -1\end{bmatrix}}_{U}\underbrace{\begin{bmatrix}3\\-1\end{bmatrix}}_{b'}\longrightarrow\left[\begin{array}{cc|c}1 & 0 & 1\\0 & 1 & 1\end{array}\right] \quad \therefore x_1=1, x_2=1$$

例 2 $A=\begin{bmatrix}1 & 0 & -2\\2 & -1 & 1\\-1 & 3 & 2\end{bmatrix}$

(a) 作 LU 分解。

(b) 若 $AX=b$，$b=[-1, -3, 4]^T$ 利用 (a) 之結果求 X。

解

(a) $\begin{bmatrix}\textcircled{1} & 0 & -2\\2 & -1 & 1\\-1 & 3 & 2\end{bmatrix}$（第1列乘 -2 加至第2列，乘 1 加至第3列） $\therefore L_1=\begin{bmatrix}1\\2\\-1\end{bmatrix}$

$\begin{bmatrix}1 & 0 & -2\\0 & \textcircled{-1} & 5\\0 & 3 & 0\end{bmatrix}$（第2列乘 3 加至第3列） $\therefore L_2=\begin{bmatrix}0\\1\\-3\end{bmatrix}$

$$\begin{bmatrix} 1 & 0 & -2 \\ 0 & -1 & 5 \\ 0 & 0 & \textcircled{15} \end{bmatrix} \quad \therefore L_3 = \begin{bmatrix} 0 \\ 0 \\ 1 \end{bmatrix}$$

取 $L = [L_1 \ \ L_2 \ \ L_3] = \begin{bmatrix} 1 & 0 & 0 \\ 2 & 1 & 0 \\ -1 & -3 & 1 \end{bmatrix}$，$U = \begin{bmatrix} 1 & 0 & -2 \\ 0 & -1 & 5 \\ 0 & 0 & 15 \end{bmatrix}$

(b)先解 $LY = b$

$$\underbrace{\begin{bmatrix} 1 & 0 & 0 \\ 2 & 1 & 0 \\ -1 & -3 & 1 \end{bmatrix}}_{L} \left| \underbrace{\begin{matrix} 1 \\ -3 \\ 4 \end{matrix}}_{b} \right] \longrightarrow \left[\begin{matrix} 1 & 0 & 0 \\ 0 & 1 & 0 \\ 0 & -3 & 1 \end{matrix} \left| \begin{matrix} -1 \\ -1 \\ 3 \end{matrix} \right.\right] \longrightarrow \left[\begin{matrix} 1 & 0 & 0 \\ 0 & 1 & 0 \\ 0 & 0 & 1 \end{matrix} \left| \underbrace{\begin{matrix} -1 \\ -1 \\ 0 \end{matrix}}_{b'} \right.\right]$$

$\therefore$ 次解 $UX = b'$

$$\left[\begin{matrix} 1 & 0 & -2 \\ 0 & -1 & 5 \\ 0 & 0 & 15 \end{matrix} \left| \begin{matrix} -1 \\ -1 \\ 0 \end{matrix} \right.\right]$$

由後代法易得 $x_3 = 0,\ x_2 = 1,\ x_1 = -1$

$\therefore\ x_1 = -1,\ x_2 = 1,\ x_3 = 0$ 是為所求

隨堂演練

作 $A = \begin{bmatrix} 2 & 3 \\ 3 & -1 \end{bmatrix}$ 之 LU 分解，並以此解 $Ax = b, b = \begin{bmatrix} 3 \\ 2 \end{bmatrix}$。

Ans：$A = \begin{bmatrix} 1 & 0 \\ \frac{3}{2} & 1 \end{bmatrix} \begin{bmatrix} 2 & 3 \\ 0 & -\frac{11}{2} \end{bmatrix}$；$x = \begin{bmatrix} \frac{9}{11} \\ \frac{5}{11} \end{bmatrix}$

$PA = LU$分解

作 $A = LU$ 分解時，有時（例如：$a_{11} = 0$）需先對 A 作列互調，而得到一個排列矩陣 P，使得 $PA = LU$。若令 $B = PA$，則 $PA = LU$ 分解便是 $B = LU$ 分解。

例 3 求 $A=\begin{bmatrix} 0 & 1 & 4 \\ 3 & 5 & 2 \\ -3 & -5 & -6 \end{bmatrix}$ 之 $PA = LU$ 分解。

解

本例無法作 LU 分解，但將 A 之第一列、第二列互調，便可作 LU 分解。

step 1 $P=\begin{bmatrix} 0 & 1 & 0 \\ 1 & 0 & 0 \\ 0 & 0 & 1 \end{bmatrix}$，$PA=\begin{bmatrix} 3 & 5 & 2 \\ 0 & 1 & 4 \\ -3 & -5 & -6 \end{bmatrix}$

現用 PA 進行 LU 分解

step 2 $\begin{bmatrix} 3 & 5 & 2 \\ 0 & 1 & 4 \\ -3 & -5 & -6 \end{bmatrix}$（第一列乘 0 加至第二列、乘 1 加至第三列） $\therefore L_1=\begin{bmatrix} 1 \\ 0 \\ -1 \end{bmatrix}$

step 3 $\rightarrow\begin{bmatrix} 3 & 5 & 2 \\ 0 & 1 & 4 \\ 0 & 0 & -4 \end{bmatrix}$ $\therefore L_2=\begin{bmatrix} 0 \\ 1 \\ 0 \end{bmatrix}$

step 4 $\rightarrow\begin{bmatrix} 3 & 5 & 2 \\ 0 & 1 & 4 \\ 0 & 0 & -4 \end{bmatrix}$ $(=U)$ $\therefore L_3=\begin{bmatrix} 0 \\ 0 \\ 1 \end{bmatrix}$

$$\therefore PA=\begin{bmatrix} 1 & 0 & 0 \\ 0 & 1 & 0 \\ -1 & 0 & 1 \end{bmatrix}\begin{bmatrix} 3 & 5 & 2 \\ 0 & 1 & 4 \\ 0 & 0 & -4 \end{bmatrix}$$

或 $A=P^{-1}\begin{bmatrix}1&0&0\\0&1&0\\-1&0&1\end{bmatrix}\begin{bmatrix}3&5&2\\0&1&4\\0&0&-4\end{bmatrix}$ $(\because P=E_{12}\quad\therefore P^{-1}=E_{12})$

$$=\underbrace{\begin{bmatrix}0&1&0\\1&0&0\\0&0&1\end{bmatrix}}_{P}\underbrace{\begin{bmatrix}1&0&0\\0&1&0\\-1&0&1\end{bmatrix}}_{L}\underbrace{\begin{bmatrix}3&5&2\\0&1&4\\0&0&-4\end{bmatrix}}_{U}$$

例 4 $A=\begin{bmatrix}0&0&4&2\\2&4&6&2\\-4&-8&-10&-2\end{bmatrix}$ 試求 P, L, U 使得 $A=PLU$。

解

將 A 之第一，二列作調換

$$P=\begin{bmatrix}0&1&0\\1&0&0\\0&0&1\end{bmatrix}$$

$$PA=\begin{bmatrix}2&4&6&2\\0&0&4&2\\-4&-8&-10&-2\end{bmatrix}$$

$$\begin{bmatrix}2&4&6&2\\0&0&4&2\\-4&-8&-10&-2\end{bmatrix}\xrightarrow{\text{row}_1\times 0\to\text{row}_2,\ \text{row}_1\times 2\to\text{row}_3}\begin{bmatrix}2&4&6&2\\0&0&4&2\\0&0&2&2\end{bmatrix}$$

$$\xrightarrow{\text{row}_2\times\frac{-1}{2}\to\text{row}_3}\begin{bmatrix}2&4&6&2\\0&0&4&2\\0&0&0&1\end{bmatrix}(=U)\quad\therefore L_1=\begin{bmatrix}1\\0\\-2\end{bmatrix}, L_2=\begin{bmatrix}0\\1\\\frac{1}{2}\end{bmatrix}, L_3=\begin{bmatrix}0\\0\\1\end{bmatrix}$$

$$L=\begin{bmatrix}1&0&0\\0&1&0\\-2&\frac{1}{2}&1\end{bmatrix}$$

$$\therefore \begin{bmatrix} 0 & 0 & 4 & 2 \\ 2 & 4 & 6 & 2 \\ -4 & -8 & -10 & -2 \end{bmatrix}$$

$$= \underbrace{\begin{bmatrix} 0 & 1 & 0 \\ 1 & 0 & 0 \\ 0 & 0 & 1 \end{bmatrix}}_{P} \underbrace{\begin{bmatrix} 1 & 0 & 0 \\ 0 & 1 & 0 \\ -2 & \frac{1}{2} & 1 \end{bmatrix}}_{L} \underbrace{\begin{bmatrix} 2 & 4 & 6 & 2 \\ 0 & 0 & 4 & 2 \\ 0 & 0 & 0 & 1 \end{bmatrix}}_{U}$$

$A = LDU$分解

$A = LU$ 分解尚可進一步作 $A = LDU$ 分解，所謂 $\boldsymbol{A = LDU}$ **分解是指** $\boldsymbol{L}$, $\boldsymbol{U}$ **之主對角線元素均為 1，而** $\boldsymbol{D}$ **為一對角陣**。

因此，D 是從 U 分解出來的，我們以三階 U 陣爲例說明之：

若 $U = \begin{bmatrix} a_{11} & a_{12} & a_{13} \\ 0 & a_{22} & a_{23} \\ 0 & 0 & a_{33} \end{bmatrix} = \begin{bmatrix} a_{11} & 0 & 0 \\ 0 & a_{22} & 0 \\ 0 & 0 & a_{33} \end{bmatrix} \begin{bmatrix} 1 & x & y \\ 0 & 1 & z \\ 0 & 0 & 1 \end{bmatrix}$

則 $\begin{bmatrix} a_{11} & a_{12} & a_{13} \\ 0 & a_{22} & a_{23} \\ 0 & 0 & a_{33} \end{bmatrix} = \begin{bmatrix} a_{11} & a_{11}x & a_{11}y \\ 0 & a_{22} & a_{22}z \\ 0 & 0 & a_{33} \end{bmatrix}$

比較之，$x = \frac{a_{12}}{a_{11}}$，$y = \frac{a_{13}}{a_{11}}$，$z = \frac{a_{23}}{a_{22}}$

例 5 求例 1 之 $A = LDU$ 分解。

解

$$A = \begin{bmatrix} 1 & 2 \\ 2 & 3 \end{bmatrix} = \begin{bmatrix} 1 & 0 \\ 2 & 1 \end{bmatrix} \begin{bmatrix} 1 & 2 \\ 0 & -1 \end{bmatrix} = \begin{bmatrix} 1 & 0 \\ 2 & 1 \end{bmatrix} \begin{bmatrix} 1 & 0 \\ 0 & -1 \end{bmatrix} \begin{bmatrix} 1 & 2 \\ 0 & 1 \end{bmatrix}$$

隨堂演練

若 $a \neq 0$ 求 $\begin{bmatrix} a & b \\ c & d \end{bmatrix}$ 之 LDU 分解

Ans：$L=\begin{bmatrix} 1 & 0 \\ \frac{c}{a} & 1 \end{bmatrix}, D=\begin{bmatrix} a & 0 \\ 0 & d-\frac{bc}{a} \end{bmatrix}, U=\begin{bmatrix} 1 & \frac{b}{a} \\ 0 & 1 \end{bmatrix}$

$A=LDL^T$ 分解

若 A **為對稱陣**，則 A 可作 $A=LDL^T$ 分解，用前述 $A=LDU$ 分解之方法可求出 L，而 $\boldsymbol{U}=\boldsymbol{L}^T$。

例 6 $A=\begin{bmatrix} 1 & 2 & 4 \\ 2 & 6 & 10 \\ 4 & 10 & 12 \end{bmatrix}$ 試作 $A=LDL^T$ 分解。

解

step 1 $\begin{bmatrix} \textcircled{1} & 2 & 4 \\ 2 & 6 & 10 \\ 4 & 10 & 12 \end{bmatrix}$ （-2, -4） $\therefore L_1=\begin{pmatrix} 1 \\ 2 \\ 4 \end{pmatrix}$

step 2 $\begin{bmatrix} 1 & 2 & 4 \\ 0 & \textcircled{2} & 2 \\ 0 & 2 & -4 \end{bmatrix}$ （-1） $L_2=\begin{pmatrix} 0 \\ 1 \\ 1 \end{pmatrix}$

step 3 $\begin{bmatrix} 1 & 2 & 4 \\ 0 & 2 & 2 \\ 0 & 0 & \textcircled{-6} \end{bmatrix}$ $L_3=\begin{pmatrix} 0 \\ 0 \\ 1 \end{pmatrix}$

得 $L=\begin{bmatrix}1 & 0 & 0\\ 2 & 1 & 0\\ 4 & 1 & 1\end{bmatrix}$，$U=\begin{bmatrix}1 & 2 & 4\\ 0 & 2 & 2\\ 0 & 0 & -6\end{bmatrix}$

即 $\begin{bmatrix}1 & 2 & 4\\ 2 & 6 & 10\\ 4 & 10 & 12\end{bmatrix}=\underbrace{\begin{bmatrix}1 & 0 & 0\\ 2 & 1 & 0\\ 4 & 1 & 1\end{bmatrix}}_{L}\underbrace{\begin{bmatrix}1 & 0 & 0\\ 0 & 2 & 0\\ 0 & 0 & -6\end{bmatrix}}_{D}\underbrace{\begin{bmatrix}1 & 2 & 4\\ 0 & 1 & 1\\ 0 & 0 & 1\end{bmatrix}}_{L^T}$

習題 1-6

1. $A=\begin{bmatrix}2 & -3\\3 & 1\end{bmatrix}$ (1) 作 LU 分解，並以此解 $AX=\begin{bmatrix}-3\\1\end{bmatrix}$。(2) 求 $A=LDU$ 分解。

2. $A=\begin{bmatrix}3 & 1 & 0\\0 & 2 & 0\\1 & 3 & 2\end{bmatrix}$ (1) 作 LU 分解，並以此解 $AX=\begin{bmatrix}4\\2\\6\end{bmatrix}$。(2) 求 $A=LDU$ 之分解。

3. $A=\begin{bmatrix}1 & 0 & 1\\1 & 1 & 0\\0 & 1 & 1\end{bmatrix}$ 作 LU 分解，並求 A^{-1}。

4. $A=\begin{bmatrix}1 & 2 & 3\\2 & 6 & 9\\3 & 9 & 10\end{bmatrix}$ 試求 $A=LDL^T$ 分解。

5. 求 $A=\begin{bmatrix}1 & 0 & 2\\0 & 3 & 1\\2 & 1 & 8\end{bmatrix}$ 之 $A=LDL^T$ 分解。

6. 求 $A=\begin{bmatrix}2 & -3 & 0\\4 & -5 & 1\\2 & 0 & 4\end{bmatrix}$ 之 $A=LDU$ 分解。

CHAPTER 2 行列式

2.1 行列式之定義

行列式（determinant）最早散見於萊伯尼茲與日本江戶時期之數學家關孝和（Seki Kowa, 1642-1708）之著作，它早期之主要功能是解線性聯立方程組。

逆序

$n!$ 讀做 n **階乘**（factorical）
$n! = 1 \cdot 2 \cdot 3 \cdots n$
規定 $0! = 1$

集合 $\{1, 2, \cdots n\}$ 之有序排列組稱為 $1, 2, \cdots n$ 之**排列**（permutation）或重排，例如 $\{1, 2, 3\}$ 有 $3! = 6$ 個可能排列：(1, 2, 3), (1, 3, 2), (2, 3, 1), (2, 1, 3), (3, 1, 2) 及 (3, 2, 1)。一般而言，$\{1, 2, 3 \cdots n\}$ 有 n！個可能排列。

例 1 $S = \{1, 2, 3, 4, 5\}$ 試判斷下列是否為定義於 S 之一個排列。

(a) $a_{12}\, a_{21}\, a_{35}\, a_{41}\, a_{54}$ (b) $a_{11}\, a_{23}\, a_{35}\, a_{34}\, a_{52}$

解

(a) $\because$ $a_{2\underline{1}}, a_{4\underline{1}}$，各出現一個「1」，$\therefore$不為定義於 S 之一個排列。

(b) $a_{\underline{3}5}, a_{\underline{3}4}$，各出現一個「3」，$\therefore$不為定義於 S 之一個排列。

在一組排列中若存在一個大的數排在小的數之前方（即左方），稱之為**逆序**（inversion）：一個排列中有奇數個逆序者稱為**奇排列**（odd permutation），有偶數個逆序者稱為**偶排列**（even permutation）。

例 2 求 (4, 3, 2, 1) 之逆序。

在求逆序時，我們可就每一個元素之右方有幾個元素比它小，其個數就是這個元素之逆序，將每一個元素之逆序加總即為此排列之逆序數，由逆序數之奇偶可判定此排列為奇排列或偶排列。

解

(a) 4 之逆序有 3 個（3, 2, 1 均比 4 小）

(b) 3 之逆序有 2 個（2, 1 均比 3 小）

2 之逆序有 1 個（1 比 2 小）

∴ (4, 3, 2, 1) 之逆序有 $3 + 2 + 1 = 6$ 個，為偶排列

隨堂演練

若 $S = \{1, 2, 3\}$，問 (2, 3, 1), (3, 1, 2), (2, 1, 3) 何者爲奇排列？何者爲偶排列？

Ans：除 (2, 1, 3) 爲奇排列外其餘均爲偶排列。

行列式定義

定義

$$A=\begin{bmatrix} a_{11} & a_{12} & \cdots & a_{1n} \\ a_{21} & a_{22} & \cdots & a_{2n} \\ \cdots & \cdots & \cdots & \cdots \\ a_{n1} & a_{n2} & \cdots & a_{nn} \end{bmatrix}$$

則 A 之**行列式** $\det(A)$（在不致混淆情況下，A 之行列式亦常用 $|A|$ 表示）定義為

$\det(A)=\Sigma(-1)^{\delta(k)}\cdot a_{1k_1}a_{2k_2}\cdots a_{nk_n}$；$k=(k_1,k_2,\cdots k_n)$ 為 $S=\{1,2,3\cdots n\}$ 之某種排列；在此

$$\delta(k)=\begin{cases} 0 & k \text{ 為偶排列} \\ 1 & k \text{ 為奇排列} \end{cases}$$

讀者應注意到，行列式定義中之每個排列都是呈$a_{1_}a_{2_}a_{3_}\cdots a_{n_}$之形式，而橫線上之足碼則是 $\{1, 2, 3, \cdots n\}$ 之某種排列，在此以 2 階及 3 階行列式爲例說明上述定義。在下節我們將介紹一個更廣泛使用之行列式定義。

2階行列式

定理 A　$\det(A)=\begin{vmatrix} a_{11} & a_{12} \\ a_{21} & a_{22} \end{vmatrix}=a_{11}a_{22}-a_{12}a_{21}$。

證

$\det(A)=\begin{vmatrix} a_{11} & a_{12} \\ a_{21} & a_{22} \end{vmatrix}$，det(A) 之可能排列有二：一是 $a_{11}a_{22}$，一是 $a_{12}a_{21}$

(1) $a_{11}a_{22}$：(1, 2) 之逆序有 0 個，為偶排排

(2) $a_{12}a_{21}$：(2, 1) 之逆序有 1 個，為奇排排

$$\therefore \begin{vmatrix} a_{11} & a_{12} \\ a_{21} & a_{22} \end{vmatrix}=(-1)^0 a_{11}a_{22}+(-1)^1 a_{12}a_{21}=a_{11}a_{22}-a_{12}a_{21}$$ ■

3階行列式

定理 B $\det(A)=\begin{vmatrix} a_{11} & a_{12} & a_{13} \\ a_{21} & a_{22} & a_{23} \\ a_{31} & a_{32} & a_{33} \end{vmatrix}$

$$=a_{11}a_{22}a_{33}-a_{11}a_{23}a_{32}-a_{12}a_{21}a_{33}+a_{12}a_{23}a_{31}+a_{13}a_{21}a_{32}-a_{13}a_{22}a_{31}$$

證

det(A)為3階行列式，故其可能排列有3！= 6種，列表如下：

可能排排	奇／偶排排	$(-1)^{\delta(k)}a_{1k_1}a_{2k_2}a_{3k_3}$
$a_{11}\ a_{22}\ a_{33}$	(1, 2, 3) →偶排排	$a_{11}\ a_{22}\ a_{33}$
$a_{11}\ a_{23}\ a_{32}$	(1, 3, 2) →奇排排	$-a_{11}\ a_{23}\ a_{32}$
$a_{12}\ a_{21}\ a_{33}$	(2, 1, 3) →奇排排	$-a_{12}\ a_{21}\ a_{33}$
$a_{12}\ a_{23}\ a_{31}$	(2, 3, 1) →偶排排	$a_{12}\ a_{23}\ a_{31}$
$a_{13}\ a_{21}\ a_{32}$	(3, 1, 2) →偶排排	$a_{13}\ a_{21}\ a_{32}$
$a_{13}\ a_{22}\ a_{31}$	(3, 2, 1) →奇排排	$-a_{13}\ a_{22}\ a_{31}$

將最後一欄加總即得 ■

我們可用下述方法記憶：

$$\begin{vmatrix} a_{11} & a_{12} & a_{13} \\ a_{21} & a_{22} & a_{23} \\ a_{31} & a_{32} & a_{33} \end{vmatrix} = \begin{matrix} a_{11} & a_{12} & \overset{-}{a_{13}} & \overset{-}{a_{11}} & \overset{-}{a_{12}} \\ a_{21} & a_{22} & a_{23} & a_{21} & a_{22} \\ a_{31} & a_{32} & \underset{+}{a_{33}} & \underset{+}{a_{31}} & \underset{+}{a_{32}} \end{matrix}$$

上述求行列式的方法稱為 Sarrus 法。讀者應注意的是它只適用於 3 階行列式，4 階及其以上便不適用。Sarrus 法是紀念法國數學家 Pierre F. Sarrus（1798-1861）

例 3 求 $\begin{vmatrix} 1 & 2 & 2 \\ 2 & 2 & 2 \\ 2 & 2 & 3 \end{vmatrix}$

解

$$\begin{vmatrix} 1 & 2 & 2 \\ 2 & 2 & 2 \\ 2 & 2 & 3 \end{vmatrix} = \begin{matrix} 1 & 2 & \overset{-}{2} & \overset{-}{1} & \overset{-}{2} \\ 2 & 2 & 2 & 2 & 2 \\ 2 & 2 & \underset{+}{3} & \underset{+}{2} & \underset{+}{2} \end{matrix}$$

$= 1\times2\times3+2\times2\times2+2\times2\times2-2\times2\times2-2\times2\times1-3\times2\times2$

$=-2$

隨堂演練

驗證 $\begin{vmatrix} 0 & -a & -b \\ a & 0 & c \\ b & -c & 0 \end{vmatrix} = 0$。

習題 2-1

1. $S=\{1, 2, 3, 4, 5\}$ 問 (a)13425　(b)34251 是奇排列還是偶排列？

2. $S=\{1, 2, 3, 4, 5\}$ 問下列排列之奇偶性：

   (a) $a_{13}\,a_{41}\,a_{34}\,a_{25}\,a_{52}$　(b) $a_{23}\,a_{31}\,a_{42}\,a_{54}\,a_{15}$

3. 在 4 階行列式中 $a_{11}\,a_{2x}\,a_{3y}\,a_{44}$ 爲奇排列求 $x=$ ？$y=$ ？又 $a_{1w}\,a_{23}\,a_{35}\,a_{44}$ 爲偶排列，求 $w=$ ？$s=$ ？

4. $S=\{1, 2, 3, 4, 5, 6\}$，若 $32i4j6$ 爲偶排列，求 i, j

5. A 爲任意 n 階方陣，試證 $\det(bA)=b^n\det(A)$

6. $\begin{vmatrix} 1 & x & x \\ x & 2 & 0 \\ x & 0 & 1 \end{vmatrix}=-1$，求 x

7. 若 $f(x)=\begin{vmatrix} x & 4 & x \\ 1 & x & x \\ 2 & 0 & 1 \end{vmatrix}$ 爲一多項式，求常數項

8. 求 $\begin{vmatrix} a-x & b & c \\ 1 & -x & 0 \\ 1 & 1 & \end{vmatrix}$ 之 x^2 係數。

9. 求 $\begin{vmatrix} a & e & f \\ 0 & b & g \\ 0 & 0 & c \end{vmatrix}$

10. A 為一 2 階方陣，$\text{tr}(A)=1$，$\det(A)=0$，試證 A 為冪等陣。

11. A 為 2 階非奇異陣，試證 $\text{tr}(A)=\{\text{tr}(A^{-1})\}\cdot\det(A)$。

12. $A=\begin{bmatrix} a & b \\ c & d \end{bmatrix}$，試證 $\det(A)=\frac{1}{2}((\text{tr}(A))^2-\text{tr}(A^2))$

2.2 餘因式與行列式之性質

行列式定義II——餘因式

定義

A 為 n 階行列式，若移去包含 a_{ij} 之列與行後剩下之 $n-1$ 階行列式以 M_{ij} 表之。a_{ij} 之**餘因式**（cofactor）以 A_{ij} 或 $\text{cof}(a_{ij})$ 表之，定義 A_{ij} 或 $\text{cof}(a_{ij})=(-1)^{i+j}M_{ij}$。

例如 $A=\begin{vmatrix} a & b & c \\ d & e & f \\ g & h & i \end{vmatrix}$ 則 (1) $M_{11}=\begin{vmatrix} e & f \\ h & i \end{vmatrix}=ei-fh$，$A_{11}=(-1)^{1+1}M_{11}$ $=ei-fh$，(2) $M_{32}=\begin{vmatrix} a & c \\ d & f \end{vmatrix}=af-cd$，$A_{32}=(-1)^{3+2}M_{32}=-(af-cd)$

行列式除了2.1節之定義外，還有下列定義，二者是等價的。

定義

$$a_{i1}A_{j1}+a_{i2}A_{j2}+\cdots+a_{in}A_{jn}=\begin{cases} 0 & , i\neq j \\ \det(A) & , i=j \end{cases}$$

$$a_{1i}A_{1j}+a_{2i}A_{2j}+\cdots+a_{ni}A_{nj}=\begin{cases} 0 & , i\neq j \\ \det(A) & , i=j \end{cases}$$

例 1 以餘因式法解 $\begin{vmatrix} a_{11} & a_{12} & a_{13} \\ a_{21} & a_{22} & a_{23} \\ a_{31} & a_{32} & a_{33} \end{vmatrix}$。

解

以第一列之每一元素乘上其對應餘因式積之和：

$$\det(A)=(-1)^{1+1}a_{11}\begin{vmatrix}a_{22} & a_{23}\\ a_{32} & a_{33}\end{vmatrix}+(-1)^{1+2}a_{12}\begin{vmatrix}a_{21} & a_{23}\\ a_{31} & a_{33}\end{vmatrix}$$

$$+(-1)^{1+3}a_{13}\begin{vmatrix}a_{21} & a_{22}\\ a_{31} & a_{32}\end{vmatrix}$$

$$=a_{11}a_{22}a_{33}-a_{11}a_{23}a_{32}-a_{12}a_{21}a_{33}+a_{12}a_{23}a_{31}$$

$$+a_{13}a_{21}a_{32}-a_{13}a_{22}a_{31}$$

此與定理 2.1B 結果相同。

例 2 用餘因式法求 $\begin{vmatrix}0 & x & y & z\\ m & 1 & 0 & 0\\ n & 0 & 1 & 0\\ p & 0 & 0 & 1\end{vmatrix}$。

解

我們以第四列展開：

$$\begin{vmatrix}0 & x & y & z\\ m & 1 & 0 & 0\\ n & 0 & 1 & 0\\ p & 0 & 0 & 1\end{vmatrix}$$

$$=p(-1)^{4+1}\begin{vmatrix}x & y & z\\ 1 & 0 & 0\\ 0 & 1 & 0\end{vmatrix}+1(-1)^{4+4}\begin{vmatrix}0 & x & y\\ m & 1 & 0\\ n & 0 & 1\end{vmatrix}$$

$$=(-p)\cdot 1(-1)^{3+2}\begin{vmatrix}x & z\\ 1 & 0\end{vmatrix}+\left(x(-1)^{1+2}\begin{vmatrix}m & 0\\ n & 1\end{vmatrix}\right.$$

$$\left.+y(-1)^{1+3}\begin{vmatrix}m & 1\\ n & 0\end{vmatrix}\right)$$

$$=-pz-xm-ny$$

在上例我們或許可抓到用**餘因式展開之技巧，即儘量選取** 0 **較多的行或列來展開**。

隨堂演練

用餘因式法驗證 $\begin{vmatrix} 1 & 1 & 1 & 1 \\ 1 & x & 0 & 0 \\ 1 & 0 & y & 0 \\ 1 & 0 & 0 & z \end{vmatrix} = xyz - (xy + xz + yz)$。

例 3 求 n 階行列式 $\begin{vmatrix} a & 0 & \cdots & \cdots & 0 & 1 \\ 0 & a & \cdots & \cdots & 0 & 0 \\ \vdots & 0 & \ddots & & & \vdots \\ \vdots & \vdots & & \ddots & & \vdots \\ 0 & 0 & \cdots & \cdots & a & 0 \\ 1 & 0 & \cdots & \cdots & \cdots & a \end{vmatrix}$

解

我們由行列式之第 1 行進行餘因式展開：

$$\begin{vmatrix} a & 0 & \cdots & \cdots & 0 & 1 \\ 0 & a & \cdots & \cdots & 0 & 0 \\ \vdots & 0 & \ddots & & \vdots & \vdots \\ \vdots & \vdots & & \ddots & \vdots & \vdots \\ 0 & 0 & \cdots & \cdots & a & 0 \\ 1 & 0 & \cdots & \cdots & \cdots & a \end{vmatrix} = a \cdot (-1)^{1+1} \underbrace{\begin{vmatrix} a & & \mathbf{0} \\ & \ddots & \\ \mathbf{0} & & a \end{vmatrix}}_{\substack{n-1 \text{ 階} \\ (=a^{n-1})}}$$

$$+ (-1)^{n+1} \underbrace{\begin{vmatrix} 0 & \cdots & \cdots & 0 & 1 \\ a & \cdots & \cdots & 0 & 0 \\ 0 & & & \vdots & \vdots \\ \vdots & & & \vdots & \vdots \\ 0 & & & a & 0 \end{vmatrix}}_{n-1 \text{ 階}}$$

$$= a \cdot a^{n-1} + (-1)^{n+1}\left[(-1)^{1+(n-1)} \underbrace{\begin{vmatrix} a & & \mathbf{0} \\ & \ddots & \\ \mathbf{0} & & a \end{vmatrix}}_{(=a^{n-2})}\right]$$

$$= a^n + (-1)^{2n+1} \cdot a^{n-2} = a^n - a^{n-2}$$

例 4 求 $\begin{vmatrix} a_1 & 0 & 0 & b_1 \\ 0 & a_2 & b_2 & 0 \\ 0 & b_3 & a_3 & 0 \\ b_4 & 0 & 0 & a_4 \end{vmatrix}$

解

我們由行列式第 1 行進行餘因式展開：

$$\begin{vmatrix} a_1 & 0 & 0 & b_1 \\ 0 & a_2 & b_2 & 0 \\ 0 & b_3 & a_3 & 0 \\ b_4 & 0 & 0 & a_4 \end{vmatrix} = a_1 \begin{vmatrix} a_2 & b_2 & 0 \\ b_3 & a_3 & 0 \\ 0 & 0 & a_4 \end{vmatrix} - b_4 \begin{vmatrix} 0 & 0 & b_1 \\ a_2 & b_2 & 0 \\ b_3 & a_3 & 0 \end{vmatrix}$$

$$= a_1 a_4 \begin{vmatrix} a_2 & b_2 \\ b_3 & a_3 \end{vmatrix} - b_4 b_1 \begin{vmatrix} a_2 & b_2 \\ b_3 & a_3 \end{vmatrix}$$

$$= a_1 a_4 (a_2 a_3 - b_2 b_3) - b_4 b_1 (a_2 a_3 - b_2 b_3)$$

$$= (a_1 a_4 - b_1 b_4)(a_2 a_3 - b_2 b_3)$$

例 4 是用較簡明之方法表達計算過程，讀者應可判斷出其間正負之原因。

我們可用餘因式法建立下列諸定理：

定理 A A 為 n 階方陣，$n \geq 2$，則

$$\det(A) = a_{i1}A_{i1} + a_{i2}A_{i2} + \cdots + a_{in}A_{in}$$

$$\cdots\cdots\cdots\cdots$$

$$= a_{1j}A_{1j} + a_{2j}A_{2j} + \cdots + a_{nj}A_{nj}，i, j = 1, 2 \cdots n$$

證

由本節定義顯然成立。■

定理 A 指出由**任一列（行）之餘因式展開得到之行列式的結果均為相等**。

定理 B A 為 n 階方陣，則 $\det(A^T) = \det(A)$

證

(1) 利用數學歸納法

(a)$n = 1$ 時，1×1 方陣本身即對稱，故此結果成立

(b)$n = k$ 時，假設此結果成立

(c)$n = k + 1$ 時，將 $\det(A)$ 沿 A 之第一列展開：

$$\det(A) = a_{11}\det(M_{11}) - a_{12}\det(M_{12}) + \cdots \pm a_{1,k+1}(M_{1,k+1})$$

$$= a_{11}\det(M_{11}^T) - a_{12}\det(M_{12}^T) + \cdots \pm a_{1,k+1}(M_{1,k+1}^T)$$

$$= \det(A^T)$$ ■

由定理 B 知，**若 A 為可逆，則 A^T 亦為可逆**。

定理 C A 為 n 階上三角陣，則 $\det(A) = a_{11}a_{22}\cdots a_{nn}$

證

A 為上三角陣列：反復沿 A 之第 1 行以餘因式展開：

$$\det(A)=\begin{vmatrix} a_{11} & a_{12} & \cdots & \cdots & a_{1n} \\ 0 & a_{22} & \cdots & \cdots & a_{2n} \\ 0 & 0 & a_{33} & \cdots & a_{3n} \\ \cdots & \cdots & \cdots & \cdots & \cdots \\ 0 & 0 & 0 & \cdots & a_{nn} \end{vmatrix}=a_{11}\begin{vmatrix} a_{22} & \cdots & \cdots & a_{2n} \\ 0 & a_{33} & \cdots & a_{3n} \\ \cdots & \cdots & \cdots & \cdots \\ 0 & 0 & \cdots & a_{nn} \end{vmatrix}$$

$$=a_{11}a_{22}\begin{vmatrix} a_{33} & \cdots & \cdots & a_{3n} \\ 0 & a_{44} & \cdots & a_{4n} \\ \cdots & \cdots & \cdots & \cdots \\ 0 & 0 & \cdots & a_{nn} \end{vmatrix}=\cdots=a_{11}a_{22}\cdots a_{nn}$$

若 A 為下三角陣

$$\det(A)=\begin{vmatrix} a_{11} & a_{12} & \cdots & \cdots & a_{1n} \\ a_{21} & a_{22} & \cdots & a_{2,n-1} & \\ & & & & \mathbf{0} \\ a_{n,1} & & & & \end{vmatrix}=(-1)^{\frac{n(n-1)}{2}}a_{1n}a_{2,n-1}\cdots a_{n,1}$$

定理 D　行列式

(1) 有一個 0 行或 0 列（即有一行全為 0 或一列全為 0），則行列式為 0

(2) 有二列或二行相等，則行列式為 0

證

(1) 假設第 i 列之元素均為 0，以第 i 列作餘因式展開，則

$$\det(A)=a_{i1}A_{i1}+a_{i2}A_{i2}+\cdots+a_{in}A_{in}$$
$$=0A_{i1}+0A_{i2}+\cdots+0A_{in}=0$$ ■

(2) 設 A 之第 i 列與第 j 列相等

$$\det(A)=a_{i1}A_{i1}+a_{i2}A_{i2}+\cdots+a_{in}A_{in} \quad (1)$$

因第 i 列與第 j 列相等 $(i\neq j)$ $\therefore a_{i1}=a_{j1}, a_{i2}=a_{j2}\cdots, a_{in}=a_{jn}$ (2)

代 (2) 入 (1)

$\det(A)=a_{j1}A_{i1}+a_{j2}A_{i2}+\cdots+a_{jn}A_{in}=0$（由定義） ■

定理 E A 為 n 階方陣，則 $\det(A)$

(1) A 之任一列（行）k 倍，則行列式為 $k\det(A)$

(2) $\det(kA)=k^n\det(A)$

證

(1) 見習題第 10 題。

(2) 見習題 2-1 第 4 題。

定理 F A 為 n 階方陣，則 $\det(E_{ij}A)=-\det(A)$，$\det(AE_{ij})=-\det(A)$

定理 F 表明了，行列式任二列（行）交換，新行列式爲原行列式之 (-1) 倍。

例 5 求 $\begin{vmatrix} a & b & b & \cdots & b \\ b & a & b & \cdots & b \\ \vdots & \vdots & \ddots & & \vdots \\ \vdots & \vdots & & a & b \\ b & b & b & \cdots & a \end{vmatrix}$

解

$$\begin{vmatrix} a & b & b & \cdots & b \\ b & a & b & \cdots & b \\ \cdots & \cdots & \cdots & \cdots & \cdots \\ b & b & b & \cdots & a \end{vmatrix} = \begin{vmatrix} a+(n-1)b & b & b\cdots b \\ a+(n-1)b & a & b\cdots b \\ \cdots\cdots & & a\cdots b \\ & & \vdots \\ a+(b-1)b & b & b\cdots a \end{vmatrix}$$

$$= [a+(n-1)b]\begin{vmatrix} 1 & b & b\cdots b \\ 1 & a & b\cdots b \\ \vdots & & \\ 1 & b & b\cdots a \end{vmatrix}$$

$$= [a+(n-1)b]\begin{vmatrix} 1 & b & b & \cdots & b \\ 0 & a-b & 0 & \cdots & 0 \\ 0 & 0 & a-b & \cdots & 0 \\ \cdots & \cdots & \cdots & \cdots & \cdots \\ 0 & 0 & 0 & \cdots & a-b \end{vmatrix}$$ （將第一列 $\times(-1)$ 加到第 2……n 列）

$$= (a+(n-1)b)(a-b)^{n-1}$$

例 6　不許展開，試證下列行列式為 0。

$$\begin{vmatrix} (x_1+y_1)^2 & x_1y_1 & x_1^2+y_1^2 \\ (x_2+y_2)^2 & x_2y_2 & x_2^2+y_2^2 \\ (x_3+y_3)^2 & x_3y_3 & x_3^2+y_3^2 \end{vmatrix}$$

解

$$\begin{vmatrix} (x_1+y_1)^2 & x_1y_1 & x_1^2+y_1^2 \\ (x_2+y_2)^2 & x_2y_2 & x_2^2+y_2^2 \\ (x_3+y_3)^2 & x_3y_3 & x_3^2+y_3^2 \end{vmatrix}$$

$$\underline{\underline{2c_2+c_3\to c_3}}\begin{vmatrix}(x_1+y_1)^2 & x_1y_1 & x_1^2+2x_1y_1+y_1^2\\(x_2+y_2)^2 & x_2y_2 & x_2^2+2x_2y_2+y_2^2\\(x_3+y_3)^2 & x_3y_3 & x_3^2+2x_3y_3+y_3^2\end{vmatrix}=0$$

例 7 試證 $\begin{vmatrix}a+b & b+c & c+a\\p+q & q+r & r+p\\u+v & v+w & w+u\end{vmatrix}=2\begin{vmatrix}a & b & c\\p & q & r\\u & v & w\end{vmatrix}$。

解

$$\begin{vmatrix}a+b & b+c & c+a\\p+q & q+r & r+p\\u+v & v+w & w+u\end{vmatrix}$$

$$\underline{\underline{C_1+C_2+C_3\to C_1}}\begin{vmatrix}2(a+b+c) & b+c & c+a\\2(p+q+r) & q+r & r+p\\2(u+v+w) & v+w & w+u\end{vmatrix}$$

$$=2\begin{vmatrix}a+b+c & b+c & c+a\\p+q+r & q+r & r+p\\u+v+w & v+w & w+u\end{vmatrix}$$

$$\underline{\underline{(-1)\times C_2+C_1\to C_1}}\ 2\begin{vmatrix}a & b+c & c+a\\p & q+r & r+p\\u & v+w & w+u\end{vmatrix}$$

$$\underline{\underline{(-1)\times C_1+C_3\to C_3}}\ 2\begin{vmatrix}a & b+c & c\\p & q+r & r\\u & v+w & w\end{vmatrix}$$

$$\underline{\underline{(-1)\times C_3+C_2\to C_2}}\ 2\begin{vmatrix}a & b & c\\p & q & r\\u & v & w\end{vmatrix}$$

例 8　求證 $\begin{vmatrix} a_{11}+b_{11} & a_{12}+b_{12} \\ a_{21}+b_{21} & a_{22}+b_{22} \end{vmatrix} = \begin{vmatrix} a_{11} & a_{12} \\ a_{21} & a_{22} \end{vmatrix} + \begin{vmatrix} b_{11} & b_{12} \\ b_{21} & b_{22} \end{vmatrix}$

$+\begin{vmatrix} a_{11} & a_{12} \\ b_{21} & b_{22} \end{vmatrix} + \begin{vmatrix} b_{11} & b_{12} \\ a_{21} & a_{22} \end{vmatrix}$

解

$$\begin{vmatrix} a_{11} & a_{12} \\ a_{21} & a_{22} \end{vmatrix} + \begin{vmatrix} a_{11} & a_{12} \\ b_{21} & b_{22} \end{vmatrix} + \begin{vmatrix} b_{11} & b_{12} \\ b_{21} & b_{22} \end{vmatrix} + \begin{vmatrix} b_{11} & b_{12} \\ a_{21} & a_{22} \end{vmatrix}$$

$$= \begin{vmatrix} a_{11} & a_{12} \\ a_{21}+b_{21} & a_{22}+b_{22} \end{vmatrix} + \begin{vmatrix} b_{11} & b_{12} \\ a_{21}+b_{21} & a_{22}+b_{22} \end{vmatrix}$$

$$= \begin{vmatrix} a_{11}+b_{11} & a_{12}+b_{12} \\ a_{21}+b_{21} & a_{22}+b_{22} \end{vmatrix}$$

隨堂演練

不許展開，證 $\begin{vmatrix} a^2 & a & 1 & bcd \\ b^2 & b & 1 & acd \\ c^2 & c & 1 & abd \\ d^2 & d & 1 & abc \end{vmatrix} = \begin{vmatrix} a^3 & a^2 & a & 1 \\ b^3 & b^2 & b & 1 \\ c^3 & c^2 & c & 1 \\ d^3 & d^2 & d & 1 \end{vmatrix}$。

> **定理 G**　A, B 為同階方陣則 $|AB| = |A||B|$

（證明見定理 2.4B）

例 9　若 A 為正交陣，(a) 求 $\det(A)$。(b) 若又知 $|A|<0$，利用 (a) 之結果求 $|I+A|$

解

(a) A 為正交陣，則 $A^T \cdot A = I$

$\therefore \det(A^TA) = \det(A^T)\det(A) = \det(A)\det(A) = [\det(A)]^2$

$= \det(I) = 1$

得 $\det(A) = \pm 1$。

(b) $|I+A|$

$=|A^TA+A|$

$=|A^T+I||A|=|I+A||A|$（$\because |A|<0 \quad \therefore |A|=-1$）

$=-|I+A|$，移項 $2|I+A|=0$

得 $|I+A|=0$

例 10 A 為斜對稱陣，若 $I+A$ 為可逆，試證 $B=(I-A)(I+A)^{-1}$ 為直交陣（$I+A$ 為可逆之證明見例 14）

解

我們從 $B^TB \overset{?}{=} I$ 著手：

$\because$ $I+A$ 為可逆，$|I+A| \neq 0$ 又 $|I+A|=|(I+A)^T|=|I-A|$ $\neq 0$ 即 $(I-A)$ 為可逆。

$\therefore$ $B^TB=[(I-A)(I+A)^{-1}]^T(I-A)(I+A)^{-1}$

$=(I+A^T)^{-1}(I-A^T)(I-A)(I+A)^{-1}$

$=(I-A)^{-1}(I+A)(I-A)(I+A)^{-1}$

$=(I-A)^{-1}(I-A)(I+A)(I+A)^{-1}=I\cdot I=I$

知 $B=(I-A)(I+A)^{-1}$ 為直交陣。

例 10. 我們應用了 $(I-A)(I+A)=(I+A)(I-A)$ 之結果。

例 11 A，B 均為 n 階方陣，B 與 $I+B$ 均為可逆，若 $(I+B)^{-1}=(I+A)^T$，試證 A 為可逆。

解

$(I+B)^{-1}=(I+A)^T$

$\therefore \underbrace{(I+B)(I+B)^{-1}}_{I}=(I+B)(I+A)^T=(I+B)(I+A^T)$

$=I+A^T+B+BA^T=I$

$\therefore A^T + BA^T = -B$，$(I+B)A^T = -B$

$|I+B||A^T| = |-B| \Rightarrow |I+B||A| = |-B| = (-1)^n|B|$

又 $|I+B| \neq 0$，$|B| \neq 0$　$\therefore |A| \neq 0$，即 A 為可逆。

隨堂演練

(1) 若 A 爲冪等陣，求證 $\det(A) = 1$ 或 0。

(2) A, B 爲同階方陣，若 AB 爲奇異陣，證明 A, B 中至少有一個是奇異陣。

接著我們將介紹 2 個著名之行列式求法：Chio 降階法與 Vandermonde 行列式。

Chio降階法

Sarrus 法在 $n \geq 4$ 階時便不適用，在此介紹 Chio 降階法：$a_{11} \neq 0$ 時

$$A = \begin{vmatrix} a_{11} & a_{12} & \cdots\cdots & a_{1n} \\ a_{21} & a_{22} & \cdots\cdots & a_{2n} \\ a_{31} & a_{32} & \cdots\cdots & a_{3n} \\ \cdots\cdots & \cdots\cdots & \cdots\cdots & \cdots\cdots \\ a_{n1} & a_{n2} & \cdots\cdots & a_{nn} \end{vmatrix}$$

$$= \frac{1}{a_{11}^{n-2}} \begin{vmatrix} \begin{vmatrix} a_{11} & a_{12} \\ a_{21} & a_{22} \end{vmatrix} & \begin{vmatrix} a_{11} & a_{13} \\ a_{21} & a_{23} \end{vmatrix} & \cdots\cdots & \begin{vmatrix} a_{11} & a_{1n} \\ a_{21} & a_{2n} \end{vmatrix} \\ \begin{vmatrix} a_{11} & a_{12} \\ a_{31} & a_{32} \end{vmatrix} & \begin{vmatrix} a_{11} & a_{13} \\ a_{31} & a_{33} \end{vmatrix} & \cdots\cdots & \begin{vmatrix} a_{11} & a_{1n} \\ a_{31} & a_{3n} \end{vmatrix} \\ \cdots\cdots & \cdots\cdots & \cdots\cdots & \cdots\cdots \\ \begin{vmatrix} a_{11} & a_{12} \\ a_{n1} & a_{n2} \end{vmatrix} & \begin{vmatrix} a_{11} & a_{13} \\ a_{n1} & a_{n3} \end{vmatrix} & \cdots\cdots & \begin{vmatrix} a_{11} & a_{1n} \\ a_{n1} & a_{nn} \end{vmatrix} \end{vmatrix}$$

若 $a_{11}=0$，或 a_{11} 很大時配合行列式性質可簡化 Chio 降階法之計算。

例 12 以 Chio 氏降階法求：

$$\begin{vmatrix} 2 & 0 & 1 & 1 \\ 4 & 3 & 0 & 1 \\ 1 & -1 & 3 & 1 \\ 2 & 2 & -2 & 1 \end{vmatrix}$$

解

原式 $n=4, a_{11}=2$

$$\therefore \begin{vmatrix} 2 & 0 & 1 & 1 \\ 4 & 3 & 0 & 1 \\ 1 & -1 & 3 & 1 \\ 2 & 2 & -2 & 1 \end{vmatrix}$$

$$=\frac{1}{2^{4-2}}\begin{vmatrix} \begin{vmatrix} 2 & 0 \\ 4 & 3 \end{vmatrix} & \begin{vmatrix} 2 & 1 \\ 4 & 0 \end{vmatrix} & \begin{vmatrix} 2 & 1 \\ 4 & 1 \end{vmatrix} \\ \begin{vmatrix} 2 & 0 \\ 1 & -1 \end{vmatrix} & \begin{vmatrix} 2 & 1 \\ 1 & 3 \end{vmatrix} & \begin{vmatrix} 2 & 1 \\ 1 & 1 \end{vmatrix} \\ \begin{vmatrix} 2 & 0 \\ 2 & 2 \end{vmatrix} & \begin{vmatrix} 2 & 1 \\ 2 & -2 \end{vmatrix} & \begin{vmatrix} 2 & 1 \\ 2 & 1 \end{vmatrix} \end{vmatrix}=\frac{1}{4}\begin{vmatrix} 6 & -4 & -2 \\ -2 & 5 & 1 \\ 4 & -6 & 0 \end{vmatrix}$$

$$=\begin{vmatrix} 3 & -2 & -1 \\ -2 & 5 & 1 \\ 2 & -3 & 0 \end{vmatrix}$$ （在上一式中之第一列、第三列分別提出 2）

$$=\frac{1}{3}\begin{vmatrix} \begin{vmatrix} 3 & -2 \\ -2 & 5 \end{vmatrix} & \begin{vmatrix} 3 & -1 \\ -2 & 1 \end{vmatrix} \\ \begin{vmatrix} 3 & -2 \\ 2 & -3 \end{vmatrix} & \begin{vmatrix} 3 & -1 \\ 2 & 0 \end{vmatrix} \end{vmatrix}$$

$$=\frac{1}{3}\begin{vmatrix} 11 & 1 \\ -5 & 2 \end{vmatrix}=\frac{1}{3}(2\times 11-(1)\times(-5))=9$$

如果讀者熟稔 Chio 法過程，便可直接列出過程中各 2 階行列式之結果，據一般經驗，其運算速度較快也較不會出錯，而我們在降階過程中列出許多 2 階行列式，其目的不外指出得到結果所需的步驟而已，讀者在實作時可不列出。此外**行列式中如果各元素均為整數，其行列式必為整數，否則便有錯誤**。

隨堂演練

驗證 $\begin{vmatrix} 1 & 1 & 1 & 1 \\ 1 & -1 & 1 & 1 \\ 1 & 1 & -1 & 1 \\ 1 & 1 & 1 & -1 \end{vmatrix} = -8$。

Vandermonde行列式

Vandermonde 行列式是法國數學家（A. T. Vandermonde 1735-1796）所貢獻之一種特殊行列式。

定義

凡形如下式之行列式稱為 Vandermonde 行列式

$$\begin{vmatrix} 1 & x_1 & x_1^2 & \cdots\cdots & x_1^{n-1} \\ 1 & x_2 & x_2^2 & \cdots\cdots & x_2^{n-1} \\ \multicolumn{5}{c}{\cdots\cdots\cdots\cdots\cdots\cdots} \\ 1 & x_n & x_n^2 & \cdots\cdots & x_n^{n-1} \end{vmatrix}$$

以一個三階 Vandermonde 行列式說明之：

$$\begin{vmatrix} 1 & a & a^2 \\ 1 & b & b^2 \\ 1 & c & c^2 \end{vmatrix} = \begin{vmatrix} 1 & a & a^2 \\ 0 & b-a & b^2-a^2 \\ 0 & c-a & c^2-a^2 \end{vmatrix}$$

$$= (b-a)(c-a)\begin{vmatrix} 1 & a & a^2 \\ 0 & 1 & b+a \\ 0 & 1 & c+a \end{vmatrix}$$

$$= (b-a)(c-a)\begin{vmatrix} 1 & a & a^2 \\ 0 & 1 & b+a \\ 0 & 0 & c-b \end{vmatrix} = (b-a)(c-a)(c-b)$$

其一般結果如定理 G：

定理 H

$$\begin{vmatrix} 1 & x_1 & x_1^2 & \cdots & x_1^{n-1} \\ 1 & x_2 & x_2^2 & \cdots & x_2^{n-1} \\ \vdots & \vdots & \vdots & \ddots & \vdots \\ 1 & x_n & x_n^2 & \cdots & x_n^{n-1} \end{vmatrix} = \prod_{1 \le i < j \le n} (x_j - x_i)$$

$$\begin{aligned} =&(x_2 - x_1)\cdot \\ &(x_3 - x_2)(x_3 - x_1)\cdot \\ &(x_4 - x_3)(x_4 - x_2)(x_4 - x_1)\cdot \\ &\quad\cdots\cdots\cdots\cdots\cdots \\ &(x_n - x_{n-1})(x_n - x_{n-2})\cdots(x_n - x_1) \end{aligned}$$

若 $x_1, x_2 \cdots x_n$ 為相異值則 Vandermonde 行列式不為 0。

例 13　求 $\begin{vmatrix} 1 & a & a^2 & a^3 \\ 1 & b & b^2 & b^3 \\ 1 & c & c^2 & c^3 \\ 1 & d & d^2 & d^3 \end{vmatrix}$

解

由定理 G

$$\begin{vmatrix} 1 & a & a^2 & a^3 \\ 1 & b & b^2 & b^3 \\ 1 & c & c^2 & c^3 \\ 1 & d & d^2 & d^3 \end{vmatrix} = (b-a)[(c-a)(c-b)][(d-a)(d-b)(d-c)]$$

$n=3$	$n=4$
$\Delta = \begin{vmatrix} 1 & a & a^2 \\ 1 & b & b^2 \\ 1 & c & c^2 \end{vmatrix}$ （只看第 2 行） 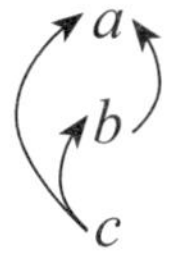 $\Delta = (c-b)(c-a)(b-a)$	$\Delta = \begin{vmatrix} 1 & a & a^2 & a^3 \\ 1 & b & b^2 & b^3 \\ 1 & c & c^2 & c^3 \\ 1 & d & d^2 & d^3 \end{vmatrix}$ （只看第 2 行） 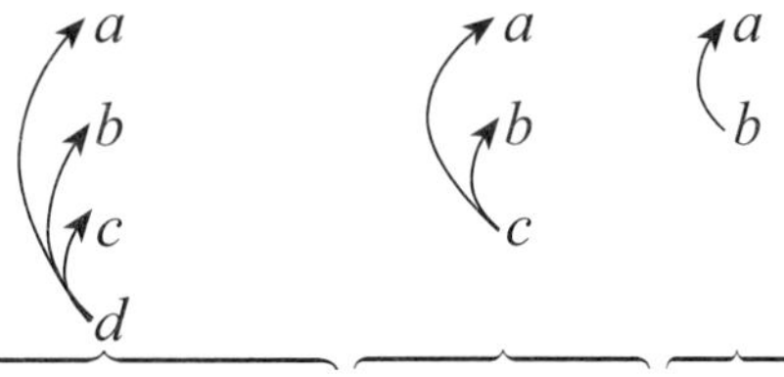 $\Delta = \underbrace{(d-c)(d-b)(d-a)}\underbrace{(c-b)(c-a)}\underbrace{(b-a)}$

A為方陣時，線性方程組$AX=\mathbf{0}$之解的進一步問題

定理 I　若 A 為一 n 階方陣，則線性聯立方程組 $AX=\mathbf{0}$ 有異於 $\mathbf{0}$ 之解的充分必要條件為 $|A|=0$。

線性聯立方程組 $AX=\mathbf{0}$，若 A 為可逆則 X 有一個零解，若 $|A|=\mathbf{0}$，則 X 有非零解。我們可透過定理 B 來判斷方陣之可逆性。在證明過程中，往往會用到反證法。

例 14 A 為 n 階斜對稱陣，試證 $I+A$ 為可逆。

解（利用反證法）

設 $I+A$ 為不可逆，則 $(I+A)X=\mathbf{0}$，$X\in R^n$ 有非零解。 (1)

$X^T(I+A)X=X^T\,\mathbf{0}=\mathbf{0}$

$X^TX+X^TAX=0$ 但 $X^TAX=0$（定理 1.2D）

$\therefore\ X^TX=0\Rightarrow X=\mathbf{0}$（定理 1.2E）與假設 (1) 矛盾

從而 $I+A$ 可逆

例 15 A 為 n 階方陣，$A^2=I$，但 $A\neq I$，試證 $A+I$ 不可逆。

解

$\because\ A^2-I=(A+I)(A-I)=\mathbf{0}$

從而 $A-I$ 為線性聯立方程組 $(A+I)X=\mathbf{0}$ 之一個解，

因 $A\neq I$，從而 $A-I\neq\mathbf{0}$

此表明 $A-I$ 為 $(A+I)X=\mathbf{0}$ 之一個異於 $\mathbf{0}$ 之解，從而 $|A+I|=0$

$\therefore\ A+I$ 為不可逆。

例 16 求平面上三點 (x_i, y_i)，$i=1, 2, 3$ 共線之條件？

解

設直線方程式為 $ax+by+c=0$，則 (x_1, y_1)，(x_2, y_2)，(x_3, y_3) 有非零解之條件

$$\begin{cases} ax_1+by_1+c=0 \\ ax_2+by_2+c=0 \\ ax_3+by_3+c=0 \end{cases}，即 \begin{bmatrix} x_1 & y_1 & 1 \\ x_2 & y_2 & 1 \\ x_3 & y_3 & 1 \end{bmatrix}\begin{bmatrix} a \\ b \\ c \end{bmatrix}=\mathbf{0}$$

$$\therefore \begin{vmatrix} x_1 & y_1 & 1 \\ x_2 & y_2 & 1 \\ x_3 & y_3 & 1 \end{vmatrix}=0$$ 是為所求。

矩陣之可逆性是很重要之課題，矩陣之逆有以下之充要條件：

n 階方陣可逆 $\Longleftrightarrow$ $|\boldsymbol{A}| \neq \mathbf{0}$

$\boldsymbol{A}$ 之秩為 $\boldsymbol{n}$

$\boldsymbol{A}$ 之 $\boldsymbol{n}$ 個行（或列）為線性獨立（第三章）

$\boldsymbol{AX}=\mathbf{0}$ 只有唯一解 $\boldsymbol{X}=\mathbf{0}$

$\boldsymbol{A}$ 之特徵值均不為 $\mathbf{0}$（第五章）

習題 2-2

用餘因式法，求

1. $\begin{vmatrix} 1 & 0 & 3 & d \\ 2 & 0 & c & 0 \\ 3 & b & 7 & 4 \\ a & 0 & 0 & 0 \end{vmatrix}$

2. $\begin{vmatrix} a & -5 & 0 & -2 \\ 0 & b & 0 & -3 \\ 7 & 2 & c & 4 \\ 0 & 0 & 0 & d \end{vmatrix}$

3. $\begin{vmatrix} 4 & 2 & 2 & 0 \\ 2 & 0 & 0 & 0 \\ 3 & 0 & 0 & 1 \\ 0 & 1 & 0 & 0 \end{vmatrix}$

4. $\begin{vmatrix} 1 & 2 & 3 & 4 & 5 \\ 0 & 2 & 3 & -4 & 3 \\ 0 & 0 & 1 & -2 & 0 \\ 0 & 0 & 0 & 4 & 6 \\ 0 & 0 & 0 & 0 & 5 \end{vmatrix}$

5. $\begin{vmatrix} 0 & 1 & 0 & 0 \\ 1 & 0 & 1 & 0 \\ 0 & 1 & 0 & 1 \\ 0 & 0 & 1 & 0 \end{vmatrix}$

6. $\begin{vmatrix} 0 & 1 & 0 & 0 & 0 & 0 \\ 0 & 0 & 2 & 0 & 0 & 0 \\ 0 & 0 & 0 & 3 & 0 & 0 \\ 0 & 0 & 0 & 0 & 0 & 5 \\ 1 & 0 & 0 & 0 & 0 & 0 \\ 0 & 0 & 0 & 0 & 4 & 0 \end{vmatrix}$

7. 求

$$(1)\begin{vmatrix} 0 & 0 & 0 & 0 & 0 & a \\ 0 & 0 & 0 & 0 & b & 0 \\ 0 & 0 & 0 & c & 0 & 0 \\ 0 & 0 & d & 0 & 0 & 0 \\ 0 & e & 0 & 0 & 0 & 0 \\ f & 0 & 0 & 0 & 0 & 0 \end{vmatrix} \text{ 及 } (2)\begin{vmatrix} a & 0 & 0 & 0 & 0 & 0 \\ 0 & b & 0 & 0 & 0 & 0 \\ 0 & 0 & c & 0 & 0 & 0 \\ 0 & 0 & 0 & d & 0 & 0 \\ 0 & 0 & 0 & 0 & e & 0 \\ 0 & 0 & 0 & 0 & 0 & f \end{vmatrix}$$

★8. A 為 n 階對稱陣，其元素 a_{ij} 滿足若 $|i-j|>1$ 則 $a_{ij}=0$。B 為去除第一、二列與第一、二行後之矩陣，A_{11} 為對應 a_{11} 之餘因式，試證 $\det(A)=a_{11}A_{11}-a_{12}^2\det(B)$。

9. $$\begin{vmatrix} 0 & 1 & 0 & \cdots & 0 \\ 0 & 0 & 2 & \cdots & 0 \\ \vdots & \vdots & \vdots & & \vdots \\ \vdots & \vdots & \vdots & & n-1 \\ n & 0 & 0 & \cdots & 0 \end{vmatrix}$$

10. 試證定理 E

11. $$\begin{vmatrix} a & 0 & 2b & 0 \\ 0 & a & 0 & 2b \\ 2c & 0 & a & 0 \\ 0 & 2c & 0 & a \end{vmatrix}$$

12. $$\begin{vmatrix} a & b & 0 & \cdots & 0 \\ 0 & a & b & \cdots & 0 \\ \vdots & \vdots & \vdots & & \vdots \\ b & 0 & 0 & \cdots & a \end{vmatrix}$$

13. $\begin{vmatrix} a & b & c & d & e \\ f & g & h & i & j \\ 0 & 0 & 0 & k & l \\ 0 & 0 & 0 & m & n \\ 0 & 0 & 0 & p & q \end{vmatrix}$　　14. 求$\begin{vmatrix} 0 & 1 & 1 & 1 \\ 1 & 0 & 1 & 1 \\ 1 & 1 & 0 & 1 \\ 1 & 1 & 1 & 0 \end{vmatrix}$

15. 求$\begin{vmatrix} 2 & 1 & 1 & 1 & 1 \\ 1 & 3 & 1 & 1 & 1 \\ 1 & 1 & 4 & 1 & 1 \\ 1 & 1 & 1 & 5 & 1 \\ 1 & 1 & 1 & 1 & 6 \end{vmatrix}$　16. 求$\begin{vmatrix} 1 & 1 & 1 & 1 \\ 2 & 3 & 1 & 4 \\ 4 & 9 & 1 & 16 \\ 8 & 27 & 1 & 64 \end{vmatrix}$

17. 若 $a>b>c>0$，試證$\begin{vmatrix} (b+c)^2 & a^2 & 1 \\ (c+a)^2 & b^2 & 1 \\ (a+b)^2 & c^2 & 1 \end{vmatrix}<0$

18. 求$\begin{vmatrix} 1 & 2 & 3 & \cdots & n \\ 2 & 3 & 4 & \cdots & n+1 \\ 3 & 4 & 5 & \cdots & n+2 \\ \vdots & \vdots & \vdots & & \vdots \\ n & n+1 & n+2 & \cdots & 2n-1 \end{vmatrix}$

19. 求$\begin{vmatrix} a+b & c & c \\ a & b+c & a \\ b & b & a+c \end{vmatrix}$

不許展開試證 20，21 題：

20. $abc \neq 0$，$\begin{vmatrix} 0 & a & b & c \\ a & 0 & c & b \\ b & c & 0 & a \\ c & b & a & 0 \end{vmatrix} = \begin{vmatrix} 0 & 1 & 1 & 1 \\ 1 & 0 & c^2 & b^2 \\ 1 & c^2 & 0 & a^2 \\ 1 & b^2 & a^2 & 0 \end{vmatrix}$

21. $abc \neq 0$，$\begin{vmatrix} a^2 & bc & a^2 \\ b^2 & b^2 & ac \\ ab & c^2 & c^2 \end{vmatrix} = \begin{vmatrix} ac & bc & ab \\ bc & ab & ac \\ ab & ac & bc \end{vmatrix}$

★22. 試證 $\begin{vmatrix} 0 & c & b & l \\ -c & 0 & a & m \\ -b & -a & 0 & n \\ -l & -m & -n & 0 \end{vmatrix} = (al - bm + cn)^2$

23. 試證不存在一個 2 階實方陣 A 滿足 $A^4 = \begin{bmatrix} 0 & 1 \\ 1 & 0 \end{bmatrix}$。

24. A 為 n 階方陣，若其元素均為整數，試證 $\det(A)$ 亦為整數。

25. 設 a_1, a_2, a_3, b_1, b_2 均為 4 維行向量，若 4 階行列式 $|a_1, a_2, a_3, b_1| = x$，$|a_1, a_2, b_2, a_3| = y$，試用 x, y 表 $|a_3, a_2, a_1, b_1 + b_2| = ?$

26. A, B 為 n 階正交陣，若 $|A| = -|B|$，試證 $|A + B| = 0$

2.3 伴隨矩陣與Cramer法則

定義

$A=[a_{ij}]$ 為一 n 階方陣，其**伴隨矩陣**（adjoint）記做 adj(A)，定義 $\text{adj}(A)=\begin{bmatrix} A_{11} & A_{12} & \cdots & A_{1n} \\ A_{21} & A_{22} & \cdots & A_{2n} \\ \cdots & \cdots & \cdots & \cdots \\ A_{n1} & A_{n2} & \cdots & A_{nn} \end{bmatrix}^T$；$A_{ij}$ 為對應 a_{ij} 之餘因式。

例 1 求 $A=\begin{bmatrix} 1 & 0 & 1 \\ 2 & -1 & 1 \\ 3 & 2 & -1 \end{bmatrix}$ 之 adj(A)。

解

我們只求 A_{12}, A_{23}，餘請讀者自行演練。

$A_{12}=(-1)^{1+2}\begin{vmatrix} 2 & 1 \\ 3 & -1 \end{vmatrix}=5$；$A_{23}=(-1)^{2+3}\begin{vmatrix} 1 & 0 \\ 3 & 2 \end{vmatrix}=-2$

……

$$\therefore \text{adj}(A)=\begin{bmatrix} -1 & 5 & 7 \\ 2 & -4 & -2 \\ 1 & 1 & -1 \end{bmatrix}^T=\begin{bmatrix} -1 & 2 & 1 \\ 5 & -4 & 1 \\ 7 & -2 & -1 \end{bmatrix}$$

隨堂演練

寫出例 1 adj(A) 之完整過程。

定理 A A 為 n 階方陣，則 $A(\text{adj}(A))=(\text{adj}(A))A=\det(A)I_n$

證

$$A(\text{adj}\,A)=\begin{vmatrix} a_{11} & a_{12} & \cdots & a_{1n} \\ a_{21} & a_{22} & \cdots & a_{2n} \\ & \cdots\cdots\cdots & & \\ a_{n1} & a_{n2} & \cdots & a_{nn} \end{vmatrix}\begin{bmatrix} A_{11} & A_{21} & \cdots & A_{n1} \\ A_{12} & A_{22} & \cdots & A_{n2} \\ \vdots & \vdots & & \vdots \\ A_{1n} & A_{2n} & \cdots & A_{nn} \end{bmatrix}$$

$$=\begin{bmatrix} |A| & & \mathbf{0} \\ & |A| \ddots & \\ \mathbf{0} & & |A| \end{bmatrix}=|A|I$$ ■

同理可證 $(\text{adj}(A))A=(\det(A))I_n$

由定理 A 立即可得下列結果：

推論 A1 若 A 為可逆則 $A^{-1}=\dfrac{1}{|A|}\text{adj}(A)$

例 2 請以例 1 之方陣 A 驗證定理 A。

解

$$\det(A)=\begin{vmatrix} 1 & 0 & 1 \\ 2 & -1 & 1 \\ 3 & 2 & -1 \end{vmatrix}=6$$（讀者自行驗證之）

$$\therefore (\text{adj}(A))A=\begin{bmatrix} -1 & 2 & 1 \\ 5 & -4 & 1 \\ 7 & -2 & -1 \end{bmatrix}\begin{bmatrix} 1 & 0 & 1 \\ 2 & -1 & 1 \\ 3 & 2 & -1 \end{bmatrix}=\begin{bmatrix} 6 & 0 & 0 \\ 0 & 6 & 0 \\ 0 & 0 & 6 \end{bmatrix}=6I$$

$$\therefore (\text{adj}(A))A=(\det(A))I$$

例 3 A 為 n 階非奇異陣，其伴隨矩陣為 adj(A)，試用 adj(A) 表示 adj(cA)。

解

$(cA)\ \text{adj}\ (cA) = \det\ (cA)I = c^n \det\ (A)I$

$\therefore\ A\ \text{adj}\ (cA) = c^{n-1} \det\ (A)I = c^{n-1}A\ \text{adj}\ (A)$（定理 A）

二邊同時左乘 A^{-1}

得 $\text{adj}\ (cA) = c^{n-1}\ \text{adj}\ (A)$

例 4 A 為 n 階可逆方陣，A^* 為 A 之伴隨矩陣，$|A| = a$，$a \neq 0$ 求 $|(2A)^{-1} - 3A^*|$。

解

$$|(2A)^{-1} - 3A^*| = \left|\frac{1}{2}A^{-1} - 3|A|A^{-1}\right| = \left|\frac{1}{2}A^{-1} - 3aA^{-1}\right|$$

$$= \left(\frac{1}{2} - 3a\right)^n |A^{-1}| = \frac{1}{a}\left(\frac{1}{2} - 3a\right)^n$$

隨堂演練

承例 4. 若 A 爲 3 階方陣，$|A| = \frac{1}{2}$，A^* 爲 A 之伴隨矩陣，驗證 $|(3A^*)^{-1} - 2A| = -\frac{32}{27}$

Cramer法則

定理 B　A 為 n 階非奇異陣，線性聯立方程組 $Ax=b$ 之解為

$$x_i=\frac{\det(A_i)}{\det(A)}，\det(A)\neq 0$$

$\det(A_i)=$ 將 A 之第 i 行以右手係數向量 b 取代後之行列式，如

$$\det(A_1)=\begin{vmatrix} b_1 & a_{12} & \cdots & a_{1n} \\ b_2 & a_{22} & \cdots & a_{2n} \\ \vdots & \vdots & & \vdots \\ b_n & a_{n2} & \cdots & a_{nn} \end{vmatrix}$$

$$\det(A_3)=\begin{vmatrix} a_{11} & a_{12} & b_1 & a_{14} & \cdots & a_{1n} \\ a_{21} & a_{22} & b_2 & a_{24} & \cdots & a_{2n} \\ \vdots & \vdots & \vdots & \vdots & & \vdots \\ a_{n1} & a_{n2} & b_n & a_{n4} & \cdots & a_{nn} \end{vmatrix}\cdots$$

證

$\because$ $Ax=b$ 我們有 $x=A^{-1}b$，由推論 A1：$x=\frac{1}{\det(A)}(\text{adj }(A))b$

$$\Rightarrow \begin{bmatrix} x_1 \\ x_2 \\ \vdots \\ x_i \\ \vdots \\ x_n \end{bmatrix}=\frac{1}{\det(A)}\begin{bmatrix} A_{11} & A_{21} & \cdots & A_{n1} \\ A_{12} & A_{22} & \cdots & A_{n2} \\ \vdots & \vdots & & \vdots \\ A_{1i} & A_{2i} & \cdots & A_{ni} \\ \vdots & \vdots & & \vdots \\ A_{1n} & A_{2n} & \cdots & A_{nn} \end{bmatrix}\begin{bmatrix} b_1 \\ b_2 \\ \vdots \\ b_i \\ \vdots \\ b_n \end{bmatrix}$$

$$\therefore\ x_i=\frac{b_1A_{1i}+b_2A_{2i}+\cdots+b_nA_{ni}}{\det(A)}=\frac{\det(A_i)}{\det(A)}$$ ■

我們以 $\begin{cases} a_{11}x_1+a_{12}x_2=b_1 \\ a_{21}x_1+a_{22}x_2=b_2 \end{cases}$ 為例圖解說明之：

$$x=\frac{\Delta_x}{\Delta}=\frac{\begin{vmatrix} b_1 & a_{12} \\ b_2 & a_{22} \end{vmatrix}}{\begin{vmatrix} a_{11} & a_{12} \\ a_{21} & a_{22} \end{vmatrix}} \quad y=\frac{\Delta_y}{\Delta}=\frac{\begin{vmatrix} a_{11} & b_1 \\ a_{21} & b_2 \end{vmatrix}}{\begin{vmatrix} a_{11} & a_{12} \\ a_{21} & a_{22} \end{vmatrix}}$$

三階以及更高階之線性聯立方程組亦類推之。

例 5 解 $\begin{cases} 3x+2y+3z=9 \\ 2x+5y-7z=-12 \\ x+2y-2z=-3 \end{cases}$

解

$$\Delta=\begin{vmatrix} 3 & 2 & 3 \\ 2 & 5 & -7 \\ 1 & 2 & -2 \end{vmatrix}=\frac{1}{3}\begin{vmatrix} 11 & -27 \\ 4 & -9 \end{vmatrix}=3$$

$$x=\frac{\begin{vmatrix} 9 & 2 & 3 \\ -12 & 5 & -7 \\ -3 & 2 & -2 \end{vmatrix}}{\Delta}=\frac{3\begin{vmatrix} 3 & 2 & 3 \\ -4 & 5 & -7 \\ -1 & 2 & -2 \end{vmatrix}}{3}=\frac{1}{3}\begin{vmatrix} 23 & -9 \\ 8 & -3 \end{vmatrix}=1$$

$$y=\frac{\begin{vmatrix} 3 & 9 & 3 \\ 2 & -12 & -7 \\ 1 & -3 & -2 \end{vmatrix}}{\Delta}=\frac{1}{3}\begin{vmatrix} 3 & 9 & 3 \\ 2 & -12 & -7 \\ 1 & -3 & -2 \end{vmatrix}=\begin{vmatrix} 3 & 3 & 3 \\ 2 & -4 & -7 \\ 1 & -1 & -2 \end{vmatrix}$$

$$=\frac{1}{3}\begin{vmatrix} -18 & -27 \\ -6 & -9 \end{vmatrix}=0$$

同法：$z=2$

隨堂演練

驗證例 5 之 $z = 2$。

習題 2-3

1. 用 $A=\begin{bmatrix}1 & 1\\ 2 & 3\end{bmatrix}$ 驗證 $A(\text{adj}(A))=\det(A)I$。

用 Cramer 法則解 2 ～ 4 題：

2. $\begin{cases} x+3y+2z=6 \\ 3y+2z=5 \\ z+2y+x=4 \end{cases}$

3. $\begin{cases} 3x-y+2z=4 \\ 2x+y+z=3 \\ x+3y-2z=4 \end{cases}$

4. $\begin{cases} 3x-y+5z=2 \\ -2x+y+z=-1 \\ 5x+z=5 \end{cases}$

5. (a) 求證 $\det[\text{adj}(A)]=[\det(A)]^{n-1}$。(b) 由 (a) 證明若 A 爲非奇異陣則 $\text{adj}(A)$ 爲非奇異陣。

6. 求證 $\text{adj}[\text{adj}(A)]=[\det(A)]^{n-2}A$，由此結果證明若 A 爲 n 階方陣，且 $\det(A)=1$，求證 $\text{adj}(\text{adj}A)=A$。

7. 若 A 爲可逆對稱陣，試證 A 之伴隨矩陣亦爲對稱陣。

8. 若 A 爲可逆，試證 $(\text{adj}\,A)^{-1}=\text{adj}(A^{-1})$。

★9. A 爲 3 階方陣，若 $\text{adj}(A)=\begin{bmatrix} -3 & 5 & 2 \\ 0 & 1 & 1 \\ 6 & -8 & -5 \end{bmatrix}$ 求 $A=$？

2.4 分割矩陣

所謂分割矩陣是指若用水平線或鉛直線將一矩陣切割成若干個**子矩陣**（submatrices）。這些子矩陣又稱為**方塊**（block）。例如

$$B=\begin{bmatrix}1&5&9\\2&6&10\\3&7&11\\4&8&12\end{bmatrix}，可切割成\left[\begin{array}{cc|c}1&5&9\\2&6&10\\\hline 3&7&11\\4&8&12\end{array}\right]、\left[\begin{array}{c|cc}1&5&9\\\hline 2&6&10\\3&7&11\\4&8&12\end{array}\right]，也可$$

分割成 $\left[\begin{array}{c:c:c}1&5&9\\2&6&10\\3&7&11\\4&8&12\end{array}\right]$，後者是一個很重要的分割特例。在第一個分割中，$A_{11}=\begin{bmatrix}1&5\\2&6\end{bmatrix}$，$A_{12}=\begin{bmatrix}9\\10\end{bmatrix}$，$A_{21}=\begin{bmatrix}3&7\\4&8\end{bmatrix}$，$A_{22}=\begin{bmatrix}11\\12\end{bmatrix}$

而 $\left[\begin{array}{c:c:c}1&5&9\\2&6&10\\3&7&11\\4&8&12\end{array}\right]$ 常以 $B=[b_1 \,\vdots\, b_2 \,\vdots\, b_3]$ 表之，$b_1=\begin{bmatrix}1\\2\\3\\4\end{bmatrix}$，$b_2=\begin{bmatrix}5\\6\\7\\8\end{bmatrix}$，$b_3=\begin{bmatrix}9\\10\\11\\12\end{bmatrix}$

矩陣分割時需考慮各子矩陣間必須符合運算條件，例如：$A=\left[\begin{array}{cc|c}a&b&c\\\hline d&e&f\end{array}\right]$，$B=\left[\begin{array}{c|cc}a'&b'&c'\\\hline d'&e'&f'\end{array}\right]$ 便無法用分割矩陣之加法規則求 $A+B$，因為至少 A_{11} 與 B_{11} 不同階而不能相加。

分割矩陣之計算

以下討論之**塊狀乘法**（block multiplication）均假定所做之分割滿足運算之要求，如此則有：

1. $A[B_1 \quad B_2] = [AB_1 \quad AB_2]$

2. $\begin{bmatrix} A_1 \\ A_2 \end{bmatrix} B = \begin{bmatrix} A_1B \\ A_2B \end{bmatrix}$

3. $[A_1 \quad A_2]\begin{bmatrix} B_1 \\ B_2 \end{bmatrix} = A_1B_1 + A_2B_2$

4. $\begin{bmatrix} A_{11} & A_{12} \\ A_{21} & A_{22} \end{bmatrix}\begin{bmatrix} B_{11} & B_{12} \\ B_{21} & B_{22} \end{bmatrix} = \begin{bmatrix} A_{11}B_{11}+A_{12}B_{21} & A_{11}B_{12}+A_{12}B_{22} \\ A_{21}B_{11}+A_{22}B_{21} & A_{21}B_{12}+A_{22}B_{22} \end{bmatrix}$

例 1 若$A = \begin{bmatrix} a_{11} & a_{12} \\ a_{21} & a_{22} \end{bmatrix}$，$B = \begin{bmatrix} b_{11} & b_{12} & b_{13} \\ b_{21} & b_{22} & b_{23} \end{bmatrix}$，(a) $B = [b_1 \vdots b_2 \vdots b_3]$，$AB = [Ab_1 \vdots Ab_2 \vdots Ab_3]$ (b) $A = \begin{bmatrix} a_1 \\ \cdots \\ a_2 \end{bmatrix}$，$AB = \begin{bmatrix} a_1B \\ \cdots\cdots \\ a_2B \end{bmatrix}$，驗證二者結果相等。

解

$$(a)\ AB = \left(\begin{bmatrix} a_{11} & a_{12} \\ a_{21} & a_{22} \end{bmatrix}\begin{bmatrix} b_{11} \\ b_{21} \end{bmatrix} \vdots \begin{bmatrix} a_{11} & a_{12} \\ a_{21} & a_{22} \end{bmatrix}\begin{bmatrix} b_{12} \\ b_{22} \end{bmatrix} \vdots \begin{bmatrix} a_{11} & a_{12} \\ a_{21} & a_{22} \end{bmatrix}\begin{bmatrix} b_{13} \\ b_{23} \end{bmatrix} \right)$$

$$= \begin{bmatrix} a_{11}b_{11}+a_{12}b_{21} & a_{11}b_{12}+a_{12}b_{22} & a_{11}b_{13}+a_{12}b_{23} \\ a_{21}b_{11}+a_{22}b_{21} & a_{21}b_{12}+a_{22}b_{22} & a_{21}b_{13}+a_{22}b_{23} \end{bmatrix}$$

$$(b)\ AB = \begin{bmatrix} [a_{11} \quad a_{12}]\begin{bmatrix} b_{11} & \vdots & b_{12} & \vdots & b_{13} \\ b_{21} & \vdots & b_{22} & \vdots & b_{23} \end{bmatrix} \\ [a_{21} \quad a_{22}]\begin{bmatrix} b_{11} & \vdots & b_{12} & \vdots & b_{13} \\ b_{21} & \vdots & b_{22} & \vdots & b_{23} \end{bmatrix} \end{bmatrix}$$

$$=\begin{bmatrix} a_{11}b_{11}+a_{12}b_{21} & a_{11}b_{12}+a_{12}b_{22} & a_{11}b_{13}+a_{12}b_{23} \\ a_{21}b_{11}+a_{22}b_{21} & a_{21}b_{12}+a_{22}b_{22} & a_{21}b_{13}+a_{22}b_{23} \end{bmatrix}$$

例 2 驗證：$\begin{bmatrix} I \\ A \end{bmatrix} B\,[I \quad C]=\begin{bmatrix} I & M \\ A & N \end{bmatrix}\begin{bmatrix} B & \mathbf{0} \\ \mathbf{0} & \mathbf{0} \end{bmatrix}\begin{bmatrix} I & C \\ P & Q \end{bmatrix}$（假定所需之運算條件均成立）

解

$$\begin{bmatrix} I \\ A \end{bmatrix} B\,[I \quad C]=\begin{bmatrix} B \\ AB \end{bmatrix}[I \quad C]=\begin{bmatrix} B & BC \\ AB & ABC \end{bmatrix}$$

又 $\begin{bmatrix} I & M \\ A & N \end{bmatrix}\begin{bmatrix} B & \mathbf{0} \\ \mathbf{0} & \mathbf{0} \end{bmatrix}\begin{bmatrix} I & C \\ P & Q \end{bmatrix}=\begin{bmatrix} B & \mathbf{0} \\ AB & \mathbf{0} \end{bmatrix}\begin{bmatrix} I & C \\ P & Q \end{bmatrix}=\begin{bmatrix} B & BC \\ AB & ABC \end{bmatrix}$

∴ 得證

假設矩陣 A 被分割如下：

$A=\begin{bmatrix} A_{11} & A_{12} & A_{13} \\ A_{21} & A_{22} & A_{23} \end{bmatrix}$，那麼 A 之轉置 A^T 爲

$$A^T=\begin{bmatrix} A_{11}^T & A_{21}^T \\ A_{12}^T & A_{22}^T \\ A_{13}^T & A_{23}^T \end{bmatrix}$$

亦即分割矩陣轉置時必須做好二個動作：

①對每一個方塊進行轉置；

②對 A 再做轉置。

例 3 $A=\left[\begin{array}{cc:c} 1 & 2 & 3 \\ 4 & 5 & 6 \\ \hdashline 7 & 8 & 9 \end{array}\right]$，$A_{11}=\begin{bmatrix} 1 & 2 \\ 4 & 5 \end{bmatrix}$，$A_{12}=\begin{bmatrix} 3 \\ 6 \end{bmatrix}$，$A_{21}=[7 \quad 8]$，$A_{22}=[9]$

$$A^T = \begin{bmatrix} A_{11}^T & A_{21}^T \\ A_{12}^T & A_{22}^T \end{bmatrix} = \begin{bmatrix} 1 & 4 & 7 \\ 2 & 5 & 8 \\ 3 & 6 & 9 \end{bmatrix}$$

隨堂演練

A 爲 n 階非奇異陣，求：

(a) $A(A^{-1} \quad I)$ (b) $\begin{bmatrix} A^{-1} \\ I \end{bmatrix} A$ (c) $[A \quad 2A]^T [A^{-1} \quad I]$

(d) $(A \quad 2A)\begin{pmatrix} A^{-1} \\ I \end{pmatrix}$

Ans：

(a) $(I \quad A)$ (b) $\begin{bmatrix} I \\ A \end{bmatrix}$ (c) $\begin{pmatrix} A^T \cdot A^{-1} & A^T \\ 2A^T \cdot A^{-1} & 2A^T \end{pmatrix}$ (d) $I + 2A$

分割方陣之行列式

定理 A 在分割方陣之行列式計算上很有用。

定理 A P，Q 均為 n 階方陣，則：

(1) $\begin{vmatrix} P & \mathbf{0} \\ X & Q \end{vmatrix} = |P||Q|$ (1') $\begin{vmatrix} P & X \\ \mathbf{0} & Q \end{vmatrix} = |P||Q|$

(2) $\begin{vmatrix} \mathbf{0} & P \\ -I & Q \end{vmatrix} = |P|$ (3) $\begin{vmatrix} P & \mathbf{0} \\ \mathbf{0} & Q \end{vmatrix} = |P||Q|$

例 4 求$\begin{vmatrix} 1 & 2 & 0 & 0 \\ 0 & 5 & 0 & 0 \\ 1 & 0 & 3 & 1 \\ 4 & 2 & 0 & 4 \end{vmatrix}$。

解

$$\left|\begin{array}{cc:cc} 1 & 2 & 0 & 0 \\ 0 & 5 & 0 & 0 \\ \hdashline 1 & 0 & 3 & 1 \\ 4 & 2 & 0 & 4 \end{array}\right| = \begin{vmatrix} 1 & 2 \\ 0 & 5 \end{vmatrix} \begin{vmatrix} 3 & 1 \\ 0 & 4 \end{vmatrix} = 5 \times 12 = 60$$

用分割矩陣求行列式時，如何找到二個合適之分割矩陣以便得到論證之所要之成果實屬關鍵，這是最難也是最精彩之處。

分割矩陣之列（行）運算

分割矩陣也有類似一般矩陣之基本列（行）運算：

1. 對調分割矩陣之兩（塊）行或兩（塊）列。
2. 以一可逆方陣左乘某一（塊）列或右乘某一（塊）行。
3. 以一可逆方陣左乘某一（塊）列後加入另一（塊）列，或右乘某一（塊）行後加入另一（塊）行。

上述基本列運算必須在子矩陣間之加乘等運算為可行之前提下為之。

例 5 A、B 為 n 階方陣，試證$\begin{vmatrix} I & A \\ B & I \end{vmatrix} = |I - AB|$

解

$$\because \begin{bmatrix} I & A \\ B & I \end{bmatrix} \begin{bmatrix} I & \mathbf{0} \\ -B & I \end{bmatrix} = \begin{bmatrix} I - AB & A \\ \mathbf{0} & I \end{bmatrix} = |I - AB||I| = |I - AB|$$

又 $\underbrace{\begin{vmatrix} I & \mathbf{0} \\ -B & I \end{vmatrix}}_{1} = 1$

$\therefore \begin{vmatrix} I & A \\ B & I \end{vmatrix} = |I - AB|$

> **定理 B** 若 A、B、I 均為同階方陣，則：
>
> $\det(AB) = \det(A)\det(B)$

證

$$\because \begin{bmatrix} I & A \\ \mathbf{0} & I \end{bmatrix}\begin{bmatrix} A & \mathbf{0} \\ -I & B \end{bmatrix} = \begin{bmatrix} \mathbf{0} & AB \\ -I & B \end{bmatrix} \qquad (1)$$

$\begin{vmatrix} I & A \\ \mathbf{0} & I \end{vmatrix} = 1 \quad \therefore \begin{vmatrix} A & \mathbf{0} \\ -I & B \end{vmatrix} = \begin{vmatrix} \mathbf{0} & AB \\ -I & B \end{vmatrix} = \det(AB)$，

又 $\begin{vmatrix} A & \mathbf{0} \\ -I & B \end{vmatrix} = \det(A)\det(B)$，

$\therefore \det(AB) = \det(A)\det(B)$ ■

> **定理 C** 若 A、D 分別為 r 階與 s 階方陣且 A 為非奇異陣，則
>
> $\begin{vmatrix} A & B \\ C & D \end{vmatrix} = |A||D - CA^{-1}B|$

證

證法一 考慮下列分割矩陣：

$$\begin{bmatrix} A & B \\ C & D \end{bmatrix} = \begin{bmatrix} A & \mathbf{0} \\ C & D - CA^{-1}B \end{bmatrix}\begin{bmatrix} I & A^{-1}B \\ \mathbf{0} & I \end{bmatrix}$$

上式二邊同取行列式得：

$$\begin{vmatrix} A & B \\ C & D \end{vmatrix} = \begin{vmatrix} A & \mathbf{0} \\ C & D - CA^{-1}B \end{vmatrix} \begin{vmatrix} I & A^{-1}B \\ \mathbf{0} & I \end{vmatrix}$$

$$\overset{\text{定理 A(1)}}{=\!=\!=} |A||D - CA^{-1}B| \cdot 1 = |A||D - CA^{-1}B|$$ ■

證法二

$$\begin{bmatrix} A & B \\ C & D \end{bmatrix} \xrightarrow{-CA^{-1} \times R_1 + R_2 \to R_2} \begin{bmatrix} A & B \\ \mathbf{0} & D - CA^{-1}B \end{bmatrix}$$

$$\therefore \begin{vmatrix} A & B \\ C & D \end{vmatrix} = \begin{vmatrix} A & B \\ \mathbf{0} & D - CA^{-1}B \end{vmatrix} = |A||D - CA^{-1}B|$$ ■

定理 C 是求分割矩陣行列式之重要定理，在應用上 A 需為可逆，若 D 是可逆時，則結果變為：

$\begin{vmatrix} A & B \\ C & D \end{vmatrix} = |D||A - BD^{-1}C|$，其證明如下：

$$\begin{vmatrix} A & B \\ C & D \end{vmatrix} \xrightarrow{R_1 \leftrightarrow R_2} \begin{vmatrix} C & D \\ A & B \end{vmatrix} \xrightarrow{C_1 \leftrightarrow C_2} \begin{vmatrix} D & C \\ B & A \end{vmatrix}$$

$$\xrightarrow{-BD^{-1} \times R_1 + R_2 \to R_2} \begin{vmatrix} D & C \\ \mathbf{0} & A - BD^{-1}C \end{vmatrix}$$

$$\therefore \begin{vmatrix} A & B \\ C & D \end{vmatrix} = |D||A - BD^{-1}C|$$ ■

例 6 A, B, C, D 為 n 階方陣，若 $AC = CA$，且 A^{-1} 存在，試證 $\begin{vmatrix} A & B \\ C & D \end{vmatrix} = |AD - CB|$。

解

$$\begin{bmatrix} A & B \\ C & D \end{bmatrix} \xrightarrow{-CA^{-1} \times R_1 + R_2 \to R_2} \begin{bmatrix} A & B \\ \mathbf{0} & D - CA^{-1}B \end{bmatrix}$$

$$\therefore \begin{vmatrix} A & B \\ C & D \end{vmatrix} = \begin{vmatrix} A & B \\ \mathbf{0} & D - CA^{-1}B \end{vmatrix}$$

$$= |A|\,|D - CA^{-1}B| = |AD - ACA^{-1}B|$$

$$= |AD - CAA^{-1}B| = |AD - CB|$$

例 7　若 A, B 均為 n 階方陣，求

$$\begin{vmatrix} A & -A \\ B & B \end{vmatrix}$$

解

$$\begin{vmatrix} A & -A \\ B & B \end{vmatrix} \overset{C_1 + C_2 \to C_2}{=\!=\!=} \begin{vmatrix} A & \mathbf{0} \\ B & 2B \end{vmatrix} = |A||2B| = |A| \cdot 2^n |B| = 2^n |A||B|$$

例 8　A, B 均為 n 階方陣，若 $\begin{bmatrix} A & B \\ B & A \end{bmatrix}$ 為可逆，試證 $A + B$ 與 $A - B$ 均為可逆

解

$$\begin{vmatrix} A & B \\ B & A \end{vmatrix} \xrightarrow{R_1 + R_2 \to R_1} \begin{vmatrix} A+B & B+A \\ B & A \end{vmatrix} \xrightarrow{-C_1 + C_2 \to C_2} \begin{vmatrix} A+B & \mathbf{0} \\ B & A-B \end{vmatrix}$$

$$= |A+B||A-B|$$

$\because \begin{bmatrix} A & B \\ B & A \end{bmatrix}$ 為可逆

$\therefore \begin{vmatrix} A & B \\ B & A \end{vmatrix} \neq 0$ 從而 $|A+B| \neq 0$ 及 $|A-B| \neq 0$ 即 $A+B$，$A-B$ 均為可逆。

> **定理 D** 若 A 為 $m\times n$，B 為 $n\times m$ 階矩陣，則
> $\det(I_m + AB) = \det(I_n + BA)$

隨堂練習

A, B 爲 n 階方陣，$|A| = a$，$|A+B| = b$，$ab \neq 0$，驗證 $|(I+BA^{-1})^{-1}(A+B)| = a$

塊狀反矩陣

P，Q，R，S 爲 n 階方陣，若$A=\begin{bmatrix} P & Q \\ R & S \end{bmatrix}$可逆，則 A^{-1} 應如何求？

> **定理 E** A_1, A_2 為 n 階方陣，則
> $$\begin{bmatrix} A_1 & \mathbf{0} \\ \mathbf{0} & A_2 \end{bmatrix}^{-1} = \begin{bmatrix} A_1^{-1} & \mathbf{0} \\ \mathbf{0} & A_2^{-1} \end{bmatrix}, \begin{bmatrix} \mathbf{0} & A_1 \\ A_2 & \mathbf{0} \end{bmatrix}^{-1} = \begin{bmatrix} \mathbf{0} & A_2^{-1} \\ A_1^{-1} & \mathbf{0} \end{bmatrix}$$

證

$$\begin{bmatrix} A_1 & \mathbf{0} \\ \mathbf{0} & A_2 \end{bmatrix}\begin{bmatrix} A_1^{-1} & \mathbf{0} \\ \mathbf{0} & A_2^{-1} \end{bmatrix} = \begin{bmatrix} I & \mathbf{0} \\ \mathbf{0} & I \end{bmatrix} = I$$

$$\begin{bmatrix} A_1^{-1} & \mathbf{0} \\ \mathbf{0} & A_2^{-1} \end{bmatrix}\begin{bmatrix} A_1 & \mathbf{0} \\ \mathbf{0} & A_2 \end{bmatrix}=\begin{bmatrix} I & \mathbf{0} \\ \mathbf{0} & I \end{bmatrix}=I$$

$\therefore A$ 為可逆且 $A^{-1}=\begin{bmatrix} A_1^{-1} & \mathbf{0} \\ \mathbf{0} & A_2^{-1} \end{bmatrix}$

同法可證 $\begin{bmatrix} \mathbf{0} & A_1 \\ A_2 & \mathbf{0} \end{bmatrix}^{-1}=\begin{bmatrix} \mathbf{0} & A_2^{-1} \\ A_1^{-1} & \mathbf{0} \end{bmatrix}$ ■

隨堂演練

求 $\begin{bmatrix} I_n & \mathbf{0} \\ I_n & I_n \end{bmatrix}^{-1}$

Ans：$\begin{bmatrix} I_n & \mathbf{0} \\ -I_n & I_n \end{bmatrix}$

例 9 驗證（假定相關反矩陣均存在）

$$\begin{bmatrix} \mathbf{0} & P \\ Q & I \end{bmatrix}^{-1}=\begin{bmatrix} -(PQ)^{-1} & (PQ)^{-1}P \\ Q(PQ)^{-1} & I-Q(PQ)^{-1}P \end{bmatrix}$$

解

$$\begin{bmatrix} \mathbf{0} & P \\ Q & I \end{bmatrix}\begin{bmatrix} -(PQ)^{-1} & (PQ)^{-1}P \\ Q(PQ)^{-1} & I-Q(PQ)^{-1}P \end{bmatrix}=\begin{bmatrix} I & \mathbf{0} \\ \mathbf{0} & I \end{bmatrix}$$

又 $\begin{bmatrix} -(PQ)^{-1} & (PQ)^{-1}P \\ Q(PQ)^{-1} & I-Q(PQ)^{-1}P \end{bmatrix}\begin{bmatrix} \mathbf{0} & P \\ Q & I \end{bmatrix}=\begin{bmatrix} I & \mathbf{0} \\ \mathbf{0} & I \end{bmatrix}$

$\therefore \begin{bmatrix} \mathbf{0} & P \\ Q & I \end{bmatrix}^{-1}=\begin{bmatrix} -(PQ)^{-1} & (PQ)^{-1}P \\ Q(PQ)^{-1} & I-Q(PQ)^{-1}P \end{bmatrix}$

習題 2-4

1. 求$\left[\begin{array}{cc:cc} 1 & 0 & 1 & 0 \\ 2 & 1 & 0 & 1 \\ \hdashline 0 & 0 & 1 & 0 \end{array}\right]\left[\begin{array}{cc} 1 & 0 \\ 0 & 1 \\ \hdashline 1 & 0 \\ 1 & 1 \end{array}\right]$

2. 計算$\begin{vmatrix} 1 & 4 & 0 & 0 & 0 & 0 \\ 0 & 2 & 0 & 0 & 0 & 0 \\ 0 & 0 & 3 & 4 & 0 & 0 \\ 0 & 0 & 0 & 1 & 0 & 0 \\ 0 & 0 & 0 & 0 & 2 & 5 \\ 0 & 0 & 0 & 0 & 3 & 3 \end{vmatrix}$。

3. 若 $A=\begin{bmatrix} \mathbf{0} & I \\ I & \mathbf{0} \end{bmatrix}$，$\mathbf{0}$，$I$ 均爲 n 階方陣，求 $A^k=$？又 $A^{-1}=$？

4. 若 $A=\begin{bmatrix} I & \mathbf{0} \\ B & I \end{bmatrix}$，$\mathbf{0}$，$I$ 及 B 均爲 n 階方陣，求 $A^k=$？又 $A^{-1}=$？

5. 試由下列步驟解方程組 $\begin{bmatrix} A & \alpha \\ C^T & \beta \end{bmatrix}\begin{bmatrix} X \\ x_{n+1} \end{bmatrix}=\begin{bmatrix} b \\ b_{n+1} \end{bmatrix}$，$A$ 爲 n 階非奇異陣，a，b，C 爲 n 維行向量，β，x_{n+1}，b_{n+1} 爲純量：
   (a) 求方程組二邊同乘 $\begin{bmatrix} A^{-1} & 0 \\ -C^TA^{-1} & 1 \end{bmatrix}$ 之結果 (b) 利用 (a) 之結果先求 x_{n+1} 再求 X。

第 6，7 題均假設所需之運算條件皆成立

6. 設 $P=\begin{bmatrix} I & \mathbf{0} \\ C & B \end{bmatrix}$，試證 $P^k=\begin{bmatrix} I & \mathbf{0} \\ (I-B)^{-1}(I-B^k)C & B^k \end{bmatrix}$。

7. 試證：$\begin{bmatrix} I & P \\ Q & I \end{bmatrix}^{-1} = \begin{bmatrix} (I-PQ)^{-1} & -(I-PQ)^{-1}P \\ -Q(I-PQ)^{-1} & I+Q(I-PQ)^{-1}P \end{bmatrix}$

8. 令 $I_n^T = [\underbrace{1,1,\cdots 1}_{n\text{個}}]$，$J_{m\times n} = I_m I_n^T$，$\overline{J_n} = \dfrac{1}{n}J_n$，

 (a) 試求 $I_2 I_3^T = ?$　　(b) 證 $J_{m\times n}J_{n\times p} = nJ_{m\times p}$

 (c) 證 $J_n^2 = nJ_n$　　(d) 試證 $\overline{J_n}^2 = \overline{J_n}$

 (e) 若 $C_n = I - \overline{J_n}$ 試證 C_n 為冪等陣，$C\underset{\sim}{1} = \mathbf{0}$，$CJ = JC = \mathbf{0}$

 (f) 證 $\sum_{i=1}^{n}(x_i - \bar{x})^2 = x^T Cx, x^T = (x_1, x_2\cdots x_n)$，$\bar{x} = \dfrac{1}{n}\sum_{i=1}^{n} x_i$

 (g) 證 $(aI_n + bJ_n)^{-1} = \dfrac{1}{a}\left(I_n - \dfrac{b}{a+nb}J_n\right)$

9. A, X, B 為三矩陣，其階數分別為 $m\times n, n\times p, m\times p$，試證：$AX = B$ 之充要條件為 $AX_j = b_j, j = 1, 2 \cdots p$

10. A 為 m 階方陣，B 為 n 階方陣，設 $|A| = a$，$|B| = b$，$ab \neq 0$，試求 $\begin{vmatrix} \mathbf{0} & cA \\ -B & \mathbf{0} \end{vmatrix}$

11. A, B 為 n 階方陣，$AB^T = \mathbf{0}$ 令 $C = \begin{bmatrix} A \\ \cdots \\ B \end{bmatrix}$，試證 $|CC^T| = |A|^2|B|^2$

12. A, B 均為 n 階方陣，A^*, B^* 為 A, B 之伴隨矩陣，$C = \begin{bmatrix} A & \mathbf{0} \\ \mathbf{0} & B \end{bmatrix}$，若 C 為可逆，試求 C 之伴隨矩陣 C^*

13. $A, B, C, \mathbf{0}$ 均為 n 階方陣，若 $\begin{bmatrix} A & B \\ \mathbf{0} & C \end{bmatrix}$ 為正交陣，試證 A, C 為正交陣。

CHAPTER 3 向量空間

A · B = 1 · (−2) + 0 · 1 + (−3) · 1 = −5
A · B = 1 · (−2) + 0 · 1 + (−3) · 1 = −5
A · B = 1 · (−2) + 0 · 1 + (−3) · 1 = −5
A · B = 1 · (−2) + 0 · 1 + (−3) · 1 = −5
A · B = 1 · (−2) + 0 · 1 + (−3) · 1 = −5
A · B = 1 · (−2) + 0 · 1 + (−3) · 1 = −5
A · B = 1 · (−2) + 0 · 1 + (−3) · 1 = −5
A · B = 1 · (−2) + 0 · 1 + (−3) · 1 = −5
A · B = 1 · (−2) + 0 · 1 + (−3) · 1 = −5

3.1 向量空間

向量空間（vector space）是一個具有某些代數結構的集合，這是愛爾蘭數學家哈密頓（Sir William Rowan Hamilton, 1805-1865）所建立之普遍而廣泛應用的抽象概念，向量空間打開現代抽象數學的大門。因爲我們的興趣在於有線性性質的代數結構，因此本節討論的向量空間也稱爲線性空間。向量空間裡面的元素稱爲向量，除了我們傳統認知的向量外，還包括了矩陣、多項式、函數等等。

封閉性

V 爲一集合，若

(1) $x, y \in V$ 時有 $x+y \in V$

(2) $x \in V$，α 爲任意純量時有 $\alpha x \in V$

則稱在集合 V 下，「＋」、「・」滿足**封閉性**（closure）

向量空間的運算不論有多「奇怪」，總要滿足封閉性以及定義中之諸公理，只要有一項不被滿足它就不是向量空間。

定義

令 V 為異於空集合 ϕ 之任意集合，K 為純量體，$+, \bullet$ 為定義於 V, K 上之加法及乘法。對所有 $u, v \in V$, $\alpha \in K$，恆有 $u+v \in V$, $\alpha u \in V$ 外，尚需滿足下列公理，則 V 稱為佈於 K 之**向量空間**：

$P1$：$(u+v)+w=u+(v+w)$, $u, v, w, \in V$

$P2$：$u+\mathbf{0}=u$,　$u \in V$；　$\mathbf{0}$：零向量

$P3$：對每一個 $u \in V$ 均存在一個 $-u \in V$ 使得 $u+(-u)=\mathbf{0}$

$P4$：$u+v=v+u \quad u,v\in V$

$P5$：$\alpha(u+v)=\alpha u+\alpha v, \quad u,v\in V$，$\alpha$ 為任意純量

$P6$：$(\alpha+\beta)u=\alpha u+\beta u \quad \alpha,\beta$ 為任意純量，$u\in V$

$P7$：$(\alpha\beta)u=\alpha(\beta u), \quad \alpha,\beta$ 為任意純量，$u\in V$

$P8$：$1u=u \quad u\in V$。

對不習慣純量體的讀者，可把純量體 K 看做實數集 R。

例 1 設 S 為所有實數有序元素對所成之集合。其 +, · 定義為

(1) $(x_1,x_2)+(y_1,y_2)=(x_1y_1,x_2y_2)$

(2) $c(x_1,x_2)=(cx_1,cx_2)$

問 S 是否為一向量空間？

解

$$(\alpha+\beta)(x_1,x_2)\overset{?}{=}\alpha(x_1,x_2)+\beta(x_1,x_2):$$

$$\alpha(x_1,x_2)+\beta(x_1,x_2)=(\alpha x_1,\alpha x_2)+(\beta x_1,\beta x_2)$$
$$=(\alpha\beta x_1^2,\alpha\beta x_2^2)$$

$$(\alpha+\beta)(x_1,x_2)=((\alpha+\beta)x_1,(\alpha+\beta)x_2)$$

$$(\alpha+\beta)(x_1,x_2)\neq\alpha(x_1,x_2)+\beta(x_1,x_2)$$

違反 $P6$，故 S 不為向量空間

例 2 設 S 為所有實數有序元素對所成之集合。其 +, · 定義為

(1) $(x_1,x_2)+(y_1,y_2)=(\sqrt[3]{x_1^3+x_2^3},\sqrt[3]{y_1^3+y_2^3})$

(2) $c(x_1,x_2)=(cx_1,cx_2)$

問 S 是否為一向量空間？

解

$$(\alpha+\beta)(x_1,x_2)\overset{?}{=}\alpha(x_1,x_2)+\beta(x_1,x_2):$$

$\alpha(x_1,x_2)+\beta(x_1,x_2)=(\alpha x_1,\alpha x_2)+(\beta x_1,\beta x_2)$

$=(\sqrt[3]{\alpha^3x_1^3+\beta^3x_1^3},\sqrt[3]{\alpha^3x_2^3+\beta^3x_2^3})$

$=(\sqrt[3]{\alpha^3+\beta^3}\,x_1,\sqrt[3]{\alpha^3+\beta^3}\,x_2)\neq(\alpha+\beta)(x_1,x_2)$

違反 $P6$，故 S 不為一向量空間

例 3　$M_{2\times2}$ 為所有二階實方陣所成之集合，其 +, ·為一般矩陣加法與乘法，試證 $M_{2\times2}$ 為一向量空間。

解

$M_{2\times2}\neq\phi$，設

$u=\begin{bmatrix}a & b\\ c & d\end{bmatrix}$，$v=\begin{bmatrix}x & y\\ z & w\end{bmatrix}$，則 $u+v\in M_{2\times2}$

$\alpha u=\begin{bmatrix}\alpha a & \alpha b\\ \alpha c & \alpha d\end{bmatrix}\in M_{2\times2}$　即加乘滿足封閉性

現驗證定義之 $P_1\sim P_8$

P_1：$(u+v)+w=u+(v+w)$：

取 $w=\begin{bmatrix}m & n\\ p & q\end{bmatrix}$ 則 $\left(\begin{bmatrix}a & b\\ c & d\end{bmatrix}+\begin{bmatrix}x & y\\ z & w\end{bmatrix}\right)+\begin{bmatrix}m & n\\ p & q\end{bmatrix}$

$=\begin{bmatrix}a+x & b+y\\ c+z & d+w\end{bmatrix}+\begin{bmatrix}m & n\\ p & q\end{bmatrix}=\begin{bmatrix}a+x+m & b+y+n\\ c+z+p & d+w+q\end{bmatrix}$

$\begin{bmatrix}a & b\\ c & d\end{bmatrix}+\left(\begin{bmatrix}x & y\\ z & w\end{bmatrix}+\begin{bmatrix}m & n\\ p & q\end{bmatrix}\right)$

$=\begin{bmatrix}a & b\\ c & d\end{bmatrix}+\begin{bmatrix}x+m & y+n\\ z+p & w+q\end{bmatrix}=\begin{bmatrix}a+x+m & b+y+n\\ c+z+p & d+w+q\end{bmatrix}$

$\therefore(u+v)+w=u+(v+w)$ 成立

P_2：$u+\mathbf{0}=u$：

$u+\mathbf{0}=\begin{bmatrix}a & b\\ c & d\end{bmatrix}+\begin{bmatrix}0 & 0\\ 0 & 0\end{bmatrix}=\begin{bmatrix}a & b\\ c & d\end{bmatrix}=u$

P_3：$u+(-u)=\mathbf{0}$：

$$u+(-u)=\begin{bmatrix} a & b \\ c & d \end{bmatrix}+\begin{bmatrix} -a & -b \\ -c & -d \end{bmatrix}=\begin{bmatrix} 0 & 0 \\ 0 & 0 \end{bmatrix}=\mathbf{0}$$

P_4：$u+v=v+u$：

$$u+v=\begin{bmatrix} a & b \\ c & d \end{bmatrix}+\begin{bmatrix} x & y \\ z & w \end{bmatrix}=\begin{bmatrix} a+x & b+y \\ c+z & d+w \end{bmatrix}=\begin{bmatrix} x+a & y+b \\ z+c & w+d \end{bmatrix}$$

$$=\begin{bmatrix} x & y \\ z & w \end{bmatrix}+\begin{bmatrix} a & b \\ c & d \end{bmatrix}=v+u$$

P_5：$\alpha(u+v)=\alpha u+\alpha v$：

$$\alpha(u+v)=\alpha\left(\begin{bmatrix} a & b \\ c & d \end{bmatrix}+\begin{bmatrix} x & y \\ z & w \end{bmatrix}\right)=\alpha\begin{bmatrix} a+x & b+y \\ c+z & d+w \end{bmatrix}$$

$$=\begin{bmatrix} \alpha(a+x) & \alpha(b+y) \\ \alpha(c+z) & \alpha(d+w) \end{bmatrix}=\alpha\begin{bmatrix} a & b \\ c & d \end{bmatrix}+\alpha\begin{bmatrix} x & y \\ z & w \end{bmatrix}$$

$$=\alpha u+\alpha v$$

P_6：$(\alpha+\beta)u=\alpha u+\beta u$：

$$(\alpha+\beta)u=(\alpha+\beta)\begin{bmatrix} x & y \\ z & w \end{bmatrix}=\alpha\begin{bmatrix} x & y \\ z & w \end{bmatrix}+\beta\begin{bmatrix} x & y \\ z & w \end{bmatrix}=\alpha u+\beta u$$

P_7：$(\alpha\beta)u=\alpha(\beta u)$：

$$\alpha\beta u=\alpha\beta\begin{bmatrix} x & y \\ z & w \end{bmatrix}=\alpha\left\{\beta\begin{bmatrix} x & y \\ z & w \end{bmatrix}\right\}=\alpha(\beta u)$$

P_8：$1u=u$ 顯然成立

$$1u=1\begin{bmatrix} x & y \\ z & w \end{bmatrix}=\begin{bmatrix} x & y \\ z & w \end{bmatrix}=u$$

由 $P_1\sim P_8$ 知 $M_{2\times 2}$ 為一向量空間

例 4 設 S 為所有實數有序元素對所成之集合。其 $+,\cdot$ 定義為

(1) $(x_1,x_2)+(y_1,y_2)=(x_1y_1,x_2y_2)$

(2) $c(x_1,x_2)=(cx_1,cx_2)$，c 為純量。

問 S 是否為一向量空間？

解

$(\alpha+\beta)(x_1, x_2) \overset{?}{=} \alpha(x_1, x_2)+\beta(x_1, x_2)$：

$\alpha(x_1, x_2)+\beta(x_1, x_2)=(\alpha x_1, \alpha x_2)+(\beta x_1, \beta x_2)$

$=(\alpha\beta x_1^2, \alpha\beta x_2^2)$

$(\alpha+\beta)(x_1, x_2)=((\alpha+\beta)x_1,(\alpha+\beta)x_2)$

$(\alpha+\beta)(x_1, x_2) \neq \alpha(x_1, x_2)+\beta(x_1, x_2)$

∴違反 $P6$，故 S 不為向量空間

例 5 設 S 為所有二階非奇異陣列所成之集合，其中 +, · 為一般矩陣之加、乘法，問 S 是否為一向量空間？

解

我們先看封閉性，即 A, B 均為非奇異陣（即 $|A| \neq 0, |B| \neq 0$），那麼 $|A+B|$ 是否仍為 0？答案是否定的，舉個反例：

$A=\begin{bmatrix}1 & 0\\0 & 1\end{bmatrix}$, $\begin{bmatrix}-1 & 1\\0 & -1\end{bmatrix}$；$|A| \neq 0$，$|B| \neq 0$；$A$, B 均為非奇異陣列，但 $A+B=\begin{bmatrix}0 & 1\\0 & 0\end{bmatrix}$，$|A+B|=\begin{vmatrix}0 & 1\\0 & 0\end{vmatrix}$，∴ $A+B$ 為奇異陣，不滿足「+」之封閉性，因此 S 不是向量空間。

在例 5 若 S 爲奇異陣列所形成之集合，其 +, · 爲一般之加乘法，則 S 仍不爲向量空間。反例是 $A=\begin{bmatrix}1 & 0\\0 & 0\end{bmatrix}$，$B=\begin{bmatrix}0 & 0\\0 & 1\end{bmatrix}$，則 A, B 均爲奇異陣，但 $A+B=\begin{bmatrix}1 & 0\\0 & 1\end{bmatrix}$ 爲非奇異陣，不滿足「+」之封閉性，因此 S 不是向量空間。

例 6 V為佈於R之向量空間，$v \in V$，k為純量，試證(a) $0 \cdot v = \mathbf{0}$ (b) 若 $k \neq 0$ 且 $k \cdot v = \mathbf{0}$，則 $v = \mathbf{0}$。

解

(a) $v = 1v = (1+0)v = 1v + 0v = v + 0v$ (1)

$\therefore -v + v = -v + (v + 0v) = (-v + v) + 0v$ (2)

$\mathbf{0} = \mathbf{0} + 0v = 0v$

(b)由 $P8$, $v = 1 \cdot v = \left(\frac{1}{k} \cdot k\right) v = \frac{1}{k}(kv) = \frac{1}{k} \cdot \mathbf{0} = \mathbf{0}$

本書常用之向量空間記號

本書討論有限維向量空間：

1. R^n：$n \times 1$ 之行向量
2. $M_{m\times n}$：$m \times n$ 矩陣
3. $P_n = \{f(x) | \deg f(x) < n\}$

習題 3-1

第 1-4 題中 S 為所有實數有序元素對所成之集合。試分別就其定義於 S 之 $+, \bullet$ 判斷 S 是否為一向量空間？

1. $\alpha(x_1, x_2) = (\alpha x_1, x_2)$；$(x_1, x_2) + (y_1, y_2) = (x_1 + y_1, x_2 + y_2)$；

2. $\alpha(x_1, x_2) = (\alpha x_1, \alpha x_2)$；$(x_1, x_2) + (y_1, y_2) = (x_1 + y_1, 0)$；

3. $\alpha(x_1, x_2) = (x_1, x_2)$；$(x_1, x_2) + (y_1, y_2) = (x_1 + y_1, x_2 + y_2)$；

4. $\alpha(x_1, x_2) = (2\alpha x_1, \alpha x_2)$；$(x_1, x_2) + (y_1, y_2) = (x_1 + y_1, x_2 + y_2)$；

5. V 為向量空間，對二向量 $u, v \in V$，k 為任一純量，試證 $k(u-v) = ku - kv$。

6. V 為所有佈於實數系之偶函數所成之集合，其 $+, \bullet$ 為一般實函數之加、乘，試證 V 為一向量空間。

7. 承上題，若 V 奇函數，那麼 V 是否仍為向量空間？

8. 在實數集 R 上，定義加法運算$\oplus$與純量積運算$\odot$如下：
   $x \oplus y = \min\{x, y\}$，$c \odot x = cx, c \in R.$
   問 V 是否為定義於 R 上之向量空間？

9. V 為一向量空間，$x, y, z \in V$，若 $x + y = z + y$，試證 $x = z$。

10. V 為一向量空間，若 $x \in V$，試證 $x - x = \mathbf{0}$

3.2　子空間

定義

V 為一向量空間，$W \subseteq V$ 且 $W \neq \phi$，若 W 對 V 中之向量加法與純量乘法也構成一向量空間，則稱 W 為 V 之一個**子空間**（subspace）。

每個向量空間 V 至少有二個子空間：(1) $\{\mathbf{0}\}$ 與 (2) V，這二個子空間又稱爲**明顯子空間**（trivial subspace）。

由定義，W 爲 V 之子空間，實意味著 W 爲非空集合且 W 滿足向量空間所需之條件。

定理 A　設 V 為一向量空間，若 W 為 V 之非空子集合且若且惟若 W 滿足 $u, v \in W \Rightarrow$ (1) $u+v \in W$, (2) $ku \in W, k \in K$，K 為純量體，則 W 為 V 之**子空間**（subspace）。

根據定義，若 $x \in W$ 則 $-x \in W$，從而 $x+(-x)=\mathbf{0} \in W$。

$\therefore \mathbf{0} \in W$ 是判斷 W 是否為 V 之子空間之第 1 個關卡。

推論 A1　V 為向量空間，$W \subseteq V$，若 (1) $\mathbf{0} \in W$　(2) $au+bv \in W$，a, b 為任意純量，$u, v \in W$，則 W 是 V 之子空間。

證

根據 (1)，$W \neq \phi$

根據 (2)，$v+w=1v+1w \in W$ 且 $kv=kv+0v \in W$　$\forall v \in W$，

$k \in K$

$\therefore$ W 是 V 之子空間 ■

例 1 若 $W=\{(a,b,c)^T: c-b+a=0\}$ 問 W 是否為 R^3 之子空間？

解

(a) $\mathbf{0}=(0,0,0)^T \in W$

(b) $\alpha,\beta \in K, \mu=(a,b,c)^T$, $v=(p,q,r)^T$ 則 $\alpha\mu+\beta v=(\alpha a,\alpha b,\alpha c)^T+(\beta p,\beta q,\beta r)^T=(\alpha a+\beta p,\alpha b+\beta q,\alpha c+\beta r)^T \in W$〔 $\because$ $(\alpha c+\beta r)-(\alpha b+\beta q)+(\alpha a+\beta p)=\alpha(c-b+a)+\beta(r-q+p)=0$ 〕

$\therefore$ W 為 R^3 之子空間

例 2 若 $W=\{(a,b,c)^T: c^2=a^2+b^2\}$ 問 W 是否為 R^3 之子空間？

解

取 $u=(0,1,1)^T$, $v=(1,0,1)^T$, $u,v \in W$

$\because$ $u+v=(1,1,2)^T \notin W$

$\therefore$ W 不為 R^3 之子空間

例 3 W 為所有二階非奇異陣所成之集合，問 W 是否為 $M_{2\times 2}$ 之子空間？

解

> **勿忘測試**
>
> $\mathbf{0} \in W$ 是否成立

$\because \begin{bmatrix} 0 & 0 \\ 0 & 0 \end{bmatrix} \notin W$ $\therefore$ W 不為 $M_{2\times 2}$ 之子空間

隨堂演練

W 爲 n 階對稱陣所成之集合，問 W 是否爲 $M_{2\times 2}$ 之子空間？

Ans：是

推論 A2 V 為向量空間，$W \subseteq V$，若 $ku+v \in W$，k 為任意純量，$u, v \in W$，則 W 為 V 之子空間。

解

顯然 $W \neq \phi$，又 $(-1)v+v=\mathbf{0}, \mathbf{0} \in W$

$kv=kv+\mathbf{0}$ $\therefore kv \in W$ 且

$u+v=1u+v$ $\therefore u+v \in W$

即 W 為 V 之子空間 ■

定理 B 若 W_1, W_2 均為向量空間 V 之子空間，則 $W_1 \cap W_2$ 為 V 之子空間。

證

W_1, W_2 均為 V 之子空間

設 $u, v \in W_1 \cap W_2$，α, β 為純量

則 $u, v \in W_1$ 且 $u, v \in W_2$ ………… (1)

從而 $\alpha u+\beta v \in W_1$ 且 $\alpha u+\beta v \in W_2$

得 $\alpha u+\beta v \in W_1 \cap W_2$

$\because \mathbf{0} \in W_1$ 且 $\mathbf{0} \in W_2$ $\therefore \mathbf{0} \in W_1 \cap W_2$ ………… (2)

由推論 A1，$W_1 \cap W_2$ 為 V 之子空間 ■

例 4 $W_1=\{(a,b)^T \in R^2，a+b=0\}$，$W_2=\{(a,b)^T \in R^2，a=b\}$ 問 W_1，W_2 何者是 R^2 之子空間？

解

(a) W_1：

令 $u, v \in W_1$，$u=(a,-a)^T$，$v=(b,-b)^T$，則 $(0,0)^T \in W_1$ 且

$\alpha u+\beta v=(\alpha a,-\alpha a)^T+(\beta b,-\beta b)^T$

$=(\alpha a+\beta b, -\alpha a-\beta b)^T \in W_1$（$\because (\alpha a+\beta b)+(-\alpha a-\beta b)$ $=0$），即 W_1 為 R^2 之子空間

(b) 令 $u, v \in W_2$，$u=(a, a)^T$，$v=(b, b)^T$ 則 $(0, 0)^T \in W_2$ 且

$$\alpha u+\beta v=(\alpha a, \alpha a)^T+(\beta b, \beta b)^T$$
$$=(\alpha a+\beta b, \alpha a+\beta b)^T \in W_2$$

即 W_2 為 R^2 之子空間

例 5 設 V 為所有 2 階方陣所成之向量空間（即 $M_{2\times 2}$），問

$$W_1=\left\{\begin{bmatrix} x & x+y \\ 0 & y \end{bmatrix} \middle| x, y \in R\right\}$$

是否為 V 之子空間？

解

(1) $\mathbf{0}=\begin{bmatrix} 0 & 0 \\ 0 & 0 \end{bmatrix} \in W_1$

(2) 取 $u, v \in W_1$

$u=\begin{bmatrix} x_1 & x_1+y_1 \\ 0 & y_1 \end{bmatrix}$，$v=\begin{bmatrix} x_2 & x_2+y_2 \\ 0 & y_2 \end{bmatrix}$ 則 $\mathbf{0}_{2\times 2} \in W_1$ 且

$$\alpha u+\beta v=\begin{bmatrix} \alpha x_1 & \alpha(x_1+y_1) \\ 0 & \alpha y_1 \end{bmatrix}+\begin{bmatrix} \beta x_2 & \beta(x_2+y_2) \\ 0 & \beta y_2 \end{bmatrix}$$
$$=\begin{bmatrix} \alpha x_1+\beta x_2 & \alpha x_1+\alpha y_1+\beta x_2+\beta y_2 \\ 0 & \alpha y_1+\beta y_2 \end{bmatrix}$$
$$=\begin{bmatrix} \alpha x_1+\beta x_2 & (\alpha x_1+\beta x_2)+(\alpha y_1+\beta y_2) \\ 0 & \alpha y_1+\beta y_2 \end{bmatrix} \in W_1$$

即 W_1 為 V 之子空間

例 6 設 V 為所有 2 階方陣所成之集合，問

$$W_2=\left\{\begin{bmatrix} x & -x \\ -y & y \end{bmatrix}\middle| x,y\in R\right\}$$

是否為 V 之子空間？

解

(1) $\mathbf{0}=\begin{bmatrix} 0 & 0 \\ 0 & 0 \end{bmatrix}\in W_2$

(2) 取 $u,\ v\in W_2$，$u=\begin{bmatrix} x_1 & -x_1 \\ -y_1 & y_1 \end{bmatrix}$，$v=\begin{bmatrix} x_2 & -x_2 \\ -y_2 & y_2 \end{bmatrix}$ 則

$$\alpha u+\beta v=\begin{bmatrix} \alpha x_1 & -\alpha x_1 \\ -\alpha y_1 & \alpha y_1 \end{bmatrix}+\begin{bmatrix} \beta x_2 & -\beta x_2 \\ -\beta y_2 & \beta y_2 \end{bmatrix}$$

$$=\begin{bmatrix} \alpha x_1+\beta x_2 & -(\alpha x_1+\beta x_2) \\ -(\alpha y_1+\beta y_2) & (\alpha y_1+\beta y_2) \end{bmatrix}\in W_2$$

即 W_2 為 V 之子空間

例 7 問 $W=\{(a,b)^T\in R^2,\ a\geq 0, b\geq 0\}$ 是否為 R^2 之子空間。

解

取 $u=(1,\ 1)^T$ 則

$(-1)u=(-1,\ -1)^T\notin W$

$\therefore W$ 不為 R^2 之子空間

例 8 $W=\{B\in M_{3\times 3},\ AB=BA\}$，試問 W 是否為 $M_{3\times 3}$ 之子空間

解

若 $X, Y\in M_{3\times 3}$, 則 $AX=XA$，$AY=YA$，

$\Rightarrow A(X+Y)=AX+AY=XA+YA=(X+Y)A\in W$

又 $A(\alpha X)=\alpha AX=(\alpha X)A\in W$

$\therefore W$ 為 $M_{3\times 3}$ 之子空間。

隨堂演練

若 V 爲所有實 2 階方陣所成之向量空間，W_1 爲所有二階冪等陣所成之集合，W_2 爲所有二階可逆方陣所成之集合，問何者爲 V 之子空間？

Ans. 均非 V 之子空間

★例 9　（論例）V_1, V_2 為向量空間 V 之子空間，試證 $V_1\cup V_2$ 為 V 之子空間的充要條件 $V_1\subseteq V_2$ 為或 $V_2\subseteq V_1$。

解

「$\Rightarrow$」$V_1\subseteq V_2$ 或 $V_2\subseteq V_1$，則 $V_1\cup V_2$ 為子空間，顯然成立。

「$\Leftarrow$」$V_1\cup V_2$ 為子空間 $\Rightarrow V_1\subseteq V_2$ 或 $V_2\subseteq V_1$：

利用反證法

假設 $V_1\cup V_2$ 為子空間且設 $z=x+y$，則：

$$\begin{cases} x\in V_1-V_2\Rightarrow x\in V_1\cup V_2 \\ y\in V_2-V_1\Rightarrow y\in V_1\cup V_2 \end{cases}$$

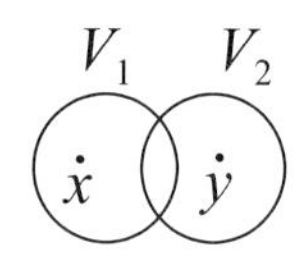

則 $x+y\in V_1\cup V_2$：

① 若 $x+y\in V_1$，則$x\in V_1$ 因而 $-x\in V_1\Rightarrow (x+y)+(-x)$ $=y\in V_1-V_2\in V_1$，與 $(x+y)+(-x)=y\in V_2-V_1$ 矛盾。

② 若$x+y\in V_2$，則$(x+y)+(-y)\in V_2$，與 $(x+y)+(-y)$ $=x\in V_2-V_1$ 與 $x\in V_1-V_2$ 矛盾。

$\therefore V_1\cup V_2$ 為子空間時，$V_1\subseteq V_2$ 或 $V_2\subseteq V_1$

由上，$V_1\cup V_2$ 為子空間之充要條件為$V_1\subseteq V_2$ 或 $V_2\subseteq V_1$。

和與直和

A. 和

定義

若 W_1, W_2 為向量空間 V 之子集合（$W_1 \neq \phi, W_2 \neq \phi$）則 W_1 與 W_2 之**和**（sum）（記做 W_1+W_2）定義為
$W_1+W_2=\{x+y：x\in W_1$ 且 $y\in W_2\}$

以上之定義可擴充到 $W_1, W_2, \cdots\cdots W_n$ 之情況：
$W_1+W_2+\cdots+W_n=\{x_1+x_2+\cdots+x_n；x_i\in W_i，i=1,2\cdots n\}$

定理 C 若 W_1, W_2 為向量空間 V 之子空間，則 W_1+W_2 為 V 之子空間。

證

(1) $\mathbf{0}=\mathbf{0}+\mathbf{0}\in W_1+W_2$，其中 $\mathbf{0}\in W_1, \mathbf{0}\in W_2$

(2) 若 $\alpha=\alpha_1+\alpha_2\in W_1+W_2$，其中 $\alpha_1\in W_1$, $\alpha_2\in W_2$
$\beta=\beta_1+\beta_2\in W_1+W_2$，其中 $\beta_1\in W_1$, $\beta_2\in W_2$
$a, b\in K$

則 $a\alpha+b\beta=a(\alpha_1+\alpha_2)+b(\beta_1+\beta_2)$
$=(a\alpha_1+b\beta_1)+(a\alpha_2+b\beta_2)\in W_1+W_2$

其中 $a\alpha_1+b\beta_1\in W_1$，$a\alpha_2+b\beta_2\in W_2$

$\therefore$ W_1+W_2 為 V 之子空間 ■

例 10 設 W_1, W_2 均為向量空間 V 之子空間，試證 $W_1 \subseteq W_1 + W_2$。

> W_1 為一子空間則 $\mathbf{0} \in W$

解

設 $w \in W_1 \Rightarrow w = w + \mathbf{0} \in W_1 + W_2$，

其中 $w \in W_1$, $\mathbf{0} \in W_2$

$\therefore W_1 \subseteq W_1 + W_2$

例 11 V為一向量空間，試證 $\boldsymbol{V} + \boldsymbol{V} = \boldsymbol{V}$。（本結果可視為定理）

解

(a) 先證 $V + V \subseteq V$：

設 $v \in V$，又因 $\mathbf{0} \in V$ $v = v + \mathbf{0} \in V$ $\therefore V + V \subseteq V$

(b) 次證 $V \subseteq V + V$：

設 $v \in V \Rightarrow v = v + \mathbf{0} \in V + v$，其中 $v \in V$，$\mathbf{0} \in V$

$\therefore V \subseteq V + V$

由 (a)、(b) $V + V = V$

B. 直和

定義

W_1, W_2 為向量空間 V 之子空間，若 V 之每一個元素能寫成 $x_1 + x_2$ 之唯一形式，其中 $x_1 \in W_1$，$x_2 \in W_2$，則稱 V 為 W_1, W_2 之**直和**（direct sum）記做 $V = W_1 \oplus W_2$。

定理 D U, W 為向量空間 V 之子空間，若且唯若 $V = W_1 + W_2$ 且 $W_1 \cap W_2 = \{\mathbf{0}\}$，則 $V = W_1 \oplus W_2$。

證

「⇒」$V=W_1+W_2$ 且 $W_1\cap W_2=\{\mathbf{0}\}$ 則 $V=W_1\oplus W_2$：

$V=W_1+W_2$及$W_1\cap W_2=\{\mathbf{0}\}$，令$w\in V$，則惟一存在 $w_1\in W_1$，$w_2\in W_2$ 使得 $w=w_1+w_2$：

假定另存在一組w'_1, w'_2，使得$w=w'_1+w'_2$，$w'_1\in W_1$，$w'_2\in W_2$

則 $w=w_1+w_2=w'_1+w'_2\Rightarrow w_1-w'_1=w'_2-w_2$

$\because w_1-w'_1\in W_1$，$w'_2-w_2\in W_2$ 且 $W_1\cap W_2=\{\mathbf{0}\}$

$$\therefore \left.\begin{array}{l} w_1-w'_1=\mathbf{0} \\ w'_2-w_2=\mathbf{0} \end{array}\right\}\Rightarrow \left\{\begin{array}{l} w_1=w'_1 \\ w_2=w'_2 \end{array}\right.$$

故 $w\in V$ 之和表示法為唯一，從而 $V=W_1\oplus W_2$

「⇐」$V=W_1\oplus W_2$ 則 $V=W_1+W_2$ 且 $W_1\cap W_2=\{\mathbf{0}\}$：

(1) 先證 $V=W_1+W_2$：若 $V=W_1\oplus W_2$，則對任一 $w\in V$ 均可寫成 $w=\alpha_1+\alpha_2$ 之唯一型式，其中 $\alpha_1\in W_1,\ \alpha_2\in W_2$，$\therefore V=W_1+W_2$

(2) 次證$W_1\cap W_2=\{\mathbf{0}\}$：設$w\in W_1\cap W_2$則①$w=w+\mathbf{0}$，其中 $w\in W_1$，$\mathbf{0}\in W_2$ 及②$w=\mathbf{0}+w$其中$\mathbf{0}\in W_1$，$w\in W_2$，因此 $W_1\cap W_2=\{\mathbf{0}\}$。 ■

由定理 E 可知，證明$V=W_1\oplus W_2$之三部曲是：

① **判斷 W_1, W_2 為 V 之子空間**

② $\boldsymbol{V=W_1+W_2}$

③ $\boldsymbol{W_1\cap W_2=\{0\}}$

例 12 $f(x)=a_nx^n+a_{n-1}x^{n-1}+\cdots+a_0$

W_1 為偶次項 $a_0, a_2, \cdots$皆為 0 之 $f(x)$ 所成之集合，

W_2 為奇次項 $b_1, b_3, \cdots$皆為 0 之 $f(x)$ 所成之集合，

試證 $P_{n+1} = W_1 \oplus W_2$。

解

W_1, W_2 皆為 P_{n+1} 之子空間（讀者可自行驗證之）

(a) 設 $h(x)=c_n x^n + c_{n-1}x^{n-1} + \cdots + c_0 \in W_1 \cap W_2$，則

$$\because \begin{cases} h(x) \in W_1 \Rightarrow c_0, c_2, \cdots \text{為 } 0 \\ h(x) \in W_2 \Rightarrow c_1, c_3, \cdots \text{為 } 0 \end{cases}$$

$\therefore W_1 \cap W_2 = \{\mathbf{0}\}$

(b) 因為 $h(x)=(c_0+c_2x^2+c_4x^4+\cdots)+(c_1x+c_3x^3+\cdots)$

$\therefore P_{n+1} = W_1 + W_2$

由 (a), (b) $\quad P_{n+1} = W_1 \oplus W_2$

隨堂演練

試證 R^n 爲下列二子空間之直和：

$W_1 = \{(a_1, a_2, \cdots, a_n)^T \in R^n：a_n = 0\}$

$W_2 = \{(a_1, \cdots, a_n)^T \in R^n：a_1 = a_2 = \cdots = a_{n-1} = 0\}$

例 13 $W_1 = x$ 軸，$W_2 = y$ 軸，$W_3 = \left\{ \begin{bmatrix} a \\ a \\ b \end{bmatrix}, a, b \in R \right\}$

問 $R^3 = W_1 \oplus W_2 \oplus W_3$ 是否成立？

解

$$W_1 \cap W_2 = W_2 \cap W_3 = W_1 \cap W_2 \cap W_3 = \{0\}$$

但 $\begin{pmatrix} x \\ y \\ z \end{pmatrix} \in R^3$，$\begin{pmatrix} x \\ y \\ z \end{pmatrix} = \begin{pmatrix} 0 \\ 0 \\ 0 \end{pmatrix} + \begin{pmatrix} 0 \\ y-x \\ 0 \end{pmatrix} + \begin{pmatrix} x \\ x \\ z \end{pmatrix}$

$$=\begin{pmatrix} x-y \\ 0 \\ 0 \end{pmatrix}+\begin{pmatrix} 0 \\ 0 \\ 0 \end{pmatrix}+\begin{pmatrix} y \\ y \\ z \end{pmatrix}$$

$\because \begin{pmatrix} x \\ y \\ z \end{pmatrix}$之分解方法不為惟一

$\therefore R^3 = W_1 \oplus W_2 \oplus W_3$ 不成立。

★例 14 設 W 為向量空間 V 之子空間，$V = W_1 \oplus W_2$，試證 $(W \cap W_1) \oplus (W \cap W_2) \subseteq W$

解

在本例，我們要證明的有 $(W \cap W_1) + (W \cap W_2) \subseteq \{\mathbf{0}\}$ 與 $(W \cap W_1) + (W \cap W_2) \subseteq W$ 二部份：

(1) $(W \cap W_1) + (W \cap W_2) \subset \{\mathbf{0}\}$：

$V = W_1 \oplus W_2 \quad \therefore W_1 \cap W_2 = \{\mathbf{0}\}$

$(W \cap W_1) \cap (W \cap W_2) = W \cap (W_1 \cap W_2) = W \cap \{\mathbf{0}\} \subseteq \{\mathbf{0}\}$ ①

(2) $(W \cap W_1) \cap (W \cap W_2) \subseteq W$：

設 $x, y \in (W \cap W_1) + (W \cap W_2)$ 則 $x \in (W \cap W_1)$，$y \in (W \cap W_2)$

$$\because \begin{cases} x \in W \cap W_1 \Rightarrow x \in W \text{ 且 } x \in W_1 \\ y \in W \cap W_2 \Rightarrow y \in W \text{ 且 } y \in W_2 \end{cases}$$

$\therefore x + y \in W + W = W$（例 11）

即 $(W \cap W_1) + (W \cap W_2) \subseteq W$ ②

由①，②得證。

習題 3-2

判斷 1 ～ 6 題之 W 是否為 R^3 之子空間？

1. $W=\{(a,b,c,)^T: a+b+c=1\}$

2. $W=\{(a,b,c,)^T: a+b+c=0\}$；

3. $W=\{(a,b,c,)^T: bc=0\}$；

4. $W=\left\{\begin{pmatrix} a \\ 2b \\ 0 \end{pmatrix}: a,b\in R\right\}$；

5. $W=\left\{\begin{pmatrix} a \\ a \\ a^2 \end{pmatrix}: a\in R\right\}$；

6. $W=\left\{\begin{pmatrix} a \\ b \\ a-b \end{pmatrix}: a,b\in R\right\}$；

7. A 為任意 n 階方陣，$X\in R^n$。
   (a) 證 $AX=\mathbf{0}$ 之解所成之集合 W 為 R^n 之子空間。
   (b) $AX=b$ 之解所成之集合 W 是否為 R^n 之子空間？

8. V 為 n 階方陣所成之向量空間，W_1 為 n 階對稱陣所成之集合，

W_2 爲 n 階斜對稱陣所成之集合，試證 $V=W_1 \oplus W_2$。

9. W 爲 V 之子空間，試證 $W+V=V$。

10. V 爲所有可微分函數所成之向量空間，$W \subseteq V$，試證 W 爲 V 之子空間。

11. 令$W=\{A \mid A^2=A, A \in M_{2\times 2}\}$，$U=\{A \mid \det(A)=0, A \in M_{2\times 2}\}$，何者爲 $M_{2\times 2}$ 之子空間？

12. 問 $W=\{A \mid \sum_{i=1}^{m}\sum_{j=1}^{n} a_{ij}=0, A \in M_{m\times n}\}$ 是否爲 $M_{m\times n}$ 之子空間？

★13. U, T, W 爲向量空間 V 之子空間，試證 $(U \cap T)+(U \cap W) \subseteq U \cap (T+W)$。

3.3 線性組合與生成集

線性組合之意義

定義

設 $v_1, v_2 \cdots v_n$ 為向量空間 V 之向量，$\alpha_1, \alpha_2 \cdots \alpha_n$ 為純量，V 中之任何向量 v，若滿足 $v=\alpha_1 v_1+\alpha_2 v_2+\cdots+\alpha_n v_n$ 則稱 v 為 $v_1, v_2 \cdots v_n$ 之**線性組合**（linear combination），或 v 為 $v_1, v_2 \cdots v_n$ 所**生成**（span 或 generate）記做 $v=\text{span}(v_1, v_2 \cdots v_n)$。

有些讀者常為「$V=\text{span}(S)$」，「S 生成 V」，「V 被 S 生成」與「S 是 V 之生成集」這幾個詞句所困惑，其實它們指的都是同樣的一件事。規定：**$\text{span}\{\phi\}=\{0\}$**

例 1 若 $u=(1,-3,2)^T$，$v=(2,-1,1)^T$，試將 $(1,7,-4)^T$ 寫成 u, v 之線性組合。

解

令 $(1,7,-4)^T=\alpha(1,-3,2)^T+\beta(2,-1,1)^T$

$$\begin{cases} \alpha+2\beta=1 \\ -3\alpha-\beta=7 \\ 2\alpha+\beta=-4 \end{cases} \text{解之，} \begin{bmatrix}\alpha \\ \beta\end{bmatrix}=\begin{bmatrix}-3 \\ 2\end{bmatrix}$$

$\therefore (1,7,-4)^T=-3(1,-3,2)^T+2(2,-1,1)^T=-3u+2v$

定理 A 若 $v_1, v_2 \cdots v_n$ 為向量空間 V 之 n 個元素，則span$\{v_1, v_2 \cdots v_n\}$ 為 V 之子空間。

證

(1) 令$v = \alpha_1 v_1 + \alpha_2 v_2 + \cdots + \alpha_n v_n$為span$\{v_1, v_2 \cdots v_n\}$之任一元素，則

$$\beta v = \beta(\alpha_1 v_1 + \alpha_2 v_2 + \cdots + \alpha_n v_n)$$
$$= (\alpha_1 \beta) v_1 + (\alpha_2 \beta) v_2 + \cdots + (\alpha_n \beta) v_n，$$

即$\beta v \in \text{span}\{v_1, v_2 \cdots v_n\}$，

(2) 令 $v = \alpha_1 v_1 + \alpha_2 v_2 + \cdots + \alpha_n v_n$，

$w = \beta_1 v_1 + \beta_2 v_2 + \cdots + \beta_n v_n$，則

$$v + w = (\alpha_1 + \beta_1) v_1 + \cdots + (\alpha_n + \beta_n) v_n \in \text{span}\{v_1, v_2 \cdots v_n\}$$

由 (1), (2) 知 span$\{v_1, v_2 \cdots v_n\}$ 為 V 之子空間。 ■

定義

若且惟若 V 中之任一元素（向量）均為 $v_1, v_2 \cdots v_n$ 之線性組合，則集合 $\{v_1, v_2 \cdots v_n\}$ 稱為 V 之**生成集**（spanning set）

向量「e」在向量空間或線性轉換中極為重要，在 R^3 中，$e_1 = [1, 0, 0]^T$, $e_2 = [0, 1, 0]^T$ 與 $e_3 = [0, 0, 1]^T$，在 R^n 中，$e_1 = [1, 0, \cdots 0]^T$, $e_2 = [0, 1, \cdots 0]^T \cdots\cdots e_n = [0, 0, \cdots 0, 1]^T$，這些向量稱為**一般基底**（usual basis），我們以後還會介紹。

例 2 試判斷下列何者為 R^3 之生成集

(a) $A=\{e_1, e_2, e_3\}$

(b) $B=\{e_1, e_2, e_3, (0,0,1)^T\}$

(c) $C=\{e_1, (1,1,0)^T, (1,1,1)^T\}$

(d) $D=\{e_1, (1,0,1)^T\}$

解

設 $v=(a,b,c)^T\in R^3$

(a) $v=\begin{pmatrix}a\\b\\c\end{pmatrix}=a\underbrace{\begin{pmatrix}1\\0\\0\end{pmatrix}}_{e_1}+b\underbrace{\begin{pmatrix}0\\1\\0\end{pmatrix}}_{e_2}+c\underbrace{\begin{pmatrix}0\\0\\1\end{pmatrix}}_{e_3}$，故 A 為 R^3 之生成集。

(b) 由 (a)，$v=ae_1+be_2+ce_3+0(0,0,1)^T$

$\therefore$ B 為 R^3 之生成集。

(c) $v=\begin{pmatrix}a\\b\\c\end{pmatrix}=x\begin{pmatrix}1\\0\\0\end{pmatrix}+y\begin{pmatrix}1\\1\\0\end{pmatrix}+z\begin{pmatrix}1\\1\\1\end{pmatrix}$

取 $z=c, y=b-c, x=a-b$　$\therefore$ C 為 R^3 之生成集。

(d) $v=\begin{pmatrix}a\\b\\c\end{pmatrix}=x\begin{pmatrix}1\\0\\0\end{pmatrix}+y\begin{pmatrix}1\\0\\1\end{pmatrix}$　$\because$ 除非 $b=0, (1,0,0)^T, (1,0,1)^T$

不為 v 之線性組合　$\therefore$ D 不為 R^3 之生成集。

例 3 試證 $W=\{(a,b,0)^T : a,b\in R\}$ 為 $\{(1,2,0)^T, (0,1,0)^T\}$ 所生成。又 $\{(1,2,0)^T, (0,1,0)^T, (1,0,0)^T\}$ 是否爲 W 之生成集？

解

(a) 本例只要證明 $(a,b,0)^T$ 為 $(1,2,0)^T$ 與 $(0,1,0)^T$ 之線性組合即可。

令 $(a, b, 0)^T = \alpha(1, 2, 0)^T + \beta(0, 1, 0)^T$

$$\begin{cases} \alpha + 0\beta = a \\ 2\alpha + \beta = b \\ 0\alpha + 0\beta = 0 \end{cases}$$

解之 $\begin{bmatrix} \alpha \\ \beta \end{bmatrix} = \begin{bmatrix} a \\ -2a+b \end{bmatrix}$

$\therefore\ (a, b, 0)^T = \alpha(1, 2, 0)^T + (b-2a)(0, 1, 0)^T$

即 $W = \text{span}\{(1, 2, 0)^T, (0, 1, 0)^T\}$

(b) $(a, b, 0) = a(1, 2, 0)^T + (\text{b} - 2\text{a})(0, 1, 0)^T + 0(1, 0, 0)^T$

$\therefore\ \{(1, 2, 0)^T, (0, 1, 0)^T, (1, 0, 0)^T\}$ 亦爲 W 之生成集。

例 4 試求 $S = \{(1, 1, 0)^T, (0, 1, 1)^T, (1, 0, -1)^T\}$ 為 R^3 生成集之條件。

解

令 $\alpha(1, 1, 0)^T + \beta(0, 1, 1)^T + \gamma(1, 0, -1)^T = (a, b, c)^T$

則 $\begin{cases} \alpha + 0\beta + \gamma = a \\ \alpha + \beta + 0\gamma = b \\ 0\alpha + \beta - \gamma = c \end{cases}$

$$\therefore \left[\begin{array}{ccc|c} 1 & 0 & 1 & a \\ 1 & 1 & 0 & b \\ 0 & 1 & -1 & c \end{array}\right] \xrightarrow{(-1)\times R_1 + R_2 \to R_2} \left[\begin{array}{ccc|c} 1 & 0 & 1 & a \\ 0 & 1 & -1 & -a+b \\ 0 & 1 & -1 & c \end{array}\right]$$

$$\xrightarrow{(-1)\times R_2 + R_3 \to R_3} \left[\begin{array}{ccc|c} 1 & 0 & 1 & a \\ 0 & 1 & -1 & -a+b \\ 0 & 0 & 0 & a-b+c \end{array}\right]$$

列梯形式之第 3 列，$0\alpha + 0\beta + 0\gamma = a - b + c$，除非 $a - b + c = 0$，否則此方程組爲不相容，亦即 R^3 任一向量 $(a, b, c)^T$ 爲 $\{(1, 1, 0)^T, (0, 1, 1)^T, (1, 0, -1)^T\}$ 生成之條件爲 $a - b + c = 0$。

隨堂演練

試證 R^3 可爲 $\{(0, 1, 1)^T, (1, 1, 0)^T, (1, 1, 1)^T\}$ 所生成。

例 5 V_1, V_2 是向量空間 V 之部分集合，若$V_1 \subseteq V_2$，試證 $\text{span}(V_1) \subseteq \text{span}(V_2)$。

解

$y \in \text{span}(V_1)$，則 $y = a_1x_1 + a_2x_2 + \cdots + a_nx_n$，$x_1, x_2 \cdots x_n \in V_1$，

又 $V_1 \subseteq V_2$ $\quad \therefore x_1, x_2, \cdots x_n \in V_2$

因此 $y = a_1x_1 + a_2x_2 + \cdots + a_nx_n \in \text{span}(V_2)$

即 $V_1 \subseteq V_2$ 時 $\quad \text{span}(V_1) \subseteq \text{span}(V_2)$

例 6 V_1, V_2 是向量空間 V 之部分集合，試證：

$\text{span}(V_1 \cap V_2) \subseteq \text{span}(V_1) \cap \text{span}(V_2)$

解

$y \in \text{span}(V_1 \cap V_2)$

則 $y = a_1x_1 + a_2x_2 + \cdots + a_nx_n$，其中 $x_1, x_2 \cdots x_n \in V_1 \cap V_2$

$$\Rightarrow \begin{cases} (1)\ x_1, x_2 \cdots x_n \in V_1, \ y = a_1x_1 + a_2x_2 + \cdots + a_nx_n \in \text{span}(V_1) \\ (2)\ x_1, x_2 \cdots x_n \in V_2, \ y = a_1x_1 + a_2x_2 + \cdots + a_nx_n \in \text{span}(V_2) \end{cases}$$

$\therefore \ y = a_1x_1 + a_2x_2 + \cdots + a_nx_n \in \text{span}(V_1) \cap \text{span}(V_2)$

即 $\text{span}(V_1 \cap V_2) \subseteq \text{span}(V_1) \cap \text{span}(V_2)$

例 7 V 為一向量空間，$\text{span}(V) = \{v_1, v_2 \cdots v_n\}$，若 $v_1, v_2 \cdots v_n$ 中之任一向量可為其它 $n-1$ 個向量之線性組合，試證 V 之任一向量可由 $v_1, v_2 \cdots v_n$ 中之 $n-1$ 個向量所生成。

解

$\because \text{span}(V) = \{v_1, v_2 \cdots v_n\}$

$\therefore v=a_1v_1+a_2v_2+\cdots+a_nv_n$，$v\in V$ (1)

在不失一般性，設 $v_n=b_1v_1+b_2v_2+\cdots+b_{n-1}v_{n-1}$，並代入 (1) 得

$$v=a_1v_1+a_2v_2+\cdots+a_{n-1}v_{n-1}+a_n(b_1v_1+b_2v_2+\cdots+b_{n-1}v_{n-1})$$
$$=(a_1+a_nb_1)v_1+(a_2+a_nb_2)v_2+\cdots+(a_{n-1}+a_nb_{n-1})v_{n-1}$$

$\therefore$ V 之任一元素 v 可被 $v_1,v_2\cdots v_{n-1}$ 中之 $n-1$ 個向量所生成。

例 8 $v_1,v_2\cdots v_n\in R^n$，其中任一向量可寫成其它 $n-1$ 個向量之線性組合的充要條件為存在不全為 0 之純量 $c_1,c_2\cdots c_n$ 使得 $c_1v_1+c_2v_2+\cdots+c_nv_n=\mathbf{0}$。

解

「⇒」

不失一般性，設 $v_n=\alpha_1v_1+\alpha_2v_2+\cdots+\alpha_{n-1}v_{n-1}$

$\therefore \alpha_1v_1+\alpha_2v_2+\cdots+\alpha_{n-1}v_{n-1}-v_n=\mathbf{0}$（至少 v_n 之係數為 -1）

「⇐」

不失一般性，設 $c_n\neq 0$ 則

$$c_1v_1+c_2v_2+\cdots+c_{n-1}v_{n-1}=-c_nv_n$$

$$\therefore v_n=\left(-\frac{c_1}{c_n}\right)v_1+\left(\frac{-c_2}{c_n}\right)v_2+\cdots+\left(\frac{-c_{n-1}}{c_n}\right)v_{n-1}$$

座標向量

座標向量（coordinate vector）在判斷一多項式或一 $m\times n$ 矩陣是否爲其它之多項式或矩陣所生成時，極爲有用。

令 $\{e_1,e_2\cdots e_n\}$ 生成向量空間 V，即 $v=a_1e_1+a_2e_2+\cdots+a_ne_n$，$a_i$ 爲純量，則稱 $[a_1,a_2\cdots a_n]$ 爲 V 對應於 $\{e_1,e_2\cdots e_n\}$ 之座標向量。

這裡之 $\{e_1, e_2 \cdots e_n\}$ 稱為**一般基底**（usual basis）、**自然基底**（natural basis）或**標準基底**（standard basis），如

$$R^2 = \left\{ \begin{bmatrix} 1 \\ 0 \end{bmatrix}, \begin{bmatrix} 0 \\ 1 \end{bmatrix} \right\}，R^3 = \left\{ \begin{bmatrix} 1 \\ 0 \\ 0 \end{bmatrix}, \begin{bmatrix} 0 \\ 1 \\ 0 \end{bmatrix}, \begin{bmatrix} 0 \\ 0 \\ 1 \end{bmatrix} \right\}，P_3 = \{1, t, t^2\},$$

$$M_{2\times 2} = \left\{ \begin{bmatrix} 1 & 0 \\ 0 & 0 \end{bmatrix}, \begin{bmatrix} 0 & 1 \\ 0 & 0 \end{bmatrix}, \begin{bmatrix} 0 & 0 \\ 1 & 0 \end{bmatrix}, \begin{bmatrix} 0 & 0 \\ 0 & 1 \end{bmatrix} \right\} \cdots \text{等。}$$

例　　子	座標向量
P_3：$at^2 + bt + c$	$[a, b, c]$
P_4：$at^3 + bt^2 + ct + d$	$[a, b, c, d]$
…………………	
$M_{2\times 2}$：$\begin{bmatrix} a_{11} & a_{12} \\ a_{21} & a_{22} \end{bmatrix}$	$[a_{11}, a_{12}, a_{21}, a_{22}]$
$M_{2\times 3}$：$\begin{bmatrix} a_{11} & a_{12} & a_{13} \\ a_{21} & a_{22} & a_{23} \end{bmatrix}$	$[a_{11}, a_{12}, a_{13}, a_{21}, a_{22}, a_{23}]$
	……

例 9　驗證 (a) $M_{2\times 2}$ 可為 $\left\{ \begin{bmatrix} 1 & 0 \\ 0 & 0 \end{bmatrix}, \begin{bmatrix} 0 & 1 \\ 0 & 0 \end{bmatrix}, \begin{bmatrix} 0 & 0 \\ 1 & 0 \end{bmatrix}, \begin{bmatrix} 0 & 0 \\ 0 & 1 \end{bmatrix} \right\}$ 所生成。又 (b) 問 $S = \left\{ \begin{bmatrix} 1 & 0 \\ 0 & 0 \end{bmatrix}, \begin{bmatrix} 1 & 1 \\ 0 & 0 \end{bmatrix}, \begin{bmatrix} 1 & 1 \\ 1 & 0 \end{bmatrix}, \begin{bmatrix} 1 & 1 \\ 1 & 1 \end{bmatrix} \right\}$ 是否可為 $M_{2\times 2}$ 之生成集？

解

方陣	座標向量	方陣	座標向量
$\begin{bmatrix} a & b \\ c & d \end{bmatrix}$	$[a, b, c, d]$	$\begin{bmatrix} a & b \\ c & d \end{bmatrix}$	$[a, b, c, d]$

$$\begin{bmatrix}1&0\\0&0\end{bmatrix}\quad[1,0,0,0]\qquad\begin{bmatrix}1&0\\0&0\end{bmatrix}\quad[1,0,0,0]$$

$$\begin{bmatrix}0&1\\0&0\end{bmatrix}\quad[0,1,0,0]\qquad\begin{bmatrix}1&1\\0&0\end{bmatrix}\quad[1,1,0,0]$$

$$\begin{bmatrix}0&0\\1&0\end{bmatrix}\quad[0,0,1,0]\qquad\begin{bmatrix}1&1\\1&0\end{bmatrix}\quad[1,1,1,0]$$

$$\begin{bmatrix}0&0\\0&1\end{bmatrix}\quad[0,0,0,1]\qquad\begin{bmatrix}1&1\\1&1\end{bmatrix}\quad[1,1,1,1]$$

(a) $[a, b, c, d] = a[1, 0, 0, 0] + b[0, 1, 0, 0] + c[0, 0, 1, 0] + d[0, 0, 0, 1]$

即 $\begin{bmatrix}a&b\\c&d\end{bmatrix}=a\begin{bmatrix}1&0\\0&0\end{bmatrix}+b\begin{bmatrix}0&1\\0&0\end{bmatrix}+c\begin{bmatrix}0&0\\1&0\end{bmatrix}+d\begin{bmatrix}0&0\\0&1\end{bmatrix}$

$\therefore\ M_{2\times 2}=\text{span}\left\{\begin{bmatrix}1&0\\0&0\end{bmatrix},\begin{bmatrix}0&1\\0&0\end{bmatrix},\begin{bmatrix}0&0\\1&0\end{bmatrix},\begin{bmatrix}0&0\\0&1\end{bmatrix}\right\}$

(b) 解 $\begin{bmatrix}a&b\\c&d\end{bmatrix}=x\begin{bmatrix}1&0\\0&0\end{bmatrix}+y\begin{bmatrix}1&1\\0&0\end{bmatrix}+z\begin{bmatrix}1&1\\1&0\end{bmatrix}+w\begin{bmatrix}1&1\\1&1\end{bmatrix}$

$\because\ [a, b, c, d] = x[1, 0, 0, 0] + y[1, 1, 0, 0] + z[1, 1, 1, 0] + w[1, 1, 1, 1]$

$\begin{cases}x+y+z+w=a\\ y+z+w=b\\ z+w=c\\ w=d\end{cases}$ 解之 $w=d, z=c-d, y=b-c, x=a-b$

即 $\begin{bmatrix}a&b\\c&d\end{bmatrix}=(a-b)\begin{bmatrix}1&0\\0&0\end{bmatrix}+(b-c)\begin{bmatrix}1&1\\0&0\end{bmatrix}+(c-d)\begin{bmatrix}1&1\\1&0\end{bmatrix}+d\begin{bmatrix}1&1\\1&1\end{bmatrix}$

$\therefore\ M_{2\times 2}=\text{span}\left\{\begin{bmatrix}1&0\\0&0\end{bmatrix},\begin{bmatrix}1&1\\0&0\end{bmatrix},\begin{bmatrix}1&1\\1&0\end{bmatrix},\begin{bmatrix}1&1\\1&1\end{bmatrix}\right\}$

習題 3-3

1. 若 $M_1=\begin{bmatrix}0 & 1\\1 & 0\end{bmatrix}$，$M_2=\begin{bmatrix}1 & 0\\0 & 0\end{bmatrix}$，$M_3=\begin{bmatrix}0 & 0\\0 & 1\end{bmatrix}$，$V_1=$ 所有 2 階對稱陣所成之集合，問 V_1 是否為 $\{M_1, M_2, M_3\}$ 所生成？

2. 若 $(1, k, 5)^T$ 為 $u=(1, -3, 2)^T$，$v=(2, -1, 1)^T$ 之線性組合，求 $k=$？

3. 若 W 為 $\{(3, 1, 5)^T, (2, -2, 1)^T, (-1, -3, -4)^T\}$ 所生成，問 $(5, -1, 6)^T \in \text{span}\{W\}$？

4. 若 $S\subseteq V$，V 為向量空間，試證 $\text{span}(S)=\text{span}(S\cup\{0\})$。

5. 問 P_3 是否可由$\{(t-1)^2,\ (t-1), 1\}$所生成？

6. 試將 $D=\begin{bmatrix}5 & 4\\-2 & -2\end{bmatrix}$ 表成 $A=\begin{bmatrix}1 & 1\\0 & -1\end{bmatrix}$，$B=\begin{bmatrix}1 & 1\\-1 & 0\end{bmatrix}$，$C=\begin{bmatrix}0 & 1\\0 & -1\end{bmatrix}$ 之線性組合。

7. 試證$\begin{bmatrix}5\\7\\3\end{bmatrix}$不能由$\left\{\begin{bmatrix}1\\1\\0\end{bmatrix}, \begin{bmatrix}2\\4\\1\end{bmatrix}\text{及}\begin{bmatrix}3\\5\\1\end{bmatrix}\right\}$所生成。

3.4 基底與維數

線性獨立與線性相依

我們在上節知，一個向量空間 V 若可被一組向量所生成，那麼這組向量便稱爲向量空間 V 之生成集，但這種生成集並非惟一，因此我們有興趣找出向量空間之**最小生成集**（minimal spanning set），這和線性獨立與線性相依之觀念有關。因此本節先從線性獨立與線性相依開始。

定義

設 $S=\{v_1, v_2, \cdots v_n\}$ 為向量空間 V 中之向量，若 $c_1v_1+c_2v_2+\cdots c_nv_n=\mathbf{0}$ 時恆有 $c_1=c_2=\cdots c_n=0$（$c_1, c_2\cdots c_n$ 為純量），則稱 $v_1, v_2, \cdots v_n$ 為**線性獨立**（linear independent，簡稱 LIN），否則為**線性相依**（linear dependent，簡稱 LD）。規定 $S=\phi$ 為線性獨立。

定理 A　S_1, S_2 為向量空間 V 中之二個向量集合。$S_1\subseteq S_2$，若

(1) S_1 為 LD 則 S_2 亦為 LD

(2) S_2 為 LIN 則 S_1 亦為 LIN

證明留作本節習題第 7 題。

下面這個定理是判斷一組向量是否爲 LIN 之簡捷方法：

定理 B　若矩陣之列梯形式有零列則此矩陣各向量為 *LD*。

在判斷一組向量尤其是多項式，矩陣…是否爲 *LIN* 時，採用適當之座標向量，並化爲列梯形式，是個很有效之方法。

例 1　判斷下列向量 $(1,-2,1)^T,(2,1,-1)^T,(7,-4,1)^T$ 是否為 *LIN*？

解

$$\because \begin{bmatrix} 1 & 2 & 7 \\ -2 & 1 & -4 \\ 1 & -1 & 1 \end{bmatrix} \to \begin{bmatrix} 1 & 2 & 7 \\ 0 & 5 & 10 \\ 0 & 3 & 6 \end{bmatrix} \to \begin{bmatrix} 1 & 2 & 7 \\ 0 & 1 & 2 \\ 0 & 0 & 0 \end{bmatrix}$$

含有零列　∴此三向量為 *LD*

讀者可驗證：

$$3(1,-2,1)^T+2(2,1,-1)^T-(7,-4,1)^T=(0,0,0)^T$$

例 2　判斷 $\begin{bmatrix} 1 & 0 & 3 \\ 2 & 2 & 0 \end{bmatrix},\begin{bmatrix} 1 & 0 & 2 \\ 1 & 3 & 4 \end{bmatrix},\begin{bmatrix} 0 & 1 & 0 \\ 1 & 0 & 1 \end{bmatrix}$ 及 $\begin{bmatrix} 1 & 3 & 3 \\ 5 & 0 & 0 \end{bmatrix}$ 是否 *LIN*？

解

矩　陣	座標向量
$\begin{bmatrix} 1 & 0 & 3 \\ 2 & 2 & 0 \end{bmatrix}$	[1, 0, 3, 2, 2, 0]
$\begin{bmatrix} 1 & 0 & 2 \\ 1 & 3 & 4 \end{bmatrix}$	[1, 0, 2, 1, 3, 4]
$\begin{bmatrix} 0 & 1 & 0 \\ 1 & 0 & 1 \end{bmatrix}$	[0, 1, 0, 1, 0, 1]

$\begin{bmatrix} 1 & 3 & 3 \\ 5 & 0 & 0 \end{bmatrix}$ $[1, 3, 3, 5, 0, 0]$

∴梯形矩陣為

$$\begin{bmatrix} 1 & 0 & 3 & 2 & 2 & 0 \\ 1 & 0 & 2 & 1 & 3 & 4 \\ 0 & 1 & 0 & 1 & 0 & 1 \\ 1 & 3 & 3 & 5 & 0 & 0 \end{bmatrix} \to \begin{bmatrix} 1 & 0 & 3 & 2 & 2 & 0 \\ 0 & 0 & -1 & -1 & 1 & 4 \\ 0 & 1 & 0 & 1 & 0 & 1 \\ 0 & 3 & 0 & 3 & -2 & 0 \end{bmatrix}$$

$$\to \begin{bmatrix} 1 & 0 & 3 & 2 & 2 & 0 \\ 0 & 1 & 0 & 1 & 0 & 1 \\ 0 & 3 & 0 & 3 & -2 & 0 \\ 0 & 0 & -1 & -1 & 1 & 4 \end{bmatrix} \to \begin{bmatrix} 1 & 0 & 3 & 2 & 2 & 0 \\ 0 & 1 & 0 & 1 & 0 & 1 \\ 0 & 0 & 0 & 0 & -2 & -3 \\ 0 & 0 & -1 & -1 & 1 & 4 \end{bmatrix}$$

$$\to \begin{bmatrix} 1 & 0 & 3 & 2 & 2 & 0 \\ 0 & 1 & 0 & 1 & 0 & 1 \\ 0 & 0 & 1 & 1 & -1 & -4 \\ 0 & 0 & 0 & 0 & -2 & -3 \end{bmatrix}$$

因上述梯形矩陣不含零列，故此四個 2×3 矩陣為 LIN

例 3 判斷 $P_1=t^3+4t^2-2t+3$，$P_2=t^3+6t^2-t+4$，$P_3=3t^3+8t^2-8t+7$ 是否為 LIN？

解

多項式	座標向量
t^3+4t^2-2t+3	$[1, 4, -2, 3]$
t^3+6t^2-t+4	$[1, 6, -1, 4]$
$3t^3+8t^2-8t+7$	$[3, 8, -8, 7]$

$$\therefore \begin{bmatrix} 1 & 4 & -2 & 3 \\ 1 & 6 & -1 & 4 \\ 3 & 8 & -8 & 7 \end{bmatrix} \to \begin{bmatrix} 1 & 4 & -2 & 3 \\ 0 & 2 & 1 & 1 \\ 0 & -4 & -2 & -2 \end{bmatrix}$$

$$\rightarrow\begin{bmatrix}1 & 4 & -2 & 3\\0 & 2 & 1 & 1\\0 & 0 & 0 & 0\end{bmatrix}$$

因含零列，因此 P_1, P_2, P_3 為 LD

例 4 若 V_1, V_2, V_3 為 LIN（V_1, V_2, V_3 均為 R^n 向量），試證 $V_1 + 2V_2$，$V_2 + 3V_3$，$V_3 + 4V_1$ 仍為 LIN。

解

令 $\alpha(V_1+2V_2)+\beta(V_2+3V_3)+\gamma(V_3+4V_1)=\mathbf{0}$ (1)

$\Rightarrow(\alpha+4\gamma)V_1+(2\alpha+\beta)V_2+(3\beta+\gamma)V_3=\mathbf{0}$

$$\left[\begin{array}{ccc|c}1 & 0 & 4 & 0\\2 & 1 & 0 & 0\\0 & 3 & 1 & 0\end{array}\right]\longrightarrow\left[\begin{array}{ccc|c}1 & 0 & 4 & 0\\0 & 1 & -8 & 0\\0 & 3 & 1 & 0\end{array}\right]\longrightarrow\left[\begin{array}{ccc|c}1 & 0 & 4 & 0\\0 & 1 & -8 & 0\\0 & 0 & 25 & 0\end{array}\right]$$

得 $\alpha=\beta=r=0$

$\therefore V_1+2V_2$，V_2+3V_3，V_3+4V_1 為 LIN

例 5 A 為 $m\times n$ 矩陣，若 A 之 m 個列 $\alpha_1,\alpha_2\cdots\alpha_m$ 為 LIN，又若 β 為 $AX=\mathbf{0}$ 之一個非零解，試判斷 $\alpha_1,\alpha_2\cdots\alpha_m$，$\beta^T$ 是否為 LIN？

解

令 $c_0\beta^T+c_1\alpha_1+c_2\alpha_2+\cdots+c_m\alpha_m=\mathbf{0}$ (1)

$\because \beta$ 為 $AX=\mathbf{0}$ 之一個非零解，$\alpha_1,\alpha_2\cdots\alpha_m$ 為 A 之 m 個列，

$$A\beta=\begin{bmatrix}\alpha_1\\\cdots\\\alpha_2\\\cdots\\\vdots\\\alpha_m\end{bmatrix}\beta=\begin{bmatrix}\alpha_1\beta\\\cdots\\\alpha_2\beta\\\cdots\\\vdots\\\alpha_m\beta\end{bmatrix}=\begin{bmatrix}0\\0\\\vdots\\0\end{bmatrix}\Rightarrow\alpha_1\beta=\alpha_2\beta=\cdots=\alpha_m\beta=\mathbf{0} \quad (2)$$

$\therefore c_0\beta^T\beta+c_1\alpha_1\beta+c_2\alpha_2\beta+\cdots+c_m\alpha_m\beta=\mathbf{0}$ (3)

又 $\beta\neq\mathbf{0}$ $\quad\therefore \beta^T\beta\neq 0\Rightarrow c_0=0$ (4)

而 $\alpha_1, \alpha_2 \cdots \alpha_m$ 為 LIN $\quad \therefore c_1 = c_2 = \cdots = c_m = 0$ (5)

由 (4), (5) 知 $\alpha_1, \alpha_2 \cdots \alpha_m$，$\beta^T$ 為 *LIN*。

例 6 試證：零向量不可能出現在一組 LIN 向量中。

解

考慮 $\lambda_1 v_1 + \lambda_2 v_2 + \cdots + \lambda_n v_n = \mathbf{0}$，在不失一般性下，設 $v_1 = \mathbf{0}$

則不論 λ_1 是否為 0，$\lambda_1 v_1 + \lambda_2 v_2 + \cdots + \lambda_n v_n = \mathbf{0}$

即 $\mathbf{0}, v_2 \cdots v_n$ 為 *LD*

$\therefore$零向量不可能出現在一組 LIN 向量中。

隨堂演練

$\begin{bmatrix} 1 & 2 \\ 1 & 3 \end{bmatrix}, \begin{bmatrix} 2 & 3 \\ 1 & 0 \end{bmatrix}, \begin{bmatrix} 3 & 5 \\ 2 & 3 \end{bmatrix}$ 是否爲 *LIN*？

Ans：否

定理 C $x_1, x_2 \cdots x_n \in R^n$，$A = [x_1, x_2 \cdots x_n]$，則 (1) $x_1, x_2, \cdots x_n$ 為 *LIN* 之充要條件為 $|A| \neq 0$ (2) 若 $x_{n+1} \in R^n$，則 $x_1, x_2 \cdots x_n, x_{n+1}$ 為 *LD*。

證

(1) $AX = \mathbf{0}$ 有異於 0 之解為 $|A| \neq \mathbf{0}$

$$\therefore [x_1 \vdots x_2 \cdots \vdots x_n] \begin{bmatrix} c_1 \\ c_2 \\ \vdots \\ c_n \end{bmatrix} = c_1 x_1 + c_2 x_2 + \cdots + c_n x_n = \mathbf{0}$$

在 $|A| \neq 0$ 時 $c_1 = c_2 \cdots = c_n = 0$，即 x_1，$x_2 \cdots x_n$ 為 LIN 之充要條件為 $c_1 = c_2 = \cdots = c_n = 0$ ■

(2) 見習題第 13 題。

例 7 若 $a_1, a_2, \cdots a_n \in R^n$ ，試證 $a_1, a_2, \cdots a_n$ 為 LIN 之充要條件為

$$\Delta = \begin{vmatrix} a_1^Ta_1 & a_1^Ta_2 & \cdots & a_1^Ta_n \\ a_2^Ta_1 & a_2^Ta_2 & \cdots & a_2^Ta_n \\ \cdots & \cdots & \cdots & \cdots \\ a_n^Ta_1 & a_n^Ta_2 & \cdots & a_n^Ta_n \end{vmatrix} \neq 0$$

解

$$\because \begin{vmatrix} a_1^Ta_1 & a_1^Ta_2 & \cdots & a_1^Ta_n \\ a_2^Ta_1 & a_2^Ta_2 & \cdots & a_2^Ta_n \\ \cdots & \cdots & \cdots & \cdots \\ a_n^Ta_1 & a_n^Ta_2 & \cdots & a_n^Ta_n \end{vmatrix} = \underbrace{\begin{bmatrix} a_1^T \\ a_2^T \\ \vdots \\ a_n^T \end{bmatrix}}_{A^T} \underbrace{[a_1\, a_2 \cdots a_n]}_{A} = A^TA$$

$\therefore$ 由定理 C(1) 知 $a_1, a_2, \cdots a_n$ 為 LIN 之充要條件為 $\Delta = |A^TA| = |A|^2 \neq 0$，即 $|A| \neq 0$

例 8 A、B 均為 n 階方陣，若 $AB = I$，證明 B 之行向量為 LIN。

解

令 $B = [\, b_1, b_2 \cdots b_n \,]$，設 $x_1b_1 + x_2b_2 + \cdots + x_nb_n = \mathbf{0}$ (1)

$$\text{又 } x_1b_1 + x_2b_2 + \cdots + x_nb_n = (\, b_1, b_2 \cdots b_n \,) \begin{bmatrix} x_1 \\ x_2 \\ \vdots \\ x_n \end{bmatrix} = BX \quad (2)$$

$\therefore$ (1) 可寫成 $BX = \mathbf{0}$ (3)

以 A 左乘 (3) 二邊得

$ABX = IX = \mathbf{0} \quad \Rightarrow X = \mathbf{0}$ 即 $x_1 = x_2 = \cdots = x_n = 0$

$\therefore b_1, b_2 \cdots b_n$ 為 LIN。

例 9 設 $b_1, b_2 \cdots b_n$ 為互異之實數，設$x_i = [1, b_i, b_i^2 \cdots b_i^{n-1}]$，$i = 1, 2 \cdots n$，問 $x_1, x_2 \cdots x_n$ 是否為 *LIN*？

解

$$\because \Delta = \begin{vmatrix} 1 & b_1 & b_1^2 & \cdots & b_1^{n-1} \\ 1 & b_2 & b_2^2 & \cdots & b_2^{n-1} \\ \cdots & \cdots & \cdots & \cdots & \cdots \\ 1 & b_n & b_n^2 & \cdots & b_n^{n-1} \end{vmatrix}$$，Δ為 Vandermonde 行列式

因 $b_1, b_2 \cdots b_n$ 互異，由定理 2.3C，$\Delta \neq 0$

$\therefore$ 由定理 C(1) 知 $x_1 \cdots x_n$ 為 *LIN*。

函數之線性獨立

定義

令 $f_1, f_2 \cdots f_n$ 為在 $[a, b]$ 之 $n-1$ 階導函數均存在，則$f_1, \cdots f_n$ 之 Wronskian（簡稱 W）為

$$W = \begin{vmatrix} f_1 & f_2 & \cdots\cdots & f_n \\ f'_1 & f'_2 & \cdots\cdots & f'_n \\ \cdots & \cdots & \cdots & \cdots \\ f_1^{(n-1)} & f_2^{(n-1)} & \cdots\cdots & f_n^{(n-1)} \end{vmatrix}$$

f 在 $[a, b]$ 之 $n-1$ 階導函數均存在，亦可簡記爲 $f \in C^{(n-1)}[a, b]$

定理 D 若$f_1, \cdots f_n$ 為在 $[a, b]$ 中之 $n-1$ 階導函數存在且若 $W \neq 0$，則 $f_1, f_2 \cdots f_n$ 在 $[a, b]$ 為 *LIN*。

證

考慮 $\alpha_1 f_1 + \alpha_2 f_2 + \cdots + \alpha_n f_n = 0$

∵ f_1 在 $[a, b]$ 中之 $n-1$ 階導數存在

$$\therefore \begin{cases} a_1 f_1 + a_2 f_2 + \cdots + a_n f_n = 0 \\ a_1 f'_1 + a_2 f'_2 + \cdots + a_n f'_n = 0 \\ \cdots\cdots\cdots\cdots\cdots\cdots\cdots\cdots \\ a_1 f_1^{(n-1)} + a_2 f_2^{(n-1)} + \cdots + a_n f_n^{(n-1)} = 0 \end{cases}$$

$$\begin{bmatrix} f_1 & f_2 & \cdots f_n \\ f'_1 & f'_2 & \cdots f'_n \\ \cdots & \cdots & \cdots \\ f_1^{(n-1)} & f_2^{(n-1)} & \cdots f_n^{(n-1)} \end{bmatrix} \begin{bmatrix} a_1 \\ a_2 \\ \vdots \\ a_n \end{bmatrix} = \begin{bmatrix} 0 \\ 0 \\ \vdots \\ 0 \end{bmatrix}$$

∴ $W \neq 0$ 時 $[a_1, a_2 \cdots a_n]^T$ 只有唯一解 $[0, 0, \cdots 0]^T$

亦即 $f_1, f_2 \cdots f_n$ 在 $[a, b]$ 為 LIN ■

例 10 問 e^x, e^{2x}, e^{3x} 在 $(-\infty, \infty)$ 中是否為 LIN？

解

> 注意
> $(-\infty, \infty)$ 勿寫成 $[-\infty, \infty]$

$$W = \begin{vmatrix} e^x & e^{2x} & e^{3x} \\ e^x & 2e^{2x} & 3e^{3x} \\ e^x & 4e^{2x} & 9e^{3x} \end{vmatrix}$$

$$= e^x \cdot e^{2x} \cdot e^{3x} \begin{vmatrix} 1 & 1 & 1 \\ 1 & 2 & 3 \\ 1 & 4 & 9 \end{vmatrix} = e^{6x} \begin{vmatrix} 1 & 2 \\ 3 & 8 \end{vmatrix} = 2e^{6x} \neq 0$$

∴ e^x, e^{2x}, e^{3x} 為 LIN

隨堂練習

驗證 e^x, e^{-x} 在 $(-\infty, \infty)$ 中爲 *LIN*。

基底與維數

定義

若向量空間 V 是由 n 個 *LIN* 向量 $v_1, v_2, \cdots v_n$ 所生成，則稱 V 之**維數**（dimension）為 n，記做 $\dim V = n$，而 $\{v_1, v_2, \cdots v_n\}$ 為 V 之**基底**（basis，也有作者寫 base，但它們之複數都是 bases），規定向量空間 $\{\mathbf{0}\}$ 之維數為 0 且基底為 ϕ。

若 V 是由有限個向量集所生成，則稱 V 爲**有限維**（finite dimension），否則爲**無限維**（infinite dimension）。**本書討論均僅限於有限維向量空間**。

由定義，$v_1, v_2, \cdots v_n$ 要成爲向量空間 V 的一個基底，它必須滿足：

(1) $V = \text{span}\{v_1, v_2, \cdots v_n\}$

(2) $v_1, v_2, \cdots v_n$ 爲 *LIN*

定理 F 若 $\{v_1, v_2, \cdots v_n\}$ 為向量空間 V 之一組基底，若 $u_1, u_2, \cdots u_m$ 為 V 之 m 個向量，$m > n$ 則 $\{u_1, u_2, \cdots u_m\}$ 為線性相依。

證

令 $u_1, u_2, \cdots u_m$ 為 V 中之 m 個向量，$m > n$，因為 $V = \text{span}\{v_1, v_2, \cdots v_n\}$

取 $u_i = a_{i1}v_1 + a_{i2}v_2 + \cdots + a_{in}v_n \quad i = 1, 2 \cdots m$

則 $c_1 u_1 + c_2 u_2 + \cdots + c_m u_m$

$$= c_1 \sum_{j=1}^{n} a_{1j}v_j + c_2 \sum_{j=1}^{n} a_{2j}v_j + \cdots + c_m \sum_{j=1}^{n} a_{mj}v_j$$

$$= \sum_{i=1}^{m}\left[c_i\left(\sum_{j=1}^{n} a_{ij}\, v_j\right)\right]$$

$$= \sum_{j=1}^{n}\left(\sum_{i=1}^{m} a_{ij}\, c_i\right)v_j = \mathbf{0}$$

因齊次線性方程組 $\sum_{i=1}^{m} a_{ij} c_i = 0$，$j = 1, 2 \cdots n$ 之未知數比方程式多，由定理 1.3A 知此齊次方程組必有異於 $\mathbf{0}$ 之解 $(\beta_1, \beta_2 \cdots \beta_m)^T$，使得

$$\beta_1 u_1 + \beta_2 u_2 + \cdots + \beta_m u_m = \sum_{j=1}^{n} 0 v_j = \mathbf{0}$$

$\therefore$ $u_1, u_2 \cdots u_m$ 為 LD。 ■

由定理 F 可輕易得到推論 F1：

推論 F1 若$\{v_1, \cdots v_n\}$與$\{u_1, u_2 \cdots u_m\}$均為向量空間 V 之基底則 $n = m$。

證

設 $\{v_1, \cdots v_n\}$ 與 $\{u_1, u_2 \cdots u_m\}$ 均為 V 之基底，

(1) $\{v_1 \cdots v_n\}$ 生成 V 而 $u_1, u_2 \cdots u_m$ 為 LIN，則 $n \geq m$，

(2) $\{u_1 \cdots u_m\}$ 生成 V 而 $v_1, v_2 \cdots v_n$ 為 LIN，則 $m \geq n$

$\therefore$ $\{u_1 \cdots u_n\}$ 與 $\{v_1 \cdots v_m\}$ 為 V 之基底則 $m = n$ ■

上述推論之重點在於**向量空間 V 可有許多不同之基底，但所有基底所含之向量個數都是相同**。

> 定理 G　V 為向量空間，若 $B=\{v_1, v_2, \cdots v_n\}$ 為 V 之一組基底，則 V 中任一向量 v 由 $v_1, v_2, \cdots v_n$ 所形成之線性組合為唯一。

證（反證法）

$B=\{v_1, v_2, \cdots v_n\}$ 為 V 之一組基底，設 V 中任一向量 v 由 v_1, $v_2 \cdots v_n$ 所形成之線性組合有二個：

$v=\alpha_1 v_1+\alpha_2 v_2+\cdots+\alpha_n v_n$ ……………………………… (1)

與

$v=\beta_1 v_1+\beta_2 v_2+\cdots+\beta_n v_n$ ……………………………… (2)

則 (1) − (2) 得 $\mathbf{0}=(\alpha_1-\beta_1)v_1+(\alpha_2-\beta_2)v_2+\cdots+(\alpha_n-\beta_n)v_n$

但 $B=\{v_1, v_2, \cdots v_n\}$為 V 之一組基底，因此 $v_1, v_2, \cdots v_n$ 為 LIN，

故 $\alpha_1-\beta_1=\alpha_2-\beta_2=\cdots=\alpha_n-\beta_n=0$

即 $\alpha_1=\beta_1$，$\alpha_2=\beta_2$，$\cdots$ $\alpha_n=\beta_n$ ■

定理 G 說明了**給定向量空間 V 一組基底 $B=\{v_1, v_2, \cdots v_n\}$，則 V 之任一元素 v，用 $v_1, v_2, \cdots v_n$ 表示之線性組合是唯一的**。

> 定理 H　V 是向量空間，若 $\dim(V)=n$，$n>0$ 則：
> 1. 生成向量空間之向量數不能少於 n；
> 2. 任何少於 n 個線性獨立之向量之子集合能擴增向量個數以形成 V 之一組基底；
> 3. 任何超過 n 個向量之任何子集合能縮減向量個數以形成 V 之一組基底。

定理 H 說明了**一個生成集可以縮減（shrunk）成一個基底，而 *LIN* 集亦可擴張成一個基底**，例如 W 爲 R^3 之子空間，$W=\text{span}\{(1,0,0)^T,(0,0,1)^T\}$，$(1,0,0)^T$ 與 $(0,0,1)^T$ 爲 *LIN*，但我們可加 $(0,1,0)^T$ 使得 $\{(1,0,0)^T,(0,1,0)^T,(0,0,1)^T\}$ 爲 W 之基底。

> 定理 I　向量空間 R^n 有：
> (1) 任意 n 個 *LIN* 向量均生成 R^n
> (2) 生成 R^n 之任意 n 個向量均為 *LIN*。

證

(1) 設 $v_1, v_2, \cdots v_n$ 為 *LIN*，v 為 R^n 之其它任意向量，由定理 C (2) $v_1, v_2, \cdots v_n$，v 為 *LD* ∴存在不全為 0 之 $c_1, c_2 \cdots c_n, c_{n+1}$ 使得

$c_1v_1+c_2v_2+\cdots+c_nv_n+c_{n+1}v=\mathbf{0}$

但 $c_{n+1}\neq 0$

$\therefore v=\alpha_1v_1+\alpha_2v_2+\cdots+\alpha_nv_n$，$\alpha_i=-c_i/c_{n+1}$。

從而 $R^n=\text{span}(v_1, v_2, \cdots v_n)$

(2)（反證法）若 $v_1, v_2, \cdots v_n$ 生成 R^n 且若 $v_1, v_2, \cdots v_n$ 為 *LD*，則這些向量其中某一個必可表為其它向量之線性組合，不失一般性，令 $v_n=\beta_1v_1+\beta_2v_2+\cdots+\beta_{n-1}v_{n-1}$，則 $v_1, v_2 \cdots v_{n-1}$ 仍可生成 R^n，但 $v_1, v_2 \cdots v_{n-1}$ 為 *LD*，則由定理 H 我們可從 $v_1, v_2 \cdots v_{n-1}$ 減少 k 個向量，以使得剩餘向量為 *LIN*，但這與 $\dim V=n$ 矛盾∴ $v_1, v_2, \cdots v_n$ 必須為 *LIN*。 ■

例 11 問$\left\{\begin{bmatrix}1\\0\\0\end{bmatrix},\begin{bmatrix}-2\\1\\0\end{bmatrix},\begin{bmatrix}1\\0\\1\end{bmatrix}\right\}$是否為 R^3 之基底？

解

$\begin{vmatrix}1 & -2 & 1\\0 & 1 & 0\\0 & 0 & 1\end{vmatrix}=1$，$\therefore\left\{\begin{bmatrix}1\\0\\0\end{bmatrix},\begin{bmatrix}-2\\1\\0\end{bmatrix},\begin{bmatrix}1\\0\\1\end{bmatrix}\right\}$三個向量為 LIN，是 R^3 之基底（定理 I(1)）

例 12 若$W=\text{span}\left\{\begin{bmatrix}1 & -4\\2 & -5\end{bmatrix},\begin{bmatrix}1 & -1\\5 & 1\end{bmatrix},\begin{bmatrix}2 & -5\\7 & -4\end{bmatrix},\begin{bmatrix}1 & -5\\1 & -7\end{bmatrix}\right\}$，求 W 之一組基底與維數。

解

	座標向量
$\begin{bmatrix}1 & -4\\2 & -5\end{bmatrix}$	$[1, -4, 2, -5]$
$\begin{bmatrix}1 & -1\\5 & 1\end{bmatrix}$	$[1, -1, 5, 1]$
$\begin{bmatrix}2 & -5\\7 & -4\end{bmatrix}$	$[2, -5, 7, -4]$
$\begin{bmatrix}1 & -5\\1 & -7\end{bmatrix}$	$[1, -5, 1, -7]$

$$A=\begin{bmatrix}1 & -4 & 2 & -5\\1 & -1 & 5 & 1\\2 & -5 & 7 & -4\\1 & -5 & 1 & -7\end{bmatrix}\longrightarrow\begin{bmatrix}1 & -4 & 2 & -5\\0 & 3 & 3 & 6\\0 & 3 & 3 & 6\\0 & -1 & -1 & -2\end{bmatrix}$$

$$\longrightarrow\begin{bmatrix}1 & -4 & 2 & -5\\0 & 1 & 1 & 2\\0 & 3 & 3 & 6\\0 & -1 & -1 & -2\end{bmatrix}\longrightarrow\begin{bmatrix}\textcircled{1} & -4 & 2 & -5\\0 & \textcircled{1} & 1 & 2\\0 & 0 & 0 & 0\\0 & 0 & 0 & 0\end{bmatrix}$$

∵ 領先「1」發生在第一、二列∴選 A 之第一、二列為基底，即 $\left\{\begin{bmatrix}1 & -4\\2 & -5\end{bmatrix}, \begin{bmatrix}1 & -1\\5 & 1\end{bmatrix}\right\}$。

$\dim(W)=2$

例 13 若 $\{u, v\}$ 為向量空間 V 之基底，試證 $\{u+v, u-v\}$ 亦為 V 之基底。

解

設 $z\in V$，令 $z=au+bv$

則 $z=\dfrac{a+b}{2}(u+v)+\dfrac{a-b}{2}(u-v)$

$\therefore\ z=\text{span}(u+v, u-v)$

又 $c(u+v)+d(u-v)=0$

$\Rightarrow (c+d)u+(c-d)v=0$

$\because \begin{cases}c+d=0\\c-d=0\end{cases} \Rightarrow c=d=0$

$\therefore\ \{u+v, u-v\}$ 為 LIN

綜上

$\{u+v, u-v\}$ 是 V 之基底

隨堂演練

若 $\{u, v\}$ 爲向量空間 V 之一組基底，試證 $\{u+v, v\}$ 爲 V 之一組基底。

定理 J V 是有限維向量空間，W_1, W_2 為向量空間 V 之子空間，則 $\dim(W_1+W_2)=\dim(W_1)+(W_2)-\dim(W_1\cap W_2)$

例 14 W_1，W_2 均為向量空間 V 之子空間，若 $\dim(W_1)=m$，$\dim(W_2)=n$，求證 $\dim(W_1+W_2)\le m+n$

解

$$\begin{aligned}\dim(W_1+W_2)&=\dim(W_1)+\dim(W_2)-\dim(W_1\cap W_2)\\&=m+n-\dim(W_1\cap W_2)\le m+n\end{aligned}$$

例 15 若 W_1，W_2 均為 R^7 之子空間，$\dim(W_1)=\dim(W_2)=4$ 問 $W_1\cap W_2=\{\mathbf{0}\}$ 是否成立？

解

$\dim(W_1+W_2)=\dim(W_1)+\dim(W_2)-\dim(W_1\cap W_2)$

但 $\dim(R^7)=7\ge\dim(W_1+W_2)=4+4-\dim(W_1\cap W_2)$

$\therefore \dim(W_1\cap W_2)\ge 1$，即 $W_1\cap W_2\neq\{\mathbf{0}\}$

> 定理 K　V 為有限維向量空間，$\dim V=n$，W 為 V 之子空間，則 $\dim W\le n$。

證

用反證法

$\because \dim V=n$　$\therefore V$ 為由 n 個 LIN 向量所生成，現假設 W 可由 $n+1$ 個向量生成，則此 $n+1$ 個向量為 LD，

故 $\dim(W)\le n$ ■

定理 K 之結果其實也很符合我們的直覺。

隨堂演練

$W_1=\left\{\begin{bmatrix} a \\ -a \end{bmatrix},\ a\in R\right\}$ $W_2=\left\{\begin{bmatrix} b \\ 0 \end{bmatrix},\ b\in R\right\}$爲 R^2 之子空間，

求 W_1, W_2 之一組基底與維數。

Ans：$\dim(W_1)=\dim(W_2)=1$，$\dim(W_1\cap W_2)=0$，$\dim(W_1+W_2)=2$，W_1, W_2 及 $W_1\cap W_2$ 之一組基底爲$\left\{\begin{bmatrix} 1 \\ -1 \end{bmatrix}\right\}$，$\left\{\begin{bmatrix} 1 \\ 0 \end{bmatrix}\right\}$，$\begin{bmatrix} 0 \\ 0 \end{bmatrix}$

定理 L 設 V_1, V_2 為向量空間 V 之子空間，若 $V_1\subseteq V_2$，且 $\dim V_1=\dim V_2$，則 $V_1=V_2$。

證

我們以 $V_1=\{\mathbf{0}\}$ 與 $V_1\neq\{\mathbf{0}\}$ 分開討論：

(1) $V_1=\{\mathbf{0}\}$ 時，$\because \dim V_2=\dim V_1=0$ $\therefore V_2=\{\mathbf{0}\}$，即 $V_1=V_2$。

(2) $V_1\neq\{\mathbf{0}\}$ 時，設 $v_1, v_2, \cdots v_p$，$p>0$ 為 V_1 之一組基底，又 $V_1\subseteq V_2$ $\therefore v_1, v_2\cdots v_p\in V_2$ 且 $v_1, v_2\cdots v_p$ 為 LIN。

$\because \dim V_1=\dim V_2$ $\therefore \dim V_2=p$，從而 $v_1, v_2, \cdots v_p$ 為 V_2 之一組基底，故 $V_1=V_2$ ■

習題 3-4

1. 問 $\left\{\begin{bmatrix}1\\1\\2\end{bmatrix},\begin{bmatrix}0\\1\\2\end{bmatrix},\begin{bmatrix}0\\1\\2\end{bmatrix}\right\}$ 是否爲 LD？

2. 問 $1, x, x^2, x^3$ 是否爲 LIN？

3. 若 U, V, W 爲 LIN，試證 $U+V, V+W, U+W$ 仍爲 LIN。

4. 若 U, V, W 爲 LIN，問 $U+V-3W, U+3V-W, V+W$ 是否爲 LIN？

5. $[\lambda, -2, 2], [1, \lambda-3, -1], [3, -3, \lambda-1]$ 之 λ 爲何值時，三向量爲 LD？

6. 試證：若向量 b 爲 n 個向量 $v_1, v_2 \cdots v_n$ 之線性組合，則 $b, v_1, v_2 \cdots v_n$ 爲 LD。

7. 試證定理 A，$m > r$：
   (a) 若 $v_1, v_2 \cdots v_r$ 爲 LD，試證 $v_1, v_2 \cdots v_r$，$v_{r+1} \cdots v_m$ 亦爲 LD；
   (b) 若 $v_1, v_2 \cdots v_r$ 爲 LIN 時，$v_1, v_2 \cdots v_r$，$v_{r+1} \cdots v_m$ 是否爲 LIN？

8. 令 $\{u, v, w\}$ 是向量空間 V 之一組基底，試證：
   $\{u+v+w, v+w, w\}$ 亦爲 V 之一組基底。

9. 若 $\{u_1, u_2 \cdots u_n\}$ 爲向量空間 V 之一組基底，問：
$\{u_1 + u_2 + \cdots + u_n, u_2, u_3 \cdots u_n\}$ 是否爲 V 之一組基底。

10. 若 M 爲 3 階斜對稱陣所成之子空間，試求 M 之一組基底，又 $\dim(M) = ?$

11. $X_1, X_2 \cdots X_p$ 爲 R^n 中 p 個 LIN 向量，A 爲 n 階非奇異陣，試證 $AX_1, AX_2 \cdots AX_p$ 爲 LIN。

12. (a) $\{X_1, X_2 \cdots X_n\}$ 爲向量空間 V 之生成集，若 $v \in V$，試證 $X_1, X_2 \cdots X_n, v$ 爲 LD，(b) 利用 (a) 之結果，若 $X_1, X_2 \cdots X_n$ 爲 LIN，試證 $X_2 \cdots X_n$ 不可能生成 V。

13. 證明定理 C 之 (2)。

14. A 爲 n 階方陣，若存在一個正整數 k，使 $Y \in R^n$ 爲線性方程組 $A^k X = \mathbf{0}$ 之解，若 $A^{k-1} Y \neq \mathbf{0}$，試證 $Y, AY, A^2Y \cdots, A^{k-1}Y$ 是 LIN。

15. $P = \begin{bmatrix} 1 & 3 \\ 0 & 2 \end{bmatrix}$，令 $W = \{A | AP = PA, A \in M_{2\times 2}\}$
(a) 驗證 W 爲 $M_{2\times 2}$ 之子空間
(b) 求 W 之一組基底及維數

16. $W = \left\{ \begin{bmatrix} a & 0 & 0 \\ 0 & a+b & 0 \\ 0 & 0 & a+b+c \end{bmatrix}, a, b, c \in R \right\}$ 爲 $M_{3\times 3}$ 之子空間求 W

之一組基底，$\dim(W) = $？

17. U_1，U_2 為 LIN，若 $W_1 = aU_1 + bU_2$，$W_2 = cU_1 + dU_2$，試證 W_1，W_2 為 LIN 之條件為 $ad \neq bc$

3.5 行空間、列空間與零空間

在 3.2 節介紹了子空間之定義並舉了一些子空間之例子。在此基礎上，我們在本節將介紹與 $m\times n$ 階矩陣有關之三個最重要之子空間——列空間，行空間與零空間。

定義

A 為 $m\times n$ 階矩陣。

(1) **行空間**（column space）：由 A 之行所生成之子空間稱為 A 之行空間。A 之行空間 $C(A)=\{z|z=Ax\}$，其維數稱為 A 之**行秩**（column rank）。

(2) **列空間**（row space）：由 A 之列所生成之子空間稱為 A 之列空間。A 之列空間 $R(A)=\{z|z=yA\}$，其維數稱為 A 之**列秩**（row rank）。

(3) **零空間**（null space，以 $N(A)$ 或 $Ker(A)$ 表之）：$N(A)$ 或 $Ker(A)=\{x|Ax=\mathbf{0}, x\in R^n\}$，零空間又稱為**核**（kernel）。

定理 A 二矩陣有相同列空間之充要條件為它們之簡化列梯形式有相同之非零列。二矩陣之轉置矩陣有相同之列空間時，則它們之行空間相同。

例 1 下列矩陣中何者有相同之列空間？

$$A=\begin{bmatrix}1 & -2 & -1\\ 3 & -4 & 5\end{bmatrix},\quad B=\begin{bmatrix}1 & -1 & 2\\ 2 & 3 & -1\end{bmatrix},\quad C=\begin{bmatrix}1 & -1 & 3\\ 2 & -1 & 10\\ 3 & -5 & 1\end{bmatrix}$$

解

$$A=\begin{bmatrix}1&-2&-1\\3&-4&5\end{bmatrix}\to\begin{bmatrix}1&-2&-1\\0&2&8\end{bmatrix}\to\begin{bmatrix}1&0&7\\0&1&4\end{bmatrix}$$

$$B=\begin{bmatrix}1&-1&2\\2&3&-1\end{bmatrix}\to\begin{bmatrix}1&-1&2\\0&5&5\end{bmatrix}\to\begin{bmatrix}1&0&5\\0&1&1\end{bmatrix}$$

$$C=\begin{bmatrix}1&-1&3\\2&-1&10\\3&-5&1\end{bmatrix}\to\begin{bmatrix}1&-1&3\\0&1&4\\0&-2&-8\end{bmatrix}\to\begin{bmatrix}1&0&7\\0&1&4\\0&0&0\end{bmatrix}$$

$\therefore A, C$ 有相同之列空間

定理 B $\begin{cases}\text{(1)列運算不會改變列空間與零空間}\\\text{(2)行運算不會改變行空間}\end{cases}$

顯然，**列空間與零核空間之基底可用列運算而得到，行空間之基底可用行運算而得到**，讀者若不習慣用行運算求行空間之基底，可以將矩陣轉置，以列運算得到列梯矩陣後再轉置，便可得到行空間之基底。

例 2 求$A=\begin{bmatrix}1&2&3\\2&1&3\\3&-1&2\\4&0&4\end{bmatrix}$之 (a) 行空間之一組基底及維數。(b) 列空間之一組基底與維數

解

$$A=\begin{bmatrix}1&2&3\\2&1&3\\3&-1&2\\4&0&4\end{bmatrix}\to\begin{bmatrix}1&2&3\\0&-3&-3\\0&-7&-7\\0&-8&-8\end{bmatrix}\to\begin{bmatrix}①&2&3\\0&①&1\\0&0&0\\0&0&0\end{bmatrix}$$

(a) ∵「領先 1」在第 1, 2 行

∴ A 之行空間一組基底為 A 之第 1, 2 行即

$$\left\{\begin{bmatrix}1\\2\\3\\4\end{bmatrix},\begin{bmatrix}2\\1\\-1\\0\end{bmatrix}\right\}，\dim=2$$

> 將 A 之列梯形式之**「領先 1」**（leading 1）所在之行（列）作爲 A 之行（列）空間之基底。

(b) $A\to\begin{bmatrix}①&2&3\\0&①&1\\0&0&0\\0&0&0\end{bmatrix}$ ∴ A 之列空間在 A 之第 1, 2 列，即

{[1, 2, 3], [2, 1, 3]}，dim = 2。

例 3 分別求 $A=\begin{bmatrix}0&0&0&0\\0&1&0&0\\0&0&1&0\\0&0&0&1\end{bmatrix}$ 之列空間、行空間與零空間之一組基底並指出它們之維數。

解

∵ $A=\begin{bmatrix}0&0&0&0\\0&①&0&0\\0&0&①&0\\0&0&0&①\end{bmatrix}$ 已為列梯形式

(a) 行空間

顯然行空間之一組基底 $\left\{\begin{bmatrix}0\\1\\0\\0\end{bmatrix},\begin{bmatrix}0\\0\\1\\0\end{bmatrix},\begin{bmatrix}0\\0\\0\\1\end{bmatrix}\right\}$，dim = 3

(b) 列空間

顯然列空間之一組基底 {[0, 1, 0, 0], [0, 0, 1, 0], [0, 0, 0, 1]}，dim = 3

(c) 零空間：解 $Ax = \mathbf{0}$

$$\left[\begin{array}{cccc|c}0&0&0&0&0\\0&1&0&0&0\\0&0&1&0&0\\0&0&0&1&0\end{array}\right] \text{解之 } x=c\begin{bmatrix}1\\0\\0\\0\end{bmatrix},$$

∴零空間之一組基底為 $\left\{\begin{bmatrix}1\\0\\0\\0\end{bmatrix}\right\}$，dim =1

隨堂演練

求 $A=\begin{bmatrix}1&3\\2&6\end{bmatrix}$ 之列空間、行空間與零空間之一組基底並指出其維數。

Ans. (a) 行空間之一組基底 $\left\{\begin{bmatrix}1\\2\end{bmatrix}\right\}$，dim = 1

(b) 列空間之一組基底 {[1, 3]}，dim = 1

(c) 零空間之一組基底 $\left\{\begin{bmatrix}-3\\1\end{bmatrix}\right\}$，dim = 1

以下我們舉一些簡單的論例，以強化同學論證能力。

例 4 A 為 $n \times m$ 階矩陣，若 A 之各行為 LIN，求證 $N(A) = \{\mathbf{0}\}$

解

設 $A = \{a_1 | a_2 | \cdots\cdots a_m\}$，$a_1, a_2 \cdots a_m \in R^m$，

$Ax = x_1 a_1 + x_2 a_2 + \cdots + x_m a_m = \mathbf{0}$（$x_1, x_2 \cdots x_m$ 為純量）

又 $a_1, a_2 \cdots a_m$ 為 LIN $\therefore x_1 = x_2 = \cdots = x_m = 0$

即 $Ax = \mathbf{0}$ 之解為 $x = \mathbf{0}$

亦即 $N(A) = \{\mathbf{0}\}$

例 5 A 為 $m \times n$ 階矩陣，試證：$N(A^T A) = N(A)$

解

先證 $N(A) \subseteq N(A^T A)$：

$x \in N(A) \Rightarrow Ax = \mathbf{0}$ $\quad \therefore A^T Ax = A^T \cdot \mathbf{0} = \mathbf{0}$，即 $x \in N(A^T A)$

得 $N(A) \subseteq N(A^T A)$ ①

次證 $N(A^T A) \subseteq N(A)$：

若 $x \in N(A^T A)$ 則 $A^T Ax = \mathbf{0}$

$x^T A^T Ax = (Ax)^T Ax = \mathbf{0} \Rightarrow Ax = \mathbf{0}$

$\therefore x \in N(A)$，亦即 $N(A^T A) \subseteq N(A)$ ②

由①, ② $N(A^T A) = N(A)$

我們在例 5 再次應用到 $A^T A = \mathbf{0}$ 則 $A = \mathbf{0}$ 之重要結果。
$N(A^T A) = N(A)$ 是一個重要結果，不妨視做定理。

隨堂演練

A 爲 $m \times n$ 矩陣，x 爲 $n \times 1$，b 爲 $m \times 1$，y 爲 $m \times 1$ 向量，若 $Ax = b$ 且 $y^T A = 0$ 則 $y^T b = \mathbf{0}$

習題 3-5

1. A 為 $m \times n$ 階矩陣，$b \in R^n$，若 $N(A) = \mathbf{0}$ 證明 $AX = \mathrm{b}$ 之解惟一。

2. 求 $A = \begin{bmatrix} 1 & 0 & 0 & 0 \\ 0 & 1 & 0 & 0 \\ 0 & 0 & 1 & 0 \\ 0 & 0 & 0 & 0 \end{bmatrix}$ 之列空間、行空間與零空間。

4. 求 $A = \begin{bmatrix} 1 & 0 \\ 0 & 0 \end{bmatrix}$ 之列空間、行空間與零空間。

5. 求 $A = \begin{bmatrix} 0 & 0 & 1 \\ 0 & 0 & 2 \\ 1 & -1 & 1 \end{bmatrix}$ 之零空間的一組基底與維數。

6. $A \in M_{3\times 3}$，若 $N(A) = \mathrm{span}\{(1, 1, 0)^T\}$，試求一個滿足此條件之 A。

7. A 為 $m \times n$ 階矩陣，B 為 $n \times p$ 階矩陣，試證若 $C = AB$ 則 C 之行空間為 A 行空間之子空間。

8. 若 $x \in R^m$, $y \in R^n$，x, y 均非零向量，$A = xy^T$ 試證 $\{y^T\}$ 是 A 之列空間的一個基底。

9. A 為 $m \times n$ 階矩陣，x_0 為 $Ax = b$ 之一個解，若 $y = x_0 + z \in R^n$ 亦

爲 $Ax = b$ 之解，試證 $z \in N(A)$。

10. A 爲 $m \times n$ 階矩陣，$b \in R^m$，x_0 爲 $Ax = b$ 之解。試證：
   (a) y 爲 $Ax = b$ 之一個解之充要條件爲 $y = x_0 + z$，$z \in N(A)$
   (b) 若 $N(A) = \{\mathbf{0}\}$，則 $Ax = b$ 有惟一解 x_0。

3.6　基底變換

向量之$[v]_\beta$

要注意的是本節所用的基底都是**有序基底**（ordered basis），就有序基底而言，P_3 **之基底** $\beta=\{1,x,x^2\}$ **與** $\beta'=\{1,x^2,x\}$ **是不同的，如同有序元素對** (x,y) **與** (y,x) **是不同的**。

定義

> v 為一向量空間，$\beta=[v_1, v_2\cdots v_n]$ 為 V 之一組有序基底，$v\in V$，$v=c_1v_1+c_2v_2+\cdots+c_nv_n$，$c_1, c_2\cdots c_n\in K$，若對每一個 $v\in V$ 賦予惟一向量 $c=(c_1, c_2\cdots c_n)^T$，我們稱 c 為 v 相對於 β 之座標向量，以 $[v]_\beta$ 表示。而 c_i 為 v 相對 β 之座標。

由定義，給定一個向量 v 及一組有序基底 β，我們可用解線性組合之方法，即可求得向量 v 之 $[v]_\beta$。

例 1　在 R^3 中，$\beta=\left\{\begin{bmatrix}1\\1\\1\end{bmatrix},\begin{bmatrix}0\\1\\1\end{bmatrix},\begin{bmatrix}0\\0\\1\end{bmatrix}\right\}$為 R^3 之一組有序基底，

$v=\begin{bmatrix}3\\1\\4\end{bmatrix}$，求$[v]_\beta=$？

解

$$令x\begin{bmatrix}1\\1\\1\end{bmatrix}+y\begin{bmatrix}0\\1\\1\end{bmatrix}+z\begin{bmatrix}0\\0\\1\end{bmatrix}=\begin{bmatrix}3\\1\\4\end{bmatrix}$$

$$\begin{cases}x+0y+0z=3\\x+\ \ y+0z=1\\x+\ \ y+\ \ z=4\end{cases}$$

$$\left[\begin{array}{ccc|c}1&0&0&3\\1&1&0&1\\1&1&1&4\end{array}\right]\to\left[\begin{array}{ccc|c}1&0&0&3\\0&1&0&-2\\0&1&1&4\end{array}\right]\to\left[\begin{array}{ccc|c}1&0&0&3\\0&1&0&-2\\0&0&1&3\end{array}\right]$$

$\therefore x=3, y=-2, z=3$

即 $[v]_\beta=\begin{bmatrix}3\\-2\\3\end{bmatrix}$，可驗證 $\begin{bmatrix}3\\1\\4\end{bmatrix}=3\begin{bmatrix}1\\1\\1\end{bmatrix}+(-2)\begin{bmatrix}0\\1\\1\end{bmatrix}+3\begin{bmatrix}0\\0\\1\end{bmatrix}$

在上例，我們取

$B=\begin{bmatrix}1&0&0\\1&1&0\\1&1&1\end{bmatrix}$ 則 $[v]_\beta=B^{-1}\begin{bmatrix}3\\1\\4\end{bmatrix}$，$B$ 稱為**轉換矩陣**（transient matrix），換言之：$B[v]_\beta=\begin{bmatrix}3\\1\\4\end{bmatrix}$

隨堂演練

若 $\beta'=\left\{\begin{bmatrix}1\\1\\1\end{bmatrix},\begin{bmatrix}0\\0\\1\end{bmatrix},\begin{bmatrix}0\\1\\1\end{bmatrix}\right\}$，$v=\begin{bmatrix}3\\1\\4\end{bmatrix}$，

(1) 驗證 $[v]_{\beta'}=\begin{pmatrix}3\\3\\-2\end{pmatrix}$。

(2) 求轉換矩陣 B。

(3) 驗證 $[v]_{\beta'}=B^{-1}v$。

Ans：$B=\begin{bmatrix}1&0&0\\1&0&1\\1&1&1\end{bmatrix}$

例 2　$B=\left\{\begin{bmatrix}1&1\\1&1\end{bmatrix},\begin{bmatrix}0&0\\0&1\end{bmatrix},\begin{bmatrix}0&1\\1&1\end{bmatrix},\begin{bmatrix}0&0\\1&1\end{bmatrix}\right\}$為 $M_{2\times2}$ 之一組有序基底，$x=\begin{bmatrix}3&2\\3&1\end{bmatrix}\in M_{2\times2}$，求 $[x]_B$。

解

令 $\begin{bmatrix}3&2\\3&1\end{bmatrix}=x\begin{bmatrix}1&1\\1&1\end{bmatrix}+y\begin{bmatrix}0&0\\0&1\end{bmatrix}+z\begin{bmatrix}0&1\\1&1\end{bmatrix}+t\begin{bmatrix}0&0\\1&1\end{bmatrix}$

$$=\begin{bmatrix}x&x+z\\x+z+t&x+y+z+t\end{bmatrix}$$

$$\therefore\begin{cases}x=3\\x+z=2\\x+z+t=3\\x+y+z+t=1\end{cases}$$

得 $x=3, z=-1, t=1, y=-2$

$$\therefore [x]_B=\begin{bmatrix}3\\-2\\-1\\1\end{bmatrix}$$

改變基底（change basis）

R^2 之座標

給定 $E=[e_1, e_2]$，$e_1=[1, 0]^T$，$e_2=[0, 1]^T$，爲 R^2 之一個標準有序基底，而 $U=[u_1, u_2]$ 爲另一組有序基底 $x=[x_1, x_2]^T$。現在我們要解決：

(1) x 原先以 U 爲有序基底，若轉換至以 E 爲有序基底，那麼它的轉換矩陣 B 爲何？

(2) x 原先以 E 爲有序基底，若轉換至以 U 爲有序基底，那麼它的轉換矩陣爲何？

問題 (1) 由 $U=[u_1, u_2]$ 轉換 $E=[e_1, e_2]$：

設 $u_1=\begin{bmatrix} a \\ b \end{bmatrix}$，$u_2=\begin{bmatrix} c \\ d \end{bmatrix}$，則

$$u_1=a\begin{bmatrix} 1 \\ 0 \end{bmatrix}+b\begin{bmatrix} 0 \\ 1 \end{bmatrix}=ae_1+be_2$$

$$u_2=c\begin{bmatrix} 1 \\ 0 \end{bmatrix}+d\begin{bmatrix} 0 \\ 1 \end{bmatrix}=ce_1+de_2$$

$$\therefore x=\alpha u_1+\beta u_2=\alpha(ae_1+be_2)+\beta(ce_1+de_2)$$
$$=(a\alpha+c\beta)e_1+(b\alpha+d\beta)e_2$$

因此 $x=\alpha u_1+\beta u_2$ 相對於 $[e_1, e_2]$ 之座標向量

$$x=\begin{bmatrix} a\alpha+c\beta \\ b\alpha+d\beta \end{bmatrix}=\begin{bmatrix} a & c \\ b & d \end{bmatrix}\begin{bmatrix} \alpha \\ \beta \end{bmatrix} \tag{1}$$

若令 $U=\begin{bmatrix} a & c \\ b & d \end{bmatrix}$，$c=\begin{bmatrix} \alpha \\ \beta \end{bmatrix}$ 則 (1) 又可寫成

$$\boldsymbol{x}=\boldsymbol{Uc} \tag{2}$$

(2) 之 U 稱爲基底 $[u_1, u_2]$ 至 $[e_1, e_2]$ 之轉換矩陣。

現在回頭看問題 (1)

在問題 (1) 我們有 $x = Uc$，它表示 $[u_1, u_2] \to [e_1, e_2]$ 之轉換矩陣，那麼 $[e_1, e_2] \to [u_1, u_2]$ 便是 $c = U^{-1}x$

我們可透過列運算而得到轉換矩陣 B：

令 $U = \{u_1, u_2, \cdots u_n\}$，$E = \{e_1, e_2, \cdots e_n\}$，$B$ 爲轉換矩陣

(1) U 轉換至 E(即 $U \to E$)：$[e_1, e_2, \cdots e_n | u_1, u_2, \cdots u_n] \to [I \mid U]$，$B = U$

(2) E 轉換至 U(即 $E \to U$)：$[u_1, u_2, \cdots u_n | e_1, e_2, \cdots e_n] \to [U \mid I] \to [I \mid S]$，$B = S$

以下我們將舉一些例子說明之：

例 3 $U = \{(1,1)^T, (1,-1)^T\}$，分別求 (a)$U$ 轉換至一般基底 $E = \{e_1, e_2\}$ 之轉換矩陣 B 及 (b)$E = \{e_1, e_2\}$轉換至 U 之轉換矩陣 B'。

解

(a) $U \to E$：

$$\left[\begin{array}{cc|cc} 1 & 0 & 1 & 1 \\ 0 & 1 & 1 & -1 \end{array}\right] \quad \therefore B = \begin{bmatrix} 1 & 1 \\ 1 & -1 \end{bmatrix}$$

(b) $E \to U$：

$$\left[\begin{array}{cc|cc} 1 & 1 & 1 & 0 \\ 1 & -1 & 0 & 1 \end{array}\right] \to \left[\begin{array}{cc|cc} 1 & 1 & 1 & 0 \\ 0 & -2 & -1 & 1 \end{array}\right] \to \left[\begin{array}{cc|cc} 1 & 1 & 1 & 0 \\ 0 & 1 & \frac{1}{2} & -\frac{1}{2} \end{array}\right]$$

$$\to \left[\begin{array}{cc|cc} 1 & 0 & \frac{1}{2} & \frac{1}{2} \\ 0 & 1 & \frac{1}{2} & -\frac{1}{2} \end{array}\right] \quad \therefore B' = \begin{bmatrix} \frac{1}{2} & \frac{1}{2} \\ \frac{1}{2} & -\frac{1}{2} \end{bmatrix}$$

例 4 令 $U=\left\{\begin{bmatrix}1\\1\\2\end{bmatrix},\begin{bmatrix}1\\2\\3\end{bmatrix},\begin{bmatrix}1\\2\\4\end{bmatrix}\right\}$，求 (a)$U$ 轉換至 E 之轉換矩陣 B (b)E 轉換至 U 之轉換矩陣 B' (c) $[v]_B$, $v=[-1,0,2]^T$。E 為一般基底即標準基底。

解

(a) $U\to E$

$$\left[\begin{array}{ccc|ccc}1&0&0&1&1&1\\0&1&0&1&2&2\\0&0&1&2&3&4\end{array}\right]$$

$\therefore$ U 轉換至 E 之轉換矩陣 $B=\begin{bmatrix}1&1&1\\1&2&2\\2&3&4\end{bmatrix}$

(b)$E\to U$

$$\left[\begin{array}{ccc|ccc}1&1&1&1&0&0\\1&2&2&0&1&0\\2&3&4&0&0&1\end{array}\right]\to\left[\begin{array}{ccc|ccc}1&1&1&1&0&0\\0&1&1&-1&1&0\\0&1&2&-2&0&1\end{array}\right]$$

$$\to\left[\begin{array}{ccc|ccc}1&0&0&2&-1&0\\0&1&1&-1&1&0\\0&0&1&-1&-1&1\end{array}\right]\to\left[\begin{array}{ccc|ccc}1&0&0&2&-1&0\\0&1&0&0&2&-1\\0&0&1&-1&-1&1\end{array}\right]$$

$\therefore$ E 轉換至 U 之轉換矩陣 $B'=\begin{bmatrix}2&-1&0\\0&2&-1\\-1&-1&1\end{bmatrix}$

(c)$[v]_B=B'v=\begin{bmatrix}2&-1&0\\0&2&-1\\-1&-1&1\end{bmatrix}\begin{bmatrix}-1\\0\\2\end{bmatrix}=\begin{bmatrix}-2\\-2\\3\end{bmatrix}$

$$\text{或 } [v]_B = B^{-1}v = \begin{bmatrix} 1 & 1 & 1 \\ 1 & 2 & 2 \\ 2 & 3 & 4 \end{bmatrix}^{-1} \begin{pmatrix} -1 \\ 0 \\ 2 \end{pmatrix} = \begin{pmatrix} -2 \\ -2 \\ 3 \end{pmatrix}$$

例 5 P_2 是所有次數 <2 之多項式所成之向量空間，$E = \{1, x\}$，$U = \{x+1, 2x+3\}$，求 (a)U 轉換至 E 之轉換矩陣 B (b)E 轉換至 U 之轉換矩陣 B' (c) $[P(x)]_B$, $P(x)=a+bx$ (d)$P(x)=x-3$，求$[P(x)]_B$。

解

$E=\{1, x\}$ 為 P_2 之標準基底

$$\begin{cases} x+1=1\cdot 1+1\cdot x \\ 2x+3=3\cdot 1+2\cdot x \end{cases}$$

(a) $U \to E$

$$\left[\begin{array}{cc|cc} 1 & 0 & 1 & 3 \\ 0 & 1 & 1 & 2 \end{array}\right]$$

$\therefore$ U 轉換至 E 之轉換矩陣 $B=\begin{bmatrix} 1 & 3 \\ 1 & 2 \end{bmatrix}$

(b)$E \to U$

$$\left[\begin{array}{cc|cc} 1 & 3 & 1 & 0 \\ 1 & 2 & 0 & 1 \end{array}\right] \to \left[\begin{array}{cc|cc} 1 & 3 & 1 & 0 \\ 0 & -1 & -1 & 1 \end{array}\right] \to \left[\begin{array}{cc|cc} 1 & 3 & 1 & 0 \\ 0 & 1 & 1 & -1 \end{array}\right]$$

$$\to \left[\begin{array}{cc|cc} 1 & 0 & -2 & 3 \\ 0 & 1 & 1 & -1 \end{array}\right] \quad \therefore B'=\begin{bmatrix} -2 & 3 \\ 1 & -1 \end{bmatrix}$$

（讀者亦可驗證 $BB'=I_2$）

(c) 由 (b) $\begin{pmatrix} -2 & 3 \\ 1 & -1 \end{pmatrix}\begin{pmatrix} a \\ b \end{pmatrix} = \begin{pmatrix} -2a+3b \\ a-b \end{pmatrix}$

$\therefore$ $p(x)=a+bx=(-2a+3b)(x+1)+(a-b)(2x+3)$

(d)$[P(x)]_B$：

$$\begin{pmatrix} -2 & 3 \\ 1 & -1 \end{pmatrix}\begin{pmatrix} -3 \\ 1 \end{pmatrix}=\begin{pmatrix} 9 \\ -4 \end{pmatrix}$$

$$[x-3]_B = 9\,(x+1) - 4(2x+3)$$

我們將在第五章 5.3 線性映射之矩陣表示繼續討論有關線性映射下之基底變換。

上面之 $U \to E$ 與 $E \to U$ 之轉換矩陣之求法，可推廣到 $U \to V$ 及 $V \to U$ 之轉換矩陣：

(1) $U \to V$：$[V \mid U] \to [I \mid S]$，$B = S$

(2) $V \to U$：$[U \mid V] \to [I \mid S']$，$B = S'$

（參考：本節習題第 4 題）

習題 3-6

1. $U=\left\{\begin{bmatrix}0\\1\end{bmatrix},\begin{bmatrix}1\\0\end{bmatrix}\right\}$，求 (a)$U$ 轉換至 E 之轉換矩陣 B 及 (b)E 轉換至 U 之轉換矩陣 B'，(c) $[v]_U$, $v=\begin{bmatrix}1\\2\end{bmatrix}$。

2. $U=\left\{\begin{bmatrix}1\\1\\1\end{bmatrix},\begin{bmatrix}1\\1\\0\end{bmatrix},\begin{bmatrix}1\\0\\0\end{bmatrix}\right\}$, $V=\left\{\begin{bmatrix}0\\1\\1\end{bmatrix},\begin{bmatrix}1\\0\\1\end{bmatrix},\begin{bmatrix}1\\1\\0\end{bmatrix}\right\}$，求 (a)$U$ 轉換至 V 及 (b) V 轉換至 U 之轉換矩陣，(c) $[v]_U$, $v=\begin{bmatrix}2\\1\\1\end{bmatrix}$。

3. 若 $B=\left\{\begin{bmatrix}3\\2\end{bmatrix},\begin{bmatrix}4\\3\end{bmatrix}\right\}$，$x=\begin{bmatrix}-2\\2\end{bmatrix}$，求 $[x]_B$。

4. $U=\left\{\begin{bmatrix}0\\1\\0\end{bmatrix},\begin{bmatrix}0\\0\\1\end{bmatrix},\begin{bmatrix}1\\0\\0\end{bmatrix}\right\}$, $V=\left\{\begin{bmatrix}1\\0\\0\end{bmatrix},\begin{bmatrix}0\\0\\1\end{bmatrix},\begin{bmatrix}0\\1\\0\end{bmatrix}\right\}$，求 (a)$U$ 轉換至 V 及 (b) V 轉換至 U 之轉換矩陣，(c)$v=\begin{bmatrix}1\\2\\3\end{bmatrix}$，求 $[v]_U$ 及 $[v]_V$。

5. S 為 $[w_1, w_2]$ 轉換至 $[u_1, u_2]$ 之轉換矩陣

   若 $S=\begin{bmatrix}2 & 3\\3 & 4\end{bmatrix}$, $u_1=\begin{bmatrix}1\\-1\end{bmatrix}$, $u_2=\begin{bmatrix}0\\2\end{bmatrix}$，求 (a)$w_1, w_2$　(b)$[u_1, u_2]$ 轉換

至 $[w_1, w_2]$ 之轉換矩陣　(c) $[w_1]_W$，W 爲 $[w_1, w_2]$ 之有序基底。

6. P_2 爲次數 <3 之多項式之向量空間，$U=\{1, 1+x^2, 1+x+x^2\}$，$V=\{1,x,x^2\}$，求 (a)U 轉換至 V 之轉換矩陣 B 及 (b)V 轉換至 U 之轉換矩陣 B'，(c)$P(x)=1-3x+x^2$，求$[P(x)]_{B'}$。

線性轉換

4.1　線性轉換之意義

二個向量空間之**映射**（mapping）問題，在數學上是很重要的而本章則是研究其中之一種特殊之映射稱爲**線性轉換**（linear transformation）。

定義

令 U, V 為二個向量空間，若**映射** $T : V \to U$ 滿足：
(1) $T(v_1+v_2)=T(v_1)+T(v_2)$，v_1 ‧ $v_2 \in V$，(2) $T(\lambda v) = \lambda T(v)$，$\lambda$ 為任一純量，$v \in V$，則稱 T 為**線性轉換**或**線性映射**（linear mapping）。在上述映射中，V 為**定義域**（domain），U 為**值域**（range 或 codomain）。

由定義之 (1)、(2) 可證出若 T 爲一線性轉換則 T 滿足 $T(\mathbf{0}) = 0$，亦即「**若 $T(\mathbf{0}) \neq 0$ 則 T 不為線性轉換**」，此在判斷一轉換是否爲線性時甚爲重要。

當一線性轉換之定義域與值域相同時，即 $T : V \to V$，我們特稱這種映射爲**線性算子**（linear operator）。

例 1　$T : R^2 \to R^2, T(x, y) = (x + y, x)^T$ 是否為線性映射？

解

取$v_1=(a, b)^T, v_2=(c, d)^T, T(v_1)=(a+b, a)^T, T(v_2)=(c+d, c)^T$

$$\therefore T(v_1+v_2)=T(a+c, b+d)^T=(a+c+b+d, a+c)^T$$
$$=(a+b, a)^T+(c+d, c)^T=T(v_1)+T(v_2)$$
$$T(\lambda v_1)=T(\lambda a, \lambda b)^T=(\lambda a+\lambda b, \lambda a)^T=\lambda(a+b, a)^T=\lambda T(v_1)$$

∴ T 為線性轉換

例 2 $T: R^2 \to R^3$, $T(x, y)^T = (x + y, x + y + z, 1)^T$ 是否為線性轉換？

解

∵ $T(0, 0, 0)^T = (0 + 0, 0 + 0 + 0, 1)^T = (0, 0, 1)^T \neq (0, 0, 0)^T$

∴ T 不為線性轉換

例 3 $T: R^2 \to R^2$, $T(x, y)^T = (x^2, xy)^T$ 是否為線性轉換？

解

取 $v = (a, b)^T$

∵ $T(\lambda v) = T(\lambda a, \lambda b)^T = (\lambda^2 a^2, \lambda^2 ab)^T \neq \lambda(a, b)^T$

∴ T 不為線性轉換

例 4 $T: M_{n\times n} \longrightarrow M_{n\times n}$，$T(A) = A^T$, $A \in M_{n\times n}$ 是否為線性轉換？

解

$T(A + B) = (A + B)^T = A^T + B^T = T(A) + T(B)$, $A, B \in M_{n\times n}$

$T(\lambda A) = (\lambda A)^T = \lambda A^T = \lambda T(A)$

∴ T 為線性轉換

隨堂演練

驗證 $T: M_{2\times 2} \longrightarrow M_{2\times 2}$，$T\left(\begin{bmatrix} a & b \\ c & d \end{bmatrix}\right) = \begin{bmatrix} 2a & 3b \\ c & 2d \end{bmatrix}$ 爲線性轉換射。

例 5 T 是定義於向量空間 V 之線性算子（即 $T: V \to V$），若 $T^{k+1}(v) = T(T^k(v))$，$v \in V$，且 $T^1 = T$。

試證 $n \geq 1$ 時 T^n 為定義於 V 之線性算子。

解

利用數學歸納法：

$n=1$ 時，T 顯然為線性算子。

$n=k$ 時，設 T^k 為線性算子，即

$T^k(au+bv)=aT^k(u)+bT^k(v),\ u,v\in V$

$n=k+1$ 時，$T^{k+1}(au+bv)=T(T^k(au+bv))$

$=T(aT^k(u)+bT^k(v))$

$=aT^{k+1}(u)+bT^{k+1}(v)$

$\therefore$ n 為任意正整數時，上述關係均成立

> **定理 A**　$T:V\to U$ 為線性轉換，$v_1,v_2\cdots v_n\in V$，若 $T(v_1),T(v_2)\cdots T(v_n)$ 為 LIN，則 $v_1,v_2\cdots v_n$ 為 LIN。

證

設 $c_1v_1+c_2v_2+\cdots+c_nv_n=\mathbf{0}$，

則 $T(c_1v_1+c_2v_2+\cdots+c_nv_n)=T(\mathbf{0})=\mathbf{0}$

$\Rightarrow c_1T(v_1)+c_2T(v_2)+\cdots+c_nT(v_n)=\mathbf{0}$

因 $T(v_1),T(v_2)\cdots T(v_n)$ 為 LIN　$\therefore c_1=c_2=\cdots c_n=0$

故 $v_1,v_2\cdots v_n$ 為 LIN ■

例 6　$T:P_2\to P_3$，若 $T(t+1)=t^2+1,\ T(2t-1)=t$，求 $T(a+bt)$。

解

$S=\{(t+1),(2t-1)\}$ 為 P_2 之一個基底

令 $a+bt=x(t+1)+y(2t-1)=(x+2y)t+(x-y)$

得 $\begin{cases} x+2y=b \\ x-\ y=a \end{cases}$

$\therefore x=\frac{b+2a}{3}, y=\frac{b-a}{3}$

$$\begin{aligned} T(a+bt) &= T\left(\frac{b+2a}{3}(t+1)+\frac{b-a}{3}(2t-1)\right) \\ &= \frac{b+2a}{3}T(t+1)+\frac{b-a}{3}T(2t-1) \\ &= \frac{b+2a}{3}(t^2+1)+\frac{b-a}{3}t \\ &= \frac{b+2a}{3}t^2+\frac{b-a}{3}t+\frac{b+2a}{3} \end{aligned}$$

例 7 $T: R^2 \to R^2, T(1, 1)^T=(2, 3)^T, T(0, 1)^T=(1, -2)^T$，求 $T(a, b)^T$。

解

(a) $S=\{(1, 1)^T, (0, 1)^T\}$ 為 R^2 之一個基底

令 $x(1, 1)^T+y(0, 1)^T=(a, b)^T$

即 $(x, x+y)^T=(a, b)^T$

$\therefore x=a, y=b-a$

$$\begin{aligned} \text{即 } T(a, b)^T &= T(a(1, 1)^T+(b-a)(0, 1)^T) \\ &= aT(1, 1)^T+(b-a)T(0, 1)^T \\ &= a(2, 3)^T+(b-a)(1, -2)^T \\ &= (2a, 3a)^T+(b-a, 2a-2b)^T \\ &= (b+a, 5a-2b)^T \end{aligned}$$

例 8 $T: R^3 \to R^2$ 為一線性映射，$v_1=(1, 0, 0)^T, v_2=(0, 1, 1)^T$, $v_3=(1, 2, 2)^T$，若 $T(v_1)=(3, 2)^T, T(v_2)=(-1, 0)^T$, $T(v_3)=(0, 1)^T$，求 $T(4, 2, 5)^T$。

解

$\{(1, 0, 0)^T\ (0, 1, 1)^T$ 與 $(1, 1, 2)^T\}$ 為 R^3 之一組基底，

令 $(4, 2, 5)^T = x(1, 0, 0)^T + y(0, 1, 1)^T + z(1, 1, 2)^T$

$\begin{cases} x+z=4 \\ y+z=2 \\ y+2z=5 \end{cases}$ 解之 $x = 1$，$y = -1$，$z = 3$

$$\begin{aligned} \therefore T(4, 2, 5)^T &= T\,[(1, 0, 0)^T - (0, 1, 1)^T + 3(1, 1, 2)^T] \\ &= T(1, 0, 0)^T - T(0, 1, 1)^T + 3T(1, 1, 2)^T \\ &= (3, 2)^T - (-1, 0)^T + 3(0, 1)^T = (4, 5)^T \end{aligned}$$

隨堂演練

$T: R^2 \to R^2$ 爲線性映射，若 $T(1, 0)^T = (1, 4)^T$，$T(1, 1)^T = (2, 5)^T$，求 $T(2, 3)^T$

Ans. $(5, 5)^T$

例 9 T_1, T_2 為 $V \to W$ 之線性映射，$\{u_1, u_2, \cdots u_n\}$ 為 V 之一組基底，若 $T_1(u_i) = T_2(u_i)$，對所有之 $i = 1, 2, \cdots n$ 均成立。試證 $T_1 = T_2$

解

$\{u_1, u_2, \cdots u_n\}$ 為 V 之一組基底，令 $v = a_1u_1 + a_2u_2 + \cdots + a_nu_n$，則

$$\begin{aligned} T_1(v) &= T_1(a_1u_1 + a_2u_2 + \cdots + a_nu_n) \\ &= a_1T_1(u_1) + a_2T_1(u_2) + \cdots + a_nT_1(u_1) \\ &= a_1T_2(u_1) + a_2T_2(u_2) + \cdots + a_nT_2(u_n) \\ &= T_2(a_1u_1) + T_2(a_2u_2) + \cdots + T_2(a_nu_n) \\ &= T_2(a_1u_1 + a_2u_2 + \cdots + a_nu_n) \end{aligned}$$

$= T_2(v)$

線性轉換之函數運算

基本運算

若 $F: V \to U$ $G: V \to U$ 均爲定義於同一向量空間的二個線性轉換，則：

① $(F+G)(v) = F(v) + G(v)$

② $(kF)(v) = kF(v)$

③ $(G \circ F)(v) = G(F(v))$

④ $(G \circ G)(v) = G^2(v) = G(G(v))$

⑤ $G \circ (F_1 + F_2)(v) = (G \circ F_1)(v) + (G \circ F_2)(v)$
$= G(F_1(v)) + G(F_2(v))$

⑥ $(G_1 + G_2) \circ F(v) = (G_1 \circ F)(v) + (G_2 \circ F)(v)$
$= G_1(F(v)) + G_2(F(v))$

例 10 S, T 均為 R^2 之線性轉換：$S(x, y) = (x + y, 0)$, $T(x, y) = (-y, x)$，求：(a)$S + T$ (b)$S \circ T$

解

(a) $(S + T)(x, y) = S(x, y) + T(x, y) = (x + y, 0) + (-y, x) = (x, x)$

(b) $(S \circ T)(x, y) = S[T(x, y)] = S(-y, x) = (-y + x, 0)$

例 11 $F: R^3 \to R^2$, $F(x, y, z) = (y, x + z)$ ，$H: R^2 \to R^2$，$H(x, y) = (y, 2x)$，求 (a) $H \circ F$ (b) $F \circ H$。

解

(a) $(H \circ F)(x, y, z) = H(F(x, y, z)) = H(y, x + z) = (x + z, 2y)$

(b) $(F \circ H)(x, y) = F(H(x, y)) = F(y, 2x)$ 無定義。

隨堂演練

承例 11 驗證

$(H \circ H)(x, y) = (2x, 2y)$

$(H \circ (H \circ F))(x, y, z) = (2y, 2x + 2z)$

$P(x) = a_0 + a_1x + a_2x^2 + \cdots + a_nx_n, a_i \in K$，$T$：$V \to V$ 且規定 $P(T) = \mathbf{0}$ 時稱 T 爲 $P(x)$ 之**零位**（zeros）。

例 12　T 為 R^2 上之線性轉換，$T(x, y) = (x + 2y, 3x + 4y)$，若 $P(t) = t^2 - 5t - 2$，求 $P(T)$。

解

$P(T) = T^2 - 5T - 2I$

又 $T^2(x, y) = T(T(x, y)) = T(x + 2y, 3x + 4y) = ((x + 2y) + 2(3x + 4y), 3(x + 2y) + 4(3x + 4y)) = (7x + 10y, 15x + 22y)$

$5T(x, y) = (5x + 10y, 15x + 20y)$

$2I(x, y) = (2x, 2y)$

$\therefore (T^2 - 5T - 2I)(x, y) = (7x + 10y, 15x + 22y) - (5x + 10y, 15x + 20y) - (2x, 2y) = (0, 0)$

習題 4-1

判斷 1 ～ 6 題何者是線性轉換？

1. $T_1：R^3 \to R^3；T(x, y, z)^T = (x, |y|, 0)^T$

2. $T_2 : M_{2x2} \longrightarrow R\ ,\ T\left(\begin{bmatrix} a & b \\ c & d \end{bmatrix}\right) = a + d$

3. $T_3 : M_{2x2} \longrightarrow R\ ,\ T\left(\begin{bmatrix} a & b \\ c & d \end{bmatrix}\right) = \det\left(\begin{bmatrix} a & b \\ c & d \end{bmatrix}\right)$

4. $T_4：P_2 \to P_3, T(p(t)) = tp(t)$

5. $T_5：R^2 \to R^2, T(x, y)^T = (x, x + y^2)^T$

6. $T_6：R^2 \to R, T(x, y)^T = |x - y|$

7. 設 T 爲定義於向量空間 V 之線性轉換，試證 $T(u - v) = T(u) - T(v), u, v \in V$。

8. $T : R^2 \to R^2$ 爲一線性轉換，若 $T(1, 0)^T = (1, 4)^T, T(1, 1)^T = (2, 5)^T$，求 $T(3, 5)^T$。

9. $T：V \to V$，若 $\{u_1, u_2, \cdots\cdots u_n\}$ 爲 V 之一組基底，問 $\{T(u_1), T(u_2), \cdots\cdots T(u_n)\}$ 是否爲 T 值域之基底？

10. 求一線性映射 $T: R^3 \to R^2$ 使得

$$T\begin{pmatrix}1\\1\\0\end{pmatrix}=\begin{pmatrix}1\\1\end{pmatrix}, T\begin{pmatrix}1\\0\\1\end{pmatrix}=\begin{pmatrix}0\\1\end{pmatrix}, T\begin{pmatrix}0\\1\\-2\end{pmatrix}=\begin{pmatrix}-1\\2\end{pmatrix}$$

11. 令 $T: R^3 \to R^2, G: R^3 \to R^2$ 且 $F(x, y, z)^T = (y, x+z)^T; G(x, y, z)^T = (2z, x-y)^T$，求 (a)$F+G$ (b)$3F-2G$。

12. $T: R^2 \to R^3$ 且 $T(1, 2)^T = (3, -1, 5)^T, T(0, 1)^T = (2, 1, -1)^T$，求 $T(a, b)^T$。

13. $T: R^2 \to R$ 且 $T(1, 1)^T = 3, T(0, 1)^T = 0$，求 $T(a, b)^T$。

14. $T: R^2 \to R^2$，$T(x, y)^T = (x+y, x)^T, f(t) = t^2 - t - 1$，求 $f(T)$。

15. $T: R^3 \to R$，$T(1, 1, 1)^T = 0, T(0, 1, 1)^T = 1, T(0, 0, 1)^T = -1$，求 $T(a, b, c)$。

16. T 爲定義於 P_4 之算子，定義 $T(p(t)) = t^2D[p(t)]$，D 表微分算子
    (a) 求 $T(t^3 + 2t^2 + 7)$
    (b) 試證 T 爲線性

4.2 線性轉換之像及核

定義

$T: V \to U$ 為一線性轉換，T 之**像**（Image），以 $R(T)$ 表之，定義 $R(T) = \{u \mid$ 對某些 $v \in V$，$T(v) = u$，$u \in U\}$。T 之**核**（Kernel），核也稱為**零空間**（Null space）記做 $N(T)$。定義 $N(T) = \{\mathrm{v} \mid T(v) = \mathbf{0};\ v \in V\}$。

有些書之 $N(T)$ 寫成 $\mathrm{Ker}(T)$，$R(T)$ 寫成 $\mathrm{Im}(T)$。**讀者應注意的是在本書，A 為 $m \times n$ 階矩陣，$R(A)$ 表示 A 之行空間，$T: V \to U$ 之 $R(T)$ 表示 T 之像。**

定理 A $T: V \to U$ 為一線性映射，則

(1) $T(\mathbf{0}) = \mathbf{0}$

(2) $\mathrm{T}(-x) = -T(x)$，$x \in V$

證

(1) $T(\mathbf{0}) = T(\mathbf{0} + \mathbf{0}) = T(\mathbf{0}) + T(\mathbf{0}) = 2T(\mathbf{0}) \quad \therefore T(\mathbf{0}) = \mathbf{0}$

(2) $\mathbf{0} = T(0) = T(x + (-x)) = T(x) + \mathrm{T}(-x) \quad \therefore T(-x) = -T(x)$ ■

定理 B $T: V \to U$ 為一線性轉換，$R(T)$ 為 U 之子空間，$N(T)$ 為 V 之子空間。

證

(1) 取 $v, v' \in V$ 則 $T(v) = u$, $T(v') = u'$；a, b 為純量，$u, u' \in U$

$\therefore T(av + bv') = aT(v) + bT(v') = au + bu' \in R(T)$，即

$R(T)$ 為 U 之子空間。

(2) a, b 為純量，取 $v, v' \in N(T)$ 則 $T(v) = T(v') = \mathbf{0}$；

$\therefore T(av + bv') = aT(v) + bT(v') = \mathbf{0} + \mathbf{0} = \mathbf{0} \in N(T)$，即

$N(T)$ 為 V 之子空間。 ■

例 1 令 $T : R^3 \to R^3$ 為一線性轉換，定義 $T(x, y, z)^T = (x - y, x + 2y + 3z, x + y + 2z)^T$，求 (a) $R(T)$ 之一組基底及維數，(b) $N(T)$ 之基底及維數，(c) 求 $\dim(R(T)) + \dim(N(T))$ 。

解

(a) $T(1, 0, 0)^T = (1, 1, 1)^T$, $T(0, 1, 0) = (-1, 2, 1)^T$

$T(0, 0, 1)^T = (0, 3, 2)^T$

可得下列矩陣，並化成列梯形式：

$$\begin{bmatrix} 1 & -1 & 0 \\ 1 & 2 & 3 \\ 1 & 1 & 2 \end{bmatrix} \longrightarrow \begin{bmatrix} 1 & -1 & 0 \\ 0 & 3 & 3 \\ 0 & 2 & 2 \end{bmatrix} \longrightarrow \begin{bmatrix} 1 & -1 & 0 \\ 0 & 1 & 1 \\ 0 & 2 & 2 \end{bmatrix} \longrightarrow$$

$$\begin{bmatrix} \mathbf{1} & -1 & 0 \\ 0 & \mathbf{1} & 1 \\ 0 & 0 & 0 \end{bmatrix}$$

$\therefore R(T)$ 之一組基底為 $\{[1, 1, 1]^T, [-1, 2, 1]^T\}$，

$\dim\{R(T)\} = 2$

(b) 令 $v = (x, y, z) \in N(T)$，則 $T(v) = T(x(1, 0, 0)^T + y(0, 1, 0)^T + z(0, 0, 1)^T) = xT(1, 0, 0)^T + yT(0, 1, 0)^T + zT(0, 0, 1)^T = x(1, 1, 1)^T + y(-1, 2, 1)^T + z(0, 3, 2)^T = (x - y, x + 2y + 3z, x + y + 2z)^T = (0, 0, 0)^T$

$$\left[\begin{array}{ccc|c}1&-1&0&0\\1&2&3&0\\1&1&2&0\end{array}\right]\longrightarrow\left[\begin{array}{ccc|c}1&-1&0&0\\0&3&3&0\\0&2&2&0\end{array}\right]\longrightarrow\left[\begin{array}{ccc|c}1&-1&0&0\\0&1&1&0\\0&2&2&0\end{array}\right]$$

$$\longrightarrow\left[\begin{array}{ccc|c}1&-1&0&0\\0&1&1&0\\0&0&0&0\end{array}\right]$$

令 $z=t, y=-t, x=-t$，得 $\left\{\begin{pmatrix}x\\y\\z\end{pmatrix}\middle| t\begin{pmatrix}-1\\-1\\1\end{pmatrix}, t\in R\right\}$

∴ $N(T)$ 之一組基底為 $\left\{\begin{bmatrix}-1\\-1\\1\end{bmatrix}\right\}$

$\dim N(T)=1$

(c) $\dim R(T)+\dim \mathrm{N}(T)=2+1=3$

例 1(c) 之 $\dim R(T)+\dim N(T)=3$ 恰與 $\dim V$ 相等，這一事實如定理 B 所述。

Sylvester定理

定理 B （Sylvester 定理）$T：V\rightarrow W$ 為一線性轉換，則 $\dim V=\dim(N(T))+\dim(R(T))$。

證

(1) 設 $\{V_1, V_2 \cdots V_k\}$ 為 $N(T)$ 之一組基底，∴ $\dim N(T)=k$

(2) $\dim V=n$ ∴設 $\{V_1, V_2 \cdots V_k, V_{k+1}, V_n\}$ 為 V 之一組基底，現要證 $\dim R(T)=n-k$：

$\because$ $\{V_1, V_2 \cdots V_k\}$ 為 $N(T)$ 之一組基底

$\therefore$ $T(V_1) = T(V_2) \cdots = T(V_k) = 0$ 又 $\{V_1, V_2 \cdots V_n\}$ 為 V 之一組基底

$$R(T) = \text{span}\{T(V_1), T(V_2), \cdots T(V_n)\}$$
$$= \text{span}\{T(V_{k+1}), T(V_{k+2}) \cdots T(V_n)\}$$

令 $c_{k+1}v_{k+1} + c_{k+2}v_{k+2} + \cdots + c_nv_n = \mathbf{0}$

$\Rightarrow T(c_{k+1}v_{k+1} + c_{k+2}v_{k+2} + \cdots + c_nv_n) = T(\mathbf{0}) = \mathbf{0}$

$\because$ $v_{k+1}, \cdots, v_n \notin N(T)$ $\quad\therefore$ $c_{k+1} = c_{k+2} = \cdots = c_n = 0$

$\Rightarrow T(v_{k+1}) \cdots T(v_n)$ 為線性獨立

$\therefore$ $\{T(v_{k+1}) \cdots T(v_n)\}$ 為 $R(T)$ 之一組基底，得 $R(T) = n - k$

從上述討論得 $\dim V = \dim N(T) + \dim R(T)$ ■

例 2 $T: R^2 \to R^2$; $T(v) = \begin{bmatrix} 1 & 1 \\ 2 & 2 \end{bmatrix} v$，$v \in R^2$ 求 (a)$R(T)$ 之一組基底及維數；(b)$N(T)$ 之一組基底及維數。

解

(a) $T\left(\begin{bmatrix} 1 \\ 0 \end{bmatrix}\right) = \begin{bmatrix} 1 & 1 \\ 2 & 2 \end{bmatrix}\begin{bmatrix} 1 \\ 0 \end{bmatrix} = \begin{bmatrix} 1 \\ 2 \end{bmatrix}$

$T\left(\begin{bmatrix} 0 \\ 1 \end{bmatrix}\right) = \begin{bmatrix} 1 & 1 \\ 2 & 2 \end{bmatrix}\begin{bmatrix} 0 \\ 1 \end{bmatrix} = \begin{bmatrix} 1 \\ 2 \end{bmatrix}$

$\begin{bmatrix} 1 & 1 \\ 2 & 2 \end{bmatrix} \longrightarrow \begin{bmatrix} \mathbf{1} & 1 \\ 0 & 0 \end{bmatrix}$

$R(T)$ 之一組基底為 $\left\{\begin{bmatrix} 1 \\ 2 \end{bmatrix}\right\}$

$\dim R(T) = 1$

(b) $T\left(\begin{bmatrix} x \\ y \end{bmatrix}\right) = \begin{bmatrix} 1 & 1 \\ 2 & 2 \end{bmatrix}\begin{bmatrix} x \\ y \end{bmatrix} = \begin{bmatrix} x+y \\ 2x+2y \end{bmatrix} = \begin{bmatrix} 0 \\ 0 \end{bmatrix}$

$$\begin{bmatrix}1 & 1 & 0\\2 & 2 & 0\end{bmatrix}\longrightarrow\begin{bmatrix}1 & 1 & 0\\0 & 0 & 0\end{bmatrix}$$

令 $y=t, x=-t$，得$\left\{\begin{bmatrix}x\\y\end{bmatrix}\middle| t\begin{bmatrix}-1\\1\end{bmatrix}, t\in R\right\}$

$\therefore$ $N(T)$ 之一組基底為 $\left\{\begin{bmatrix}-1\\1\end{bmatrix}\right\}$

$\dim N(T)=1$

由 (a), (b) 我們驗證了定理 B。

例 3 線性映射 $T(X)=AX$，$A=\begin{bmatrix}1 & 2 & 1\\1 & 1 & 1\end{bmatrix}$，$X=[x, y, z]^T$，(a) 若 $(1, a)^T\in R(T)$，求 a (b) 若 $(0, 1, b)^T\in N(T)$，求 b

解

(a) $(1, a)^T\in R(T)$ 相當於判斷 $T(X)=AX=(1, a)^T$ 有解之條件

$$\left[\begin{array}{ccc|c}1 & 2 & 1 & 1\\1 & 1 & 1 & a\end{array}\right]\to\left[\begin{array}{ccc|c}1 & 2 & 1 & 1\\0 & 1 & 0 & 1-a\end{array}\right]\to\left[\begin{array}{ccc|c}1 & 0 & 1 & a-1\\0 & 1 & 0 & 1-a\end{array}\right]$$

$\therefore$ a 為任意實數方程組均有解

(b) $(0, 1, b)^T\in N(T)$ 相當於求下列方程組有解之條件

$$\begin{bmatrix}1 & 2 & 1\\1 & 1 & 1\end{bmatrix}\begin{bmatrix}0\\1\\b\end{bmatrix}=\begin{bmatrix}0\\0\end{bmatrix}\quad\therefore\begin{cases}2+b=0\\1+b=0\end{cases}$$ 為不相容方程組

故 $[0, 1, b]^T\notin N(T)$，即不存在一個 b 使得

$[0, 1, b]^T\in N(T)$

例 4 T_1，T_2 均為 $U\to W$ 之線性算子，試證 $N(T_1)\cap N(T_2)\subseteq N(T_1+T_2)$

解

設 $x \in N(T_1) \cap N(T_2)$ 則

$x \in N(T_1)$ 且 $x \in N(T_2)$ 即 $T_1(x) = \mathbf{0}$，$T_2(x) = \mathbf{0}$

從而 $(T_1 + T_2)(x) = \mathbf{0} \Rightarrow x \in N(T_1 + T_2)$

$\therefore N(T_1) \cap N(T_2) \subseteq N(T_1 + T_2)$

隨堂演練

$T: R^2 \to R^2$，定義 $T(x, y)^T = (x, y)^T = (x + y, x + y)^T$，驗證 $R(T)$ 及 $N(T)$ 之基底分別為 $\{[1, 1]^T\}, \{[1, -1]^T\}$

$\therefore \dim R(T) = \dim N(T) = 1$。

例 5 求方程組 $\begin{cases} x + y + 2z = 0 \\ x + 2y + z = 0 \\ 2x + 3y + 3z = 0 \end{cases}$ 解集合 W 之一個基底及維數。

解

$$\left[\begin{array}{ccc|c} 1 & 1 & 2 & 0 \\ 1 & 2 & 1 & 0 \\ 2 & 3 & 3 & 0 \end{array}\right] \longrightarrow \left[\begin{array}{ccc|c} 1 & 1 & 2 & 0 \\ 0 & 1 & -1 & 0 \\ 0 & 1 & -1 & 0 \end{array}\right] \longrightarrow \left[\begin{array}{ccc|c} 1 & 1 & 2 & 0 \\ 0 & 1 & -1 & 0 \\ 0 & 0 & 0 & 0 \end{array}\right] \longrightarrow$$

$$\left[\begin{array}{ccc|c} 1 & 0 & 3 & 0 \\ 0 & 1 & -1 & 0 \\ 0 & 0 & 0 & 0 \end{array}\right]$$

令 $z = t$，則 $y = t, x = -3t$

$\therefore$ 解集合 $W = \left\{ \begin{pmatrix} x \\ y \\ z \end{pmatrix} = t \begin{bmatrix} -3 \\ 1 \\ 1 \end{bmatrix} t \in R \right\}$

$\therefore W$ 之一個基底 $\left\{ \begin{bmatrix} -3 \\ 1 \\ 1 \end{bmatrix} \right\}$；$\dim(W) = 1$

隨堂演練

驗證方程組

$$\begin{cases} x+y+z=0 \\ x+2y+3z=0 \\ 2x+3y+4z=0 \end{cases}$$ 解集合 W 之一個基底 $\left\{\begin{bmatrix} 1 \\ -2 \\ 1 \end{bmatrix}\right\}$，$\dim(W)=1$。

現在我們來看一些較理論的例子。

例 6 $T: V \to U$ 為一線性轉換，若 $N(T)=\{\mathbf{0}\}$，試證：若 $b \in R(T)$，則滿足 $T(a)=b$ 之向量 a（$a \in V$）是唯一。

解

設 V 中存在兩個向量 a，c 均有 $T(a)=b$，$T(c)=b$，則

$T(a-c)=T(a)-T(c)=b-b=\mathbf{0}$

即 $a-c \in N(T)=\{\mathbf{0}\}$

得 $a-c=\mathbf{0}$ $\quad\therefore a=c$

★例 7 $T: V \to V$，若 $T^2=T$，試證 $V=N(T)\oplus R(T)$。

解

(a) 先證 $V=N(T)+R(T)$：

$\because v=T(v)+(v-T(v)), \forall v\in V$,

其中 $T(v)\in R(T)$ ①

而 $T(v-T(v))=T(v)-T^2(v)=T(v)-T(v)=\mathbf{0}$

得 $v-T(v)\in N(T)$ ②

由①, ② $V=N(T)+R(T)$

(b) 次證 $N(T)\cap R(T)=\{\mathbf{0}\}$：

設 $y\in N(T)\cap R(T)$，$\because y\in N(T)$ $\therefore T(y)=\mathbf{0}$ 又

$y \in R(T)$ ∴存在一個 $x \in V$ 使得 $y = T(x) \Rightarrow T(y) = T(T(x)) = T^2(x) = T(x) = y$ ∴ $y = \mathbf{0}$（∵ $T(y) = \mathbf{0}$）

由 (a), (b) $V = N(T) \oplus R(T)$

逆算子

定義

T 為定義於 V 之線性算子，若存在一個 $T^{-1} \in V$ 使得 $T\,T^{-1} = T^{-1}\,T = I$，則稱 $T: V \to V$ 為可逆的。

定理 C　$T: V \to V$ 為一線性算子：
若且唯若 $N(T) = \{\mathbf{0}\}$ 則 T 為 $1-1$。

證

(1) $N(T) = \{\mathbf{0}\}$ 則 T 為 $1-1$：

設 $x, y \in V$ 且 $T(x) = T(y)$，

則 $T(x - y) = \mathbf{0}$

∴ $x - y \in N(T)$

但 $N(T) = \{\mathbf{0}\}$

∴ $x - y = \mathbf{0}$ 或 $x = y$

即 $T(x) = T(y)$ 時有 $x = y \Rightarrow T$ 為 $1-1$

(2) T 為 $1-1 \Rightarrow N(T) = \{\mathbf{0}\}$：

T 為 $1-1$，若 $x \in N(T)$ 則

$T(x) = \mathbf{0}$ 得 $x = \mathbf{0}$，即 $N(T) = \{\mathbf{0}\}$

> 若函數 f 滿足 $x \neq y$ 時有 $f(x) \neq f(y)$，則稱 f 爲一對一函數，其等價定義爲函數 f 滿足 $f(x) = f(y)$，則稱 f 爲一對一函數

下面之定理在判斷 $T: V \to V$ 是否可逆佔有很重要之地位。

定理 D $T: V \to V$ 為一線性算子，若且唯若 T 為 $1-1$ 則 T 為映成。

證

(1) T 為 $1-1$，則 T 為映成：

$\because \dim V = \dim(N(T)) + \dim(R(T))$（定理 B）

其中 T 為 $1-1$ $\therefore N(T) = \{\mathbf{0}\}$，即 $\dim(N(T)) = 0$

$\therefore \dim V = \dim(R(T))$ 即 $V = R(T)$，亦即 T 為映成

(2) T 為映成，則 T 為 $1-1$：

$\dim V = \dim(N(T)) + \dim(R(T))$

$\because T$ 為映成

得 $\dim V = \dim R(T)$，我們有 $\dim(N(T)) = 0$

得 $N(T) = \{\mathbf{0}\}$

$\therefore T$ 為 $1-1$（定理 C） ■

由上二個定理可結論出在 $T: V \to V$ 之前提下，**若 $N(T) = \{0\}$ 則 T 為可逆**。

例 8 T 為 R^3 之線性算子，$T(x, y, z)^T = (x, x+y, x+y+z)^T$

(a) 試證 T 為可逆 (b) 求 T^{-1}。

解

(a) $\because T(x, y, z)^T = (x, x+y, x+y+z)^T = (0, 0, 0)^T$

$\Rightarrow (x, y, z)^T$ 只有一組解 $(0, 0, 0)^T$

$\therefore T$ 為可逆

(b) 令 $T(x, y, z)^T = (x, x+y, x+y+z)^T = (\alpha, \beta, \gamma)^T$

$\therefore x = \alpha, y = \beta - \alpha, z = \gamma - \beta$

$$T^{-1}(\alpha, \beta, \gamma)^T = (\alpha, \beta - \alpha, \gamma - \beta)^T$$

隨堂演練

$T：R^2 \to R^2$，

$T：(x, y)^T \to (x+y, x-y)^T$，試證：

T 爲可逆且 $T^{-1}(\alpha, \beta)^T = \left(\dfrac{\alpha+\beta}{2}, \dfrac{\alpha-\beta}{2}\right)^T$

T-不變性

定義

$T：V \to V$ 為一線性算子，W 為向量空間 V 之子空間，若 $T(\omega) \in W$，$\forall \omega \in W$，則稱 W 有 ***T*- 不變**（T-invariant），或稱 W 是 T 作用下之 ***T*- 不變子空間**（T-invariant subspace）

例 9 T 為定義於向量空間 V 之線性轉換，V_1, V_2 為 T- 不變，試證 $V_1 \cap V_2$ 亦為 T- 不變。

解

$\because V_1 \cap V_2$ 為 V 之子空間，設 $x \in V_1 \cap V_2$，又 V_1, V_2 均有 T- 不變

得 $\begin{cases} T(x) \in V_1, & x \in V_1 \\ T(x) \in V_2, & x \in V_2 \end{cases}$

$\therefore$ $T(x) \in V_1 \cap V_2$ 即 $V_1 \cap V_2$ 有 T- 不變。

例 10 T_1, T_2 為定義於向量空間 V 中之二個線性算子，若 T_1, T_2 滿足 $T_1T_2 = T_2T_1$，試證 T_2 之值域 $R(T_2)$ 是 T_1 之 T- 不變。

解

若 $y \in R(T_2)$，則存在一個 $x \in V$，使得 $T_2(x) = y$

$\therefore$ $T_1(y) = T_1(T_2(x)) = T_2(T_1(x)) \in R(T_2)$，即 $R(T_2)$ 在 T_1 下有 T- 不變。

例 11 令 $P_{n+1} = \{a_0 + a_1x + \cdots + a_nx^n | a_0, a_1 \cdots a_n \in R\}$，即 P_{n+1} 為次數 $< n+1$ 之多項式所成之集合，V 為所有多項式所成之集合，D 為微分算子，$D: V \to V$。試證 P_{n+1} 為 D 映射下有 T- 不變。

解

P_n 為 V 之子空間。

$a_0 + a_1x + \cdots + a_nx^n \in P_n$

$D(a_0 + a_1x + \cdots + a_nx^n) = a_1 + 2a_2x + \cdots na_nx^{n-1} \in P_{n+1}$

即 P_{n+1} 為 D 映射下有 T- 不變

例 12 V 為一向量空間，$T: V \to V$，試證 $\{\mathbf{0}\}$ 為 T 映射下有 T- 不變。

解

$\{\mathbf{0}\}$ 為 V 之子空間，則 $T(\mathbf{0}) = \mathbf{0} \in \{\mathbf{0}\}$

$\therefore$ $\{\mathbf{0}\}$ 為 T 映射下有 T- 不變。

例 13 $A=\begin{bmatrix}1 & 1\\ 1 & 1\end{bmatrix}$，線性映射 $T(X)=AX-XA$，$X\in M_{2\times 2}$，令 $W=\{X \mid x_{12}+x_{21}=0，x_{ij}\in R，X\in M_{2\times 2}\}$ 求證 W 為 T 映射下之不變子空間。

解

W 是 $M_{2\times 2}$ 之子空間（讀者可自行證明）

設 $X=\begin{bmatrix}x_{11} & x_{12}\\ x_{21} & x_{22}\end{bmatrix}\in W$ 則 $T(X)=AX-XA=\begin{bmatrix}1 & 1\\ 1 & 1\end{bmatrix}\begin{bmatrix}x_{11} & x_{12}\\ x_{21} & x_{22}\end{bmatrix}-$

$\begin{bmatrix}x_{11} & x_{12}\\ x_{21} & x_{22}\end{bmatrix}\begin{bmatrix}1 & 1\\ 1 & 1\end{bmatrix}=\begin{bmatrix}x_{21}-x_{12} & x_{22}-x_{11}\\ x_{11}-x_{22} & x_{12}-x_{21}\end{bmatrix}$

$\because (x_{22}-x_{11})+(x_{11}-x_{22})=0 \quad \therefore T(X)\in W$，故得證。

習題 4-2

1. 驗證 $T: R^3 \to R^3$；$T(x, y, z)^T = (x - y - z, y - z, z)^T$ 爲可逆的，並求 T^{-1}。

求 2 ～ 5 題之 $R(T)$ 之基底及維數；$N(T)$ 之基底及維數：

2. $T: R^3 \to R$，$T(x, y, z)^T = x + y + 2z$

3. $T: R^3 \to R^2$，$T(x, y, z)^T = (x + y, x + z)^T$

4. $T: R^3 \to R^2$，$T(x, y, z)^T = (x + 2y - z, x + y - 2z)^T$

5. $T: R^4 \to R^3$，$T\begin{pmatrix} x_1 \\ x_2 \\ x_3 \\ x_4 \end{pmatrix} = \begin{bmatrix} 1 & 2 & 0 & 1 \\ 2 & -1 & 2 & -1 \\ 1 & -3 & 2 & -2 \end{bmatrix}\begin{pmatrix} x_1 \\ x_2 \\ x_3 \\ x_4 \end{pmatrix}$

6. $\begin{cases} x + 2y - z = 1 \\ 2x - y + 3z = 0 \\ 3x + y + 2z = 0 \end{cases}$ 解集 W 之一組基底及維數。

7. 若 $A \in M_{n \times n}$，試證 $N(A) \subseteq N(A^2)$。

8. 驗證 $T: V \to U$ 之逆映射 $T^{-1}: V \to U$ 爲線性。

9. $T：V \to V$，$T^2 = T$，證明　(a)$(I - T)^2 = I - T$　(b)$R(I - T) = N(T)$　(c)$N(I - T) = R(T)$　(d)$N(T) + R(T) = V$。

10. $T: V \to V$，V_1, V_2爲T之不變子空間，試證$V_1 + V_2$爲T一不變。

11. $T：V \to V$爲線性算子，(a) 若 $T^3 = \mathbf{0}$ 試證 I-T 爲可逆，(b) 若 $T^3 + 3T^2 + 3T + I = \mathbf{0}$ 爲可逆試證 T 爲可逆。

4.3 秩

矩陣的秩（rank）有 3 種定義方式：

定義

A 為 $m \times n$ 階矩陣，若 A 之 $r+1$ 階子行列式全為 0，而存在一個 r 階子行列式不為 0，則定義 $\text{rank}(A)=r$。

顯然，**若 $A=0$ 則 $\text{rank}(A)=0$，反之，$\text{rank}(A)=0$ 則 $A=0$**。

定義

若 $T: V \to U$ 為線性映射，則 T 之秩 $\text{rank}(T)$ 定義為 $\text{rank}(T)=\dim R(T)$，上述定義指出 **T 的秩即為行空間的維數**。

定理 A　$A \in M_{m\times n}$ 則 A 之列秩與行秩相等。

證

$T: R^n \to R^m$，定義 $T(x)=Ax, x \in R^n$ 則 A 的行秩 $=\dim R(T)$

$N(T)=\left\{x \mid Ax=\mathbf{0}, x \in R^n\right\}$，令 $\dim N(T)=k$

由定理 4.2B（Sylvester 定理）

$\dim V=\dim N(T)+\dim R(T)$

$$n=k+\dim R(T) \qquad (1)$$

A 之列空間之維數，是 A 經列運算後非零列之個數，所以其自由變數之個數 $k=n-$ 行空間之維數（即行秩）　(2)

代 (1) 入 (2)

$n = (n - 行秩) + 列秩$

∴ 行秩 = 列秩 ■

因此，我們有了秩之另一個定義如下：

定義

若 $A \in M_{m \times n}$，則 A 之列空間之維數稱為 A 的**列秩**（row rank），A 之行空間之維數稱為 A 之**行秩**（column rank）。$A \in M_{m \times n}$ 之秩為 A 之列秩與行秩共同數，以 rank(A) 表之。

由定義，易知 **rank(A) = rank(A^T)**。

秩之計算例

給定一個矩陣 A，我們可用列運算得一列梯矩陣，其非零列之個數即爲 A 之秩。

例 1 求 $\begin{bmatrix} 1 & 1 & 2 \\ 0 & 3 & -2 \\ 2 & 5 & 2 \end{bmatrix}$ 之秩。

解

$$\begin{bmatrix} 1 & 1 & 2 \\ 0 & 3 & -2 \\ 2 & 5 & 2 \end{bmatrix} \longrightarrow \begin{bmatrix} 1 & 1 & 2 \\ 0 & 3 & -2 \\ 0 & 3 & -2 \end{bmatrix} \longrightarrow \begin{bmatrix} 1 & 1 & 2 \\ 0 & 3 & -2 \\ 0 & 0 & 0 \end{bmatrix} \text{非零列}$$

∴ rank(A) = 2

例 2 求$\begin{bmatrix}1 & 4 & -2 & 3\\ 1 & 6 & -1 & 4\\ 3 & 8 & -8 & 7\end{bmatrix}$之秩。

解

$$\begin{bmatrix}1 & 4 & -2 & 3\\ 1 & 6 & -1 & 4\\ 3 & 8 & -8 & 7\end{bmatrix} \longrightarrow \begin{bmatrix}1 & 4 & -2 & 3\\ 0 & 2 & 1 & 1\\ 0 & -4 & -2 & -2\end{bmatrix}$$

$$\longrightarrow \begin{bmatrix}1 & 4 & -2 & 3\\ 0 & 2 & 1 & 1\\ 0 & 0 & 0 & 0\end{bmatrix}$$

$\therefore \operatorname{rank}(A) = 2$

隨堂演練

求 $A=\begin{bmatrix}1 & 2 & 3 & 4\\ 3 & 5 & 7 & 9\\ 4 & 7 & 10 & 13\\ 5 & 9 & 13 & 17\end{bmatrix}$之秩。

Ans：2

rank(*A*)與det(*A*)之關係

A 爲 *n* 階方陣，若 rank(*A*) = *n* 時 A^{-1} 存在，rank(*A*) < *n* 時 A^{-1} 不存在。又 *A* 爲 *n* 階方陣，rank(*A*) = *n* 時稱 *A* 爲**全秩**（full rank）或**滿秩**。我們把方陣之行列式、秩、反矩陣、各行（列）之 *LIN* 之關係貫連起來，如定理 B：

定理 B A 為 n 階方陣

(1) $\det(A) \neq 0 \Leftrightarrow \text{rank}(A) = n \Leftrightarrow A^{-1}$ 存在 $\Leftrightarrow A$ 之各行（列）為 *LIN*。

(2) $\det(A) = 0 \Leftrightarrow \text{rank}(A) < n \Leftrightarrow A^{-1}$ 不存在 $\Leftrightarrow A$ 之各行（列）為 *LD*。

例 3 若 A, B 均為 n 階方陣，若 A, B 均有 n 個 *LIN* 之行，試證 AB 之各行為 *LIN*？是否可推論出 AB 之各列亦為 *LIN*？

解

A, B 為 n 階方陣，且 A, B 均有 n 個 *LIN* 的行，由定理 B 知，$|A| \neq 0$ 且 $|B| \neq 0$，從而 $|AB| = |A||B| \neq 0$ $\therefore$ AB 之各行為 *LIN*，AB 之各列亦為 *LIN*。

聯立方程組之解與秩之關係

定理 C 線性聯方程組 $AX = b$ 有解之充要條件為 $\text{rank}(A) = \text{rank}(A|b)$。

證

$\because$ $[A \mid b]$ 比 A 多了一行 $\therefore$ $\text{rank}[A \mid b] = \text{rank}(A)$ 或 $\text{rank}(A) + 1$

若 $\text{rank}[A \mid b] = \text{rank}(A) + 1$，則 $[A \mid b]$ 的列梯形式之最後一個非零列為 $[0, 0, \cdots 0 \mid 1]$，從而線性聯立方程組無解。

$\therefore$方程式 $AX = b$ 有解之充要條件為 $\text{rank}(A \mid b) = \text{rank}(A)$ ■

以 1.4 節例 2 爲例：

$$\left[\begin{array}{ccc|c} 3 & 2 & 3 & 9 \\ 2 & 5 & -7 & -12 \\ 8 & 9 & -1 & 2 \end{array}\right] \longrightarrow \begin{bmatrix} 1 & \frac{5}{2} & -\frac{7}{2} & -6 \\ 0 & 1 & -\frac{27}{11} & -\frac{54}{11} \\ 0 & 0 & 0 & -4 \end{bmatrix}$$

$\because \begin{bmatrix} 1 & \frac{5}{2} & -\frac{7}{2} \\ 0 & 1 & -\frac{27}{11} \\ 0 & 0 & 0 \end{bmatrix}$ 之秩爲2，$\begin{bmatrix} 1 & \frac{5}{2} & -\frac{7}{2} & -6 \\ 0 & 1 & -\frac{27}{11} & -\frac{54}{11} \\ 0 & 0 & 0 & -4 \end{bmatrix}$ 之秩爲3，故無解

秩的進一步性質

定理 D　A 為 $m\times n$ 階矩陣，則 $\dim N(A) + \text{rank}(A) = n$。

證

設 A 之簡化列梯形式為 U，則 $Ax=\mathbf{0}$ 等價於 $Ux=\mathbf{0}$，若 $\text{rank}(A)=r$ 則 U 有 r 個非零列 $\therefore$ $Ux=\mathbf{0}$ 有 r 個**領先變數**（lead variable）與 $n-r$ 個自由變數，$\dim N(A)=$ 自由變數之個數

$\therefore$ $\text{rank}(A)+\dim N(A)=n$ ■

定理 D 之另一個更有用之表示為 $\text{rank}(A)=n-\dim N(A)$

由 Sylvester 定理知線性映射 $T: V\to W$ 有 $\dim V=\dim[N(T)]+\dim\{R(T)\}=\dim(N(T))+\text{rank}(T)$，因此推導秩之性質時可從 $R(T)$ 或 $N(T)$ 之維數著手。定理 D 在齊次聯立方程組 $Ax=\mathbf{0}$ 有關

秩的論證上很得用。

例 4　A, B 分別為 $m \times n$，$p \times n$ 矩陣，若 $Ax = \mathbf{0}$ 與 $Bx = \mathbf{0}$ 有相同之解集合，試證 $\text{rank}(A) = \text{rank}(B)$

解

$\because$ $Ax = \mathbf{0}$ 與 $Bx = \mathbf{0}$ 有相同之解集合，

$\therefore$ $\dim N(A) = \dim N(B)$，從而 $\text{rank}(A) = n - \dim N(A)$

$= n - \dim N(B) = \text{rank}(B)$

例 5　A, B 均為 n 階方陣，若 $ABx = \mathbf{0}$ 與 $Bx = \mathbf{0}$ 具有相同解，試證 $\text{rank}(AB) = \text{rank}(B)$

解

$\because$ $ABx = \mathbf{0}$ 與 $Bx = \mathbf{0}$ 有相同解

$\therefore$ $N(AB) = N(B)$，$n - \dim N(AB) = n - \dim N(B)$

得 $\text{rank}(AB) = \text{rank}(B)$

★例 6　若 $A = \begin{bmatrix} 1 & 1 & 1 \\ 2 & 2 & 2 \\ 3 & 3 & 3 \end{bmatrix}$，求一三階方陣 B 使 $AB = \mathbf{0}$，又 $\text{rank}(B) = ?$

解

考慮 $Ax = \mathbf{0}$：

$A = \begin{bmatrix} 1 & 1 & 1 \\ 2 & 2 & 2 \\ 3 & 3 & 3 \end{bmatrix} \sim \begin{bmatrix} 1 & 1 & 1 \\ 0 & 0 & 0 \\ 0 & 0 & 0 \end{bmatrix}$ $\therefore$由第一列得 $x_1 + x_2 + x_3 = 0$，取 $x_3 = t$，$x_2 = s$，則 $x_1 = -s - t$

即 $x = s\begin{bmatrix} -1 \\ 1 \\ 0 \end{bmatrix} + t\begin{bmatrix} -1 \\ 0 \\ 1 \end{bmatrix}$ 取 $b_1 = \begin{bmatrix} -1 \\ 1 \\ 0 \end{bmatrix}$，$b_2 = \begin{bmatrix} -1 \\ 0 \\ 1 \end{bmatrix}$，$b_3 = \begin{bmatrix} 0 \\ 0 \\ 0 \end{bmatrix}$

$$\therefore B=\begin{bmatrix} -1 & -1 & 0 \\ 1 & 0 & 0 \\ 0 & 1 & 0 \end{bmatrix}，\operatorname{rank}(B)=2$$

以下定理均假設有關之運算條件均被滿足。

定理 E　$A, B \in M_{m\times n}$，$\operatorname{rank}(A+B) \le \operatorname{rank}(A)+\operatorname{rank}(B)$

證

考慮 $T: R^n \to R^n$，$T(x)=Ax$，$x \in R^n$。

設 $y \in R(A+B)$ 則存在一個 $x \in R^n$ 使得

$y=(A+B)x=Ax+Bx \in R(A)+R(B)$

$\therefore R(A+B) \subseteq R(A)+R(B)$

$\dim R(A+B) \le \dim R(A)+\dim R(B)$

即 $\operatorname{rank}(A+B) \le \operatorname{rank}(A)+\operatorname{rank}(B)$ ■

例 7　$\operatorname{rank}(A)-\operatorname{rank}(B) \le \operatorname{rank}(A-B)$。

解

由定理 E：$\operatorname{rank}(A)=\operatorname{rank}((A-B)+B) \le \operatorname{rank}(A-B)+\operatorname{rank}(B)$

$\therefore \operatorname{rank}(A-B) \ge \operatorname{rank}(A)-\operatorname{rank}(B)$ ■

定理 F　$\operatorname{rank}(AB) \le \min\{\operatorname{rank}(A), \operatorname{rank}(B)\}$

證

設 $y \in R(AB)$ 則存在一個 $x \in R^n$ 使得

$y=(AB)x=A(Bx) \in R(A)$

$\Rightarrow R(AB) \subseteq R(A)$ $\therefore \dim R(AB) \le \dim R(A)$，即

$\text{rank}(AB) \le \text{rank}(A)$ (1)

由上式：

$\text{rank}(B^T A^T) \le \text{rank}(B^T) = \text{rank}(B)$ (2)

但 $\text{rank}(B^T A^T) = \text{rank}(AB)$ (3)

$\therefore$ $\text{rank}(AB) \le \text{rank}(B)$，即 $\text{rank}(AB) \le \min\{\text{rank}(A), \text{rank}(B)\}$ ■

由定理 F，我們易知 $\text{rank}(AB) \le \text{rank}(A)$，$\text{rank}(AB) \le \text{rank}(B)$，同時我們亦可推廣成：若 ABC 為可乘則 $\text{rank}(ABC) \le \text{rank}(AB) \le \text{rank}(A)$。定理 F 也可白話地說，矩陣連乘越積越多，秩就越小。（當然可乘是先決條件）

定理 G $\text{rank}(A^T A) = \text{rank}(A)$，$A$ 為 $m \times n$ 階矩陣

證

> 定理 D，A：$m \times n$ 階矩陣
> $\dim N(A) + \text{rank}\,(A) = n$

由 3.5 節例 6：$N(A^T A) = N(A)$

$\therefore$ $\dim N(A^T A) = \dim N(A)$

得 $\text{rank}(A^T A) = n - \dim N(A^T A) = n - \dim N(A) = \text{rank}(A)$ ■

定理 H 若 P 為可逆方陣，則 $\text{rank}(PA) = \text{rank}(A)$。

證

由定理 F，$\text{rank}(PA) \le \text{rank}(A)$ (1)

又 $\text{rank}(P^{-1}PA) \le \text{rank}(PA)$

但 $\text{rank}(P^{-1}PA) = \text{rank}(A)$

$\therefore$ $\text{rank}(PA) \ge \text{rank}(A)$ (2)

由 (1),(2)$\text{rank}(PA) = \text{rank}(A)$ ■

例 8 若 A, B 均為 n 階方陣，$AB = I_n$，試證 $\text{rank}(A) = n$

解

$n = \text{rank}(I_n) = \text{rank}(AB) \le \text{rank}(A) \le n$

$\therefore \text{rank}(A) = n$

隨堂演練

若 Q 爲可逆方陣，試證 $\text{rank}(A) = \text{rank}(AQ)$；$A, Q$ 爲同階方陣。

★例 9 A 為 $m \times n$ 階矩陣，$b \in R^m$，試證 $A^T AX = A^T b$ 恆有解，又若 $\text{rank}(A) = n$ 時，其解為何？

解

(a) 欲證 $A^T AX = A^T b$ 有解 $\Rightarrow$ 判斷 $\text{rank}([A^T A : A^T b]) \overset{?}{=} \text{rank}(A^T A)$:

$\because \text{rank}(A^T A : A^T b) \ge \text{rank}(A^T A)$ (1)

又 $\text{rank}(A^T A : A^T b) = \text{rank}[A^T(A : b)] \le \text{rank}(A^T)$

$= \text{rank(A)} \xlongequal{\text{定理 } G} \text{rank}(A^T A)$

即 $\text{rank}(A^T A) \ge \text{rank}(A^T A : A^T b)$ (2)

由 (1), (2) 得 $\text{rank}(A^T A : A^T b) = \text{rank}(A^T A)$

$\therefore A^T AX = A^T b$ 有解（定理 C）

(b) $\text{rank}(A) = \text{rank}(A^T A) = n$，即 $(A^T A)^{-1}$ 存在

$\therefore X = (A^T A)^{-1} A^T b$。

例 10 A, B 均為同階非奇異方陣，利用 $A^{-1} + B^{-1} = A^{-1}(A + B)B^{-1}$ 之結果，試證 $\text{rank}(A + B) = \text{rank}(A^{-1} + B^{-1})$。

解

$\because A^{-1} + B^{-1} = A^{-1}(A + B)B^{-1}$

$\therefore \text{rank}(A^{-1} + B^{-1}) = \text{rank}(A^{-1}(A + B)B^{-1}) \xlongequal{\text{定理 } H} \text{rank}((A + B)B^{-1})$

定理 H rank$(A+B)$

定理 I　A 為 $m\times n$ 階矩陣，B 為 $n\times p$ 階矩陣則 $\text{rank}(A)\leq\min(m,n)$ 及 $\text{rank}(AB)\geq\text{rank}(A)+\text{rank}(B)-n$

證（見練習第 15 題）

$\text{rank}(AB)\geq\text{rank}(A)+\text{rank}(B)-n$ 又稱為 Sylvester 不等式。

$AB=\mathbf{0}$ 時 $\text{rank}(A)+\text{rank}(B)\leq n$ 在某些秩不等式論證上很方便。

例 11　A, B 為 n 階方陣，若 $AB=\mathbf{0}$，求證 $\text{rank(A)}+\text{rank(B)}\leq \text{n}$

解

由定理 I，$\underset{\underset{0}{\parallel}}{\text{rank}\,(AB)}\geq\text{rank}\,(A)+\text{rank}\,(B)-n$

$\therefore\ \text{rank}(A)+\text{rank}(B)\leq n$

例 12　A 為 n 階方陣，B 為 $n\times m$ 階矩陣，且 $\text{rank}(B)=n$，若 $AB=\mathbf{0}$ 試證 $A=\mathbf{0}$

解

由定理 I

$\text{rank}(AB)\geq\text{rank}(A)+\text{rank}(B)-n$，但 $AB=\mathbf{0}$，$\text{rank}(B)=n$

$\Rightarrow 0\geq\text{rank}(A)+n-n=\text{rank}(A)\Rightarrow\text{rank}(A)=0$

$\therefore\ A=\mathbf{0}$

例 13　若 $A^2=A$ 試證 $\text{rank}(A)+\text{rank}(I-A)=n$

解

由定理 E，$\text{rank}(A)+\text{rank}(I-A)\geq\text{rank}(A+(I-A))$

$$=\text{rank}(I)=n \tag{1}$$

由 Sylvester 不等式

$$\underbrace{\text{rank}[A(I-A)]}_{0}\geq\text{rank}(A)+\text{rank}(I-A)-n$$

$$\therefore\ n\geq\text{rank}(A)+\text{rank}(I-A) \tag{2}$$

由 (1)，(2)

$$\text{rank}(A)+\text{rank}(I-A)=n$$

分塊矩陣之秩

分塊矩陣秩的導證多基於下列明顯事實：

(1) $\text{rank}\left(\begin{bmatrix}A & \mathbf{0}\\ \mathbf{0} & B\end{bmatrix}\right)=\text{rank}\ (A)+\text{rank}\ (B)$

(2) $\text{rank}\left(\begin{bmatrix}A & C\\ \mathbf{0} & B\end{bmatrix}\right)\geq\text{rank}\ (A)+\text{rank}\ (B)$

(3) $\text{rank}\left(\begin{bmatrix}A & C\\ \mathbf{0} & B\end{bmatrix}\right)\geq\text{rank}\ (C)$

如何根據題目給定條件或要求條件來設定上述 $A, B, C=$？透過分塊矩陣之列（行）運算，以達到我們要的結果，需要一些經驗。

例 14 （與例 8 之解法作一比較）A, B 為 n 階方陣，A 為可逆，試證 $\text{rank}(A-B)\geq\text{rank}(A)-\text{rank}(B)$，又 $\text{rank}(A-B)=\text{rank}(A)-\text{rank}(B)$ 之條件爲何？

解

考慮分塊矩陣

$$\begin{bmatrix} A-B & \mathbf{0} \\ \mathbf{0} & B \end{bmatrix} \xrightarrow{R_2+R_1\to R_1} \begin{bmatrix} A-B & B \\ \mathbf{0} & B \end{bmatrix} \xrightarrow{C_2+C_1\to C_1}$$

$$\begin{bmatrix} A & B \\ B & B \end{bmatrix} \xrightarrow{R_1\times(-A^{-1}B)+R_2\to R_2} \begin{bmatrix} A & B \\ \mathbf{0} & -BA^{-1}B+B \end{bmatrix}$$

$\therefore$ rank $(A-B)$ + rank (B) = rank (A) + rank $(B-BA^{-1}B)$
$\geq$ rank (A)

得 rank $(A-B) \geq$ rank (A) − rank (B)

顯然當 $B=BA^{-1}B$ 時等號成立。

我們用分塊矩陣方法重解例 13：

例 15 若 A 為 n 階方陣且 $A^2=A$，試證 rank(A) + rank$(I-A)=n$

解

考慮

$$\begin{bmatrix} A & \mathbf{0} \\ \mathbf{0} & I-A \end{bmatrix} \to \begin{bmatrix} A & \mathbf{0} \\ A & I-A \end{bmatrix} \to \begin{bmatrix} A & A \\ A & I \end{bmatrix} \to \begin{bmatrix} A-A^2 & A-A \\ A & I \end{bmatrix}$$

$$\to \begin{bmatrix} \mathbf{0} & \mathbf{0} \\ A & I \end{bmatrix} \to \begin{bmatrix} \mathbf{0} & \mathbf{0} \\ \mathbf{0} & I \end{bmatrix} \quad \therefore \text{rank}\left(\underbrace{\begin{bmatrix} A & \mathbf{0} \\ \mathbf{0} & I-A \end{bmatrix}}_{=\text{rank}(A)+\text{rank}(I-A)}\right) = \text{rank}\left(\begin{bmatrix} \mathbf{0} & \mathbf{0} \\ \mathbf{0} & I \end{bmatrix}\right) = n$$

即 rank(A) + rank$(I-A)=n$。

★$PAQ=\begin{bmatrix} I_r & \mathbf{0} \\ \mathbf{0} & \mathbf{0} \end{bmatrix}$分解（又稱秩分解）

> **定理 J** A 為 $m\times n$ 階矩陣，若 $\operatorname{rank}(A)=r$ 則可找到一個 m 階非奇異陣 P 及 n 階非奇異陣 Q，使得 $PAQ=\begin{bmatrix} I_r & \mathbf{0} \\ \mathbf{0} & \mathbf{0} \end{bmatrix}$。

定理J這種求 P，Q 之過程稱為**秩分解**（rank decomposition）。

★例 16 任意 n 階方陣 A 均可分解成一個滿秩方陣與一個冪等陣之積，試證之。

解

設 $\operatorname{rank}(A)=r$，由定理 J，

$PAQ=\begin{bmatrix} I_r & \mathbf{0} \\ \mathbf{0} & \mathbf{0} \end{bmatrix}$，$P, Q$ 均為非奇異陣

$$\begin{aligned}\therefore A&=P^{-1}\begin{bmatrix} I_r & \mathbf{0} \\ \mathbf{0} & \mathbf{0} \end{bmatrix}Q^{-1}\\ &=P^{-1}Q^{-1}\cdot Q\begin{bmatrix} I_r & \mathbf{0} \\ \mathbf{0} & \mathbf{0} \end{bmatrix}Q^{-1}\\ &=(QP)^{-1}\left(Q\begin{bmatrix} I_r & \mathbf{0} \\ \mathbf{0} & \mathbf{0} \end{bmatrix}Q^{-1}\right)\end{aligned}$$

上式 QP 中為滿秩

$Q\begin{bmatrix} I_r & \mathbf{0} \\ \mathbf{0} & \mathbf{0} \end{bmatrix}Q^{-1}$為冪等陣（$\because Q\begin{bmatrix} I_r & \mathbf{0} \\ \mathbf{0} & \mathbf{0} \end{bmatrix}Q^{-1}\cdot Q\begin{bmatrix} I_r & \mathbf{0} \\ \mathbf{0} & \mathbf{0} \end{bmatrix}Q^{-1}$

$=Q\begin{bmatrix} I_r & \mathbf{0} \\ \mathbf{0} & \mathbf{0} \end{bmatrix}Q^{-1}$）

秩分解之 P，Q 可分別由基本列、行運算而得，而行運算部份可從 Q^T 之基本列運算著手，結果再轉置回來。這種秩分解之結果並非惟一。

★例 17 $A=\begin{bmatrix}1 & 0\\ 2 & -1\\ -1 & 0\end{bmatrix}$，求二方陣列 P，Q 使得 $PAQ=\begin{bmatrix}I_2\\ \mathbf{0}\end{bmatrix}$

解

先求 P

$$\left[\begin{array}{cc|ccc}1 & 0 & 1 & 0 & 0\\ 2 & -1 & 0 & 1 & 0\\ -1 & 0 & 0 & 0 & 1\end{array}\right]\rightarrow\left[\begin{array}{cc|ccc}1 & 0 & 1 & 0 & 0\\ 0 & -1 & -2 & 1 & 0\\ 0 & 0 & 1 & 0 & 1\end{array}\right]$$

$$\rightarrow\left[\begin{array}{cc|ccc}1 & 0 & 1 & 0 & 0\\ 0 & 1 & 2 & -1 & 0\\ 0 & 0 & 1 & 0 & 1\end{array}\right]，P=\begin{bmatrix}1 & 0 & 0\\ 2 & -1 & 0\\ 1 & 0 & 1\end{bmatrix}$$

（轉置）

次求 Q

$$\left[\begin{array}{ccc|cc}1 & 0 & 0 & 1 & 0\\ 0 & 1 & 0 & 0 & 1\end{array}\right]\rightarrow\left[\begin{array}{ccc|cc}1 & 0 & 0 & 1 & 0\\ 0 & 1 & 0 & 0 & 1\end{array}\right]，Q=\begin{bmatrix}1 & 0\\ 0 & 1\end{bmatrix}$$

（右側方塊為 Q^T）

$$\therefore\begin{bmatrix}1 & 0 & 0\\ 2 & -1 & 0\\ 1 & 0 & 1\end{bmatrix}\begin{bmatrix}1 & 0\\ 2 & -1\\ -1 & 0\end{bmatrix}\begin{bmatrix}1 & 0\\ 0 & 1\end{bmatrix}=\begin{bmatrix}1 & 0\\ 0 & 1\\ 0 & 0\end{bmatrix}$$

★例 18 $A=\begin{bmatrix}1 & 2 & 3\\ 0 & 1 & -1\end{bmatrix}$，求二方陣列 P，Q 使得 $PAQ=[I_2\ \ 0]$

解

先求 P

$$\left[\begin{array}{ccc|cc}1&2&3&1&0\\0&1&-1&0&1\end{array}\right]\to\left[\begin{array}{ccc|cc}1&0&5&1&-2\\0&1&-1&0&1\end{array}\right]$$

其中右側 $\begin{bmatrix}1&-2\\0&1\end{bmatrix}$ 為 P

次求 Q

$$\left[\begin{array}{cc|ccc}1&0&1&0&0\\0&1&0&1&0\\5&-1&0&0&1\end{array}\right]\to\left[\begin{array}{cc|ccc}1&0&1&0&0\\0&1&0&1&0\\0&0&-5&1&1\end{array}\right]$$

其中右側 $\begin{bmatrix}1&0&0\\0&1&0\\-5&1&1\end{bmatrix}$ 為 Q^T

$$\therefore\begin{bmatrix}1&-2\\0&1\end{bmatrix}\begin{bmatrix}1&2&3\\0&1&-1\end{bmatrix}\begin{bmatrix}1&0&-5\\0&1&1\\0&0&1\end{bmatrix}=\begin{bmatrix}1&0&0\\0&1&0\end{bmatrix}$$

★例 19　A 為 $m\times n$ 階矩陣，$\text{rank}(A)=r$，試證 A 可寫成 r 個秩為 1 之矩陣之和。

解

A 為 $m\times n$ 階矩陣，$\text{rank}(A)=r$　∴由定理 J 知存在一個 m 階非奇異陣 P 及 n 階非奇異陣 Q 使得

$$PAQ=\begin{bmatrix}I_r&\mathbf{0}\\\mathbf{0}&\mathbf{0}\end{bmatrix}$$
$$=\wedge_1+\wedge_2+\cdots+\wedge_r,$$

$\wedge_i=$ 對角線 (i, i) 之元素為 1，其餘元素均為 0 之矩陣，故 $\text{rank}(\wedge_i)=1$，i = 1, 2 ⋯ r，又，P，Q 均為非奇異陣

$$\therefore A=P^{-1}(\wedge_1+\wedge_2+\cdots+\wedge_r)Q^{-1}$$
$$=P^{-1}\wedge_1Q^{-1}+P^{-1}\wedge_2Q^{-1}+\cdots+P^{-1}\wedge_rQ^{-1}$$

習題 4-3

求 1 ～ 4 題矩陣之秩：

1. $\begin{bmatrix} 2 & -2 & -4 & 1 & -3 \\ -1 & -4 & -4 & 2 & -5 \\ -8 & -2 & -2 & 1 & -1 \end{bmatrix}$

2. $\begin{bmatrix} 3 & 3 & 3 \\ 1 & 1 & 1 \\ 1 & -1 & 3 \\ 0 & 3 & -3 \end{bmatrix}$

3. $\begin{bmatrix} -2 & -3 & -1 \\ 0 & 1 & -3 \\ 1 & -2 & -2 \\ -3 & -1 & 1 \\ 2 & 4 & -2 \end{bmatrix}$

4. $\begin{bmatrix} 1 & 2 & 4 & -3 \\ -1 & 6 & 5 & 2 \\ -6 & 2 & 8 & 2 \\ -1 & 6 & 5 & 2 \end{bmatrix}$

5. A 爲 $m\times n$ 階矩陣，B 爲 $n\times m$ 階矩陣，$m > n$，試證 AB 爲奇異陣。

6. A, B 爲 n 階方陣，若 $\text{rank}(A-I)=a$，$\text{rank}(B-I)=b$，試證 $\text{rank}(AB-I)\le a+b$。

7. A 爲 n 階方陣，$f(x)=a_1x+a_2x^2+\cdots+a_nx^n$，試證 $\text{rank}(f(A))\le \text{rank}(A)$。

8. 若 S 爲非奇異陣且 $B=S^{-1}AS$，求證 $\text{rank}(B)=\text{rank}(A)$。

9. A 爲 n 階方陣，若 $\text{tr}(A^TA)=0$，求 $\text{rank}(A)$。

10. A 為 m 階方陣，試證增廣矩陣 $[I \mid A]$ 之秩為 m。

11. 用秩的觀點說明何以 $\begin{cases} x+y+z=3 \\ 2x-y+3z=4 \\ 3x+y-z=5 \end{cases}$ 無解。

12. (a) 若 $A=xy^T$，$x, y \in R^n$，但 x, y 均非零向量，試證 $\text{rank}(A)=1$

 (b) 試由 (a) 證：存在一個 a 純量使得 $A^2=aA$。

13. 用秩之性質證明 $A^TA=\mathbf{0}$ 則 $A=\mathbf{0}$

14. A 為 n 階方陣，若 $\text{rank}(A)=n-1$，試證 $\text{rank}(\text{adj}(A))=1$。

15. 應用 $\begin{bmatrix} I_n & \mathbf{0} \\ -A & I_m \end{bmatrix}\begin{bmatrix} I_n & -B \\ A & \mathbf{0} \end{bmatrix}\begin{bmatrix} I_n & B \\ \mathbf{0} & I_k \end{bmatrix}=\begin{bmatrix} I & \mathbf{0} \\ 0 & AB \end{bmatrix}$ 證明定理 I。

★16. A, B, C 分別為 $m\times n$，$n\times p$，$p\times n$ 階矩陣，若 $\text{rank}(A)=n$，$\text{rank}(C)=p$，$ABC=\mathbf{0}$，試證 $B=\mathbf{0}$。

17. 若 A 為 $m\times n$ 矩陣，$m<n$ 試證 $|A^TA|=0$。

18. 若 A, B 分別為 $m\times n$ 與 $n\times m$ 階矩陣，$m>n$，試證 $|AB||BA|=0$。

19. $A=\begin{bmatrix} x & 1 & 1 \\ 1 & x & 1 \\ 1 & 1 & x \end{bmatrix}$

 (a) $\text{rank}(A)=1$ 時 $x=$？

(b) rank(A) = 2 時 x = ？

(c) rank(A) = 3 時 x = ？

20. A 爲 n 階矩陣

$$\begin{bmatrix} a_1b_1 & a_1b_2 & \cdots\cdots & a_1b_n \\ a_2b_1 & a_2b_2 & \cdots\cdots & a_2b_n \\ \vdots & \vdots & & \\ a_nb_1 & a_nb_2 & \cdots\cdots & a_nb_n \end{bmatrix}$$

$a_i \neq 0$，$b_i \neq 0$，求 rank(A)

4.4 線性映射之矩陣表示

到目前爲止本書已討論過矩陣也討論了線性轉換，本節之**線性映射之矩陣表示**（matrix representative for linear mapping）即將兩者串貫一起。

要注意的是本節所用的基底仍都是**有序基底**。

線性映射T之矩陣表示

> **定理 A** T 為線性映射，$T: R^n \to R^m$，則存在一個 $m \times n$ 階矩陣 A 使得 $T(X) = AX, X \in R^n$，且第 j 個行向量 $a_j = T(e_j), j = 1, 2, \cdots n, e_j = [0, 0 \cdots 0, 1, 0 \cdots 0]$
> ↓
> 第 j 個位置

證

令 $A = [a_1, a_2, \cdots a_m], a_j$ 為 A 之第 j 行

且定義 $T(e_j) = a_j$

若 X 為 R^n 中任一向量，則 $X = x_1e_1 + x_2e_2 + \cdots + x_ne_n$

$$\begin{aligned}\therefore T(X) &= x_1T(e_1) + x_2T(e_2) + \cdots + x_nT(e_n)\\ &= x_1a_1 + x_2a_2 + \cdots + x_na_n\\ &= [a_1, a_2 \cdots a_n]\begin{bmatrix}x_1\\x_2\\\vdots\\x_n\end{bmatrix}\\ &= AX\end{aligned}$$

■

定理 B 若 T 是定義於 R^n 之線性算子，$\beta = \{b_1, b_2 \cdots b_n\}$ 是 R^n 之一個有序基底，則 $[[T(b_1)]_\beta\ [T(b_2)] \cdots\cdots [T(b_n)]_\beta]$ 為 T 之矩陣表示，以 $[T]_\beta$ 表之。

例 1 $T: R^3 \to R^2$ 且 $T\begin{pmatrix} x_1 \\ x_2 \\ x_3 \end{pmatrix} = (2x_1 + x_2, x_2 - x_3)^T$，求 T 之矩陣表示。

（即求一矩陣 A 使得 $T(X) = AX$）

解

$$T(e_1) = T\left[\begin{pmatrix} 1 \\ 0 \\ 0 \end{pmatrix}\right] = \begin{bmatrix} 2 \\ 0 \end{bmatrix}, T(e_2) = T\left[\begin{pmatrix} 0 \\ 1 \\ 0 \end{pmatrix}\right] = \begin{bmatrix} 1 \\ 1 \end{bmatrix},$$

$$T(e_3) = T\left[\begin{pmatrix} 0 \\ 0 \\ 1 \end{pmatrix}\right] = \begin{bmatrix} 0 \\ -1 \end{bmatrix}$$

$$\therefore A = [T(e_1), T(e_2), T(e_3)] = \begin{bmatrix} 2 & 1 & 0 \\ 0 & 1 & -1 \end{bmatrix}$$

（或 $T(X) = \begin{bmatrix} 2 & 1 & 0 \\ 0 & 1 & -1 \end{bmatrix} X$）

例 2 $T: R^2 \to R^3$，$T\begin{pmatrix} x \\ y \end{pmatrix} = \begin{pmatrix} x+2y \\ -3x-y \\ 0 \end{pmatrix}$，求 $[T]_e$。

解

$$T(e_1) = T\left(\begin{bmatrix} 1 \\ 0 \end{bmatrix}\right) = \begin{bmatrix} 1 \\ -3 \\ 0 \end{bmatrix}, T(e_2) = T\left(\begin{bmatrix} 0 \\ 1 \end{bmatrix}\right) = \begin{bmatrix} 2 \\ -1 \\ 0 \end{bmatrix}$$

$$\therefore A=\begin{bmatrix}1 & 2\\-3 & -1\\0 & 0\end{bmatrix}，即 [T]_e=\begin{bmatrix}1 & 2\\-3 & -1\\0 & 0\end{bmatrix}$$

例 2 也可這麼看：

$$T\left(\begin{bmatrix}1\\0\end{bmatrix}\right)=\begin{bmatrix}1\\-3\\0\end{bmatrix}=1\begin{bmatrix}1\\0\\0\end{bmatrix}+(-3)\begin{bmatrix}0\\1\\0\end{bmatrix}+0\begin{bmatrix}0\\0\\1\end{bmatrix}，[T(e_1)]_e=\begin{bmatrix}1\\-3\\0\end{bmatrix}$$

$$T\left(\begin{bmatrix}0\\1\end{bmatrix}\right)=\begin{bmatrix}2\\-1\\0\end{bmatrix}=2\begin{bmatrix}1\\0\\0\end{bmatrix}+(-1)\begin{bmatrix}0\\1\\0\end{bmatrix}+0\begin{bmatrix}0\\0\\1\end{bmatrix}，[T(e_2)]_e=\begin{bmatrix}2\\-1\\0\end{bmatrix}$$

$$\therefore [T]_e=\begin{bmatrix}1 & 2\\-3 & -1\\0 & 0\end{bmatrix}$$

例 3 $T: R^2 \to R^2$

取$\beta=\left\{\begin{bmatrix}1\\1\end{bmatrix}, \begin{bmatrix}1\\2\end{bmatrix}\right\}$，若已知 $T\left(\begin{bmatrix}1\\1\end{bmatrix}\right)=2\begin{bmatrix}1\\1\end{bmatrix}-\begin{bmatrix}1\\2\end{bmatrix}$，$T\left(\begin{bmatrix}1\\2\end{bmatrix}\right)=-\begin{bmatrix}1\\1\end{bmatrix}+\begin{bmatrix}1\\2\end{bmatrix}$

求 $[T]_\beta$。

解

$$T(b_1)=2\begin{bmatrix}1\\1\end{bmatrix}-\begin{bmatrix}1\\2\end{bmatrix}，[T(b_1)]_\beta=\begin{bmatrix}2\\-1\end{bmatrix}$$

$$T(b_2)=-\begin{bmatrix}1\\1\end{bmatrix}+\begin{bmatrix}1\\2\end{bmatrix}，[T(b_2)]_\beta=\begin{bmatrix}-1\\1\end{bmatrix}$$

$$\therefore [T]_\beta=\begin{bmatrix}2 & -1\\-1 & 1\end{bmatrix}$$

例 4 $T: R^2 \to R^2$，定義 $T(v)=\begin{bmatrix}1 & 1\\1 & 2\end{bmatrix}v$（$v \in R^2$）所定義之線性算子。若$\beta=\left\{\begin{bmatrix}1\\1\end{bmatrix},\begin{bmatrix}1\\0\end{bmatrix}\right\}$，試求 $[T]_\beta$。

解

$$T\left(\begin{bmatrix}1\\1\end{bmatrix}\right)=\begin{bmatrix}1 & 1\\1 & 2\end{bmatrix}\begin{bmatrix}1\\1\end{bmatrix}=\begin{bmatrix}2\\3\end{bmatrix}$$

$$T\left(\begin{bmatrix}1\\0\end{bmatrix}\right)=\begin{bmatrix}1 & 1\\1 & 2\end{bmatrix}\begin{bmatrix}1\\0\end{bmatrix}=\begin{bmatrix}1\\1\end{bmatrix}$$

$$\begin{bmatrix}2\\3\end{bmatrix}=x\begin{bmatrix}1\\1\end{bmatrix}+y\begin{bmatrix}1\\0\end{bmatrix}=\begin{bmatrix}x+y\\x\end{bmatrix}\Rightarrow x=3, y=-1$$

$$\therefore \begin{bmatrix}2\\3\end{bmatrix}=3\begin{bmatrix}1\\1\end{bmatrix}-\begin{bmatrix}1\\0\end{bmatrix} \tag{1}$$

$$\begin{bmatrix}1\\1\end{bmatrix}=x\begin{bmatrix}1\\1\end{bmatrix}+y\begin{bmatrix}1\\0\end{bmatrix}=\begin{bmatrix}x+y\\x\end{bmatrix}\Rightarrow x=1, y=0$$

$$\therefore \begin{bmatrix}1\\1\end{bmatrix}=1\begin{bmatrix}1\\1\end{bmatrix}+0\begin{bmatrix}1\\0\end{bmatrix} \tag{2}$$

由 (1)，(2)

$$[T]_\beta=\begin{bmatrix}3 & 1\\-1 & 0\end{bmatrix}$$

例 4 亦可作如下解：

因 $T\left(\begin{bmatrix}1\\1\end{bmatrix}\right)=\begin{bmatrix}2\\3\end{bmatrix}$，$T\left(\begin{bmatrix}1\\0\end{bmatrix}\right)=\begin{bmatrix}1\\1\end{bmatrix}$，

$$[\beta_1 \quad \beta_2 \mid T(\beta) \quad T(\beta)] \to \left[\begin{array}{cc|cc}1 & 1 & 2 & 1\\1 & 0 & 3 & 1\end{array}\right] \to \left[\begin{array}{cc|cc}1 & 1 & 2 & 1\\0 & 1 & -1 & 0\end{array}\right]$$

$$\to \left[\begin{array}{cc|cc}1 & 0 & 3 & 1\\0 & 1 & -1 & 0\end{array}\right]$$

$$\therefore [T]_\beta=\begin{bmatrix}3 & 1\\-1 & 0\end{bmatrix}$$

例 5 S為定義 $C[a, b]$ 之子空間，（$C[a, b]$ 為 $[a, b]$ 中之連續函數所成之集合），$S = \text{span}(e^x, xe^x, x^2e^x)$，若$\beta = [xe^x, e^x, x^2e^x]$ 為一有序基底，D 為定義於 S 之微分算子，求 $[D]_\beta$。

解

$$D(xe^x) = e^x + xe^x = 1xe^x + 1e^x + 0 \cdot x^2e^x$$

$$D(e^x) = e^x = 0xe^x + 1e^x + 0 \cdot x^2e^x$$

$$D(x^2e^x) = 2xe^x + x^2e^x = 2 \cdot xe^x + 0 \cdot e^x + 1 \cdot x^2e^x$$

$$\therefore [D]_\beta = [D(\beta_1), D(\beta_2), D(\beta_3)]$$

$$= \begin{bmatrix} 1 & 1 & 0 \\ 0 & 1 & 0 \\ 2 & 0 & 1 \end{bmatrix}$$

隨堂演練

承例 5，若$\beta' = [e^x, xe^x, x^2e^x]$，則 $[D]_{\beta'} = \begin{bmatrix} 1 & 0 & 0 \\ 1 & 1 & 0 \\ 0 & 2 & 1 \end{bmatrix}$。

換基

座標轉換矩陣

$\beta = \{g_1, g_2 \cdots g_m\}$ 與 $\beta' = \{f_1, f_2 \cdots f_m\}$ 爲定義於同一向量空間之兩個有序基底，$T: V \to V$ 是一線性算子，則$T(g_1), T(g_2) \cdots T(g_m)$ 均爲 V 中之元素，且設

$$T(g_1) = a_{11}f_1 + a_{12}f_2 + \cdots + a_{1m}f_m$$

$$T(g_2) = a_{21}f_1 + a_{22}f_2 + \cdots + a_{2m}f_m$$

………………

$T(g_m)=a_{m1}f_1+a_{m2}f_2+\cdots+a_{mm}f_m$

則 T 以基底 β 與 β' 所爲之矩陣表示爲 A，

$$A=\begin{bmatrix} a_{11} & a_{12} \cdots\cdots & a_{1m} \\ a_{21} & a_{22} \cdots\cdots & a_{2m} \\ \cdots & \cdots & \cdots \\ a_{m1} & a_{m2} \cdots\cdots & a_{mm} \end{bmatrix}^T$$

稱爲 T **對** β **與** β' **之轉換矩陣**（transition matrix of T with respect to β and β'），以 $[T]_\beta^{\beta'}$ 表之。

若 $\beta=\beta'$ 時，以 $[T]_\beta$ 表之。

在求 T 對 β 與 β' 之轉換矩陣時，我們可用列運算求出 A。

定理 B	$T: R^n\to R^m$ 對有序基底 $U=[u_1,\cdots,u_n]$ 與 $V=[b_1,\cdots,b_m]$ 之轉換矩陣，則可由 $(b_1,\cdots,b_m\mid T(u_1),\cdots,T(u_n))$ 之簡化列梯陣型式 $(I\mid A)$ 找出 T 對 U 與 V 之轉換矩陣 A。

證

令 $B=(b_1,\cdots,b_m)$，則 $(B\mid T(u_1),\cdots,T(u_n))$ 列等價於

$$\begin{aligned} B^{-1}(B\mid T(u_1),\cdots,T(u_n)) &= (I\mid B^{-1}T(u_1),\cdots,B^{-1}T(u_n)) \\ &= (I\mid a_1,\cdots,a_n) \\ &= (I\mid A) \end{aligned}$$

因此，$T: R^n\to R^m$ 之 T 對有序基底 U, V 之轉換矩陣 A，我們可用下列列運算求得

$[b_1, b_2\cdots b_m|T(u_1), T(u_2), \cdots T(u_n)]\to[I|A]$ ■

例 6 若 $T: R^3 \to R^2$ 且 $T\left[\begin{pmatrix} x_1 \\ x_2 \\ x_3 \end{pmatrix}\right]=\begin{pmatrix} x_3 \\ x_2+x_1 \end{pmatrix}$，令 $U=[u_1, u_2, u_3]$，

$V=[b_1, b_2]$，在此 $u_1=\begin{bmatrix} 1 \\ 0 \\ 1 \end{bmatrix}$，$u_2=\begin{bmatrix} -1 \\ 1 \\ 1 \end{bmatrix}$，$u_3=\begin{bmatrix} 1 \\ 1 \\ 1 \end{bmatrix}$，

$b_1=\begin{bmatrix} 1 \\ -1 \end{bmatrix}$，$b_2=\begin{bmatrix} 1 \\ 2 \end{bmatrix}$

求 T 對有序基底 U, V 之轉換矩陣 A 即 $[T]_U^V$。

解

$$T\left[\begin{pmatrix} 1 \\ 0 \\ 1 \end{pmatrix}\right]=\begin{pmatrix} 1 \\ 1 \end{pmatrix},\ T\left[\begin{pmatrix} -1 \\ 1 \\ 1 \end{pmatrix}\right]=\begin{pmatrix} 1 \\ 0 \end{pmatrix},\ T\left[\begin{pmatrix} 1 \\ 1 \\ 1 \end{pmatrix}\right]=\begin{pmatrix} 1 \\ 2 \end{pmatrix}$$

$\therefore [b_1, b_2 \mid T(u_1), T(u_2), T(u_3)]$

$$\to\left[\begin{array}{cc|ccc} 1 & 1 & 1 & 1 & 1 \\ -1 & 2 & 1 & 0 & 2 \end{array}\right]\to\left[\begin{array}{cc|ccc} 1 & 1 & 1 & 1 & 1 \\ 0 & 3 & 2 & 1 & 3 \end{array}\right]\to\left[\begin{array}{cc|ccc} 1 & 1 & 1 & 1 & 1 \\ 0 & 1 & \frac{2}{3} & \frac{1}{3} & 1 \end{array}\right]$$

$$\to\left[\begin{array}{cc|ccc} 1 & 0 & \frac{1}{3} & \frac{2}{3} & 0 \\ 0 & 1 & \frac{2}{3} & \frac{1}{3} & 1 \end{array}\right] \quad \therefore A=\begin{bmatrix} \frac{1}{3} & \frac{2}{3} & 0 \\ \frac{2}{3} & \frac{1}{3} & 1 \end{bmatrix}$$

例 7 $T: R^3 \to R^2$，$T(x, y, z)^T=(x+2y+z, 2x-y-z)^T$，

$\beta=\{(1, 1, 1)^T, (0, 1, 1)^T, (0, 0, 1)^T\}$，

$\beta'=\{(1, 1)^T, (0, 1)^T\}$，求 T 對 β 與 β' 之轉換矩陣 A 即 $[T]_\beta^{\beta'}$。

解

$$\text{(a)}\ T\begin{pmatrix} 1 \\ 1 \\ 1 \end{pmatrix}=\begin{pmatrix} 4 \\ 0 \end{pmatrix},\ T\begin{pmatrix} 0 \\ 1 \\ 1 \end{pmatrix}=\begin{pmatrix} 3 \\ -2 \end{pmatrix},\ T\begin{pmatrix} 0 \\ 0 \\ 1 \end{pmatrix}=\begin{pmatrix} 1 \\ -1 \end{pmatrix}$$

$$[\beta_1' \quad \beta_2' \mid T(\beta_1) \quad T(\beta_2) \quad T(\beta_3)]$$

$$\rightarrow\left[\begin{array}{cc|ccc}1 & 0 & 4 & 3 & 1\\ 1 & 1 & 0 & -2 & -1\end{array}\right]$$

$$\rightarrow\left[\begin{array}{cc|ccc}1 & 0 & 4 & 3 & 1\\ 0 & 1 & -4 & -5 & -2\end{array}\right]$$

得 $A=\begin{bmatrix}4 & 3 & 1\\ -4 & -5 & -2\end{bmatrix}$

例 8 $T: R^3 \rightarrow R^3$ 若 T 在標準基底之矩陣表示為

$[T]_e=\begin{bmatrix}1 & 1 & 2\\ -1 & 2 & 1\\ 0 & 1 & 3\end{bmatrix}$，求 $[T]_\beta$，$\beta=\left\{\begin{bmatrix}1\\1\\1\end{bmatrix}, \begin{bmatrix}0\\1\\1\end{bmatrix}, \begin{bmatrix}0\\0\\1\end{bmatrix}\right\}$。

解

$T=\left(\begin{bmatrix}1\\1\\1\end{bmatrix}\right)=\begin{bmatrix}1 & 1 & 2\\ -1 & 2 & 1\\ 0 & 1 & 3\end{bmatrix}\begin{bmatrix}1\\1\\1\end{bmatrix}=\begin{bmatrix}4\\2\\4\end{bmatrix}$，同法 $T\left(\begin{bmatrix}0\\1\\1\end{bmatrix}\right)=\begin{bmatrix}3\\3\\4\end{bmatrix}$,

$T\left(\begin{bmatrix}0\\0\\1\end{bmatrix}\right)=\begin{bmatrix}2\\1\\3\end{bmatrix}$,

$$\left[\begin{array}{ccc|ccc}1 & 0 & 0 & 4 & 3 & 2\\ 1 & 1 & 0 & 2 & 3 & 1\\ 1 & 1 & 1 & 4 & 4 & 3\end{array}\right]\rightarrow\left[\begin{array}{ccc|ccc}1 & 0 & 0 & 4 & 3 & 2\\ 0 & 1 & 0 & -2 & 0 & -1\\ 0 & 1 & 1 & 0 & 1 & 1\end{array}\right]$$

$$\rightarrow\left[\begin{array}{ccc|ccc}1 & 0 & 0 & 4 & 3 & 2\\ 0 & 1 & 0 & -2 & 0 & -1\\ 0 & 0 & 1 & 2 & 1 & 2\end{array}\right]$$

$$\therefore [T]_\beta=\begin{bmatrix}4 & 3 & 2\\ -2 & 0 & -1\\ 2 & 1 & 2\end{bmatrix}$$

隨堂演練

$[T]_e=\begin{bmatrix}4 & -2\\ 2 & 1\end{bmatrix}$，$\beta=\left\{\begin{bmatrix}1\\1\end{bmatrix},\begin{bmatrix}-1\\0\end{bmatrix}\right\}$，驗證 $[T]_\beta=\begin{bmatrix}3 & 6\\ 1 & 2\end{bmatrix}$。

例 9 $T: P_2 \to P_3$，定義 $T[p(x)]=xp(x)$

(a) P_2，P_3 之基底分別為 $\beta=\{x, 1\}$，$\beta'=\{x^2, x, 1\}$ 求 T 對 β，β' 的轉換矩陣 A　(a') 以此結果求 $p(x)-2x+3$。

(b) 若 P_3 之基底變為 $\beta''=\{x^2, x+1, x-1\}$，求 β，β'' 之轉換矩陣 A 並求 $(b')T(p(x))$。

解

(a) $T(x)=x\cdot x=x^2=1\cdot x^2+0\cdot x+0\cdot 1$

$T(1)=x\cdot 1=x=0\cdot x^2+1\cdot x+0\cdot 1$

$$\therefore A=[T(x), T(1)]=\begin{bmatrix}1 & 0\\ 0 & 1\\ 0 & 0\end{bmatrix}$$

(a') $[p(x)]_\beta=\begin{bmatrix}2\\3\end{bmatrix}$

$$[T(p(x))]_{\beta'}=A[p(x)]_\beta=\begin{bmatrix}1 & 0\\ 0 & 1\\ 0 & 0\end{bmatrix}\begin{bmatrix}2\\3\end{bmatrix}=\begin{bmatrix}2\\3\\0\end{bmatrix}$$

$\therefore T(p(x))=2\cdot x^2+3\cdot x+0\cdot 1=2x^2+3x$

（在 a'，我們可直接算出：$T(p(x))=xp(x)=x(2x+3)=2x^2+3x$）

(b) $T(x)=x\cdot x=x^2=1\cdot x^2+0(x+1)-0(x-1)$

$T(1)=x\cdot 1=x=0\cdot x^2+\frac{1}{2}(x+1)+\frac{1}{2}(x-1)$

$$\therefore A = [T(x), T(1)] = \begin{bmatrix} 1 & 0 \\ 0 & \frac{1}{2} \\ 0 & \frac{1}{2} \end{bmatrix}$$

(b') $p(x) = 2x + 3$，$[p(x)]_\beta = \begin{bmatrix} 2 \\ 3 \end{bmatrix}$

$$[T(p(x))]_{\beta''} = A[p(x)]_\beta = \begin{bmatrix} 1 & 0 \\ 0 & \frac{1}{2} \\ 0 & \frac{1}{2} \end{bmatrix}\begin{bmatrix} 2 \\ 3 \end{bmatrix} = \begin{bmatrix} 2 \\ \frac{3}{2} \\ \frac{3}{2} \end{bmatrix}$$

$$\therefore T(p(x)) = 2x^2 + \frac{3}{2}(x+1) + \frac{3}{2}(x-1)$$

與 (a) 之結果相同

最後我們以二個定理作為本節之結束。

定理 C　T 為定義於 R^n 之線性算子，$\beta = \{b_1, b_2 \cdots b_n\}$ 為 R^n 之一有序基底，令 $B = [b_1 \vdots b_2 \vdots \cdots b_n]$，$A$ 為 T 之標準基底之矩陣表示，則 $[T]_\beta = B^{-1}AB = B^{-1}[T]_e B$。

證

$T(u) = Au, [v]_\beta = B^{-1}v \quad \forall u, v \in R^n$

$$\begin{aligned}\therefore [T]_\beta &= [[T(b_1)]_\beta \ \ [T(b_2)]_\beta \cdots\cdots [T(b_n)]_\beta] \\ &= [[Ab_1]_\beta \ \ [Ab_2]_\beta \cdots\cdots [Ab_n]_\beta] \\ &= [B^{-1}(Ab_1) \ \ B^{-1}(Ab_2) \cdots\cdots B^{-1}(Ab_n)] \\ &= [(B^{-1}A)b_1 \ \ (B^{-1}A)b_2 \cdots\cdots (B^{-1}A)b_n] \\ &= B^{-1}A[b_1 \ \ b_2 \cdots\cdots b_n]\end{aligned}$$

$$=B^{-1}AB$$
$$=B^{-1}[T]_eB$$ ■

定理 D T 為定義於 R^n 之線性算子，β 為 R^n 之一有序基底，則$[T(v)]_\beta=[T]_\beta[v]_\beta$。

證

令 $[T]_e=A$，$\beta=\{b_1, b_2\cdots b_n\}$，$B=[b_1, b_2\cdots b_n]$

因 $B[v]_\beta=v$，$T(v)=Av \quad v\in R^n$

$$\therefore [T(v)]_\beta=B^{-1}(T(v))=B^{-1}A(v)=(B^{-1}A)v=(B^{-1}A)(B[v]_\beta)$$
$$=(B^{-1}AB)([v]_\beta)=B^{-1}[T]_eB[v]_\beta$$
$$=[T]_\beta[v]_\beta \text{（由定理 C）}$$ ■

我們可進一步證明是 $[T]_\beta$ 唯一的。

例 10 （承例 8）驗證 $[T]_\beta=B^{-1}[T]_eB$

解

$$B=\begin{bmatrix}1&0&0\\1&1&0\\1&1&1\end{bmatrix}，B^{-1}=\begin{bmatrix}1&0&0\\-1&1&0\\0&-1&1\end{bmatrix}$$

$$\therefore [T]_\beta=B^{-1}[T]_eB$$
$$=\begin{bmatrix}1&0&0\\-1&1&0\\0&-1&1\end{bmatrix}\begin{bmatrix}1&1&2\\-1&2&1\\0&1&3\end{bmatrix}\begin{bmatrix}1&0&0\\1&1&0\\1&1&1\end{bmatrix}$$
$$=\begin{bmatrix}4&3&2\\-2&0&-1\\2&1&2\end{bmatrix}$$，與例 8 結果相同。

習題 4-4

下列各題之 β 均指有序基底，求 $[v]_\beta$

1. 若 $\beta=\left\{\begin{bmatrix}1\\2\end{bmatrix},\begin{bmatrix}0\\3\end{bmatrix}\right\}$，若 (a) $v=3\begin{bmatrix}1\\2\end{bmatrix}-2\begin{bmatrix}0\\3\end{bmatrix}$ (b) $v=2\begin{bmatrix}2\\0\end{bmatrix}$，(c) $v=3\begin{bmatrix}0\\3\end{bmatrix}-2\begin{bmatrix}1\\2\end{bmatrix}$。

2. $T：R^2\to R^2$，$\beta=\left\{\begin{bmatrix}1\\2\end{bmatrix},\begin{bmatrix}0\\3\end{bmatrix}\right\}$，若$T\left(\begin{bmatrix}1\\2\end{bmatrix}\right)=2\begin{bmatrix}0\\3\end{bmatrix}-\begin{bmatrix}1\\2\end{bmatrix}$，$T\left(\begin{bmatrix}0\\3\end{bmatrix}\right)=-2\begin{bmatrix}0\\3\end{bmatrix}$，求 $[T]_\beta$。

3. $T\left(\begin{bmatrix}x_1\\x_2\end{bmatrix}\right)=\begin{bmatrix}2x_1+x_2\\x_1-x_2\end{bmatrix}$，$\beta=\left\{\begin{bmatrix}1\\1\end{bmatrix},\begin{bmatrix}0\\1\end{bmatrix}\right\}$，求 $[T]_\beta$。

4. 若 $[T]_\beta=\begin{bmatrix}3&1\\-3&-2\end{bmatrix}$，$\beta=\left\{\begin{bmatrix}1\\1\end{bmatrix},\begin{bmatrix}0\\1\end{bmatrix}\right\}$，求 $T(x)=$ ？ $x\in R^2$

5. $A=\begin{bmatrix}1&3\\2&4\end{bmatrix}$，$T：R^2\to R^2$ 且定義 $T(v)=Av$，(a) 求 $[T]_e$，(b) $\beta=\left\{\begin{bmatrix}1\\0\end{bmatrix},\begin{bmatrix}1\\1\end{bmatrix}\right\}$ 求 $[T]_\beta$。

6. 承例 8，若 $\beta=\left\{\begin{bmatrix}1\\1\\0\end{bmatrix},\begin{bmatrix}1\\2\\0\end{bmatrix},\begin{bmatrix}1\\2\\1\end{bmatrix}\right\}$，求 $[T]_\beta$。

7. $T：R^2 \to R^2$，$T(v) = Av$，$A = \begin{bmatrix} 1 & 2 \\ 3 & 4 \end{bmatrix}$，$v \in R^2$，若$\beta = \left\{ \begin{bmatrix} 1 \\ 3 \end{bmatrix}, \begin{bmatrix} 2 \\ 5 \end{bmatrix} \right\}$，求 $[T]_\beta$。

8. V 爲連續函數之向量空間 $T：V \to V$ 且 $T(f) = f'$
   (a) 若 $\beta = \{\sin x, \cos x\}$，求 $[T]_\beta$。
   (b) 若 $\beta = \{e^t, e^{2t}, te^{2t}\}$，求 $[T]_\beta$。

9. $T：R^3 \to R^3$，且 $T\left(\begin{bmatrix} x \\ y \\ z \end{bmatrix} \right) = \begin{pmatrix} 2y + z \\ x - 4y \\ 3x \end{pmatrix}$，$\beta = \left\{ \begin{bmatrix} 1 \\ 1 \\ 1 \end{bmatrix}, \begin{bmatrix} 1 \\ 1 \\ 0 \end{bmatrix}, \begin{bmatrix} 1 \\ 0 \\ 0 \end{bmatrix} \right\}$，驗證 $[T(v)]_\beta = [T]_\beta [v]_\beta$。

特徵值與對角化問題

$A \cdot B = 1 \cdot (-2) + 0 \cdot 1 + (-3) \cdot 1 = -5$

$A \cdot B = 1 \cdot (-2) + 0 \cdot 1 + (-3) \cdot 1 = -5$
$A \cdot B = 1 \cdot (-2) + 0 \cdot 1 + (-3) \cdot 1 = -5$
$A \cdot B = 1 \cdot (-2) + 0 \cdot 1 + (-3) \cdot 1 = -5$
$A \cdot B = 1 \cdot (-2) + 0 \cdot 1 + (-3) \cdot 1 = -5$
$A \cdot B = 1 \cdot (-2) + 0 \cdot 1 + (-3) \cdot 1 = -5$
$A \cdot B = 1 \cdot (-2) + 0 \cdot 1 + (-3) \cdot 1 = -5$
$A \cdot B = 1 \cdot (-2) + 0 \cdot 1 + (-3) \cdot 1 = -5$
$A \cdot B = 1 \cdot (-2) + 0 \cdot 1 + (-3) \cdot 1 = -5$

5.1 特徵值

定義

A 為一 n 階方陣，若存在一**非零向量** X 及純量 λ 使得 $AX = \lambda X$，則 λ 為 A 之一**特徵值**（characteristic value, eigen value），X 為 λ 之**特徵向量**（characteristic vector, eigen vector）。

方程式 $AX=\lambda X$ 亦可寫成 $(A-\lambda I)X=\mathbf{0}$

故 λ 爲 A 之特徵值之充要條件爲

$$|A-\lambda I|=0 \text{ 或 } |\lambda I-A|=0$$

若將 $|\lambda I-A|=0$ 展開，便可得到之**特徵多項式**（characteristic polynomial）

$$P(\lambda)=|\lambda I-A|=P(\lambda)$$
$$=\lambda^n+s_{n-1}\lambda^{n-1}+\cdots\cdots s_1\lambda_1+s_0$$

$P(\lambda)=0$ 稱爲**特徵方程式**（characteristic equation）。其根稱爲特徵值。因此 n 階實方陣應有 n 個特徵值，其中可能有若干個複數根或重根。

考察方程式 $AX=\lambda X$，我們可將 X 視爲原先之向量，透過線性轉換 AX 後得到一個新的向量 Y，使得 X 與 Y 平行或重合，且特徵值爲二平行向量間之比例係數。

由定義，我們不難得知定理 A：

定理 A 設 A 為一方陣，λ 為 A 之一特徵值，則下列各敘述相等：

(1) $(A-\lambda I)X=\mathbf{0}$ 具有一非零解。

(2) $A-\lambda I$ 為奇異方陣，即 $A-\lambda I$ 為不可逆。

(3) $\det(A-\lambda I)=0$。

定理 B A 為 n 階方陣，$P(\lambda)$ 為 A 之特徵多項式，則：

$P(\lambda)=\lambda^n+s_1\lambda^{n-1}+s_2\lambda^{n-2}+\cdots\cdots+s_n$

其中 $s_m=(-1)^m$（A 之所有沿主對角線之 m 階行列式之和），特別是 $s_1=-\text{tr}(A)$，$s_n=(-1)^n\det(A)$。

證（我們只證 $s_1=-\text{tr}(A)$ 與 $s_n=(-1)^n\det(A)$）

1° 由定義：$P(\lambda)=|\lambda I-A|$

$$=\begin{vmatrix}\lambda-a_{11} & -a_{12} & \cdots\cdots & -a_{1n}\\ -a_{21} & \lambda-a_{22} & \cdots\cdots & -a_{2n}\\ \cdots & \cdots & \cdots & \cdots\\ -a_{n1} & -a_{n2} & \cdots\cdots & \lambda-a_{nn}\end{vmatrix} \quad (1)$$

又 $P(\lambda)=\lambda^n+s_1\lambda^{n-1}+s_2\lambda^{n-2}+\cdots+s_n$ (2)

(a) $s_1=-\text{tr}(A)$ 之證明：

$|\lambda I-A|$ 為 λ 之多項式，若對 $|\lambda I-A|$ 之第一行作餘因式展開，會發現 $|\lambda I-A|$ 之 λ^n 與 λ^{n-1} 均只出現在 $(\lambda-a_{11})(\lambda-a_{22})\cdots(\lambda-a_{nn})$ 中，

又 $(\lambda-a_{11})(\lambda-a_{22})\cdots(\lambda-a_{nn})$

$$=\lambda^n-(a_{11}+a_{22}+\cdots+a_{nn})\lambda^{n-1}+\cdots+(-1)^n a_{11}a_{22}\cdots a_{nn} \quad (3)$$

比較 (2) 與 (3)，我們有 $s_1=-(a_{11}+a_{22}+\cdots+a_{nn})=-\text{tr}(A)$

(b) $s_n = (-1)^n \det(A)$ 之證明：

在 (1)，(2) 分別令 $\lambda = 0$ 得：

$s_n = (-1)^n \det(A)$ ■

推論 B1 A 為 n 階方陣，$\lambda_1, \lambda_2 \cdots \lambda_n$ 為 A 之 n 個特徵值，

則 $\text{tr}(A) = \lambda_1 + \lambda_2 \cdots + \lambda_n$

$|A| = \lambda_1 \lambda_2 \cdots \lambda_n$

證

$\because P(\lambda) = (\lambda - \lambda_1)(\lambda - \lambda_2) \cdots (\lambda - \lambda_n)$

$$= \lambda^n - (\lambda_1 + \lambda_2 + \cdots + \lambda_n)\lambda^{n-1} + \cdots (-1)^n \lambda_1 \lambda_2 \cdots \lambda_n \quad (4)$$

比較 (3)，(4)，我們有 $a_{11} + a_{22} + \cdots a_{nn} = \lambda_1 + \lambda_2 + \cdots + \lambda_n$

即 $\text{tr}(A) = \lambda_1 + \lambda_2 + \cdots + \lambda_n$

由定理 B 與 (4) 我們有：

$|A| = \lambda_1 \lambda_2 \cdots \lambda_n$ ■

我們將 2, 3 階方陣之特徵多項式求法及圖解說明如下：

㈠ 2 階方陣：

$\begin{bmatrix} a & b \\ c & d \end{bmatrix}$ 對應之特徵方程式 $\lambda^2 - (a+d)\lambda + (ad - bc) = 0$：

(1) λ 係數 s_1：$\begin{bmatrix} a & b \\ c & d \end{bmatrix}$，$s_1 = -(a+d)$

(2) 常數項係數 s_2：$s_2 = \begin{vmatrix} a & b \\ c & d \end{vmatrix} = ad - bc$

㈡ 3 階方陣：

$\begin{bmatrix} a & b & c \\ d & e & f \\ g & h & i \end{bmatrix}$ 對應之特徵方程式 $\lambda^3 + s_1\lambda^2 + s_2\lambda + s_3 = 0$；其中

(1) λ^2 係數 s_1：

$$\begin{bmatrix} a & b & c \\ d & e & f \\ g & h & i \end{bmatrix}, \ s_1 = -(a+e+i)$$

(2) λ 係數 s_2：

$$\begin{bmatrix} a & b & c \\ d & e & f \\ g & h & i \end{bmatrix} \quad \begin{bmatrix} a & b & c \\ d & e & f \\ g & h & i \end{bmatrix} \quad \begin{bmatrix} a & b & c \\ d & e & f \\ g & h & i \end{bmatrix}$$

$$\begin{vmatrix} a & b \\ d & e \end{vmatrix} \quad + \quad \begin{vmatrix} a & c \\ g & i \end{vmatrix} \quad + \quad \begin{vmatrix} e & f \\ h & i \end{vmatrix}$$

$$s_2 = \left(\begin{vmatrix} a & b \\ d & e \end{vmatrix} + \begin{vmatrix} a & c \\ g & i \end{vmatrix} + \begin{vmatrix} e & f \\ h & i \end{vmatrix} \right)$$

(3) 常數項係數 s_3

$$s_3 = -\begin{vmatrix} a & b & c \\ d & e & f \\ g & h & i \end{vmatrix}$$

推論 B1 A 為 n 階方陣，若且唯若 A 為奇異陣則 A 至少有一特徵值為 0。

證

A 之特徵值為 $\lambda_1, \lambda_2 \cdots \lambda_n$，則 $\lambda_1 \ \lambda_2 \cdots \lambda_n = \det(A)$

$\therefore$ A 為奇異陣，$\det(A) = \lambda_1 \ \lambda_2 \cdots \lambda_n = 0$，即 $\lambda_1, \lambda_2 \cdots \lambda_n$ 中至少有一為 0，反之亦然。 ■

例 1 求$A=\begin{bmatrix}1&-1&0\\-1&2&-1\\0&-1&1\end{bmatrix}$之特徵值及對應之特徵向量。

解

$A=\begin{bmatrix}1&-1&0\\-1&2&-1\\0&-1&1\end{bmatrix}$之特徵方程式為

$\lambda^3-4\lambda^2+(1+1+1)\lambda=\lambda(\lambda^2-4\lambda+3)=\lambda(\lambda-3)(\lambda-1)=0$

$\therefore \lambda=0, 1, 3$

(1)$\lambda=0$ 時

$$(A-\lambda I)v=\left(\begin{bmatrix}1&-1&0\\-1&2&-1\\0&-1&1\end{bmatrix}-0\begin{bmatrix}1&0&0\\0&1&0\\0&0&1\end{bmatrix}\right)\begin{bmatrix}x_1\\x_2\\x_3\end{bmatrix}$$

$$=\begin{bmatrix}1&-1&0\\-1&2&-1\\0&-1&1\end{bmatrix}\begin{bmatrix}x_1\\x_2\\x_3\end{bmatrix}=\begin{bmatrix}0\\0\\0\end{bmatrix}$$

$$\left[\begin{array}{ccc|c}1&-1&0&0\\-1&2&-1&0\\0&-1&1&0\end{array}\right]\longrightarrow\left[\begin{array}{ccc|c}1&-1&0&0\\0&1&-1&0\\0&-1&1&0\end{array}\right]\longrightarrow\left[\begin{array}{ccc|c}1&0&-1&0\\0&1&-1&0\\0&0&0&0\end{array}\right]$$

$\therefore \lambda=0$ 時對應之特徵向量為$v_1=c_1\begin{bmatrix}1\\1\\1\end{bmatrix}$

(2)$\lambda=1$ 時

$$(A-\lambda I)v=\left(\begin{bmatrix}1&-1&0\\-1&2&-1\\0&-1&1\end{bmatrix}-1\begin{bmatrix}1&0&0\\0&1&0\\0&0&1\end{bmatrix}\right)\begin{bmatrix}x_1\\x_2\\x_3\end{bmatrix}$$

$$=\begin{bmatrix}0&-1&0\\-1&1&-1\\0&-1&0\end{bmatrix}\begin{bmatrix}x_1\\x_2\\x_3\end{bmatrix}=\begin{bmatrix}0\\0\\0\end{bmatrix}$$

$$\left[\begin{array}{rrr|r} 0 & -1 & 0 & 0 \\ -1 & 1 & -1 & 0 \\ 0 & -1 & 0 & 0 \end{array}\right] \longrightarrow \left[\begin{array}{rrr|r} -1 & 1 & -1 & 0 \\ 0 & -1 & 0 & 0 \\ 0 & -1 & 0 & 0 \end{array}\right] \longrightarrow \left[\begin{array}{rrr|r} 1 & -1 & 1 & 0 \\ 0 & -1 & 0 & 0 \\ 0 & -1 & 0 & 0 \end{array}\right]$$

$$\longrightarrow \left[\begin{array}{rrr|r} 1 & -1 & 1 & 0 \\ 0 & 1 & 0 & 0 \\ 0 & -1 & 0 & 0 \end{array}\right] \longrightarrow \left[\begin{array}{rrr|r} 1 & 0 & 1 & 0 \\ 0 & 1 & 0 & 0 \\ 0 & 0 & 0 & 0 \end{array}\right]$$

$\therefore \lambda = 1$ 對應之特徵向量為 $c_2 \begin{bmatrix} -1 \\ 0 \\ 1 \end{bmatrix}$

(3) $\lambda = 3$ 時

$$(A - \lambda I)v = \left(\begin{bmatrix} 1 & -1 & 0 \\ -1 & 2 & -1 \\ 0 & -1 & 1 \end{bmatrix} - 3 \begin{bmatrix} 1 & 0 & 0 \\ 0 & 1 & 0 \\ 0 & 0 & 1 \end{bmatrix} \right) \begin{bmatrix} x_1 \\ x_2 \\ x_3 \end{bmatrix}$$

$$= \begin{bmatrix} -2 & -1 & 0 \\ -1 & -1 & -1 \\ 0 & -1 & -2 \end{bmatrix} \begin{bmatrix} x_1 \\ x_2 \\ x_3 \end{bmatrix} = \begin{bmatrix} 0 \\ 0 \\ 0 \end{bmatrix}$$

$$\left[\begin{array}{rrr|r} -2 & -1 & 0 & 0 \\ -1 & -1 & -1 & 0 \\ 0 & -1 & -2 & 0 \end{array}\right] \longrightarrow \left[\begin{array}{rrr|r} 2 & 1 & 0 & 0 \\ 1 & 1 & 1 & 0 \\ 0 & 1 & 2 & 0 \end{array}\right] \longrightarrow \left[\begin{array}{rrr|r} 1 & 1 & 1 & 0 \\ 2 & 1 & 0 & 0 \\ 0 & 1 & 2 & 0 \end{array}\right]$$

$$\longrightarrow \left[\begin{array}{rrr|r} 1 & 1 & 1 & 0 \\ 0 & 1 & 2 & 0 \\ 0 & 1 & 2 & 0 \end{array}\right] \longrightarrow \left[\begin{array}{rrr|r} 1 & 1 & 1 & 0 \\ 0 & 1 & 2 & 0 \\ 0 & 0 & 0 & 0 \end{array}\right] \longrightarrow \left[\begin{array}{rrr|r} 1 & 0 & -1 & 0 \\ 0 & 1 & 2 & 0 \\ 0 & 0 & 0 & 0 \end{array}\right]$$

$\therefore \lambda = 3$ 對應之特徵向量為 $c_3 \begin{bmatrix} 1 \\ -2 \\ 1 \end{bmatrix}$

下例是一個特徵方程式有重根的情況。

例 2 求 $A=\begin{bmatrix}0&1&1\\1&0&1\\1&1&0\end{bmatrix}$ 之特徵值與對應之特徵向量。

解

$A=\begin{bmatrix}0&1&1\\1&0&1\\1&1&0\end{bmatrix}$ 之特徵值方程式為

$\lambda^3-0\lambda^2+(-1-1-1)\lambda-2=\lambda^3-3\lambda-2=(\lambda+1)^2(\lambda-2)=0$

$\therefore \lambda=-1$（重根），2

(1) $\lambda=-1$

$$(A-\lambda I)v=\left(\begin{bmatrix}0&1&1\\1&0&1\\1&1&0\end{bmatrix}-(-1)\begin{bmatrix}1&0&0\\0&1&0\\0&0&1\end{bmatrix}\right)\begin{bmatrix}x_1\\x_2\\x_3\end{bmatrix}$$

$$=\begin{bmatrix}1&1&1\\1&1&1\\1&1&1\end{bmatrix}\begin{bmatrix}x_1\\x_2\\x_3\end{bmatrix}=\begin{bmatrix}0\\0\\0\end{bmatrix}$$

$$\left[\begin{array}{ccc|c}1&1&1&0\\1&1&1&0\\1&1&1&0\end{array}\right]\rightarrow\left[\begin{array}{ccc|c}1&1&1&0\\0&0&0&0\\0&0&0&0\end{array}\right]$$

$\therefore \lambda=-1$ 時對應之特徵向量為 $\begin{bmatrix}-t-s\\t\\s\end{bmatrix}=t\begin{bmatrix}-1\\1\\0\end{bmatrix}+s\begin{bmatrix}-1\\0\\1\end{bmatrix}$,

$s,t\in R$

(2) $\lambda=2$ 時

$$(A-\lambda I)v=\left(\begin{bmatrix}0&1&1\\1&0&1\\1&1&0\end{bmatrix}-2\begin{bmatrix}1&0&0\\0&1&0\\0&0&1\end{bmatrix}\right)\begin{bmatrix}x_1\\x_2\\x_3\end{bmatrix}$$

$$=\begin{bmatrix}-2 & 1 & 1\\ 1 & -2 & 1\\ 1 & 1 & -2\end{bmatrix}\begin{bmatrix}x_1\\ x_2\\ x_3\end{bmatrix}=\begin{bmatrix}0\\0\\0\end{bmatrix}$$

$$\left[\begin{array}{ccc|c}-2 & 1 & 1 & 0\\ 1 & -2 & 1 & 0\\ 1 & 1 & -2 & 0\end{array}\right]\longrightarrow\left[\begin{array}{ccc|c}1 & -2 & 1 & 0\\ -2 & 1 & 1 & 0\\ 1 & 1 & -2 & 0\end{array}\right]$$

$$\longrightarrow\left[\begin{array}{ccc|c}1 & -2 & 1 & 0\\ 0 & -3 & 3 & 0\\ 0 & 3 & -3 & 0\end{array}\right]\longrightarrow\left[\begin{array}{ccc|c}1 & -2 & 1 & 0\\ 0 & 1 & 1 & 0\\ 0 & 0 & 0 & 0\end{array}\right]$$

$\therefore\ \lambda=2$ 時對應之特徵向量為 $c\begin{bmatrix}1\\1\\1\end{bmatrix}$

求特徵向量時視察法常是重要方法。

隨堂演練

利用 $x^3-9x^2+15x-7=(x-1)^2(x-7)$，求 $A=\begin{bmatrix}2 & 2 & 3\\ 1 & 3 & 3\\ 1 & 2 & 4\end{bmatrix}$ 之特徵值及對應之特徵向量。

Ans：特徵值 $\lambda=1$：$s\begin{bmatrix}-2\\1\\0\end{bmatrix}+t\begin{bmatrix}3\\0\\-1\end{bmatrix}$，$\lambda=7$：$c\begin{bmatrix}1\\1\\1\end{bmatrix}$

特徵值之性質

方陣 A 之特徵值有許多有趣之性質，如下列定理與例題所述：

定理 C　A 為 n 階方陣，λ 為 A 之一特徵值，v 為對應之特徵向量則

(1) λ^k 為 A^k 之一特徵值，$k=1,2\cdots$

(2) λ^{-1} 為 A^{-1} 之一特徵值，（若 A^{-1} 存在）

(3) λ 為 A^T 之一特徵值

以上對應之特徵向量均為 v

證

(1) λ 為 A 之一特徵值，v 為對應之特徵向量，則 $Av=\lambda v$，

兩邊同時左乘 A，$A^2v=A\lambda v=\lambda Av=\lambda(\lambda v)=\lambda^2 v$

$\therefore$ λ^2 為 A^2 之特徵值，其對應之特徵向量仍為 v

讀者可仿證 λ^3，$\lambda^4\cdots$**亦為** A^3，$A^4\cdots$**之特徵值，對應之特徵向量均為** v

(2) λ 為 A 之特徵值，v 為對應之特徵向量，則 $Av=\lambda v$

$A^{-1}\cdot Av=A^{-1}\cdot\lambda v$，即 $Iv=\lambda A^{-1}v$

$\therefore A^{-1}v=\lambda^{-1}v$

(3) $|A-\lambda I|=|(A-\lambda I)^T|=|A^T-\lambda I|=0$

$\therefore$ λ 亦為 A^T 之特徵值且對應之特徵向量仍為 v。■

例 3　冪等陣之特徵值為 0 或 1。

解

λ 為特徵值，v 為對應之特徵向量則 $Av=\lambda v$

$\therefore A(Av)=A(\lambda v)$

即 $A^2v=A\lambda v=\lambda Av=\lambda(\lambda v)=\lambda^2 v$

又 $A=A^2$

$\therefore Av=A^2v$，即$\lambda v=\lambda^2 v$

$\lambda(\lambda-1)v=\mathbf{0}$，但$v\neq\mathbf{0}$　$\therefore \lambda=0$ 或 1

例 4 A，B 為 n 階方陣，其中 B 為可逆。若 λ 為 A 之一特徵值且 x 為對應於 λ 之特徵向量，試證 λ 是 BAB^{-1}之一特徵值，而對應之特徵向量為 Bx。

解

依題意：$Ax=\lambda x$

$\therefore AB^{-1}Bx=\lambda x \Rightarrow BAB^{-1}(Bx)=B\lambda x=\lambda(Bx)$

即 λ 是 BAB^{-1}之特徵值而 Bx 為對應之特徵向量。

隨堂演練

A 爲 k 階零方陣（即存在一個$k\in N$，使得$A^k=\mathbf{0}$），試證 A 之特徵值均爲 0。

定理 D　若 λ 為 A 之一特徵值則 $\lambda+c$ 為 $A+cI$ 之一特徵值。

證

$(A+cI)x=Ax+cx=\lambda x+cx=(\lambda+c)x$

$\therefore \lambda+c$ 為 $A+cI$ 之一特徵值 ■

定理 D 在求某些特殊形式行列式時很有用。

★例 5 若$A=\begin{bmatrix}0 & 1 & & \cdots\cdots & 1\\ 1 & 0 & 1 & \cdots\cdots & 1\\ 1 & \ddots & \ddots & \ddots & 1\\ 1 & & \ddots & \ddots & 1\\ 1 & \cdots\cdots & & 1 & 0\end{bmatrix}$求 $|A|$

解

令 $B=\begin{bmatrix}1\cdots\cdots\cdots1\\1\cdots\cdots\cdots1\\1\qquad\qquad1\\1\cdots\cdots\cdots1\end{bmatrix}$ 則 B 之特徵方程式為

$\lambda^n-n\lambda^{n-1}=\lambda^{n-1}(\lambda-n)=0$

$\therefore B=A+I$ 之特徵值為 $n,\ \underbrace{0,\cdots0}_{n-1\text{ 個}}$

從而 $A=B-I$ 之特徵值為 $n-1,\ \underbrace{-1,\cdots-1}_{n-1\text{ 個}}$

$\therefore |A|=(-1)^{n-1}(n-1)$

★例 6 求 $|aI_n+bJ_n|$，J_n 為元素都是 1 的方陣。

解

$$|aI_n+bJ_n|=\begin{vmatrix}a+b & b & \cdots\cdots & b\\ b & a+b & \cdots\cdots & b\\ \vdots & & \ddots & \\ b & \cdots\cdots & & a+b\end{vmatrix}$$

$$=\left|\begin{bmatrix}a & & & \\ & a & & \mathbf{0}\\ & & \ddots & \\ & \mathbf{0} & & \ddots \\ & & & a\end{bmatrix}+b\begin{bmatrix}1 & \cdots\cdots & 1\\ 1 & \cdots\cdots & 1\\ & \cdots\cdots\cdots\cdots & \\ 1 & \cdots\cdots & 1\end{bmatrix}\right|$$

bJ_n 之特徵方程式 $\lambda^n-nb\lambda^{n-1}=\lambda^{n-1}(\lambda-nb)=0$

$\therefore \lambda=0$（$n-1$ 重根），nb

$\Rightarrow aI_n+bJ_n$ 之特徵值為 a（$n-1$ 個），$nb+a$

$\therefore |aI_n+bJ_n|=a^{n-1}(a+nb)$

隨堂演練

以$A=\begin{bmatrix}2 & 0\\0 & 0\end{bmatrix}$驗證：即便 A 有 2 個 LIN 之特徵向量，但 A 仍非可逆。

> **定理 E** 若 A 為 n 階方陣，λ 為 A 之一特徵值，對應之特徵向量為 x_0，多項式 $g(x)=b_0+b_1x+\cdots+b_mx^m$，則 $g(\lambda)$ 為 $g(A)$ 之對應於 x_0 之特徵值。

證

$g(A)=b_0I+b_1A+\cdots+b_mA^m$

則
$$\begin{aligned}g(A)x_0&=b_0x_0+b_1Ax_0+\cdots+b_mA^mx_0\\&=b_0x_0+b_1\lambda x_0+\cdots+b_m\lambda^mx_0\\&=(b_0+b_1\lambda+\cdots+b_m\lambda^m)x_0=g(\lambda)x_0\end{aligned}$$

即 $g(\lambda)$ 為 $g(A)$ 對應於 x_0 之特徵值。 ■

例 7 若三階方陣 A 之特徵值為 a, b, c
求$B=A^2+A+I$之特徵值

解

由定理 E，B 之特徵值有 a^2+a+1，b^2+b+1，c^2+c+1

> **定理 F** A, B 為 n 階方陣，則 AB 與 BA 有相同之特徵值。

證法一

設 λ 為 AB 之一特徵值其對應之特徵向量為 X，則

$ABX=\lambda X$

$\therefore BABX = B(\lambda X) \Rightarrow BA(BX) = \lambda(BX)$

即 λ 為 BA 之特徵值，而對應之特徵向量為 BX ■

證法二

考慮分塊矩陣

$$\begin{bmatrix} I & A \\ B & \lambda I \end{bmatrix} \to \begin{bmatrix} I & \mathbf{0} \\ B & \lambda I - AB \end{bmatrix} \quad (1)$$

又 $\begin{bmatrix} I & A \\ B & \lambda I \end{bmatrix} \to \begin{bmatrix} I & A \\ 0 & \lambda I - BA \end{bmatrix}$ (2)

由 (1)，(2) $\det\left(\begin{bmatrix} I & \mathbf{0} \\ B & \lambda I - AB \end{bmatrix}\right) = \det\left(\begin{bmatrix} I & A \\ \mathbf{0} & \lambda I - BA \end{bmatrix}\right)$

$\therefore \det(\lambda I - AB) = \det(\lambda I - BA)$ ■

定理 F 之二個意義：A, B 爲 n 階方陣，(1) 若 λ 爲 AB 之一特徵值則 λ 亦爲 BA 之一個特徵值，(2)$|\lambda I - AB| = |\lambda I - BA|$，它在解某些特殊行列式上很有用。

例 8 A, B 均為 n 階方陣，試證 $AB + B$ 與 $BA + B$ 有相同之特徵值

解

$AB + B = (A + I)B$，$BA + B = B(A + I)$

$\therefore AB + B$ 與 $BA + B$ 有相同之特徵值

特徵空間

T 爲定義於 R^n 之線性算子，若 A 爲 T 之矩陣表示，則 $T(v)$

$= \lambda v$ 能寫成 $Av = \lambda v$，因此我們能用 A 來確定 T 之特徵值與特徵向量。

定義

T 為定義於 R^n 之線性算子，則 $N(A-\lambda I)$ 所成之子空間稱為對於 λ 之**特徵空間**（eigenspace）

例 9 (1) $T: V \to V$，定義 $T(v)=v$，則 $T(v)=1v$

$\therefore$ 1 為 T 之特徵值，v 為其特徵向量

(2) D 為微分算子，則 $Da^x = \ln a \cdot a^x$，$a>0$

$\therefore \ln a$ 為 D 之特徵值，a^x 為對應之特徵向量。

例 10 $V=R^2$，$T: V \to V$ 為一線性算子，若 $T\left(\begin{bmatrix} x_1 \\ x_2 \end{bmatrix}\right)= \begin{bmatrix} x_1+2x_2 \\ 3x_1+2x_2 \end{bmatrix}$，求 T 之特徵值及特徵向量。

解

取 $e_1=\begin{bmatrix} 1 \\ 0 \end{bmatrix}$，$e_2=\begin{bmatrix} 0 \\ 1 \end{bmatrix}$

$$T(e_1)=T\left(\begin{bmatrix} 1 \\ 0 \end{bmatrix}\right)=\begin{bmatrix} 1 \\ 3 \end{bmatrix}$$

$$T(e_2)=T\left(\begin{bmatrix} 0 \\ 1 \end{bmatrix}\right)=\begin{bmatrix} 2 \\ 2 \end{bmatrix}$$

$$\therefore [A]_e=\begin{bmatrix} 1 & 2 \\ 3 & 2 \end{bmatrix}$$

又 $\begin{bmatrix} 1 & 2 \\ 3 & 2 \end{bmatrix}$ 之特徵值及特徵向量為 $\lambda=4$ 時，$v=c_1\begin{bmatrix} 2 \\ 3 \end{bmatrix}$，

$\lambda=-1$ 時，$v=c_2\begin{bmatrix}-1\\1\end{bmatrix}$

例 11 $T: P_3 \to P_3$ 為線性算子，定義 $T[f(x)] = f(x) + xf'(x)$，求 T 之特徵值

解

取 P_3 之一組基底 β，$\beta = \{1, x, x^2\}$ 則

$T(1) = 1 + 1 \cdot 0 \quad = 1 + 0x + 0x^2$

$T(x) = x + x \quad = 0 + 2x + 0x^2$

$T(x^2) = x^2 + x \cdot 2x \quad = 0 + 0x + 3x^2$

$\therefore [T]_\beta = \begin{bmatrix}1 & 0 & 0\\0 & 2 & 0\\0 & 0 & 3\end{bmatrix}$，由視察法知 T 之特徵值為 1, 2, 3

習題 5-1

1. 求下列各方陣之特徵值及對應之特徵向量：

(a) $\begin{bmatrix} 4 & 2 \\ 3 & -1 \end{bmatrix}$ (b) $\begin{bmatrix} 6 & 8 \\ 8 & -6 \end{bmatrix}$

2. 求下列各方陣之特徵值及對應之特徵向量：

(a) $\begin{bmatrix} 1 & 1 & -2 \\ -1 & 2 & 1 \\ 0 & 1 & -1 \end{bmatrix}$ (b) $\begin{bmatrix} 1 & 0 & 0 \\ 0 & 0 & 1 \\ 0 & 1 & 0 \end{bmatrix}$ (c) $\begin{bmatrix} 3 & 0 & 1 \\ 0 & 2 & 0 \\ 1 & 0 & 3 \end{bmatrix}$ (d) $\begin{bmatrix} 3 & -2 & -2 \\ -1 & 2 & 0 \\ 1 & -1 & 1 \end{bmatrix}$

3. 求 $\begin{bmatrix} 1 & 1 & 1 & 1 & 1 \\ 1 & 1 & 1 & 1 & 1 \\ 1 & 1 & 1 & 1 & 1 \\ 1 & 1 & 1 & 1 & 1 \\ 1 & 1 & 1 & 1 & 1 \end{bmatrix}$ 之特徵值。

4. $T\left(\begin{bmatrix} x \\ y \end{bmatrix}\right) = \begin{pmatrix} x+4y \\ 2x+3y \end{pmatrix}$，求 T 之特徵值及對應特徵向量。

5. $T\left(\begin{bmatrix} x \\ y \\ z \end{bmatrix}\right) = \begin{pmatrix} x + y - 3z \\ 2y + z \\ 3z \end{pmatrix}$，求 T 之特徵值及對應特徵向量。

6. λ 為線性算子 T 之一特徵值，V_λ 是 λ 對應之特徵空間，試證 V_λ 是 V 的子空間。

7. n 階方陣 A 之特徵值 λ 與 μ 之特徵向量均爲 v，試證 $\lambda=\mu$。

8. 若 v 爲 n 階方陣 A 之一特徵向量，試證 cv 爲 cA 之特徵向量。

9. 設 x 爲方陣 A 之一個特徵向量，試證對應 x 之特徵值 λ 爲 $\lambda=\dfrac{x^TAx}{x^Tx}$

10. n 階方陣 A 之 n 個特徵值 $\lambda_1, \lambda_2\cdots\lambda_n$，試證
$\lambda_j=a_{jj}+\sum\limits_{i\neq j}^{n}(a_{ii}-\lambda_i)$，$j=1, 2\cdots n$

11. A 爲一方陣，A 經基本列運算而得到矩陣 B，若 λ 爲 A 之一特徵值，問 λ 是否仍爲 B 之一特徵值？

12. $A=\begin{bmatrix} a & b \\ c & d \end{bmatrix}$，試證若 $a+bm$ 爲特徵值而對應之特徵向量 $\begin{pmatrix} 1 \\ m \end{pmatrix}$，則 m 爲 $bx^2+(a-d)x-c=0$之根。

13. A 爲 n 階方陣，其特徵值 $\lambda_1>\lambda_2\cdots>\lambda_n>0$，$\lambda_i$ 之特徵向量 x_i, $i=1, 2, \cdots, n$，令 $x=\alpha_1x_1+\alpha_2x_2+\cdots+a_nx_n$，求證
(a) $A^mx=\sum\limits_{i=1}^{n}\alpha_i\lambda_i^mx_i$ (b) $\lambda_1=1$時，$\lim\limits_{m\to\infty}A^mx=\alpha_1x_1$

14. A 爲 n 階斜對稱陣，λ 爲 A 之特徵值，試證 $-\lambda$ 亦爲 A 之特徵值。

★15. 設 n 階方陣 A 之每列元素絕對值之和 ≤ 1，試證 A 之每一個特徵值 $-1<\lambda<1$。

16. $A=\alpha\alpha^T$，$\alpha^T=[a_1, a_2 \cdots a_n]$，$a_i \neq 0$，求 A 之特徵值。

17. 3 階方陣 A 有 3 個相異特徵值 $\lambda_1, \lambda_2, \lambda_3$，分別對應特徵向量 x_1, x_2, x_3，令 $Y=x_1,+x_2+x_3$，問 Y，AY，A^2Y 是否爲 LIN？

18. A爲n階方陣，其特徵值爲$\lambda_1, \lambda_2, \cdots \lambda_n$求$B=\begin{bmatrix} \mathbf{0} & A \\ A & \mathbf{0} \end{bmatrix}$之特徵值。

★19. 若 x, y 爲方陣 A 之不同特徵值對應之特徵向量，試證 $\alpha x+\beta y$（$\alpha\beta \neq 0$）不可能爲 A 之特徵向量。

20. T：$R^2 \to R^2$，定義 $T(x, y)=(-y, x)$ 試證 T 在實數集 R 中無特徵值。

21. T：$R^3 \to R^3$，$A=\begin{bmatrix} 1 & 0 & 0 \\ 0 & 0 & 0 \\ 0 & 1 & 1 \end{bmatrix}$，試證 $\{(a, 0, c)^T | a, c \in R\}$ 具 T- 不變。

22. A 爲 n 階方陣，試證 $Ax=\mathbf{0}$ 有非零解之充要條件爲 A 至少有一特徵值爲 0。

5.2 Cayley-Hamilton定理與最低多項式

Cayley-Hamilton定理

定理A （Cayley-Hamilton 定理）A 為 n 階方陣，$f(x)$ 為 A 之特徵多項式，則 $f(A)=\boldsymbol{O}$。

證

根據定理 2.4A：

$$(\lambda I-A)\, adj(\lambda I-A)=|\lambda I-A|I=f(\lambda)I \tag{1}$$

$adj(\lambda I-A)$ 為 λ 之多項式，其次數$\leq n-1$，令：

$$adj(\lambda I-A)=\lambda^{n-1}B_0+\lambda^{n-2}B_1+\cdots+\lambda B_{n-2}+B_{n-1}$$

$$\begin{aligned}(\lambda I-A)[adj(\lambda I-A)]&=(\lambda I-A)(\lambda^{n-1}B_0+\lambda^{n-2}B_1+\cdots\\&\quad+\lambda B_{n-2}+B_{n-1})\\&=\lambda^n B_0+\lambda^{n-1}(B_1-AB_0)+\lambda^{n-2}(B_2-AB_1)+\cdots+\\&\quad\lambda(B_{n-1}-AB_{n-2})-AB_{n-1}\end{aligned} \tag{2}$$

由 (1)

$$f(\lambda)I=\lambda^n I+C_{n-1}\lambda^{n-1}I+C_{n-2}\lambda^{n-2}I+\cdots+C_1\lambda I+C_0 I \tag{3}$$

比較 (2), (3) 得

$$\begin{cases}B_0=I\\B_1-AB_0=C_{n-1}I\\B_2-AB_1=C_{n-2}I\\\cdots\cdots\\B_{n-1}-AB_{n-2}=C_1 I\\-AB_{n-1}=C_0 I\end{cases} \tag{4}$$

依次用 $A^n, A^{n-1}, \cdots, A, I$ 左乘 (4) 之兩邊

$$\begin{cases} A^n B_0 = A^n \\ A^{n-1} B_1 - A^n B_0 = C_{n-1} A^{n-1} \\ A^{n-2} B_2 - A^{n-1} B_1 = C_{n-2} A^{n-2} \\ \cdots\cdots \\ A B_{n-1} - A^2 B_{n-2} = C_1 A \\ -A B_{n-1} = C_0 I \end{cases} \tag{5}$$

(5) 之各式相加得：

$$A^n + C_{n-1} A^{n-1} + C_{n-2} A^{n-2} + \cdots + C_1 A + C_0 I = \mathbf{0}$$

即 $f(A) = \mathbf{0}$ ■

由定理 A 可知**一方陣必為其特徵方程式之零位**，因此它在求方陣函數時頗爲方便。

例 1 $A = \begin{bmatrix} 1 & 1 \\ 0 & 2 \end{bmatrix}$之特徵多項式為$f(x) = x^2 - 3x + 2$。

$$\therefore f(A) = A^2 - 3A + 2I = \begin{bmatrix} 1 & 1 \\ 0 & 2 \end{bmatrix}^2 - 3\begin{bmatrix} 1 & 1 \\ 0 & 2 \end{bmatrix} + 2\begin{bmatrix} 1 & 0 \\ 0 & 1 \end{bmatrix} = \begin{bmatrix} 0 & 0 \\ 0 & 0 \end{bmatrix}$$

例 2 若$A = \begin{bmatrix} 1 & 1 \\ -1 & 0 \end{bmatrix}$，求 A^{2001}。

解

$A = \begin{bmatrix} 1 & 1 \\ -1 & 0 \end{bmatrix}$，$A$ 之特徵方程式 $\lambda^2 - \lambda + 1 = 0$，由定理 A，

$A^2 - A + I = \mathbf{0}$，兩邊同乘 $A + I$ 得 $A^3 = -I$

$$\therefore A^{2001} = (A^3)^{667} = -I = \begin{bmatrix} -1 & 0 \\ 0 & -1 \end{bmatrix}$$

在例 2，可便宜地想：若$x^2 - x + 1 = 0$ 那麼$f(x) = x^{2001} =$ ？

$\because x^2-x+1=0 \quad \therefore (x+1)(x^2-x+1)=x^3+1=0$，即$x^3=-1$

$x^{2001}=(x^3)^{667}=(-1)^{667}=-1$

例 3 $M=\begin{bmatrix} 1 & \sqrt{3} \\ -\sqrt{3} & 1 \end{bmatrix}$，則 $M^6=$？，$M^7=$？。

解

$M=\begin{bmatrix} 1 & \sqrt{3} \\ -\sqrt{3} & 1 \end{bmatrix}$，特徵方程式 $\lambda^2-2\lambda+4=0$

由定理 A，$M^2-2M+4I=\mathbf{0}$，兩邊同乘 $M+2I$ 得 M^3+8I $=\mathbf{0}$，即 $M^3=-8I$

故$M^6=(-8I)^2=64I=\begin{bmatrix} 64 & 0 \\ 0 & 64 \end{bmatrix}$

(b) $M^7=M^6\cdot M=64I\cdot M=64M=64\begin{bmatrix} 1 & \sqrt{3} \\ -\sqrt{3} & 1 \end{bmatrix}$

同例 2. 若$x^2-2x+4=0$則$f(x)=x^6=$？

$\because x^2-2x+4=0 \Rightarrow (x+2)(x^2-2x+4)=x^3+8=0$，$x^3=-8$

$\therefore x^6=(x^3)^2=(-8)^2=64$

例 4 若$A=\begin{bmatrix} a & b \\ c & d \end{bmatrix}$之反矩陣存在，試用定理 A 導出A^{-1}。

解

$\because A=\begin{bmatrix} a & b \\ c & d \end{bmatrix}$，$A$ 之特徵方程式為 $\lambda^2-(a+d)\lambda+(ad-bc)=0$

$\therefore A^2-(a+d)A+(ad-bc)I=\mathbf{0}$

$\Rightarrow (ad-bc)I=(a+d)A-A^2$

$\Rightarrow (ad-bc)I\cdot A^{-1}=[(a+d)A-A^2]\cdot A^{-1}=(a+d)I-A$

$\Rightarrow (ad-bc)A^{-1}=(a+d)\begin{bmatrix} 1 & 0 \\ 0 & 1 \end{bmatrix}-\begin{bmatrix} a & b \\ c & d \end{bmatrix}=\begin{bmatrix} d & -b \\ -c & a \end{bmatrix}$

$$\therefore A^{-1}=\frac{1}{ad-bc}\begin{bmatrix} d & -b \\ -c & a \end{bmatrix}$$

例 5 $A=\begin{bmatrix} 1 & 1 \\ 2 & 1 \end{bmatrix}$，求$A^4-3A^2+2A+I=$?

解

A 之特徵方程式 $\lambda^2-2\lambda-1=0$

且 A^4-3A^2+2A+I

$=(A^2+2A+2I)(A^2-2A-I)+8A+3I$

$=8A+3I$

$=8\begin{bmatrix} 2 & -5 \\ 1 & -3 \end{bmatrix}+3\begin{bmatrix} 1 & 0 \\ 0 & 1 \end{bmatrix}$

$=\begin{bmatrix} 19 & -40 \\ 8 & -21 \end{bmatrix}$

$$\begin{array}{r} x^2+2x+2 \\ x^2-2x-1 \overline{)\, x^4 \qquad\quad -3x^2+2x+1} \\ \underline{x^4-2x^3\ \ -x^2\qquad\qquad} \\ 2x^3-2x^2+2x+1 \\ \underline{2x^3-4x^2-2x\quad} \\ 2x^2+4x+1 \\ \underline{2x^2-4x-2} \\ 8x+3 \end{array}$$

$\therefore x^4-3x^2+2x+1$

$=(x^2+2x+2)(x^2-2x-1)+8x+3$

隨堂演練

(a) 若 λ 爲 A 之特徵值，求A^2-3A之一特徵值。

(b) $A=\begin{bmatrix} 1 & 3 \\ 0 & 2 \end{bmatrix}$，驗證$A^6-3A^5+2A^4+A+I=\begin{bmatrix} 2 & 3 \\ 0 & 3 \end{bmatrix}$。

★例 6 A, B 均為 n 階方陣，若 A, B 之特徵值均不同，$f(\lambda)$ 為 A 之特徵多項式，試證 $f(B)$ 為可逆

解

設 $\lambda_1, \lambda_2 \cdots \lambda_n$ 為 A 之特徵值，則

$f(\lambda)=|\lambda I-A|=(\lambda-\lambda_1)(\lambda-\lambda_2)\cdots(\lambda-\lambda_n)$

$\therefore f(B)=(B-\lambda_1 I)(B-\lambda_2 I)\cdots(B-\lambda_n I)$

$\Rightarrow \det(f(B)) = \prod_{i=1}^{n} \det(B - \lambda_i I)$，又 λ_i，$i = 1, 2, \cdots n$ 均不為 B 之特徵值

$\therefore \det(B - \lambda_i I) \neq 0 \Rightarrow \det(f(B)) \neq 0$ 從而 $f(B)$ 為可逆

最低多項式

Caley-Hamilton 定理告訴我們，一個 n 階方陣一定滿足它特徵方程式。例如 $A = \begin{bmatrix} 2 & 0 \\ 0 & 2 \end{bmatrix}$，它的特徵方程式 $\lambda^2 - 4\lambda + 4 = (\lambda - 2)^2 = 0$，特徵值爲 $\lambda = 2$（重根）∴由 Caley-Hamilton 定理知 $A^2 - 4A + 4I = \mathbf{0}$，但是我們發現 $A - 2I$ 也等於 $\mathbf{0}$，所以本節之目的是如何從以方陣 A 爲零位之多項式中找到一個次數最低的多項式 g，使得 $g(A) = \mathbf{0}$。

最低多項式

A 爲一 n 階方陣，則以 A 爲零位之多項式中次數最低，且**領導係數**（leading coefficient）爲 1 者稱爲**最低多項式**（minimum polynomial）以 $m(t)$ 表之。

定理 B　$m(t)$ 唯一存在。

定理 C　A 為 n 階方陣，若 A 之特徵多項式 $\Delta(\lambda)$ 為：

$$\Delta(\lambda) = (\lambda - \lambda_1)^{r1}(\lambda - \lambda_2)^{r2} \cdots (\lambda - \lambda_k)^{rk} = 0$$

$\lambda_1, \lambda_2 \cdots \lambda_k$ 為 A 之相異特徵值，則：

A 之 $m(\lambda) = (\lambda - \lambda_1)^{p1}(\lambda - \lambda_2)^{p2} \cdots (\lambda - \lambda_k)^{pk}$

$r_i \geq p_i \geq 1, i = 1, 2 \cdots k$

推論 C1 若 A 為 n 階實方陣 A 之所有特徵值 λ_1，$\lambda_2 \cdots \lambda_n$ 均為相異 A 之最低多項式為

$$m(\lambda) = (\lambda - \lambda_1)(\lambda - \lambda_2)\cdots(\lambda - \lambda_n)$$

定理 D 當 A 為 n 階對稱陣時若 A 有 k 個相異特徵值 λ_1，$\lambda_2 \cdots \lambda_k$ 則 $m(\lambda) = (\lambda - \lambda_1)(\lambda - \lambda_2)\cdots(\lambda - \lambda_k)$

例 7 若 $x^3 - 3x^2 - 9x - 5 = (x+1)^2(x-5)$

求 $A = \begin{bmatrix} 1 & 2 & 2 \\ 2 & 1 & 2 \\ 2 & 2 & 1 \end{bmatrix}$ 之最低多項式。

解

A 之 $\Delta(\lambda) = \det(\lambda I - A) = \lambda^3 - 3\lambda^2 - 9\lambda - 5 = (\lambda+1)^2(\lambda-5)$

則 A 可能之 $m(\lambda)$ 為

$m_1(\lambda) = (\lambda+1)(\lambda-5)$ 或 $m_2(\lambda) = (\lambda+1)^2(\lambda-5)$

$$\because (A+I)(A-5I) = \begin{bmatrix} 2 & 2 & 2 \\ 2 & 2 & 2 \\ 2 & 2 & 2 \end{bmatrix}\begin{bmatrix} -4 & 2 & 2 \\ 2 & -4 & 2 \\ 2 & 2 & -4 \end{bmatrix} = \begin{bmatrix} 0 & 0 & 0 \\ 0 & 0 & 0 \\ 0 & 0 & 0 \end{bmatrix}$$

$\therefore m(\lambda) = (\lambda+1)(\lambda-5)$

或依定理 D，A 為對稱陣 $\therefore m(\lambda) = (\lambda + 1)(\lambda - 5)$

隨堂演練

驗證 $A = \begin{bmatrix} a & 1 & 0 \\ 0 & a & 1 \\ 0 & 0 & a \end{bmatrix}$ 之 $m(\lambda) = (\lambda - a)^3$。

定理 E 分割矩陣 $A=\begin{bmatrix} A_1 & & \mathbf{0} \\ & A_2 & \\ \mathbf{0} & & \ddots \\ & & & A_n \end{bmatrix}$，$A_1, A_2, \cdots A_n$ 均為方陣，則 A 之 $m(t)$ 為 $A_1, A_2 \cdots A_n$ 之 $m(t)$ 的最小公倍式。

例 8 求方陣 A 之最低多項式。

$$A=\begin{bmatrix} 2 & 1 & 0 & 0 \\ 0 & 2 & 0 & 0 \\ 0 & 0 & 2 & 0 \\ 0 & 0 & 0 & 5 \end{bmatrix}$$

解

我們將方陣 A 作如下之分割：

$$A=\left[\begin{array}{cc:cc} 2 & 1 & 0 & 0 \\ 0 & 2 & 0 & 0 \\ \hdashline 0 & 0 & 2 & 0 \\ 0 & 0 & 0 & 5 \end{array}\right]$$

(1) $A_1=\begin{bmatrix} 2 & 1 \\ 0 & 2 \end{bmatrix}$，$A_1$ 之 $P(\lambda)=(\lambda-2)^2$

$\therefore A_1$ 之 $m(\lambda)$ 可能為 $(\lambda-2)$ 或 $(\lambda-2)^2$

但 $A-2I\neq\mathbf{0}$

$\therefore A_1$ 之 $m(\lambda)=(\lambda-2)^2$

(2) $A_2=\begin{bmatrix} 2 & 0 \\ 0 & 5 \end{bmatrix}$，$A_2$ 之 $\Delta(\lambda)=(\lambda-2)(\lambda-5)$

$\therefore A_2$ 之 $m(\lambda)=(\lambda-2)(\lambda-5)$

A 之 $m(\lambda)$ 為 A_1 之 $m(\lambda)$ 與 A_2 之 $m(\lambda)$ 的最小公倍式（定理 B），即 $(\lambda-2)^2$ 與 $(\lambda-2)(\lambda-5)$ 之最小公倍式 $(\lambda-2)^2(\lambda-5)$，即$m(\lambda)=(\lambda-2)^2(\lambda-5)$

習題 5-2

給定$A=\begin{bmatrix} 2 & 1 \\ 1 & 1 \end{bmatrix}$，求 1 ～ 3 題：

1. $A^2-4A+2I$　　2. A^3-8A　　3. A^{-1}

4. 若 $f(x)=x^3+2x^2+x-5$，求$f(A)$；$A=\begin{bmatrix} 1 & 2 \\ -4 & -4 \end{bmatrix}$。

5. 若T：$R^3 \to R^3$，$T\begin{pmatrix} x \\ y \\ z \end{pmatrix}=\begin{pmatrix} 3x \\ x-y \\ 2x+y+z \end{pmatrix}$，求$(T^4-3T^3-T^2+3T)$。

6. 若$A=\begin{bmatrix} 1 & 1 & 1 \\ 1 & 1 & 1 \\ 1 & 1 & 1 \end{bmatrix}$，求 A^3-3A^3+A-I。

7. $A=\begin{bmatrix} \cos\theta & -\sin\theta \\ \sin\theta & \cos\theta \end{bmatrix}$

   (a) 求證$A^n=\begin{bmatrix} \cos n\theta & -\sin n\theta \\ \sin n\theta & \cos n\theta \end{bmatrix}$

   (b) 由 (a) 求若 $A^5=I$，$A \neq I$時 A 之一個可能解。

8. 設 n 階方陣 A 之特徵方程式為$f(\lambda)=a_0+a_1\lambda+a_2\lambda^2+\cdots+a_n\lambda^n$，若 $a_0 \neq 0$，試證 A 為可逆。

9. 求$\begin{bmatrix} 2 & 5 & 0 & 0 & 0 \\ 0 & 2 & 0 & 0 & 0 \\ 0 & 0 & 4 & 2 & 0 \\ 0 & 0 & 3 & 5 & 0 \\ 0 & 0 & 0 & 0 & 7 \end{bmatrix}$之最低多項式。

10. 求$\begin{bmatrix} 3 & 1 & 0 & 0 & 0 \\ 0 & 3 & 1 & 0 & 0 \\ 0 & 0 & 3 & 0 & 0 \\ 0 & 0 & 0 & 3 & 1 \\ 0 & 0 & 0 & 0 & 3 \end{bmatrix}$之最低多項式。

11. 求$\begin{bmatrix} a & 0 \cdots\cdots & 0 \\ 0 & a & \vdots \\ 0 & 0 \ddots & \vdots \\ 0 & 0 \quad \ddots & \vdots \\ 0 & 0 \cdots\cdots & a \end{bmatrix}$之最低多項式。

12. $A=\begin{bmatrix} 1 & 1 & 0 \\ 0 & 2 & 0 \\ 0 & 0 & 1 \end{bmatrix}$，$B=\begin{bmatrix} 2 & 0 & 0 \\ 0 & 2 & 2 \\ 0 & 0 & 1 \end{bmatrix}$，試證 A, B 之特徵方程式不同而最低多項式相同。

5.3 方陣相似性

定義

A, B 為二個 n 階方陣，若存在一個非奇異陣 S 使得 $B=S^{-1}AS$，則稱 A **相似**（similar）於 B 而記做 $A\sim B$。

定理 A 相似有「等價」關係。

證

等價關係（equivalence relation）是指具有①**反身性**（reflective）②**對稱性**（symmetric）及**遞移性**（transitive）三種性質之關係：

① $A\sim A$：在定義中取 $S=I$ 即得

② $A\sim B\Rightarrow B\sim A$：

$A\sim B$ ∴存在一個非奇異陣 S 使得 $B=S^{-1}AS$

$\Rightarrow A=SBS^{-1}=Q^{-1}BQ$（取 $Q=S^{-1}$）

$\Rightarrow B\sim A$

③ $A\sim B$ 且 $B\sim C\Rightarrow A\sim C$

$A\sim B$ 且 $B\sim C$

∴分別存在二個非奇異陣 S 與 T 使得：

$B=S^{-1}AS$，$C=T^{-1}BT$

$C=T^{-1}BT=T^{-1}(S^{-1}AS)T=(ST)^{-1}A(ST)$

$\quad=R^{-1}AR$（取 $R=ST$）

即 $A\sim C$ ■

> 定理 B 若 $A \sim B$，則 (1)$\det(A) = \det(B)$。(2)A, B 有相同之特徵多項式。(3)$tr(A) = tr(B)$

證

$A \sim B$，故可找到一個可逆方陣 S

(1) $B = S^{-1}AS \Rightarrow \det(B) = \det(S^{-1}AS)$

$= \det(S^{-1})\det(A)\det(S) = \det(A)$

(2) $\det(B - \lambda I) = \det(S^{-1}AS - \lambda I) = \det(S^{-1}(A - \lambda I)S)$

$= \det(S^{-1})\det(A - \lambda I)\det(S)$

$= \det(A - \lambda I)$

即 A, B 有相同之特徵多項式 ∎

(3) 見練習第 4 題。

定理 B 之 (2) 有一點要注意：**若 $A \sim B$ 則 A 與 B 有相同的特徵值，但對應之特徵向量未必相同**。

由定理 A，B 可知**二方陣 A, B 之特徵多項式不同，跡或行列式不等，則該二方陣不可能相似**，這些都提供我們判斷二方陣是否相似之線索。

> 定理 C 二 n 階方陣 A, B，若 $\text{rank}(A - \lambda I) = \text{rank}(B - \lambda I)$ 對 A, B 之每一個特徵值均成立，則 A, B 為相似。

根據定理 C，二方陣之特徵值若不盡相同則它們必不相似。

例 1 試證 $A=\begin{bmatrix} 0 & 1 \\ -1 & 2 \end{bmatrix}$ 與 $B=\begin{bmatrix} 1 & 1 \\ 0 & 1 \end{bmatrix}$ 相似。

解

A, B 之特徵方程式均為 $\lambda^2-2\lambda+1=0$ 即 $(\lambda-1)^2=0$

$$\text{rank}(A-1I)=\text{rank}\left(\begin{bmatrix} -1 & 1 \\ -1 & 1 \end{bmatrix}\right)=1$$

又 $\text{rank}(B-1I)=\text{rank}\left(\begin{bmatrix} 0 & 1 \\ 0 & 0 \end{bmatrix}\right)=1$

$\because \text{rank}(A-1I)=\text{rank}(B-1I)$

$\therefore A \sim B$

> **定理 D** 若 $A \sim I_n$，試證 $A=I_n$。

證

$I_n=S^{-1}AS \quad \therefore A=SI_nS^{-1}=I_n$ ■

定理 D 告訴我們，若 $A \neq I$ 則 $A \sim I$ 不成立。

例 2 $A=\begin{bmatrix} 1 & 0 \\ 0 & 1 \end{bmatrix}$，$B=\begin{bmatrix} 1 & 1 \\ 2 & 2 \end{bmatrix}$，問 A, B 是否相似？

解

A 之特徵方程式為 $\lambda^2-2\lambda=0 \quad \therefore A$ 之二特徵值為 $0, 2$

B 之特徵方程式為 $\lambda^2-3\lambda=0 \quad \therefore A$ 之二特徵值為 $0, 3$

$\because A, B$ 之特徵值不同 $\quad \therefore A, B$ 不相似

或 $|A| \neq |B| \quad \therefore A, B$ 不相似，或 $\text{tr}(A)=2 \neq \text{tr}(B)=3$

$\therefore A, B$ 不相似

或由定理 D，$B \neq I \quad \therefore B \sim A$ 不成立。

隨堂演練

若 $A=\begin{bmatrix}1 & 0\\0 & 1\end{bmatrix}$，$B=\begin{bmatrix}1 & 1\\0 & 1\end{bmatrix}$，驗證 A, B 不相似。

例 3 A, B 為 n 階方陣，若 A^{-1} 存在，試證 AB 與 BA 相似。

解

$AB=AB(AA^{-1})=A(BA)A^{-1}=C^{-1}(BA)C$，$C=A^{-1}$

$\therefore BA \sim AB$

例 4 A 為 n 階方陣，若 A 相似於對角陣 $\begin{bmatrix}1 & & & & & \mathbf{0}\\ & \ddots & & & & \\ & & 1 & & & \\ & & & -1 & & \\ \mathbf{0} & & & & \ddots & \\ & & & & & -1\end{bmatrix}$，試證 $A^{-1}=A$

解

依題意，我們可找到一個可逆方陣 P，使得

$$P^{-1}AP=\begin{bmatrix}1 & & & & & \mathbf{0}\\ & \ddots & & & & \\ & & 1 & & & \\ & & & -1 & & \\ \mathbf{0} & & & & \ddots & \\ & & & & & -1\end{bmatrix} \quad \therefore A=P\begin{bmatrix}1 & & & & & \mathbf{0}\\ & \ddots & & & & \\ & & 1 & & & \\ & & & -1 & & \\ \mathbf{0} & & & & \ddots & \\ & & & & & -1\end{bmatrix}P^{-1}$$

$$A^2=P\begin{bmatrix}1 & & & & & \mathbf{0}\\ & \ddots & & & & \\ & & 1 & & & \\ & & & -1 & & \\ \mathbf{0} & & & & \ddots & \\ & & & & & -1\end{bmatrix}P^{-1}\cdot P\begin{bmatrix}1 & & & & & \mathbf{0}\\ & \ddots & & & & \\ & & 1 & & & \\ & & & -1 & & \\ \mathbf{0} & & & & \ddots & \\ & & & & & -1\end{bmatrix}P^{-1}$$

$$= P\begin{bmatrix} 1 & & \mathbf{0} \\ & \ddots & \\ \mathbf{0} & & 1 \end{bmatrix} P^{-1} = \mathrm{I}$$

$\therefore A^{-1} \cdot A^2 = A^{-1}I$，即 $A = A^{-1}$

隨堂演練

A 爲 n 階方陣，若 $A \sim \boldsymbol{O}$，試證 $A = \boldsymbol{O}$。

例 5 A, B 為 n 階方陣，若 A～C，B～D 試證

$$\begin{bmatrix} A & \mathbf{0} \\ \mathbf{0} & B \end{bmatrix} \sim \begin{bmatrix} C & \mathbf{0} \\ \mathbf{0} & D \end{bmatrix}$$

解

$$\begin{cases} A \sim C & \therefore \text{存在可逆陣 } P_1 \text{ 使得 } C = P_1^{-1}AP_1 \\ B \sim D & \therefore \text{存在可逆陣 } P_2 \text{ 使得 } D = P_2^{-1}BP_2 \end{cases}$$

取 $P = \begin{bmatrix} P_1 & \mathbf{0} \\ \mathbf{0} & P_2 \end{bmatrix}$，則

$$P^{-1}\begin{bmatrix} A & \mathbf{0} \\ \mathbf{0} & B \end{bmatrix} P = \begin{bmatrix} P_1^{-1} & \mathbf{0} \\ \mathbf{0} & P_2^{-1} \end{bmatrix}\begin{bmatrix} A & \mathbf{0} \\ \mathbf{0} & B \end{bmatrix}\begin{bmatrix} P_1 & \mathbf{0} \\ \mathbf{0} & P_2 \end{bmatrix}$$

$$= \begin{bmatrix} P_1^{-1}AP_1 & \mathbf{0} \\ \mathbf{0} & P_2^{-1}BP_2 \end{bmatrix} = \begin{bmatrix} C & \mathbf{0} \\ \mathbf{0} & D \end{bmatrix},$$

$$\therefore \begin{bmatrix} A & \mathbf{0} \\ \mathbf{0} & B \end{bmatrix} \sim \begin{bmatrix} C & \mathbf{0} \\ \mathbf{0} & D \end{bmatrix}$$

例 6 設方陣 A 滿足，$A^k = \mathbf{0}$，但 $A \neq \mathbf{0}$，k 為正整數，求證 A 不與對角陣相似。

解

若 $A^k = \mathbf{0}$，則 A 之特徵值均為 0（見 5.1 節隨堂演練），

假設 A 與對角陣相似，意即存在一個可逆方陣 P，使得 $P^{-1}AP = \mathbf{0}$，從而 $A = P\boldsymbol{O}P^{-1} = \mathbf{0}$ 此與假設矛盾。故 A 不與對角陣相似。

習題 5-3

1. 判斷 $A=\begin{bmatrix}0&1&0&0\\0&0&1&0\\0&0&0&0\\0&0&0&0\end{bmatrix}$ 與 $B=\begin{bmatrix}0&1&0&0\\0&0&0&0\\0&0&0&0\\0&0&0&0\end{bmatrix}$ 是否相似。

2. 判斷 $A=\begin{bmatrix}1&1\\0&0\end{bmatrix}$ 與 $B=\begin{bmatrix}1&0\\0&1\end{bmatrix}$ 是否相似。

3. 判斷 $A=\begin{bmatrix}1&0&0\\0&1&0\\0&0&0\end{bmatrix}$ 與 $B=\begin{bmatrix}0&0&0\\0&1&0\\0&0&1\end{bmatrix}$ 是否相似。

4. 若 $A \sim B$，試證 $\mathrm{tr}(A)=\mathrm{tr}(B)$。

5. 若 $A=\begin{bmatrix}2&0&0\\0&0&1\\0&1&0\end{bmatrix}$，$B=\begin{bmatrix}2&0&0\\0&1&0\\0&0&-1\end{bmatrix}$，問是否相似。

6. 若 A, B 均可逆且 $A \sim B$，試證 $A^{-1} \sim B^{-1}$，並用此結果證 $\mathrm{adj}A \sim \mathrm{adj}B$。

7. 若 $A \sim B$，試證 (a) $A^2 \sim B^2$；(b) $A-\lambda I \sim B-\lambda I$。

8. A, B 為二相似之 n 階方陣，即 $S^{-1}AS = B$，若 λ 為 A 之一特徵值，對應之特徵向量為 v，試證 λ 亦為 B 之特徵值，對應之特徵向量為 $S^{-1}v$。

9. $A=\begin{bmatrix}2 & 0 & 0\\ 0 & 0 & 1\\ 0 & 1 & x\end{bmatrix}$，$B=\begin{bmatrix}2 & 0 & 0\\ 0 & y & 0\\ 0 & 0 & -1\end{bmatrix}$，若 $A\sim B$，求 x, y

10. A 為四階方陣，若 $A\sim B$，

$$B=\begin{bmatrix}0 & 0 & 0 & 0\\ 0 & 3 & 0 & 0\\ 0 & 0 & -1 & 2\\ 0 & 0 & 2 & 2\end{bmatrix}，求 \operatorname{rank}(A-I)$$

5.4 對角化

對角化問題即是對一給定方陣 A 去找一個非奇異陣 S，使得 $S^{-1}AS=\wedge$, $\wedge=\text{diag}[\lambda_1,\lambda_2\cdots\cdots\lambda_n]$, λ_i, $i=1,2\cdots\cdots n$ 爲 A 之特徵值。因此，對角化可定義如下：

定義

A 為 n 階方陣，$\wedge$ 為對角陣，若 $A\sim\wedge$，$\wedge=\text{diag}[\lambda_1,\lambda_2\cdots\cdots\lambda_n]$, λ_i, $i=1,2\cdots\cdots n$ 為 A 之特徵值，則稱 A 為**可對角化**（Diagonablizable）。

本節我們將探討兩個問題，一是給定方陣 A，A 是否可對角化，二是若 A 可對角化，則如何求 S，也就是 $S^{-1}AS=\wedge$？A 不可對角化時求 S 之問題將留在 Jordan 形式中討論。

定理A　A 為 n 階方陣，若 A 之特徵根 $\lambda_1, \lambda_2\cdots\lambda_n$ 為全異，則對應之特徵向量 $x_1, x_2\cdots\cdots x_n$ 為 LIN。

證

A 之 n 個特徵值 $\lambda_1, \lambda_2\cdots\lambda_n$ 為相異，對應之特徵向量 $x_1, x_2\cdots x_n$，現在我們要證的是，若 $c_1x_1+c_2x_2+\cdots+c_nx_n=\mathbf{0}$，則 $c_1=c_2=\cdots=c_n=\mathbf{0}$，利用反證法：

設 $x_1\cdots x_n$ 為 LD，令 $x_n=c_1x_1+c_2x_2+\cdots+c_{n-1}x_{n-1}$，但 $x_n\neq\mathbf{0}$（$\because x_n$ 為特徵向量依定義不為 $\mathbf{0}$）$\therefore c_1, c_2\cdots c_{n-1}$ 不能全為 0。

(1) $Ax_n=c_1Ax_1+c_2Ax_2+\cdots+c_{n-1}Ax_{n-1}$

$$=c_1\lambda_1x_1+c_2\lambda_2x_2+\cdots+c_{n-1}\lambda_{n-1}x_{n-1} \qquad \text{a.}$$

及

(2) $Ax_n = \lambda_n x_n = \lambda_n(c_1x_1 + c_2x_2 + \cdots + c_{n-1}x_{n-1})$

$= c_1\lambda_n x_1 + c_2\lambda_n x_2 + \cdots + c_{n-1}\lambda_n x_{n-1}$ b.

式 a－式 b 得

$\mathbf{0} = c_1(\lambda_1 - \lambda_n)x_1 + c_2(\lambda_2 - \lambda_n)x_2 + \cdots + c_{n-1}(\lambda_{n-1} - \lambda_n)x_{n-1}$

因 $\lambda_1\cdots\lambda_n$ 互異，又 $x_1\cdots x_{n-1} \neq \mathbf{0}$，故 $c_1 = c_2 = \cdots = c_{n-1} = 0$，但此與 $c_1, c_2 \cdots c_{n-1}$ 不能全為 0 之假設矛盾。

$\therefore x_1, x_2 \cdots x_n$ 為 LIN ■

> **定理 B** $\lambda_1, \lambda_2 \cdots\cdots \lambda_k$ 為 n 階方陣 A 之 k 個相異特徵值，設 $\lambda_1, \lambda_2 \cdots\cdots \lambda_k$ 各有 $C_1, C_2 \cdots\cdots C_k$ 個重根，C_i 可為 1，$\sum_{i=1}^{k} C_i = n$ 則 A 可對角化之充要條件為 $\text{rank}(A - \lambda_i I) = n - C_i, \forall i = 1, 2 \cdots k$。

只要方陣 A 有一個特徵值不滿足定理 B，那 A 就不可對角化，因此在判斷方陣 A 是否可對角化時，用定理 B 是很方便。

定理 B 之重根數 C_i 也稱爲**代數重數**（algebraic multiplicity）。

例 1 問 $A = \begin{bmatrix} 2 & -3 & 1 \\ 7 & 0 & 2 \\ 12 & 4 & 3 \end{bmatrix}$ 是否可對角化？

解

A 之特徵方程式 $(\lambda - 1)^2(3 - \lambda) = 0$ 有重根 1 及一個根 3

$\lambda = 1$ 時

因 $\text{rank}(A - 1 \cdot I) = \text{rank}\left(\begin{bmatrix} 1 & -3 & 1 \\ 7 & -1 & 2 \\ 12 & 4 & 2 \end{bmatrix}\right)$

$$\because \begin{bmatrix} 1 & -3 & 1 \\ 7 & -1 & 2 \\ 12 & 4 & 2 \end{bmatrix} \longrightarrow \begin{bmatrix} 1 & -3 & 1 \\ 0 & 20 & -5 \\ 0 & 40 & -10 \end{bmatrix} \longrightarrow \begin{bmatrix} 1 & -3 & 1 \\ 0 & 20 & -5 \\ 0 & 0 & 0 \end{bmatrix}$$

$\therefore \text{rank}\left(\begin{bmatrix} 1 & -3 & 1 \\ 7 & -1 & 2 \\ 12 & 4 & 2 \end{bmatrix}\right)=2$，但 $\lambda=1$ 有二重根

與 $n-C_1=3-2=1$ 不等　$\therefore A$ 不可對角化

隨堂演練

驗證 $A=\begin{bmatrix} 4 & 9 \\ -1 & -2 \end{bmatrix}$ 不可對角化。

例 2　A 為 n 階方陣，A 之特徵方程式為 $(\lambda-a)^n=0$，若 A 為可對角化，試證 $A=aI$

解

A 之特徵方程式為 $(\lambda-a)^n=0$　$\therefore A$ 有惟一特徵值 $\lambda=a$（n 重根），又 A 可對角化，由定理 B 知需

$\text{rank}(A-aI)=n-n=0$，得 $A-aI=\mathbf{0}$，即 $A=aI$

定理 C　若方陣 A 有 n 個相異特徵值，則 A 必可對角化。

證

由定理 A，方陣 A 之特徵值互異 $\therefore$ 對應之特徵向量 $x_1, x_2, \cdots x_n$ 必為 LIN，$\therefore S=[x_1, x_2, \cdots\cdots x_n]$ 必為可逆。

$\Rightarrow AS=A[x_1, x_2, \cdots\cdots x_n]=[Ax_1, Ax_2, \cdots\cdots Ax_n]$

$=[\lambda_1 x_1, \lambda_2 x_2, \cdots\cdots \lambda_n x_n]$

$$=[x_1,x_2,\cdots\cdots x_n]\begin{bmatrix}\lambda_1 & & & & \\ & \lambda_2 & & \mathbf{0} & \\ & & \ddots & & \\ & \mathbf{0} & & \ddots & \\ & & & & \ddots \\ & & & & & \lambda_n\end{bmatrix}$$

$=S\wedge$

$\therefore S^{-1}AS=\wedge$ ■

對角化求法

問題一：對任一 n 階方陣 A，如何找到一個非奇異陣 S 使得 $S^{-1}AS=\wedge$，$\wedge=\text{diag}[\lambda_1,\lambda_2\cdots\lambda_n],\lambda_1,\cdots\lambda_n$ 爲 A 之特徵值。解法是取 $S=[v_1,v_2\cdots v_n],v_1,v_2,\cdots v_n$ 爲 $\lambda_1,\lambda_2,\cdots\cdots\lambda_n$ 之特徵向量，S 亦稱爲**範陣**（modal matrix）。

問題二：對任一**對稱方陣 A，如何找到一個正交陣 P**，使得 $\boldsymbol{P}^{-1}\boldsymbol{AP}=\wedge$，$\wedge=\text{diag}[\lambda_1\cdots\lambda_n],\lambda_1,\cdots\lambda_n$ 爲 A 之特徵值。我們的解法是取 $P=\frac{v_1}{\|v_1\|},\frac{v_2}{\|v_2\|},\cdots\cdots\frac{v_n}{\|v_n\|}$，$\|v_i\|$ 表示向量長度。

例 3 $A=\begin{bmatrix}5 & 4\\1 & 2\end{bmatrix}$ 問 A 是否可對角化？若是，求 S 使得 $S^{-1}AS=\wedge$。

■ 解

A 之特徵方程式為 $\lambda^2-7\lambda+6=0$ $\therefore\ \lambda=1,6$，此為相異特徵值，故可對角化

$\lambda_1=1$ 時

$(A-I)x=\mathbf{0}$

$\left(\begin{bmatrix}5 & 4\\1 & 2\end{bmatrix}-\begin{bmatrix}1 & 0\\0 & 1\end{bmatrix}\right)x=\mathbf{0}$

$\therefore \left[\begin{array}{cc|c}4 & 4 & 0\\1 & 1 & 0\end{array}\right]\longrightarrow\left[\begin{array}{cc|c}1 & 1 & 0\\0 & 0 & 0\end{array}\right]$

取特徵向量 $\begin{bmatrix}1\\-1\end{bmatrix}$

$\lambda=6$ 時

$(A-6I)x=\mathbf{0}$

$\left(\begin{bmatrix}5 & 4\\1 & 2\end{bmatrix}-\begin{bmatrix}6 & 0\\0 & 6\end{bmatrix}\right)x=\mathbf{0}$

$\therefore \left[\begin{array}{cc|c}-1 & 4 & 0\\1 & -4 & 0\end{array}\right]\longrightarrow\left[\begin{array}{cc|c}-1 & 4 & 0\\0 & 0 & 0\end{array}\right]$

取特徵向量 $\begin{bmatrix}4\\1\end{bmatrix}$

$\therefore$取 $S=\begin{bmatrix}1 & 4\\-1 & 1\end{bmatrix}$，則 $S^{-1}AS=\begin{bmatrix}1 & 4\\-1 & 1\end{bmatrix}^{-1}\begin{bmatrix}5 & 4\\1 & 2\end{bmatrix}\begin{bmatrix}1 & 4\\-1 & 1\end{bmatrix}=\begin{bmatrix}1 & 0\\0 & 6\end{bmatrix}$

例 4 $A=\begin{bmatrix}2 & 1 & 1\\1 & 2 & 1\\1 & 1 & 2\end{bmatrix}$，$A$ 為對稱陣。問：

(a) A 是否可對角化，若是 (b) 求矩陣 S 使得 $S^{-1}AS=\wedge$，(c) 求 P 使得 $P^{-1}AP=\wedge$，P 為正交陣。

解

(a) $A=\begin{bmatrix}2 & 1 & 1\\1 & 2 & 1\\1 & 1 & 2\end{bmatrix}$

$\therefore$ A 之特徵方程式為 $\lambda^3-6\lambda^2+9\lambda-4=0$

可得三個特徵值：$\lambda_1=\lambda_2=1, \lambda_3=4$

$\text{rank}(A-\lambda I)\big|_{\lambda=1}$

$=\text{rank}\left(\begin{bmatrix}1 & 1 & 1\\ 1 & 1 & 1\\ 1 & 1 & 1\end{bmatrix}\right)=1 \quad n-C_i=3-2=1$

又 $\text{rank}(A-\lambda I)\big|_{\lambda=4}$

$=\text{rank}\left(\begin{bmatrix}-2 & 1 & 1\\ 1 & -2 & 1\\ 1 & 1 & -2\end{bmatrix}\right)=2 \quad n-C_i=3-1=2$

$\therefore A$ 可對角化

(b) $\lambda_1=\lambda_2=1$ 時，$(A-I)x=\mathbf{0}$

$\begin{bmatrix}1 & 1 & 1\\ 1 & 1 & 1\\ 1 & 1 & 1\end{bmatrix}\begin{bmatrix}x_1\\ x_2\\ x_3\end{bmatrix}=\begin{bmatrix}0\\ 0\\ 0\end{bmatrix}\to\left[\begin{array}{ccc|c}1 & 1 & 1 & 0\\ 0 & 0 & 0 & 0\\ 0 & 0 & 0 & 0\end{array}\right]$，由視察法

取特徵向量 $v_1=\begin{bmatrix}1\\ 0\\ -1\end{bmatrix}$，$v_2=\begin{bmatrix}1\\ -2\\ 1\end{bmatrix}$，

$\lambda_3=4$ 時，$(A-4I)x=\mathbf{0}$

$\begin{bmatrix}-2 & 1 & 1\\ 1 & -2 & 1\\ 1 & 1 & -2\end{bmatrix}\begin{bmatrix}x_1\\ x_2\\ x_3\end{bmatrix}=\begin{bmatrix}0\\ 0\\ 0\end{bmatrix}$ 取特徵向量 $v_3=\begin{bmatrix}1\\ 1\\ 1\end{bmatrix}$

取 $S=\begin{bmatrix}1 & 1 & 1\\ 0 & -2 & 1\\ -1 & 1 & 1\end{bmatrix}$，$S$ 之 3 個行向量 $\begin{pmatrix}1\\ 0\\ -1\end{pmatrix}$，$\begin{pmatrix}1\\ -2\\ 1\end{pmatrix}$ 及

$\begin{pmatrix}1\\ 1\\ 1\end{pmatrix}$ 二二正交

則

$$S^{-1}AS=\wedge=\begin{bmatrix}1&0&0\\0&1&0\\0&0&4\end{bmatrix}$$

(c) $v_1=(1,0,-1)^T\quad\therefore\ \frac{v_1}{\|v_1\|}=\frac{1}{\sqrt{2}}(1,0,-1)^T$

$v_2=(1,-2,1)^T\quad\therefore\ \frac{v_2}{\|v_2\|}=\frac{1}{\sqrt{6}}(1,-2,1)^T$

$v_3=(1,1,1)^T\quad\therefore\ \frac{v_3}{\|v_3\|}=\frac{1}{\sqrt{3}}(1,1,1)^T$

$$得\ P=\begin{bmatrix}\frac{1}{\sqrt{2}}&\frac{1}{\sqrt{6}}&\frac{1}{\sqrt{3}}\\0&\frac{-2}{\sqrt{6}}&\frac{1}{\sqrt{3}}\\\frac{-1}{\sqrt{2}}&\frac{1}{\sqrt{6}}&\frac{1}{\sqrt{3}}\end{bmatrix}$$

隨堂演練

$A=\begin{bmatrix}3&4\\4&-3\end{bmatrix}$，驗證 A 可對角化，且 $S=\begin{bmatrix}-1&2\\2&1\end{bmatrix}$，則 $S^{-1}AS=\begin{bmatrix}-5&0\\0&5\end{bmatrix}$。

例 5 若二階方陣 A 之特徵值 1，-1，對應之特徵向量分別為 $[1,1]^T$ 及 $[1,2]^T$ 求 A

解

依給定條件，A 之特徵值為 1，-1，故可對角化，取

$$S=\begin{bmatrix}1&1\\1&2\end{bmatrix}$$

$$\therefore A = S \wedge S^{-1} = \begin{bmatrix} 1 & 1 \\ 1 & 2 \end{bmatrix} \begin{bmatrix} 1 & 0 \\ 0 & -1 \end{bmatrix} \begin{bmatrix} 1 & 1 \\ 1 & 2 \end{bmatrix}^{-1}$$

$$= \begin{bmatrix} 3 & -2 \\ 4 & -3 \end{bmatrix}$$

例 6 若 A 為可對角化，試證 A^2 可對角化。

解

A 可對角化，故可找到一個可逆方陣 S

使得 $S^{-1}AS = \wedge$

$(S^{-1}AS)(S^{-1}AS) = S^{-1}A^2S = \wedge^2$

$$= \begin{bmatrix} \lambda_1^2 & & & & \\ & \lambda_2^2 & & \mathbf{0} & \\ & & \ddots & & \\ & & & \ddots & \\ & \mathbf{0} & & & \lambda_n^2 \end{bmatrix}$$，λ_1^2，$\lambda_2^2 \cdots \lambda_n^2$ 為 A^2 之特徵值

$\therefore A^2 \sim \text{diag}[\lambda_1^2，\lambda_2^2 \cdots \lambda_n^2]$ 即 A^2 可對角化

例 7 若 $A \sim B$，且 A 為可對角化，試證 B 亦可對角化。

解

$\because A \sim B$ $\quad\therefore$存在一個可逆方陣 T 使得 $B = T^{-1}AT$

又 A 可對角化 $\quad\therefore$存在一個可逆方陣 S 使得

$S^{-1}AS = \wedge$，$A = S \wedge S^{-1}$

$\therefore B = T^{-1}AT = T^{-1}(S \wedge S^{-1})T = (S^{-1}T)^{-1} \wedge (S^{-1}T)$

$\Rightarrow (S^{-1}T)B(S^{-1}T)^{-1} = \wedge$

取 $W^{-1} = (S^{-1}T)$，則 $W^{-1}BW = \wedge$，即 B 亦可對角化

例 8 試證：二可對角化方陣若有相同之範陣則必為可交換。

解

設 $\wedge_1 = S^{-1}AS$，$\wedge_2 = S^{-1}BS$

$\therefore A = S\wedge_1 S^{-1}$，$B = S\wedge_2 S^{-1}$

得 $AB = (S\wedge_1 S^{-1})(S\wedge_2 S^{-1}) = S\wedge_1\wedge_2 S^{-1}$

$BA = (S\wedge_2 S^{-1})(S\wedge_1 S^{-1}) = S\wedge_2\wedge_1 S^{-1}$

但 $\wedge_1, \wedge_2$ 為對角陣，$\wedge_1\wedge_2 = \wedge_2\wedge_1 \Rightarrow AB = BA$

隨堂演練

若 A 爲可被對角化之階方陣，試證

(a) cA，c 爲任意常數，亦可被對角化

(b) $A + aI$，a 爲任意常數可被對角化

(c) A 可對角化，試證 A^T 亦可對角化。

對角化之應用(一)：A^n 與 e^A 之求算

A^n

定理 D A 為一 n 階方陣，若存在一個非奇異陣 S 使得 $S^{-1}AS = \wedge = \text{diag}\,[\lambda_1, \lambda_2 \cdots \lambda_n]$，$\lambda_1, \lambda_2 \cdots \lambda_n$ 為 A 之特徵值，則 $A^n = S\wedge^n S^{-1}, n \in Z^+$

證

$$\because\ S^{-1}AS = \begin{bmatrix} \lambda_1 & & & 0 \\ & \lambda_2 & & \\ & & \ddots & \\ 0 & & & \lambda_n \end{bmatrix},$$

$$S^{-1}A^2S=(S^{-1}AS)(S^{-1}AS)$$

$$=\begin{bmatrix}\lambda_1 & & \mathbf{0}\\ & \ddots & \\ \mathbf{0} & & \lambda_n\end{bmatrix}\begin{bmatrix}\lambda_1 & & \mathbf{0}\\ & \ddots & \\ \mathbf{0} & & \lambda_n\end{bmatrix}=\begin{bmatrix}\lambda_1^2 & & & 0\\ & \lambda_2^2 & & \\ & & \ddots & \\ 0 & & & \lambda_n^2\end{bmatrix}$$

$$=\wedge^2$$

…………

$$S^{-1}A^nS=\begin{bmatrix}\lambda_1^n & & & 0\\ & \lambda_2^n & & \\ & & \ddots & \\ 0 & & & \lambda_n^n\end{bmatrix}=\wedge^n$$

$\therefore A^n=S\wedge^nS^{-1}$ ■

讀者亦可用數學歸納法證之。

例 9 若 $A=\begin{bmatrix}1 & 1\\ 1 & 1\end{bmatrix}$，求 A^n。

解

A 之特徵方程式為 $\lambda^2-2\lambda=\lambda(\lambda-2)=0$ $\therefore \lambda=0, 2$

$\lambda=0$ 時取特徵向量 $\begin{bmatrix}1\\ -1\end{bmatrix}$

$\lambda=2$ 時取特徵向量 $\begin{bmatrix}1\\ 1\end{bmatrix}$

$S=\begin{bmatrix}1 & 1\\ -1 & 1\end{bmatrix}$，$\wedge=\begin{bmatrix}0 & 0\\ 0 & 2\end{bmatrix}$，$\wedge^n=\begin{bmatrix}0 & 0\\ 0 & 2^n\end{bmatrix}$

$$\therefore A^n=S\begin{bmatrix}0 & 0\\ 0 & 2\end{bmatrix}^nS^{-1}=\begin{bmatrix}1 & 1\\ -1 & 1\end{bmatrix}\begin{bmatrix}0 & 0\\ 0 & 2^n\end{bmatrix}\begin{bmatrix}1 & 1\\ -1 & 1\end{bmatrix}^{-1}$$

$$=\begin{bmatrix}1 & 1\\ -1 & 1\end{bmatrix}\begin{bmatrix}0 & 0\\ 0 & 2^n\end{bmatrix}\begin{bmatrix}\frac{1}{2} & -\frac{1}{2}\\ \frac{1}{2} & \frac{1}{2}\end{bmatrix}=\begin{bmatrix}2^{n-1} & 2^{n-1}\\ 2^{n-1} & 2^{n-1}\end{bmatrix}$$

例 10 $A=\begin{bmatrix} 0 & -2 \\ 1 & 3 \end{bmatrix}$，求 A^n。

解

A 之特徵方程式 $\lambda^2-3\lambda+2=(\lambda-1)(\lambda-2)=0$ $\therefore \lambda=1, 2$

$\lambda=1$ 時，A 之特徵向量為 $c_1\begin{bmatrix} 2 \\ -1 \end{bmatrix}$

$\lambda=2$ 時，A 之特徵向量為 $c_2\begin{bmatrix} 1 \\ -1 \end{bmatrix}$

取 $S=\begin{bmatrix} 2 & 1 \\ -1 & -1 \end{bmatrix}$，$\wedge=\begin{bmatrix} 1 & 0 \\ 0 & 2 \end{bmatrix}$，$\wedge^n=\begin{bmatrix} 1 & 0 \\ 0 & 2^n \end{bmatrix}$，$A^n=S\wedge^n S^{-1}$

$$\therefore A^n=\begin{bmatrix} 2 & 1 \\ -1 & -1 \end{bmatrix}\begin{bmatrix} 1 & 0 \\ 0 & 2^n \end{bmatrix}\begin{bmatrix} 2 & 1 \\ -1 & -1 \end{bmatrix}^{-1}$$
$$=\begin{bmatrix} 2 & 1 \\ -1 & -1 \end{bmatrix}\begin{bmatrix} 1 & 0 \\ 0 & 2^n \end{bmatrix}\begin{bmatrix} 1 & 1 \\ -1 & -2 \end{bmatrix}$$
$$=\begin{bmatrix} 2-2^n & 2-2^{n+1} \\ -1+2^n & -1+2^{n+1} \end{bmatrix}$$

e^A

由微積分，$e^a=1+a+\frac{a^2}{2!}+\frac{a^3}{3!}+\cdots$ 所以我們可類似地定義 e^A：

定義

A 為 n 階方陣，則 $e^A=I+A+\frac{1}{2!}A^2+\frac{1}{3!}A^3+\cdots\cdots$

定理 E 若 A 為 n 階可對角化方陣，$\lambda_1, \lambda_2, \cdots \lambda_n$ 為其特徵值，則 $e^A=Se^{\wedge}S^{-1}$，$e^{\wedge}=\text{diag}\,[e^{\lambda_1}, e^{\lambda_2}\cdots e^{\lambda n}]$，$S$ 為 A 之範陣。

證

若 A 之特徵值為 $\lambda_1, \lambda_2 \cdots \lambda_n$，若 A 可被對角化，則 $A^k = S\wedge^k S^{-1}$，

S 為 A 之範陣，其中 $\wedge = \begin{bmatrix} \lambda_1 & & & \boldsymbol{O} \\ & \lambda_2 & & \\ & & \ddots & \\ \boldsymbol{O} & & & \lambda_n \end{bmatrix}$，則

$$
\begin{aligned}
e^A &= I + A + \frac{A^2}{2!} + \frac{A^3}{3!} + \cdots \\
&= SS^{-1} + S\wedge S^{-1} + S\frac{1}{2!}\wedge^2 S^{-1} + S\frac{1}{3!}\wedge^3 S^{-1} + \cdots \\
&= S(I + \wedge + \frac{1}{2!}\wedge^2 + \frac{\wedge^3}{3!} + \cdots)S^{-1} \\
&= Se^{\wedge}S^{-1}
\end{aligned}
$$

又 $e^{\wedge} = \lim\limits_{m\to\infty} (I + \wedge + \frac{1}{2!}\wedge^2 + \cdots + \frac{1}{m!}\wedge^m)$

$$
= \lim_{m\to\infty} \begin{bmatrix} \sum_{k=1}^{m} \frac{1}{k!}\lambda_1^k & & & \\ & \sum_{k=1}^{m} \frac{1}{k!}\lambda_2^k & & 0 \\ & & \ddots & \\ 0 & & & \sum_{k=1}^{m} \frac{1}{k!}\lambda_n^k \end{bmatrix}
$$

$$
= \begin{bmatrix} e^{\lambda_1} & & & \boldsymbol{O} \\ & e^{\lambda_2} & & \\ \boldsymbol{O} & & \ddots & \\ & & & e^{\lambda_n} \end{bmatrix}
$$

$$
\begin{aligned}
\therefore e^A &= S\left(I + \wedge + \frac{1}{2\,!}\wedge^2 + \frac{1}{3\,!}\wedge^3 + \cdots\right)S^{-1} \\
&= Se^{\wedge}S^{-1}
\end{aligned}
$$

■

定理 F 若 λ 為 n 階方陣 A 之一個特徵值，x 為對應之特徵向量，則 e^{λ} 為 e^{A} 之一特徵值，對應之特徵向量仍為 x

證

$\because \lambda$ 為 A 之一個特徵值

$$\therefore e^{A}x=\left(I+A+\frac{1}{2!}A^{2}+\frac{1}{3!}A^{3}+\cdots\right)x$$
$$=x+Ax+\frac{1}{2!}A^{2}x+\frac{1}{3!}A^{3}x+\cdots$$
$$=1x+\lambda x+\frac{1}{2!}\lambda^{2}x+\frac{1}{3!}\lambda^{3}x+\cdots$$
$$=\left(1+\lambda+\frac{1}{2!}\lambda^{2}+\frac{1}{3!}\lambda^{3}+\cdots\right)x=e^{\lambda}x$$

即 e^{λ} 為 e^{A} 之一特徵值，對應之特徵向量仍為 x ∎

例 11 $A=\begin{bmatrix}1 & 0\\ 1 & 2\end{bmatrix}$，求 e^{A}。

解

A 之特徵方程式 $\lambda^{2}-3\lambda+2=(\lambda-1)(\lambda-2)=0 \quad \therefore \lambda=1, 2$

$\lambda=1$ 時取特徵向量 $\begin{bmatrix}1\\ -1\end{bmatrix}$

$\lambda=2$ 時取特徵向量 $\begin{bmatrix}0\\ 1\end{bmatrix}$

$\therefore S=\begin{bmatrix}1 & 0\\ -1 & 1\end{bmatrix}$，$\wedge=\begin{bmatrix}1 & 0\\ 0 & 2\end{bmatrix}$，$e^{\wedge}=\begin{bmatrix}e & 0\\ 0 & e^{2}\end{bmatrix}$

$$e^{A}=S\,e^{\wedge}S^{-1}$$
$$=\begin{bmatrix}1 & 0\\ -1 & 1\end{bmatrix}\begin{bmatrix}e & 0\\ 0 & e^{2}\end{bmatrix}\begin{bmatrix}1 & 0\\ -1 & 1\end{bmatrix}^{-1}$$
$$=\begin{bmatrix}e & 0\\ e(e-1) & e^{2}\end{bmatrix}$$

例 12 與 13 均是不可對角化方陣求 e^A 之例子。

例 12 $A=\begin{bmatrix}1 & 1\\ -1 & -1\end{bmatrix}$，求 e^A。

解

讀者可驗證 A 不可對角化

$A^2=\begin{bmatrix}1 & 1\\ -1 & -1\end{bmatrix}\begin{bmatrix}1 & 1\\ -1 & -1\end{bmatrix}=\mathbf{0}$，$A^3=A^4=\ldots=\mathbf{0}$

$\therefore$由定義 $e^A=I+A+\frac{1}{2\,!}A^2+\frac{1}{3\,!}A^3+\ldots=I+A=\begin{bmatrix}2 & 1\\ -1 & 0\end{bmatrix}$

例 13 $A=\begin{bmatrix}1 & 1\\ 0 & 1\end{bmatrix}$，求 e^A。

解

A 也是不可對角化

$A^2=\begin{bmatrix}1 & 2\\ 0 & 1\end{bmatrix}$，$A^3=\begin{bmatrix}1 & 3\\ 0 & 1\end{bmatrix}$，…，$A^n=\begin{bmatrix}1 & n\\ 0 & 1\end{bmatrix}$…

$$\therefore e^A=I+A+\frac{1}{2\,!}A^2+\frac{1}{3\,!}A^3+\ldots$$

$$=\begin{bmatrix}1 & 0\\ 0 & 1\end{bmatrix}+\begin{bmatrix}1 & 1\\ 0 & 1\end{bmatrix}+\frac{1}{2\,!}\begin{bmatrix}1 & 2\\ 0 & 1\end{bmatrix}+\frac{1}{3\,!}\begin{bmatrix}1 & 3\\ 0 & 1\end{bmatrix}+\ldots$$

$$=\begin{bmatrix}1+1+\frac{1}{2!}+\frac{1}{3!}+\ldots & 0+1+\frac{2}{2\,!}+\frac{3}{3\,!}+\frac{4}{4\,!}+\ldots\\ 0 & 1+1+\frac{1}{2\,!}+\frac{1}{3\,!}+\frac{1}{4\,!}+\ldots\end{bmatrix}$$

$$=\begin{bmatrix}e & e\\ 0 & e\end{bmatrix}$$

隨堂演練

$A=\begin{bmatrix} 0 & 1 \\ 0 & 0 \end{bmatrix}$，求 (a) e^A (b) $(e^A)^{-1}$ (c) e^{-A}。

Ans：(a)$\begin{bmatrix} 1 & 1 \\ 0 & 1 \end{bmatrix}$ (b)$\begin{bmatrix} 1 & -1 \\ 0 & 1 \end{bmatrix}$ (c)$\begin{bmatrix} 1 & -1 \\ 0 & 1 \end{bmatrix}$

習題 *5-4*

1. 判斷 $A=\begin{bmatrix}2&1&0\\0&1&-1\\0&2&4\end{bmatrix}$ 是否可對角化？

2～4題：求出一可逆方陣 S 使得 $S^{-1}AS=\wedge$，$\wedge=\text{diag}[\lambda_1,\lambda_2\cdots\lambda_n]$，$\lambda_i$ 爲 A 之特徵值。

2. $A=\begin{bmatrix}2&2&1\\1&3&1\\1&2&2\end{bmatrix}$　3. $A=\begin{bmatrix}2&2\\1&3\end{bmatrix}$　4. $A=\begin{bmatrix}1&0&0\\-1&0&0\\1&1&1\end{bmatrix}$

5. 求一個直交陣 P 使得 $P^{-1}\begin{bmatrix}3&-1&1\\-1&5&-1\\1&-1&3\end{bmatrix}P$ 爲對角陣。

6. 若 n 階方陣 A 可對角化，且 A 之各列爲 LIN，試證 A^{-1} 亦可對角化。

★7. A 爲 n 階方陣，$A^2=A$ 且 $\text{rank}(A)=\text{r}$，試證 A 可對角化。

8. 若 n 階方陣 A 可對角化，利用此條件證明 $\text{tr}(A)=\sum_{i=1}^{n}\lambda_i$，$\lambda_i$ 是 A 之特徵值。

9. $A=\begin{bmatrix}1 & 0\\1 & 0\end{bmatrix}$，$B=\begin{bmatrix}0 & 0\\0 & -1\end{bmatrix}$，$C=A-B, D=\begin{bmatrix}1 & 1\\0 & 1\end{bmatrix}$，

$E=\begin{bmatrix}0 & 1\\-1 & 0\end{bmatrix}$，那些可被對角化？

10. $A=\begin{bmatrix}1 & 2\\3 & 0\end{bmatrix}$，求 A^{100}。

11. $A=\begin{bmatrix}3 & 2\\2 & 0\end{bmatrix}$，求 e^A。

12. (a) 求證 $\det(e^A)=e^{(\lambda_1+\lambda_2+\cdots+\lambda_n)}$，$\lambda_1, \lambda_2\cdots\lambda_n$ 爲 A 之特徵值，(b) 利用 (a) 之結果證：若 A 可對角化，則 e^A 爲非奇異陣。

13. $A=\begin{bmatrix}1 & -1 & 1\\2 & 4 & -2\\-3 & -3 & a\end{bmatrix}$與 $B=\begin{bmatrix}2 & 0 & 0\\0 & 2 & 0\\0 & 0 & b\end{bmatrix}$相似，求 a, b

5.5 Jordan形式

一個 n 階方陣 A 相似於一對角陣之充要條件是它有 n 個線性獨立之特徵向量，若 A 線性獨立之特徵向量數少於 n，則它便不可能與對角陣相似，爲了解決這個問題，我們發展出 Jordan **典式形式**（Jordan canonical form）或簡稱 Jordan **形式**（Jordan forms）。在本質上，對角陣是 Jordan 形式之特例。

Jordan形式之基本定義：

定義〔Jordan 塊（Jordan block）〕：k 階 Jordan 塊是一個主對角線上元素均爲 λ（λ：特徵值），緊鄰對角線上方元素均爲 1，其餘元素均爲 0 之 k 階方陣，即：

$$J_k(\lambda)=\begin{bmatrix} \lambda & 1 & 0 & \ddots & 0 & 0 \\ & \lambda & 1 & \ddots & 0 & 0 \\ & & \ddots & \ddots & & \vdots \\ & & & \ddots & \ddots & \vdots \\ & \mathbf{0} & & & \lambda & 1 \\ & & & & & \lambda \end{bmatrix}_{k\times k}$$

一階 Jordan 塊 $J_1(\lambda)=[\lambda]$

二階 Jordan 塊 $J_2(\lambda)=\begin{bmatrix} \lambda & 1 \\ 0 & \lambda \end{bmatrix}$

三階 Jordan 塊 $J_3(\lambda)=\begin{bmatrix} \lambda & 1 & 0 \\ 0 & \lambda & 1 \\ 0 & 0 & \lambda \end{bmatrix}$

要注意的是對角陣未必是 Jordan 形式，除非它的特徵值密接在一起，如：

$A=\begin{bmatrix}1&0&0\\0&2&0\\0&0&1\end{bmatrix}$ 不是 Jordan 形式，但 $B=\begin{bmatrix}1&0&0\\0&1&0\\0&0&2\end{bmatrix}$ 是 Jordan 形式。

方陣 A 之 Jordan 形式之求法有好幾種，本書是以方陣 A 之初等變換而得到 Jordan 形式。

定義

方陣 A 之特徵矩陣為 $\lambda I-A$，記做 $A(\lambda)$，$A(\lambda)$ 的初等運算有下列三種：

(1) $A(\lambda)$ 的任意兩行（列）互換；

(2) 用一個不為零的數乘 $A(\lambda)$ 的某行（列）；

(3) 用一個的多項式乘 $A(\lambda)$ 的某一行（列）加到另一行。

理論上可以證明，任意 n 階矩陣 A 的特徵矩陣 $A(\lambda)$ 初等變換成對角矩陣，且此對角陣爲唯一：

$$\begin{bmatrix}f_1(\lambda) & & & \mathbf{0}\\ & f_2(\lambda) & & \\ & & \ddots & \\ \mathbf{0} & & & f_n(\lambda)\end{bmatrix} \qquad *$$

其中 $f_i(\lambda)$ 可以整除 $f_{i+1}(\lambda)(i=1,2\cdots,n-1)$

定義

矩陣 A 的特徵矩陣經初等變換變為 (*) 式，則稱 * 為矩陣的**標準形**（canonical form），其中 $f_1(\lambda), f_2(\lambda), \cdots\cdots$ 稱為 A 的**不變因子**（invariant factors）。

$f_1(\lambda)$，……，$f_n(\lambda)$ 都不等於零，其中可能有一些是非零常數，若把那些是常數的 $f_i(\lambda)$ 除去，可設 $f_1(\lambda),\cdots\cdots,f_S(\lambda)$ 是不爲常數的不變因子。（$\because$ $f_n(\lambda)$ 整除 $f_{I+1}(\lambda)$，$\therefore$常數函數的不變因子必須位於對角線上前面幾個位置。）設 $f_S(\lambda)$ 可分解爲

$$f_S(\lambda)=(\lambda-\lambda_1)^{\alpha 1}(\lambda-\lambda_2)^{\alpha 2}\cdots\cdots(\lambda-\lambda_t)^{\alpha t}$$

其中各 λ_i 都不相同，而且各個指數 α_i 都是正整數。由於 $f_i(\lambda)$ 整除 $f_{i+1}(\lambda)$，故可設

$$\begin{cases} f_S(\lambda)=(\lambda-\lambda_1)^{\alpha 1}(\lambda-\lambda_2)^{\alpha 2}\cdots\cdots(\lambda-\lambda_t)^{\alpha t} \\ f_{S-1}(\lambda)=(\lambda-\lambda_1)^{b1}(\lambda-\lambda_2)^{b2}\cdots\cdots(\lambda-\lambda_t)^{bt} \\ \cdots\cdots\cdots\cdots\cdots\cdots\cdots\cdots\cdots\cdots\cdots\cdots \\ f_i(\lambda)=(\lambda-\lambda_1)^{c1}(\lambda-\lambda_2)^{c2}\cdots\cdots(\lambda-\lambda_t)^{ct} \end{cases}$$

其中 $0\le c_i\le\cdots\le b_i\le a_i\ (i=1,2,\cdots,t)$

式中每一個因子 $(\lambda-\lambda_j)^{aj}$ 稱爲 A 的一個**初等因子**（elementary factor）。

定理 A　設 $(\lambda-\lambda_1)^a$，$\cdots(\lambda-\lambda_t)^a$，是矩陣 A 的全部初等因子，則 A 的 Jordan 形式為：

$$\begin{bmatrix} J_1 & & & \\ & \ddots & \mathbf{0} & \\ & & \ddots & \\ & \mathbf{0} & & \ddots \\ & & & J_t \end{bmatrix}$$

其中每一個 $J_i(i,=1,2,\cdots t)$ 是一個 Jordan 塊，它和 $(\lambda-\lambda_i)^{ai}$ 相對應。J_i 的對角線上的元素均為 λ_i，其階數為初等因子的次數。

例 1 求 $A=\begin{bmatrix}0 & 2 & -1\\ 0 & 0 & 0\\ 0 & 0 & 0\end{bmatrix}$ 之 Jordan 形式。

解

讀者驗證 A 之特徵值為 0（三重根）

$$\lambda I-A=\begin{bmatrix}\lambda & -2 & 1\\ 0 & \lambda & 0\\ 0 & 0 & \lambda\end{bmatrix}$$（把第 3 行與第 1 行對調）

$$\sim\begin{bmatrix}1 & \lambda & -2\\ 0 & 0 & \lambda\\ \lambda & 0 & 0\end{bmatrix}$$（第一列乘 $-\lambda$ 加到第 3 列）

$$\sim\begin{bmatrix}1 & \lambda & -2\\ 0 & 0 & \lambda\\ 0 & -\lambda^2 & 2\lambda\end{bmatrix}$$（第 1 行乘 $-\lambda$ 加到第 2 行，第 1 行乘 2 加

$$\sim\begin{bmatrix}1 & 0 & 0\\ 0 & 0 & \lambda\\ 0 & -\lambda^2 & 2\lambda\end{bmatrix}$$（第 3 行與第 2 行對調）

$$\sim\begin{bmatrix}1 & 0 & 0\\ 0 & \lambda & 0\\ 0 & 2\lambda & -\lambda^2\end{bmatrix}$$（將第 2 列乘 -2 加到第 3 列）

$$\sim\begin{bmatrix}1 & 0 & 0\\ 0 & \lambda & 0\\ 0 & 0 & \lambda^2\end{bmatrix}$$

A 之不變因子為 λ,λ^2

$\therefore\begin{cases}0\longrightarrow 1 \text{ 階 Jordan 塊（由}\lambda\text{）}\\ 0\longrightarrow 2 \text{ 階 Jordan 塊（由}\lambda^2\text{）}\end{cases}$

$$J=\left[\begin{array}{c|cc}0 & 0 & 0\\ \hline 0 & 0 & 1\\ 0 & 0 & 0\end{array}\right]$$

例 2 求 $A=\begin{bmatrix}-1&1&0\\0&-1&2\\0&0&-1\end{bmatrix}$ 之 Jordan 形式。

解

A 之特徵值為 -1（三重根）（讀者自行驗證之）

又 $\lambda I-A=\begin{bmatrix}\lambda+1&-1&0\\0&\lambda+1&-2\\0&0&\lambda+1\end{bmatrix}\sim\begin{bmatrix}-1&\lambda+1&0\\\lambda+1&0&-2\\0&0&\lambda+1\end{bmatrix}$

$\sim\begin{bmatrix}-1&\lambda+1&0\\0&(\lambda+1)^2&-2\\0&0&\lambda+1\end{bmatrix}\sim\begin{bmatrix}-1&0&0\\0&(\lambda+1)^2&-2\\0&0&\lambda+1\end{bmatrix}$

$\sim\begin{bmatrix}-1&0&0\\0&-2&(\lambda+1)^2\\0&\lambda+1&0\end{bmatrix}\sim\begin{bmatrix}-1&0&0\\0&-2&(\lambda+1)^2\\0&0&\frac{1}{2}(\lambda+1)^3\end{bmatrix}$

$\sim\begin{bmatrix}-1&0&0\\0&-2&0\\0&0&\frac{1}{2}(\lambda+1)^3\end{bmatrix}$

A 之不變因子為 $(\lambda+1)^3$ ⟶ 3 階 Jordan 塊

$\therefore J=\begin{bmatrix}-1&1&0\\0&-1&1\\0&0&-1\end{bmatrix}$

例 3 求 $A=\begin{bmatrix}3&1&-3\\-7&-2&9\\-2&-1&4\end{bmatrix}$ 之 Jordan 形式。

■ 解

$\lambda=1,2$（重根）（讀者自行驗證之）

$$\lambda I-A=\begin{bmatrix}\lambda-3 & -1 & 3\\ 7 & \lambda+2 & -9\\ 2 & 1 & \lambda-4\end{bmatrix}\sim\begin{bmatrix}-1 & \lambda-3 & 3\\ \lambda+2 & 7 & -9\\ 1 & 2 & \lambda-4\end{bmatrix}$$

$$\sim\begin{bmatrix}-1 & \lambda-3 & 3\\ 0 & \lambda^2-\lambda+1 & 3\lambda-3\\ 0 & \lambda-1 & \lambda-1\end{bmatrix}\sim\begin{bmatrix}-1 & 0 & 0\\ 0 & \lambda^2-\lambda+1 & 3\lambda-3\\ 0 & \lambda-1 & \lambda-1\end{bmatrix}$$

$$\sim\begin{bmatrix}-1 & 0 & 0\\ 0 & \lambda-1 & \lambda-1\\ 0 & \lambda^2-\lambda+1 & 3\lambda-3\end{bmatrix}\sim\begin{bmatrix}-1 & 0 & 0\\ 0 & \lambda-1 & 0\\ 0 & \lambda^2-\lambda+1 & -\lambda^2-4\lambda-4\end{bmatrix}$$

$$\sim\begin{bmatrix}-1 & 0 & 0\\ 0 & \lambda-1 & 0\\ 0 & 1 & -(\lambda+2)^2\end{bmatrix}\sim\begin{bmatrix}1 & 0 & 0\\ 0 & 1 & -(\lambda-2)^2\\ 0 & \lambda-1 & 0\end{bmatrix}$$

$$\sim\begin{bmatrix}1 & 0 & 0\\ 0 & 1 & -(\lambda-2)^2\\ 0 & 0 & (\lambda-1)(\lambda-2)^2\end{bmatrix}\sim\begin{bmatrix}1 & 0 & 0\\ 0 & 1 & 0\\ 0 & 0 & (\lambda-1)(\lambda-2)^2\end{bmatrix}$$

A 之不變因子為 $(\lambda-1)(\lambda-2)^2\longrightarrow\begin{cases}1：1\text{ 階 Jordan 塊}\\ 2：2\text{ 階 Jordan 塊}\end{cases}$

$$\therefore J=\left[\begin{array}{c|cc}1 & 0 & 0\\ \hline 0 & 2 & 1\\ 0 & 0 & 2\end{array}\right]$$

隨堂演練

驗證

$A=\begin{bmatrix}1 & 0 & 1\\ 1 & 1 & 0\\ 0 & 0 & 0\end{bmatrix}$ 之 Jordan 形式為 $\left[\begin{array}{c|cc}0 & 0 & 0\\ \hline 0 & 1 & 1\\ 0 & 0 & 1\end{array}\right]$。

習題 5-5

求下列各題之 Jordan 形式：

1. $\begin{bmatrix} 1 & 1 \\ 0 & 1 \end{bmatrix}$

2. $\begin{bmatrix} 0 & -2 \\ 1 & 3 \end{bmatrix}$

3. $\begin{bmatrix} 0 & 1 & 0 \\ -4 & 4 & 0 \\ -2 & 1 & 2 \end{bmatrix}$

4. $\begin{bmatrix} 1 & -1 & 2 \\ 3 & -3 & 6 \\ 2 & -2 & 4 \end{bmatrix}$

5. $\begin{bmatrix} 1 & 1 \\ 1 & 1 \end{bmatrix}$

CHAPTER 6 內積空間

A · B = 1 · (−2) + 0 · 1 + (−3) · 1 = −5

A · B = 1 · (−2) + 0 · 1 + (−3) · 1 = −5
A · B = 1 · (−2) + 0 · 1 + (−3) · 1 = −5
A · B = 1 · (−2) + 0 · 1 + (−3) · 1 = −5
A · B = 1 · (−2) + 0 · 1 + (−3) · 1 = −5
A · B = 1 · (−2) + 0 · 1 + (−3) · 1 = −5
A · B = 1 · (−2) + 0 · 1 + (−3) · 1 = −5
A · B = 1 · (−2) + 0 · 1 + (−3) · 1 = −5
A · B = 1 · (−2) + 0 · 1 + (−3) · 1 = −5

6.1 二次形式

二次形式

定義

$x_1, x_2, \cdots x_n$ 之**二次多項式**（quadratic polynomials），

$q=a_{11}x_1^2+a_{22}x_2^2+\cdots+a_{nn}x_n^2+2\sum_{i<j}a_{ij}x_ix_j$ 均可寫成 X^TAX，其中

$X^T=(x_1, x_2\cdots x_n)$

$$A=\begin{bmatrix} a_{11} & a_{12}\cdots & a_{1n} \\ a_{21} & a_{22}\cdots & a_{2n} \\ a_{n1} & a_{n2}\cdots & a_{nn} \end{bmatrix}$$，A 爲對稱陣

我們稱 X^TAX 爲 q 之**二次形式**（quadratic foms）

由定義 $x_1^2, x_2^2\cdots x_n^2$ 之係數 $a_{11}, a_{22}\cdots a_{nn}$ 均置於主對角線上，而 x_ix_j 之係數則平均分置在 a_{ij} 與 a_{ji} 上。

例 1　若 x, y, z 之二次形式 q 定義為：

$q=2x^2+2y^2+6yz-4z^2$，試將 q 寫成 X^TAX 之形式，

$X=(x, y, z)^T$。

解

$$q=X^T\begin{bmatrix} 2 & 0 & 0 \\ 0 & 2 & 3 \\ 0 & 3 & -4 \end{bmatrix}X$$

例 2 若 $q=x_1^2+2x_1x_2+3x_2^2+6x_2x_3+2x_3^2$，求滿足 $q=X^TAX$ 之實對稱陣 A，其中 $X=(x_1, x_2, x_3)^T$。

解

$$q=X^T\begin{bmatrix}1&1&0\\1&3&3\\0&3&2\end{bmatrix}X\text{，即 }A=\begin{bmatrix}1&1&0\\1&3&3\\0&3&2\end{bmatrix}$$

隨堂演練

求對應於下列二次多項式之對稱陣：

$q=(x, y, z)=2x^2-8xy+y^2-16xz+14yz+5z^2$

正定、半正定、負定、半負定

定義

A 為一實對稱陣，$\boldsymbol{X^T=(x_1, x_2\cdots\cdots x_n)}$ **為一非零向量**，規定：

(1) 對每一個非零向量 X 而言，恆有 $X^TAX>0$ 稱為**正定**（positive definite），若恆有 $X^TAX<0$ 則稱為**負定**（negative definite）。

(2) 對每一個非零向量 X 而言，$X^TAX\geq 0$，則稱為**半正定**（positive semidefinite），若恆有 $X^TAX\leq 0$ 稱為**半負定**（negative semidefinite）。

(3) 若對某些非零向量而言，X^TAX 為正值，對另外某些非零向量 X，X^TAX 為負值，則稱**不定式**（indefinite）。

例 3 A 為斜對稱陣，試證 $I+A$ 為正定。

解

$X^T(I+A)X = X^TX + X^TAX$，X 為非零向量，$X \in R^n$ 且 $X \neq \mathbf{0}$ (1)

$X^TX > 0$ (2)

又 A 為斜對稱陣，$X^TAX = (X^TAX)^T = -X^TAX \quad \therefore X^TAX = 0$ (3)

代 (2)，(3) 入 (1) 知 $X^T(I+A)X > 0$ 即 $I+A$ 為正定。

定理 A 對判斷一二次形式是否為正定時極為有用。

> **定理 A** $q = X^TAX$ 為一二次形式，$X^T = (x_1, x_2 \cdots\cdots x_n)$ 為一非零向量，A 為對稱陣，我們有：
>
> (1) 若且唯若 A 之特徵值均 >0（≥ 0）則 q 為正定（半正定）。
>
> (2) 當 A 有系統地沿主對角線（不作列互換）化為上三角陣時，若且唯若所有主對角線上元素均 >0 則 q 為正定。
>
> (3) 若且唯若 A 左上角起的所有主子行列式均大於 0，即
>
> $$a_{11} > 0, \begin{vmatrix} a_{11} & a_{12} \\ a_{21} & a_{22} \end{vmatrix} > 0, \begin{vmatrix} a_{11} & a_{12} & a_{13} \\ a_{21} & a_{22} & a_{23} \\ a_{31} & a_{32} & a_{33} \end{vmatrix} > 0 \cdots\cdots$$
>
> 則 q 為正定。

證（只證 (1) 餘從略）

① A 為正定 $\Rightarrow \lambda > 0$：

設 λ 為 A 之一特徵值，其特徵向量為 X，則

$AX=\lambda X \Rightarrow X^TAX=X^T\lambda X=\lambda X^TX=\lambda\|X\|^2$

∵ A 為正定　$X^TAX>0$

$\therefore \lambda=\dfrac{X^TAX}{\|X\|^2}>0$

② $\lambda_i>0 \Rightarrow A$ 為正定：

∵ A 為實對稱陣

∴存在一個直交陣 P 使 $P^{-1}AP=\Lambda$，

$\wedge=\text{diag}\,[\lambda_1，\lambda_2，\cdots\cdots\lambda_n]$

$\wedge=PAP^{-1}$　取 $X=PY$

則 $q=X^TAX=(PY)^TA(PY)=Y^T(P^{-1}AP)Y=Y^T\wedge Y$

$$=[y_1，y_2，\cdots y_n]\begin{bmatrix}\lambda_1 & & & \mathbf{0}\\ & \lambda_2 & & \\ & & \ddots & \\ \mathbf{0} & & & \lambda_n\end{bmatrix}\begin{bmatrix}y_1\\ y_2\\ \vdots\\ y_n\end{bmatrix}$$

$=\lambda_1y_1^2+\lambda_2y_2^2+\cdots\cdots+\lambda_ny_n^2>0$ ■

要注意的是，上述定理必須在 A 為對稱陣時才成立，例如：

$$A=\begin{bmatrix}1 & -3\\ 0 & 1\end{bmatrix}$$

則 $a_{11}=1>0$，$|A|=1>0$ 但因為 $x^T=(1,1)^T$ 時

$x^TAx=(1,1)\begin{bmatrix}1 & -3\\ 0 & 1\end{bmatrix}\begin{bmatrix}1\\ 1\end{bmatrix}=-1<0$∴ A 不是正定。

因此 $f(x_1, x_2\cdots x_n)=X^TAX$（$A$ 為 n 階對稱陣）有下列之若且惟若的關係：

$\forall x\neq 0, X^TAX>0$

$\Longleftrightarrow A$ 之 n 個特徵值均 >0

$\Longleftrightarrow A$ 之列梯形式所示 pivot >0

$\Longleftrightarrow$ A 左上角起之所有主子行列式 > 0

以上之充要條件是判斷和證明正定問題之重要線索。

在 $f(x_1, x_2 \cdots x_n) = X^TAX$ 爲負定時，與上述條件類似，只不過 > 0 改爲 < 0，惟要特別注意的是 $f(x_1, x_2 \cdots x_n) = X^TAX$ **負定** $\Longleftrightarrow$ A **之奇數階主子行列式 < 0，偶數階主行列式 > 0**。

以 $q = X^TAX$，$A = \begin{bmatrix} a_{11} & a_{12} & a_{13} \\ a_{21} & a_{22} & a_{23} \\ a_{31} & a_{32} & a_{33} \end{bmatrix}$（$A$ 爲對稱陣）爲例，判斷 q 爲正（負）定之條件：

	正定條件	負定條件
1 階：	$a_{11} > 0$	$a_{11} < 0$
2 階：	$\begin{vmatrix} a_{11} & a_{12} \\ a_{21} & a_{22} \end{vmatrix} > 0$	$\begin{vmatrix} a_{11} & a_{12} \\ a_{21} & a_{22} \end{vmatrix} > 0$
3 階：	$\begin{vmatrix} a_{11} & a_{12} & a_{13} \\ a_{21} & a_{22} & a_{23} \\ a_{31} & a_{32} & a_{33} \end{vmatrix} > 0$	$\begin{vmatrix} a_{11} & a_{12} & a_{13} \\ a_{21} & a_{22} & a_{23} \\ a_{31} & a_{32} & a_{33} \end{vmatrix} < 0$

例 3-1 判斷 $q = x^2 + y^2 + z^2 + xy + xz + yz$ 是否正定？

解

方法一

$$A = \begin{bmatrix} 1 & \frac{1}{2} & \frac{1}{2} \\ \frac{1}{2} & 1 & \frac{1}{2} \\ \frac{1}{2} & \frac{1}{2} & 1 \end{bmatrix} \sim \begin{bmatrix} 1 & \frac{1}{2} & \frac{1}{2} \\ 0 & \frac{3}{4} & \frac{1}{4} \\ 0 & \frac{1}{4} & \frac{3}{4} \end{bmatrix} \sim \begin{bmatrix} 1 & \frac{1}{2} & \frac{1}{2} \\ 0 & \frac{3}{4} & \frac{1}{4} \\ 0 & 0 & \frac{2}{3} \end{bmatrix}$$

$\because$ 主對角線元素 $1, \frac{3}{4}, \frac{2}{3}$ 均為正值

$\therefore q$ 為正定。

方法二：主行列式判斷

$$q_{11}=1>0\text{，}\begin{vmatrix}1 & \frac{1}{2}\\ \frac{1}{2} & 1\end{vmatrix}>0$$

$$\begin{vmatrix}1 & \frac{1}{2} & \frac{1}{2}\\ \frac{1}{2} & 1 & \frac{1}{2}\\ \frac{1}{2} & \frac{1}{2} & 1\end{vmatrix}>0 \quad \therefore q \text{ 為正定。}$$

方法三：配方法

$$q=\frac{1}{2}(2x^2+2y^2+2z^2+2xy+2xz+2yz)$$

$$=\frac{1}{2}((x+y)^2+(x+z)^2+(y+z)^2)$$

$\therefore (x, y, z) \neq (0, 0, 0)$ 時，$q>0$ 得 q 為正定。

例 4 試判斷 $q=2x^2+y^2+z^2+2xy+xz+4yz$ 是否為正定？

解

方法一

$$A=\begin{bmatrix}2 & 1 & \frac{1}{2}\\ 1 & 1 & 2\\ \frac{1}{2} & 2 & 1\end{bmatrix}\to\begin{bmatrix}2 & 1 & \frac{1}{2}\\ 0 & \frac{1}{2} & \frac{7}{4}\\ 0 & \frac{7}{4} & \frac{7}{8}\end{bmatrix}\to\begin{bmatrix}2 & 1 & \frac{1}{2}\\ 0 & \frac{1}{2} & \frac{7}{4}\\ 0 & 0 & -\frac{49}{8}\end{bmatrix}$$

$\therefore$不為正定

方法二

$$q = 2x^2 + y^2 + z^2 + 2xy + xz + 4yz$$
$$= (x+y)^2 + \left(x+\frac{z}{2}\right)^2 + \frac{3}{4}z^2 + 4yz$$
$$= (x+y)^2 + \left(x+\frac{z}{2}\right)^2 + \frac{3}{4}\left(z^2 + \frac{16}{3}yz + \frac{64}{9}y^2\right) - \frac{16}{3}y^2$$
$$= (x+y)^2 + \left(x+\frac{z}{2}\right)^2 + \frac{3}{4}\left(z+\frac{8}{3}y\right)^2 - \frac{16}{3}y^2$$

$\therefore q$ 不為正定。

應用配方法時要小心。例如：當 $(x, y, z) \neq (0, 0, 0)$ 時 $q = x^2 + y^2 + z^2 + 2xz = (x+z)^2 + y^2 > 0$ 看起來應該是正定，但如果回歸到正定之定義，例如取 $(x, y, z) = (1, 0, -1)$ 則 $x^TAx = 0 \therefore q$ 爲半正定。

例 5　若 $x^2 + 2txy + 2xz + 2y^2 + (1-t)z^2$ 為正定，求 $t=$?

解

$$A = \begin{bmatrix} 1 & t & 1 \\ t & 2 & 0 \\ 1 & 0 & 1-t \end{bmatrix}$$

$\because q$ 為正定

$$\therefore \begin{vmatrix} 1 & t \\ t & 2 \end{vmatrix} > 0 \text{ 且 } \begin{vmatrix} 1 & t & 1 \\ t & 2 & 0 \\ 1 & 0 & 1-t \end{vmatrix} > 0$$

得 $\begin{cases} 2 - t^2 > 0 \\ t(1+t)(t-2) > 0 \end{cases}$ 解之 $-1 < t < 0$

隨堂演練

驗證：

$$A=\begin{bmatrix}3&1&0&0\\1&2&0&0\\0&0&2&1\\0&0&1&3\end{bmatrix}$$ 爲正定。

例 6 A 與 B 均為正定，試證 $A+B$ 亦為正定。

解

A 為正定 $\Rightarrow X^TAX>0$

B 為正定 $\Rightarrow X^TBX>0$

$\therefore X^TAX+X^TBX=X^T(A+B)X>0$，i.e. $A+B$ 為正定

例 7 若 A 為正定，試證 A^2 及 A^{-1} 均為正定。

解

A 為正定，則 A 之特徵值 $\lambda_1, \lambda_2 \dots \lambda_n>0$

A^2 之特徵值 $\lambda_1^2, \lambda_2^2 \dots \lambda_n^2>0$ $\therefore A^2$ 為正定

A^{-1} 之特徵值 $\frac{1}{\lambda_1}, \frac{1}{\lambda_2}, \dots \frac{1}{\lambda_n}>0$ $\therefore A^{-1}$ 為正定

隨堂演練

若 A 爲正定，試證 A^T 亦爲正定。

例 8 A 為非負之對稱陣（即 $X^TAX\geq 0$，$\forall x\in R^n$），若 $\mathrm{tr}(A)=0$，試證 $A=\mathbf{0}$。

解

A 爲對稱陣　故存在一個直交陣 P 使得 $P^{-1}AP=\wedge$

$\therefore \mathrm{tr}(\wedge)=\mathrm{tr}(P^{-1}AP)=\mathrm{tr}(APP^{-1})=\mathrm{tr}(A)=0$ (1)

已知 A 爲非負 $\therefore$ A 之特徵值 $\lambda \geq 0$ 由 (1) $\mathrm{tr}(\wedge)=0$

$\Rightarrow$ A 之特徵值均爲 0 即 $\wedge=\mathbf{0}$

$\therefore$ $P^{-1}AP=\mathbf{0}$

從而 $A=P\mathbf{0}P^{-1}=\mathbf{0}$

實對稱陣與正定分解

定理 B　A 為實對稱陣，則 A 之特徵值均為實數。

證（本定理之證明須應用複數，初學者可略之）

由特徵值定義

$Av=\lambda v$ (1)

對上式二邊同取共軛：

$\overline{A}\,\overline{v}=\overline{\lambda}\,\overline{v}$ (2)

$\therefore \overline{v}^T\overline{A}^T=\overline{\lambda}\,\overline{v}^T \Rightarrow \overline{v}^T\overline{A}=\overline{\lambda}\,\overline{v}^T$（$\because$ A 為實對稱，$\overline{A}=A$）

$\Rightarrow \overline{v}^TAv=\overline{v}^T\lambda v=\lambda\,\overline{v}^Tv$ (3)

又由 (1)

$\overline{v}^TAv=\overline{v}^T\lambda v=\lambda\,\overline{v}^Tv$ (4)

由 (2)，(4) $\overline{\lambda}\,\overline{v}^Tv=\lambda\,\overline{v}^Tv$　$\therefore (\overline{\lambda}-\lambda)\,\overline{v}^Tv=0$

但 $\overline{v}^Tv=\sum_{i=1}^{n}|x_i|^2>0$，得 $\overline{\lambda}-\lambda=0$，即 $\lambda\in R$ ■

定理 C n 階實對稱矩陣 A 為正定的充要條件是存在一 n 階非奇異陣 B，使得 $A=B^TB$。

■ 證

(1) 若 $A=B^TB \Rightarrow A$ 為正定：

$\because B$ 為非奇異陣，且 $X\neq\mathbf{0}$，$X\in R^n$

$\therefore BX\neq\mathbf{0}$

$\Rightarrow X^TAX=(X^TB^T)BX=(BX)^TBX=\|BX\|^2>0$

$\Rightarrow A$ 是正定

(2) 若 A 是 n 階的對稱正定矩陣，則存在非奇異陣 B 使得 $A=B^TB$：

$\because A$ 是實對稱陣　$\therefore$存在一正交陣 P 使得

$$P^{-1}AP=\wedge=\begin{bmatrix}\lambda_1 & & & & & \\ & \ddots & & & \mathbf{0} & \\ & & \ddots & & & \\ & & & \ddots & & \\ & \mathbf{0} & & & \ddots & \\ & & & & & \lambda_n\end{bmatrix}$$

其中 $\lambda_1 \ldots \lambda_n$ 為 A 之特徵值，且 $\lambda_1 \ldots \lambda_n>0$（定理 A(1)）

則 $A=P\wedge P^{-1}=(P\wedge^{\frac{1}{2}})(\wedge^{\frac{1}{2}}P^T)$（$P$ 為正交陣$\therefore P^{-1}=P^T$）

$$=P\begin{bmatrix}\sqrt{\lambda_1} & & & & & \\ & \ddots & & & \mathbf{0} & \\ & & \ddots & & & \\ & & & \ddots & & \\ & \mathbf{0} & & & \ddots & \\ & & & & & \sqrt{\lambda_n}\end{bmatrix}\begin{bmatrix}\sqrt{\lambda_1} & & & & & \\ & \ddots & & & \mathbf{0} & \\ & & \ddots & & & \\ & & & \ddots & & \\ & \mathbf{0} & & & \ddots & \\ & & & & & \sqrt{\lambda_n}\end{bmatrix}P^T$$

$$取\ B=\begin{bmatrix} \sqrt{\lambda_1} & & & & & \\ & \ddots & & & \mathbf{0} & \\ & & \ddots & & & \\ & & & \ddots & & \\ & \mathbf{0} & & & \ddots & \\ & & & & & \sqrt{\lambda_n} \end{bmatrix} P \qquad (1)$$

∴ 實對稱陣 A 為正定之充要條件是存在一非奇異矩陣 B 使得 $A=B^TB$ ■

A 為正定，$A=B^TB$ 分解之步驟：

方法一：應用定理 C 之 (1)

(1) 求特徵值及範陣（特徵向量所形成之方陣）P

(2) 取 $B=\begin{bmatrix} \sqrt{\lambda_1} & & \mathbf{0} \\ & \ddots & \\ \mathbf{0} & & \sqrt{\lambda_n} \end{bmatrix} P$ 即得

方法二：應用 $A=LDL^T$ 分解

例 9 $A=\begin{bmatrix} 2 & -1 \\ -1 & 2 \end{bmatrix}$ 為正定，試求滿足 $A=B^TB$ 之方陣 B

解

A 之特徵方程式為 $\lambda^2-4\lambda+3=0$ 得特徵值 1, 3

$\lambda_1=1$ 時，取特徵向量 X_1 為 $\begin{pmatrix} 1 \\ 1 \end{pmatrix}$

$\lambda_3=3$ 時，取特徵向量 X_2 為 $\begin{pmatrix} 1 \\ -1 \end{pmatrix}$

(1)取 $v_1=\frac{X_1}{\|X_1\|}=\frac{1}{\sqrt{2}}\begin{pmatrix}1\\1\end{pmatrix}$

及 $v_2=\frac{X_2}{\|X_2\|}=\frac{1}{\sqrt{2}}\begin{pmatrix}1\\-1\end{pmatrix}$

得 $P=\begin{bmatrix}\frac{1}{\sqrt{2}} & \frac{1}{\sqrt{2}}\\ \frac{1}{\sqrt{2}} & -\frac{1}{\sqrt{2}}\end{bmatrix}$

(2)令$B=\begin{bmatrix}\sqrt{\lambda_1} & 0\\ 0 & \sqrt{\lambda_2}\end{bmatrix}P=\begin{bmatrix}\sqrt{1} & 0\\ 0 & \sqrt{3}\end{bmatrix}\begin{bmatrix}\frac{1}{\sqrt{2}} & \frac{1}{\sqrt{2}}\\ \frac{1}{\sqrt{2}} & -\frac{1}{\sqrt{2}}\end{bmatrix}$

$$=\begin{bmatrix}\frac{1}{\sqrt{2}} & \frac{1}{\sqrt{2}}\\ \frac{\sqrt{3}}{\sqrt{2}} & -\frac{\sqrt{3}}{\sqrt{2}}\end{bmatrix}$$

讀者可驗證 $A=B^TB$

（別解）

A 為對稱陣應用 $A=LDL^T$ 分解

$$\frac{1}{2}\begin{bmatrix}2 & -1\\ -1 & 2\end{bmatrix}\to\begin{bmatrix}2 & -1\\ 0 & \frac{3}{2}\end{bmatrix}$$

$$\therefore\begin{bmatrix}2 & -1\\ -1 & 2\end{bmatrix}=\underbrace{\begin{bmatrix}1 & 0\\ -\frac{1}{2} & 1\end{bmatrix}}_{L}\underbrace{\begin{bmatrix}2 & 0\\ 0 & \frac{3}{2}\end{bmatrix}}_{D}\begin{bmatrix}1 & -\frac{1}{2}\\ 0 & 1\end{bmatrix}$$

取 $B^T=LD^{\frac{1}{2}}=\begin{bmatrix}1 & 0\\ -\frac{1}{2} & 1\end{bmatrix}\begin{bmatrix}\sqrt{2} & 0\\ 0 & \sqrt{\frac{3}{2}}\end{bmatrix}=\begin{bmatrix}\sqrt{2} & 0\\ -\frac{\sqrt{2}}{2} & \sqrt{\frac{3}{2}}\end{bmatrix}$

則 $A=B^TB=\begin{bmatrix}\sqrt{2} & 0\\ -\frac{\sqrt{2}}{2} & \sqrt{\frac{3}{2}}\end{bmatrix}\begin{bmatrix}\sqrt{2} & -\frac{\sqrt{2}}{2}\\ 0 & \sqrt{\frac{3}{2}}\end{bmatrix}$

兩者解出之結果不同，但均滿足 $A = B^TB$ 之要求，顯然**正定分解之結果未必唯一**。

定理 D　C 為任意 n 階非奇異方陣，則 C^TC 必為正定。

證

設 λ 為 C 之任意 n 階非奇異方陣之特徵值，v 為對應之特徵向量，則

$Cv = \lambda v$

$C^TCv = C^T(\lambda v) = \lambda(C^Tv) = \lambda^2 v$（若 λ 為 C 之特徵值，則 λ 必為 C^T 之特徵值），從而 λ^2 為 C^TC 之特徵值

又 $\lambda_i^2>0$，$i = 1, 2, ... n$ 即 C^TC 為正定 ■

對角化在正定之論證上之應用

★例 10　A，Q 為 n 階方陣。試證若 A 為正定則存在一個方陣 Q 使得 $A = Q^2$

解

A 為對稱陣　∴存在一個正交陣 P，使得

$$P^{-1}AP=\begin{bmatrix}\lambda_1 & & & \\ & \lambda_2 & & \mathbf{0}\\ & & \ddots & \\ \mathbf{0} & & & \lambda_n\end{bmatrix}，\lambda_i>0，i=1, 2, \cdots n$$

$$\therefore A=P\begin{bmatrix}\sqrt{\lambda_1} & & & \mathbf{0}\\ & \sqrt{\lambda_2} & & \\ \mathbf{0} & & \ddots & \\ & & & \sqrt{\lambda_n}\end{bmatrix}P^{-1}P\begin{bmatrix}\sqrt{\lambda_1} & & & \\ & \sqrt{\lambda_2} & & \mathbf{0}\\ \mathbf{0} & & \ddots & \\ & & & \sqrt{\lambda_n}\end{bmatrix}P^{-1}$$

取 $Q=P\begin{bmatrix}\sqrt{\lambda_1} & & & \\ & \sqrt{\lambda_2} & & \mathbf{0}\\ \mathbf{0} & & \ddots & \\ & & & \sqrt{\lambda_n}\end{bmatrix}P^{-1}$，則 $Q^2=A$

★例 11 A 為實對稱陣，試證存在一個 t，使得 $tI+A$ 為非負

解

A 為實對稱陣，存在一個正交陣 P，使得

$$P^{-1}AP=\begin{bmatrix}\lambda_1 & & & \\ & \lambda_2 & & \mathbf{0}\\ \mathbf{0} & & \ddots & \\ & & & \lambda_n\end{bmatrix}$$

$$\therefore P^{-1}(tI+A)P=\begin{bmatrix}t+\lambda_1 & & & \\ & t+\lambda_2 & & \mathbf{0}\\ \mathbf{0} & & \ddots & \\ & & & t+\lambda_n\end{bmatrix}$$

我們取 $t=\max\{|\lambda_1|, |\lambda_2|, \cdots, |\lambda_n|\}$，則 $t+\lambda_i\geq 0$，$i=1, 2\cdots n$，此時 $tI+A$ 為正定。

習題 *6-1*

1. 試求對應於下列各二次式之對稱陣：

   (a) $q=x^2+xy+y^2$ (b) $q=x^2+xz+z^2$ (c) $q=xy+yz$

2. 判斷下列二次式是否正定：

   (a) $q=x^2+xy+y^2$ (b) $q=x^2+y^2+z^2-xy-xz-yz$

3. A 爲 n 階實對稱陣，若 A 爲正定，試證 $|A+I|>1$

4. A 爲正定之對稱 n 階方陣，試證 $\sum_{i=1}^{n}\sum_{j=1}^{n}a_{ij}^2=\sum_{k=1}^{n}\lambda_i^2$，$\lambda_1,\lambda_2\cdots\lambda_n$爲 A 之特徵值。

5. A 爲正定，C 爲可逆之同階方陣，試證 $B=C^TAC$ 爲正定。

6. 試舉一例說明：若 C 爲任意 n 階方陣，C^TC 不一定爲正定。

7. A 爲對稱陣，若 A 滿足$A^3-5A^2+7A-3I=\mathbf{0}$，試證 A 爲正定。

8. 若 $B=QAQ^T$，其中 Q 爲正交陣，A 爲正定，試證 B 亦爲正定。

9. $A=\begin{bmatrix}1 & 0 & -1\\ 0 & -1 & 0\\ 0 & 0 & 2\end{bmatrix}$，若 $A+kI$ 爲正定，求 k 之範圍。

10. A 為 $m \times n$ 階矩陣，I 為 n 階單位陣，令 $B = \lambda I + A^T A$，$\lambda > 0$，試證 B 為正定。

6.2 內積空間

本節我們先從 R^n 之**純量積**（scalar product）說起。

定義

設 $X, Y \in R^n$；$X = (x_1, x_2, \cdots, x_n)^T$，$Y = (y_1, y_2, \cdots, y_n)^T$ 則 X, Y 之純量積記做 X^TY，定義 $X^TY = x_1y_1 + x_2y_2 + \cdots + x_ny_n$

由定義若 $X, Y \in R^n$，顯然 $X^TY = Y^TX$。

給定 $X \in R^n$，我們可用純量積來定義 X 之**阿幾米德長度**（Euclidean length），X 之阿幾米德長度記做$\|X\|$，規定

$$\|X\| = (X^TX)^{\frac{1}{2}} = \begin{cases} \sqrt{x_1^2 + x_2^2} & , X \in R^2 \\ \sqrt{x_1^2 + x_2^2 + x_3^2} & , X \in R^3 \end{cases}$$

定義

$X \in R^n$ 若 $\| X \| = 1$ 時稱 X 為**單位向量**（unit vector），或稱 X 被**正規化**（normalized），對任一異於 $\mathbf{0}$ 之向量 X 而言，其**正規化向量**（normalized vector）為 $\dfrac{X}{\|X\|}$。

定義

$u, v \in V$，則 u, v 之距離記做 $\mathrm{d}(u, v)$, $\mathrm{d}(u, v) \triangleq \|u - v\|$。

$\triangleq$是定義於的意思。

定理 A 是個基本定理，它在導證時要用到三角學之**餘弦定律**（law of cosine），餘弦定律說，若 a, b, c 爲三角形 ABC 之三個邊之邊長則 $c^2 = a^2 + b^2 - 2ab\cos\theta$，$\theta$ 爲$\overline{AB}$，$\overline{AC}$之夾角。

> **定理 A** X, Y 為 R^2 之二個非零向量，θ 為夾角，則 $X^TY = \|X\|\|Y\| \cos\theta$。

證

由餘弦定律

$$\|Y-X\|^2 = \|X\|^2 + \|Y\|^2 - 2\|X\|\|Y\|\cos\theta$$

$$\therefore \|X\|\|Y\|\cos\theta$$

$$= \frac{1}{2}(\|X\|^2 + \|Y\|^2 - \|Y-X\|^2)$$

$$= \frac{1}{2}(x_1^2 + x_2^2 + y_1^2 + y_2^2 - (x_1-y_1)^2 - (x_2-y_2)^2)$$

$$= x_1y_1 + x_2y_2$$

$$= X^TY$$ ■

由定理 A，X, Y 之夾角 θ，滿足 $\cos\theta = \dfrac{X^TY}{\|X\|\|Y\|}$，又 $-1 \le \cos\theta \le 1$ $\therefore -\|X\|\|Y\| \le X^TY \le \|X\|\|Y\|$，即 $|X^TY| \le \|X\|\|Y\|$，此即 Cauchy-Schwarz 不等式。

定理 A 在 R^3 之情況亦成立。

> **定義**
>
> 若 $X^TY = 0$ 則稱 X, Y 為**正交**（orthogonal）。

由定義顯然 **0** 與任何向量均爲正交。

> **定理 B** 若 $\{v_1, v_2 \cdots v_n\}$ 為正交之非零向量則 $\{v_1, v_2 \cdots v_n\}$ 為 LIN。

證

$$(\alpha_1 v_1 + \alpha_2 v_2 + \cdots + \alpha_n v_n)^T (\alpha_1 v_1 + \alpha_2 v_2 + \cdots + \alpha_n v_n)$$
$$= \alpha_1^2 v_1^T v_1 + \alpha_2^2 v_2^T v_2 + \cdots + \alpha_n^2 v_n^T v_n + 2\sum_{i<j}\sum \alpha_i \alpha_j v_i \cdot v_j$$
$$= \alpha_1^2 \| v_1 \|^2 + \alpha_2^2 \| v_2 \|^2 + \cdots + \alpha_n^2 \| v_n \|^2 + 0 \text{（} \because v_i \perp v_j \therefore v_i \cdot v_j = 0 \ \ \forall i \neq j \text{）}$$
$$= 0$$
$$\therefore \alpha_1 = \alpha_2 = \cdots = \alpha_n = 0$$

即 $\{v_1, v_2 \cdots v_n\}$ 為 LIN。 ■

例 1 若已知 $m \neq n$ 時 $\int_{-\pi}^{\pi} \sin mx \sin nx \, dx = 0$，求證 $\{\sin t, \sin 2t, \cdots, \sin mt\}$ 在 $[-\pi, \pi]$ 為 LIN。

解

$m \neq n$ 時 $\int_{-\pi}^{\pi} \sin mx \sin nx \, dx = 0 \therefore \sin mx$ 與 $\sin nx$ 在 $[-\pi, \pi]$ 中為正交。

由定理 B 知 $\{\sin t, \sin 2t, \cdots, \sin mt\}$ 在 $[-\pi, \pi]$ 為 LIN。

內積空間

定義

向量空間 V 之**內積**（inner product）是定義於 V 之運算，對每一對向量 $u, v \in V$ 內積 $\langle u, v\rangle$ 滿足下列條件：

P1. $u \neq \mathbf{0}$ 時，$\langle u, u\rangle > 0$，$\langle u, u\rangle = 0$ 僅當 $u \neq \mathbf{0}$ 時成立。

P2. $\langle u, v\rangle = \langle v, u\rangle$

P3. $\langle au + bv, w\rangle = a\langle u, w\rangle + b\langle v, w\rangle$

具有內積之向量空間稱為**內積空間**（inner product space）

本書討論僅限實數系下之內積空間，它也稱**歐氏空間**（Euclidean space）。

例 2 說明下列各子題為非內積空間？

(a) $\langle (a, b)^T, (c, d)^T\rangle = ad - bc$，$V = R^2$

(b) $\langle A, B\rangle = \mathrm{tr}(A + B)$，$V = M_{2\times 2}$

(c) $\langle (x_1, x_2)^T, (y_1, y_2)^T\rangle = x_1y_1 - 2x_1y_2 - 2x_2y_1 + 2x_2y_2$，$V = R^2$

解

(a) $\langle (a, b)^T, (c, d)^T\rangle = ad - bc$，但 $\langle (c, d), (a, b)\rangle = bc - ad$

$\therefore$ 違反 P2

(b) $\because \langle A + B, C\rangle = \mathrm{tr}(A + B + C) \neq \mathrm{tr}(A + C) + \mathrm{tr}(B + C)$

$\therefore \langle A + B, C\rangle \neq \langle A, C\rangle + \langle B, C\rangle$，違反 P3

(c) $\langle (x_1, x_2)^T, (y_1, y_2)^T\rangle = (x_1, x_2)\begin{bmatrix} 1 & -2 \\ -2 & 2 \end{bmatrix}\begin{pmatrix} y_1 \\ y_2 \end{pmatrix}$

$\because\begin{bmatrix}1 & -2\\ -2 & 2\end{bmatrix}$不為正定（行列式為負），

$\therefore$違反 P1

例 3 試證 $\langle (x_1,x_2)^T,(y_1,y_2)^T\rangle = x_1y_1 - x_1y_2 - x_2y_1 + 2x_2y_2$ 為定義於 R^2 之內積空間。

解

$$\langle (x_1,x_2)^T,(y_1,y_2)^T\rangle = (x_1,x_2)\begin{bmatrix}1 & -1\\ -1 & 2\end{bmatrix}\begin{pmatrix}y_1\\ y_2\end{pmatrix} = u^TAv,$$

$A=\begin{bmatrix}1 & -1\\ -1 & 2\end{bmatrix}$為正定

P1：$\because$ A 為正定$u=(x_1,x_2)^T$，

$$\langle (x_1,x_2)^T,(y_1,y_2)^T\rangle = (x_1,x_2)\begin{bmatrix}1 & -1\\ -1 & 2\end{bmatrix}\begin{pmatrix}x_1\\ x_2\end{pmatrix} > 0$$

且當 $(x_1, x_2)^T = (0, 0)^T$ 時 $\langle (x_1, x_2),\ (x_1, x_2)\rangle = 0$ 才成立

P2 $\langle u, v\rangle = \langle v, u\rangle$ ：

$$\langle (x_1,x_2)^T,(y_1,y_2)^T\rangle = (x_1,x_2)\begin{bmatrix}1 & -1\\ -1 & 2\end{bmatrix}\begin{pmatrix}y_1\\ y_2\end{pmatrix}$$
$$= x_1y_1 - x_1y_2 - x_2y_1 + 2x_2y_2$$

$$\langle (y_1,y_2)^T,(x_1,x_2)^T\rangle = (y_1,y_2)\begin{bmatrix}1 & -1\\ -1 & 2\end{bmatrix}\begin{pmatrix}x_1\\ x_2\end{pmatrix}$$
$$= y_1x_1 - y_1x_2 - y_2x_1 + 2y_2x_2$$

$\therefore\langle (x_1,x_2)^T,(y_1,y_2)^T\rangle = \langle (y_1,y_2)^T,(x_1,x_2)^T\rangle$

〔或：$\langle u, v\rangle = u^TAv$，$\langle v, u\rangle = v^TAu$，$\because$ u^TAv 與 v^TA^Tu 均為純量且 $A = A^T$ $\therefore$ $u^TAv = \text{tr}(u^TAv) = \text{tr}(v^TA^Tu) = \text{tr}(v^TAu) = v^TAu$，得 $\langle u, v\rangle = \langle v, u\rangle$ 〕

P3 $\langle au + bv, w\rangle = a\langle u, w\rangle + b\langle v, w\rangle$ ：

$\langle au+bv, w\rangle = (au+bv)^T Aw$ 為一純量

$$\therefore \langle au+bv, w\rangle = (au+bv)^T Aw = \mathrm{tr}((au+bv)^T Aw)$$
$$= \mathrm{tr}(au^T Aw + bv^T Aw) = a\,\mathrm{tr}(u^T Aw) + b\,\mathrm{tr}(v^T Aw)$$
$$= a\langle u, w\rangle + b\langle v, w\rangle$$

例 4 $A, B \in M_{n\times n}$，證 $\langle A, B\rangle = \mathrm{tr}(AB^T)$ 為定義於 $M_{n\times n}$ 之內積空間。

解

P1：$\langle A, A\rangle > 0$：

$\langle A, A\rangle = \mathrm{tr}(AA^T) = \sum\sum a_{ij}^2 > 0$（定理 1.2E）

且僅當 $A = \mathbf{0}$ 時 $\langle A, A\rangle = 0$

P2：$\langle A, B\rangle = \langle B, A\rangle$：

$\langle A, B\rangle = \mathrm{tr}(AB^T) = \mathrm{tr}[(AB^T)^T] = \mathrm{tr}(BA^T) = \langle B, A\rangle$

P3：$\langle aA+bB, C\rangle = a\langle A, C\rangle + b\langle B, C\rangle$：

$$\langle aA+bB, C\rangle = \mathrm{tr}((aA+bB)C^T) = a\,\mathrm{tr}(AC^T) + b\,\mathrm{tr}(BC^T)$$
$$= a\langle A, C\rangle + b\langle B, C\rangle$$

隨堂演練

定義於 $M_{n\times n}$ 之一個內積 $\langle A, B\rangle = \mathrm{tr}(AB^T)$，若 $A = \begin{bmatrix} 1 & 0 \\ 2 & 1 \end{bmatrix}$，$B = \begin{bmatrix} 1 & 1 \\ 1 & 2 \end{bmatrix}$，則 $\langle A, B\rangle =$ ______。

Ans：5

幾個內積的例子

(1) $M_{m\times n}$：若 $A, B \in M_{m\times n}$，定義

$$\langle A, B\rangle = \sum_{i=1}^{m}\sum_{j=1}^{n} a_{ij}\, b_{ij}$$

例如

$$A = \begin{bmatrix} 1 & 3 & 5 \\ 2 & 4 & 6 \end{bmatrix}，B = \begin{bmatrix} a & b & c \\ d & e & f \end{bmatrix}$$

則 $\langle A, B\rangle = a + 3b + 5c + 2d + 4e + 6f$

可驗證 $\langle A, B\rangle = \langle B, A\rangle$

(2) $C[a, b]$：若 f, g 在 $[a, b]$ 中為連續，定義

$$\langle f, g\rangle = \int_a^b f(x)\, g(x)\, dx$$

(3) P_n：$p, q \in P_n$（多項式），定義

$$\langle p, q\rangle = \sum_{i=1}^{n} p(x_i)\, q(x_i)，i = 1, 2\cdots n$$

例 5　$f, g \in C[0, 1]$，定義 $\langle f, g\rangle = \int_0^1 f(x)\, g(x)\, dx$，若 $f(x) = x$，$g(x) = x^2$，求 $\langle f, g\rangle = ?$

解

$$\langle f, g\rangle = \int_0^1 x \cdot x^2 dx = \int_0^1 x^3 dx = \left.\frac{x^4}{4}\right]_0^1 = \frac{1}{4}$$

例 6　承例 5，求 $d(f(x), g(x))$。

解

$$\| f(x) - g(x)\|^2 = \langle f(x) - g(x), f(x) - g(x)\rangle$$

$$= \int_0^1 (x - x^2)\cdot(x - x^2)\, dx$$

$$= \int_0^1 (x - x^2)^2 dx = \frac{1}{30} \qquad \therefore\ d(f(x), g(x)) = \frac{1}{\sqrt{30}}$$

例 7 $V=M_{n\times n}$，定義$\langle A,B\rangle=\text{tr}(AB^T)$，若 $A=\begin{bmatrix}1&0\\0&2\end{bmatrix}$，$B=\begin{bmatrix}1&1\\0&1\end{bmatrix}$

求 $\|A\|$，$d(A, B)$。

解

(a) $\|A\|^2=\langle A,A\rangle=\text{tr}(AA^T)=\text{tr}\left(\begin{bmatrix}1&0\\0&2\end{bmatrix}\begin{bmatrix}1&0\\0&2\end{bmatrix}\right)=\text{tr}\left(\begin{bmatrix}1&0\\0&4\end{bmatrix}\right)=5$

$\therefore\|A\|=\sqrt{5}$

(b) $d(A,B)=\|A-B\|$

$$\begin{aligned}\|A-B\|^2&=\langle A-B,A-B\rangle\\&=\left\langle\begin{bmatrix}0&-1\\0&1\end{bmatrix},\begin{bmatrix}0&-1\\0&1\end{bmatrix}\right\rangle\\&=\text{tr}\left(\begin{bmatrix}0&-1\\0&1\end{bmatrix}\begin{bmatrix}0&0\\-1&1\end{bmatrix}\right)=\text{tr}\left(\begin{bmatrix}1&-1\\-1&1\end{bmatrix}\right)=2\end{aligned}$$

$\therefore d(A,B)=\|A-B\|=\sqrt{2}$

隨堂演練

求例 7 之 $\|B\|$，$\|A+B\|$。

定理 C V 為內積空間，$u, v\in V$，則

(a) $\|v\|=0$ 則 $v=\mathbf{0}$。

(b) 若 u, v 為正交，則 $\|u\|^2+\|v\|^2=\|u+v\|^2$。

(c) $|\langle u,v\rangle|\leq\|u\|\cdot\|v\|$。

證

(a) $\|v\|^2=\langle v,v\rangle=0\quad\therefore v=\mathbf{0}$

(b) $\|u+v\|^2=\langle u+v,u+v\rangle=\langle u,u+v\rangle+\langle v,u+v\rangle$

$=\langle u+v,u\rangle+\langle u+v,v\rangle$

$=\langle u,u\rangle+\langle u,v\rangle+\langle v,u\rangle+\langle v,v\rangle$

$=\|u\|^2+\|v\|^2$

（$\because$ u, v 為正交　$\therefore$ $\langle u, v\rangle=\langle v, u\rangle=0$）

(c) $v=\mathbf{0}$ 時顯然成立，現在我們看 $v\neq\mathbf{0}$ 之情況：

$\langle u-cv,u-cv\rangle=\langle u,u\rangle-c\langle u,v\rangle-c\langle v,u\rangle+c^2\langle v,v\rangle$

$=\|u\|^2+c^2\|v\|^2-2c\langle u,v\rangle>0$，$\forall c\in R$

由判別式 $D=(-2\langle u,v\rangle)^2-4\|u\|^2\cdot\|v\|^2<0$

即 $(\langle u,v\rangle)^2\leq\|u\|^2\|v\|^2$

$\therefore|\langle u,v\rangle|\leq\|u\|\cdot\|v\|$

（利用 $ax^2+bx+c>0, \forall x\in R$ 則判別式 $D=b^2-4ac<0$ 之性質）

定理 D　V 為一個內積空間，若 $\langle u, v\rangle=0$，$\forall v\in V$，則 $u=\mathbf{0}$，且若 $\langle u, v\rangle=\langle u, w\rangle$ $\forall u\in V$ 則 $v=w$

證

(a) $\langle u, v\rangle=0$，$\forall v\in V$，取 $v=u$ 則 $\langle u, u\rangle=0$，

$\therefore$ $u=\mathbf{0}$

(b) $\because$ $\langle u, v\rangle=\langle u, w\rangle$

$\therefore$ $\langle v, u\rangle=\langle w, u\rangle$

$\langle v, u\rangle-\langle w, u\rangle=\langle v, u\rangle+(-1)\langle w, u\rangle$

$=\langle v-w, u\rangle=0$，$\forall u\in V$

由 (a)，$v-w=\mathbf{0}$　$\therefore$ $v=w$ ■

範數

範數（norms）是屬於數值線性代數之範疇，範數是個實數，它可代表向量或矩陣之大小，範數在數值方法之收斂性、穩定性或誤差估計上有重要應用。

定義

V 為一向量空間，對每一個 $v \in V$，v 都有一個實數 $\|v\|$ 滿足

(a) $\|v\| \geq 0$ 等號僅在 $v = \mathbf{0}$ 時成立。

(b) $\|\alpha v\| = |\alpha| \, \|v\|$，$\alpha$ 為任意純量

(c) $\|v + w\| \leq \|v\| + \|w\|$，$\forall v, w \in V$（此又稱三角形不等式）

則稱 $\|v\|$ 為 v 之一個範數。

定理 E V 為一內積空間，則 $\|v\| = \sqrt{\langle v, v\rangle}$，$\forall v \in V$ 滿足定義於 V 之範數。

證

$\|v\| = \sqrt{\langle v, v\rangle}$

(a) $\|v\| = \sqrt{\langle v, v\rangle} \geq 0$

(b) $\|\alpha v\| = \sqrt{\langle \alpha v, \alpha v\rangle} = \sqrt{\alpha^2 \langle v, v\rangle} = |\alpha| \, \|v\|$

(c) $\|u + v\| \leq \|u\| + \|v\|$（定理 C） ■

定義

$X=(x_1, x_2......x_n)^T \in R^n$，對任一實數 p，我們定義

$$\|X\|_p=\left(\sum_{i=1}^{n}|x_i|^p\right)^{\frac{1}{p}}, p \geq 1$$

由定義，我們易得

$$\|X\|_1=\sum_{i=1}^{n}|x_i|，\|X\|_2=\left(\sum_{i=1}^{n}|x_i|^2\right)^{\frac{1}{2}}，\|X\|_\infty=\max_{1\leq i\leq n}|x_i|$$

例 8 $x=[1, 2, 3]^T$，$y=[-1, 2, -3]^T$，求 (a) $\|x-y\|_1$ (b) $\|x-y\|_2$，(c) $\|x-y\|_\infty$

解

$x-y=[2, 0, 6]$

$\therefore$ (a) $\|x-y\|_1=\|[2, 0, 6]^T\|_1=|2|+|0|+|6|=8$

(b) $\|x-y\|_2=\|[2, 0, 6]^T\|_2=\sqrt{|2|^2+|0|^2+|6|^2}=2\sqrt{10}$

(c) $\|x-y\|_\infty=\max(|2|, |0|, |6|)=6$

例 9 若 $X=[a, b, c]^T$，試證 $\|x\|_\infty=\max(|a|, |b|, |c|)$

解

$\|x\|_\infty=\lim\limits_{n\to\infty}\sqrt[n]{|a|^n+|b|^n+|c|^n}$，在不失一般性，若 $\max(|a|, |b|, |c|)=|a|$

則

$$|a|\leq\sqrt[n]{|a|^n+|b|^n+|c|^n}=|a|\sqrt[n]{1+\left|\frac{b}{a}\right|^n+\left|\frac{c}{a}\right|^n}\leq|a|\cdot 3^{\frac{1}{n}}$$

由擠壓定理：

$$\lim_{n\to\infty}|a|=\lim_{n\to\infty}|a|\cdot 3^{\frac{1}{n}}=|a|$$

$$\therefore \|x\|_\infty = \lim_{n\to\infty}\sqrt[n]{|a|^n+|b|^n+|c|^n} = |a| = \max(|a|,|b|,|c|)$$

例 10 $x \in R^n$，求證 (a) $\|x\|_\infty \le \|x\|_1 \le n\|x\|_\infty$ (b) $\|x\|_\infty \le \|x\|_2 \le \sqrt{n}\|x\|_\infty$

解

(a) $\|x\|_1 = \sum_{i=1}^{n}|x_i| = |x_1|+|x_2|+\cdots+|x_n| \le n \max_{1\le j\le n}|x_j| = n\|x\|_\infty$

$\|x\|_1 = |x_1|+|x_2|+\cdots+|x_n| \ge \max_{1\le j\le n}|x_j| = \|x\|_\infty$

$\therefore \|x\|_\infty \le \|x\|_1 \le n\|x\|_\infty$

(b) $\|x\|_2^2 = (|x_1|^2+|x_2|^2+\cdots+|x_n|^2) \le n \max_{1\le j\le n}|x_j|^2 = n\|x\|_\infty^2$

又 $\|x\|_2^2 = (|x_1|^2+|x_2|^2+\cdots+|x_n|^2) \ge \max_{1\le j\le n}|x_j|^2 = \|x\|_\infty^2$

$\therefore \|x\|_\infty \le \|x\|_2 \le \sqrt{n}\|x\|_\infty$

例 11 $C[a, b]$ 表示在 $[a, b]$ 內為連續之所有實函數所成之集合，若 $f(t) \in C[a, b]$，我們定義 $\|f(t)\| = \int_a^b |f(t)|dt$，試證 $\|f(t)\|$ 在 $[a, b]$ 中為範數

解

(1) $\|f(t)\| = \int_a^b |f(t)|dt \ge 0$

(2) $\|kf(t)\| = \int_a^b |kf(t)|dt = |k|\int_a^b |f(t)|dt = |k|\|f(t)\|_1$

(3) $f(t), g(t) \in C[a, b], \|f(t)+g(t)\| = \int_a^b |f(t)+g(t)|dt$

$\le \int_a^b |f(t)|dt + \int_a^b |g(t)|dt = \|f(t)\| + \|g(t)\|$

$\therefore$ $\|f(t)\|$ 在 $C[a, b]$ 為範數。

矩陣範數

由向量範數之觀念、方法擴及矩陣範數，矩陣範數又稱爲 Frobenius 範數以 $\|\cdot\|_F$ 表之，其定義爲

定義

A 為 $m\times n$ 階矩陣，其 Frobenius 範數 $\|A\|_F$ 為：

$$\|A\|_F=\sqrt{(\sum_{j=1}^{n}\sum_{i=1}^{m}a_{ij})^2}$$

有興趣的讀者可參考數值分析或數值線性代數。

習題 6-2

1. $u=(x_1, x_2)^T, v=(y_1, y_2)^T \in R^2$，驗證：
   $\langle u, v\rangle = x_1y_1-2x_2y_2-2x_2y_1+5x_2y_2$ 爲佈於 R^2 之內積空間。

2. $u=(x_1, x_2)^T, v=(y_1, y_2)^T \in R^2$，問 $\langle u, v\rangle = x_1x_2y_1y_2$ 是否爲 R^2 之內積空間。

3. $A=\begin{bmatrix} a_{11} & a_{12} \\ a_{21} & a_{22} \end{bmatrix}$，$B=\begin{bmatrix} b_{11} & b_{12} \\ b_{21} & b_{22} \end{bmatrix}$，若定義 $\langle A, B\rangle = a_{11}b_{11}+a_{12}b_{12}+a_{21}b_{21}+a_{22}b_{22}$，問 A, B 是否可爲 $M_{n\times n}$ 之內積空間？

4. 若 $\langle u, v\rangle = x_1y_1-3x_2y_2-3x_2y_1+kx_2y_2$ 爲佈於 R^2 之內積空間，求 k。

5. V 爲佈於 R 之內積空間，$u, v \in V$，試證：
   (a) $\langle u+v, u-v\rangle = 0$，則 $\|u\| = \|v\|$。
   (b) $\|u+v\|^2+\|u-v\|^2 = 2(\|u\|^2+\|v\|^2)$。

6. 若 V 爲一內積空間，$u, v, w \in V$，(a) 試證 $\langle u, v+w\rangle = \langle u, v\rangle + \langle u, w\rangle, \forall u \in V$ (b)，試證 $\langle u, v-w\rangle = 0$。

7. $(1, 0, 1, -1)^T$，$(0, 1, 1, 1)^T$，驗證 $x \perp y$，求 $\|x\|_1$，$\|x\|_2$，$\|x-y\|_1$，$\|x\|_\infty$，$\|x-y\|_\infty$。

8. $x=(x_1,x_2)^T\in R^2$，試分別求 (a)$\|x\|_2=1$ (b)$1\|x\|_2=1$ (c)$\|x\|_\infty=1$ 之軌跡。

9. 考慮定義於向量空間 R^n 之內積 $\langle x, y\rangle=x^Ty$，A 爲任一 n 階方陣，試證 (a) $\langle Ax, y\rangle=\langle x, A^Ty\rangle$ (b) $\langle A^TAx, x\rangle=\|Ax\|^2$。

10. $x, y, z\in R^2$，試證

(a) $x^Tx\geq 0$ (b) $x^Ty=y^Tx$ (c) $x(y+z)^T=xy^T+xz^T$

11. $x, y, z\in R^2$，若 $x\perp y$，$y\perp z$，問 $x\perp z$ 是否成立？

12. $x, y, z\in R^2$，若 $\|x\|=11$，$\|y\|=23$，$\|x-y\|=20$，求 $\|x+y\|$

6.3 正交性之進一步討論

投影

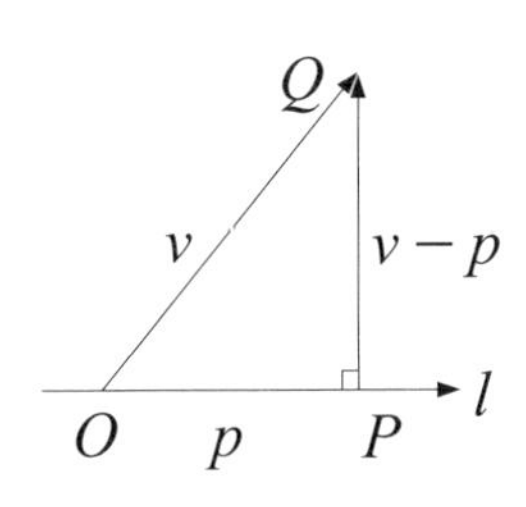

設 l 爲過原點之直線，Q 爲線外之一點，現要在 l 上找一點 P，使得 Q 與 l 之距離爲最小。由幾何知：過 Q 點作垂線 l，其在 l 上之垂足即爲所求。因此，我們的問題變成在 l 上找出點 P，使得 $p \perp (v-p)$。

因此我們引入**投影向量**（vector projection）與**投影純量**（scalar projection）兩個概念。

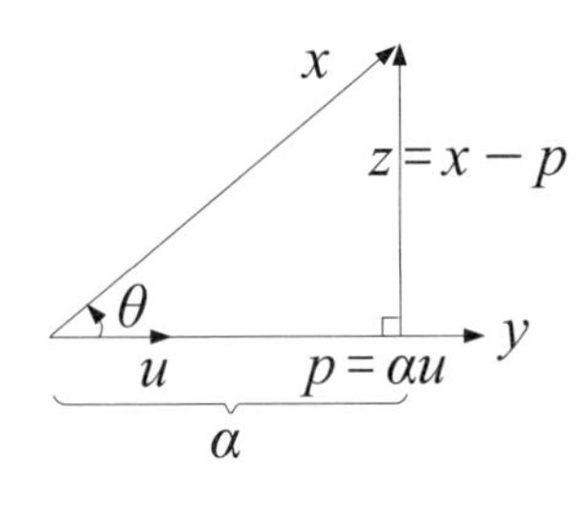

如右圖

$$\alpha=\|x\|\cos\theta=\frac{\|x\|\|y\|}{\|y\|}\cos\theta=\frac{x^Ty}{\|y\|}，$$

稱 α 爲 x **在** y **之投影純量**（scalar projection of x onto y），

而 x **在** y **之投影向量**（vector projection of x onto y）爲

$$p=\alpha u=\frac{x^Ty}{\|y\|}\cdot\frac{y}{\|y\|}=\frac{x^Ty}{y^Ty}y。$$

例 1 $u=[1, 2, -3], v=[1, 1, 2]$ 求 (a)u 在 v 方向之投影純量 a (b) 投影向量 $proj_v\,u$。

解

(a) $\alpha=\dfrac{u^Tv}{\|v\|}=\dfrac{1\cdot1+2\cdot1-3\cdot2}{\sqrt{6}}=\dfrac{-3}{\sqrt{6}}$

(b) $proj_v\,u=\alpha\cdot\dfrac{v}{\|v\|}=\dfrac{-3}{\sqrt{6}}\cdot\dfrac{1}{\sqrt{6}}[1,1,2]=-\dfrac{1}{2}[1,1,2]$

例 2　$x, y \in R^n$，且 x, y 均非零向量，若 x, y 不平行，試證 $x \perp (y - proj_x y)$。

解

$$x^T(y - proj_x y) = x^T\left(y - \frac{y^Tx}{x^Tx}x\right)$$

$$= x^Ty - \underbrace{\frac{y^Tx}{x^Tx}}_{\text{純量}}(x^Tx) = x^Ty - y^Tx = 0$$

$\therefore x \perp (y - proj_x y)$

★例 3　（論例）求直線 l 外一點 P 到 l 之距離。

解

P v x O u Q l

令 Q 為過 P 之直線在 l 上之垂足 $\overrightarrow{QP} = x$，au 為平行 l 之向量（a 為純量），則有

(1) $x = au + v$

(2) $x \perp u \quad \therefore x^Tu = 0$

由 (2)$x^Tu = (au + v)^Tu = au^Tu + v^Tu = 0$

$$\therefore a = -\frac{v^Tu}{u^Tu}$$

$\|x\| = \|au + v\| = \left\| v - \frac{v^Tu}{u^Tu}u \right\|$ 即為所求

例 4　求 $y = 2x$ 上最接近 (2, 5) 之點。

解

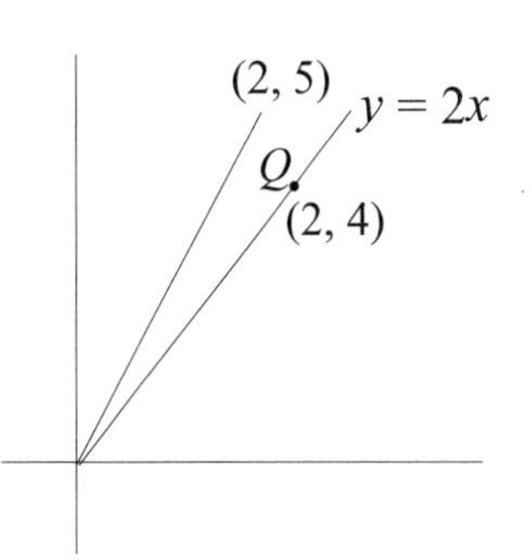

在 $y = 2x$ 上任取一點 (2, 4) 則形成一個**位置向量**（position vector）$w = [2, 4]^T$，令 $v = [2, 5]^T$，

設 $y = 2x$ 上點 $Q(a, b)$ 離 (2, 5) 最近

$$[a, b]^T = \left(\frac{v^T w}{w \cdot w}\right) w = \frac{24}{20} \cdot [2, 4]$$
$$= [2.4, 4.8]^T$$

再將位置向量 $[a, b]^T$ 轉換成坐標 (2.4, 4.8)

正交補餘

正交補餘（orthogonal complement）是延續前面之正交觀念。

> **定義**
>
> W 為 R^n 之子空間，W 之**正交補餘**記做 $W^\perp$，
>
> $$W^\perp = \{x \in R^n \mid x^T w = 0,\ \forall w \in W\}$$
> $$= \{x \in R^n \mid \langle x, \omega \rangle = 0 \forall \omega \in W\}$$

因此 $\boldsymbol{Y}^\perp$ **是** $\boldsymbol{R}^n$ **與** $\boldsymbol{W}$ **中每一向量正交之所有向量所成之集合**。依定義，我們不難得知 $V^\perp = \{\mathbf{0}\}$，$V = \{\mathbf{0}\}^\perp$（$\because V^\perp = \{x \in R^n \mid <x, \mathbf{0}> = 0, \forall \mathbf{0} \in \{\mathbf{0}\}$），由定理 C（見第 353 頁）亦可知 $\{\mathbf{0}\}^\perp = V$（$\because V^\perp = \{\mathbf{0}\}$，$V = (V^\perp)^\perp = \{\mathbf{0}\}^\perp$）

它的幾何意義，以 3 維空間為例，一條直線之正交補餘是一個平面，而一個平面之正交補餘是一個直線。

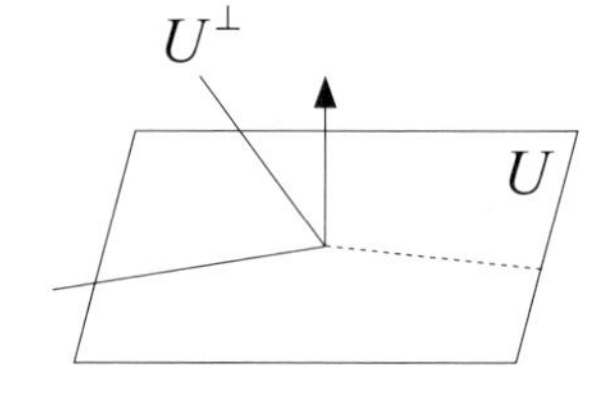

例 5 U, W 為 R^3 之子空間，$U = \text{span}\{e_1\}, W = \text{span}\{e_2\}$，問 (a) U, W 是否正交 (b) $U^\perp, W^\perp$ ？

解

(a) $U = \text{span}\{e_1\} = \begin{pmatrix} 1 \\ 0 \\ 0 \end{pmatrix}$，$W = \text{span}\{e_2\} = \begin{pmatrix} 0 \\ 1 \\ 0 \end{pmatrix}$

$\therefore U \cdot W = 0$，即 U, W 正交

(b) $U^{\perp} = \{e_2, e_3\}$，$W^{\perp} = \{e_1, e_3\}$，$e_1 = (1, 0, 0)^T$，$e_2 = (0, 1, 0)^T$，$e_3 = (0, 0, 1)^T$

例 6 設 W 為 R^3 之子空間且 $W = \text{span}\{(1, -1, 2)^T\}$，求 (a) $W^{\perp}$之一個基底 (b) $W^{\perp}$ 的幾何意義。

解

(a) 設 $u = (x_1, x_2, x_3)^T$，則

$\langle u, (1, -1, 2)^T \rangle = x_1 - x_2 + 2x_3 = 0$

令 $x_3 = t, x_2 = s, x_1 = t - 2s$

$$\therefore \begin{pmatrix} x_1 \\ x_2 \\ x_3 \end{pmatrix} = \begin{pmatrix} t-2s \\ s \\ t \end{pmatrix} = t\begin{pmatrix} 1 \\ 0 \\ 1 \end{pmatrix} + s\begin{pmatrix} -2 \\ 1 \\ 0 \end{pmatrix}$$

即 $W^{\perp}$ 之一個基底為 $\{(1, 0, 1)^T, (-2, 1, 0)^T\}$

(b) $W^{\perp}$ 是所有法向量為 w 之平面

例 7 設 W 為 R^3 之子空間且 $W = \text{span}\{(1, -1, 2)^T, (2, -1, 0)^T\}$，求 $W^{\perp}$ 之一個基底。

解

設 $u = (x_1, x_2, x_3)^T$，則

$\langle u, (1, -1, 2)^T \rangle = x_1 - x_2 + 2x_3 = 0$

$\langle u, (2, -1, 0)^T \rangle = 2x_1 - x_2 + 0x_3 = 0$

$$\left[\begin{array}{ccc|c} 1 & -1 & 2 & 0 \\ 2 & -1 & 0 & 0 \end{array}\right] \to \left[\begin{array}{ccc|c} 1 & -1 & 2 & 0 \\ 0 & 1 & -4 & 0 \end{array}\right] \to \left[\begin{array}{ccc|c} 1 & 0 & -2 & 0 \\ 0 & 1 & -4 & 0 \end{array}\right]$$

令 $x_3 = t$，則 $x_2 = 4t, x_1 = 2t$，$(x_1, x_2, x_3)^T = t(2, 4, 1)^T$

$\therefore W^\perp$ 之一個基底為 $\{(2, 4, 1)^T\}$

隨堂演練

若 $W = \{(1, 2, 3), (1, 0, 1)\}$ 求 $W^\perp$之一個基底。

Ans. $\{(-1, -1, 1\}^T\}$

例 8 若 $W = \{(x, y) | 3x - y = 0\}$，求 $W^\perp$

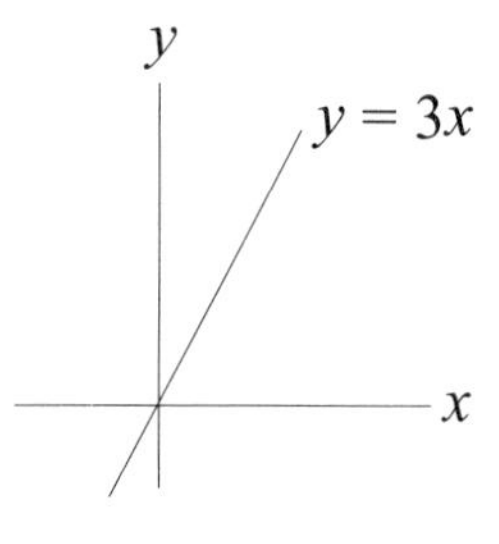

解

顯然 $W^\perp = \{(x, y) | x + 3y = 0\}$

若例 4 之 W 改為 $W = \{(x, y) | 3x - y = 6\}$

則 $W^\perp = \{(0, 0)\}$

> **定理 A** X, Y 均為 R^n 之**正交**子空間，則
> (1) 若 $X \perp Y$ 則 $X \cap Y = \{\mathbf{0}\}$。
> (2) $Y^\perp$ 為 R^n 之子空間。

證

(1) 若 $x \in X \cap Y$，則因 $X \perp Y$ 有 $\|x\|^2 = x^T x = 0 \Rightarrow x = \mathbf{0}$

即 $X \cap Y = \{\mathbf{0}\}$

(2) (i) 若 $x \in Y^\perp$，α 為純量，則 $(\alpha x)^T y = \alpha (x^T y) = \alpha \cdot 0 = 0$

$\therefore ax \in Y^\perp$

(ii) 若 $x_1, x_2 \in Y^\perp$ 則 $(x_1 + x_2)^T y = x_1^T y \quad x_2^T y = 0 + 0 = 0$，$\forall y \in Y$

$\therefore x_1 + x_2 \in Y^\perp$

由 (i), (ii)，$Y^{\perp}$ 為 R^n 之子空間。 ■

定理 B　**基本子空間定理**（fundamental subspaces theorem）A 為 $m\times n$ 階矩陣，則 $N(A)=R(A^T)^{\perp}$，$N(A^T)=R(A)^{\perp}$。

證

(1) $N(A)=R(A^T)^{\perp}$ 之證明：

若 $x\in N(A)$ 則 $Ax=\mathbf{0}$，$y\in R(A^T)$ 則存在一個 z 使得 $A^Tz=y$

$\therefore\ x^Ty=x^TA^Tz=(Ax)^Tz=0$

得 $N(A)\perp R(A^T)$，即 $N(A)=R(A^T)^{\perp}$

(2) $N(A^T)=R(A)^{\perp}$ 之證明：

取 $B=A^T$，由 (1)

$N(A^T)=N(B)=R(B^T)^{\perp}=R(A)^{\perp}$ ■

定理 C　W 為 R^n 之子空間，則 (1) $\dim W+\dim W^{\perp}=n$。(2) 若 $\{x_1, x_2, \cdots x_r\}$ 為 W 之一個基底，$\{x_{r+1}, x_{r+2}, \cdots x_n\}$ 為 $W^{\perp}$ 之一個基底則 $\{x_1, x_2, \cdots x_r, x_{r+1} \cdots x_n\}$ 為 R^n 之一個基底。(3)$R^n=W\oplus W^{\perp}$。

證（定理 C 之證明可略之）

(1) ① $W=\{\mathbf{0}\}$ 則 $W^{\perp}=R^n$ $\therefore \dim W+\dim W^{\perp}=0+n=n$

② $W\neq\{\mathbf{0}\}$，$\{x_1, x_2, \cdots x_r\}$ 為 W 之一個基底，因此 $\dim W=r$。令 A 為一 $r\times n$ 矩陣，A 之第 i 列為 x_i^T，$i=1, 2, \cdots r$，因此 A 滿足 $\text{rank}(A)=r$, $R(A^T)=W$ 由定理 B

$W^{\perp}=R(A^T)^{\perp}=N(A)$

$\therefore \dim W^{\perp}=\dim N(A)=n-r$

從而 $\dim W + \dim W^{\perp} = n$

(2) $\{x_1, x_2, \cdots x_r\}$ 為 W 之一組基底，$\{x_{r+1}, x_{r+2}, \cdots x_n\}$ 為 $W^{\perp}$ 之一組基底則 $\{x_1 \cdots x_n\}$ 為 R^n 之一組基底：

我們只需證明 $x_1, x_2, \cdots x_n$ 為 LIN。即 $c_1x_1 + c_2x_2 + \cdots + c_rx_r + c_{r+1}x_{r+1} + \cdots + c_nx_n = 0 \Rightarrow c_1 = c_2 = \cdots = c_n = 0$：

設 $y = c_1x_1 + \cdots + c_rx_r$，$z = c_{r+1}x_{r+1} + \cdots + c_nx_n$，

但 $y + z = 0$，從而 $y = -z$

因此 $y, z \in W \cap W^{\perp} = \{\mathbf{0}\}$

故 $c_1x_1 + c_2x_2 + \cdots + c_rx_r = 0$

$c_{r+1}x_{r+1} + c_{r+2}x_{r+2} + \cdots + c_nx_n = 0$

$\because x_1, x_2, \cdots x_r$ 為 LIN　$\therefore c_1 = c_2 = \cdots = c_r = 0$

同理 $c_{r+1} = \cdots = c_n = 0$

因此，$x_1, x_2, \cdots x_n$為LIN，故$\{x_1, x_2, \cdots x_n\}$為R^n之一組基底。

(3) $R^n = W \oplus W^{\perp}$：

令 $x = c_1x_1 + c_2x_2 + \cdots + c_rx_r + c_{r+1}x_{r+1} + \cdots + x_n$，其中 $\{x_1, x_2, \cdots x_r\}$ 為 W 之基底，$\{x_{r+1}, \cdots x_n\}$ 為 $W^{\perp}$ 之基底。

令 $y = c_1x_1 + c_2x_2 + \cdots + c_rx_r$，$z = c_{r+1}x_{r+1} + \cdots + c_nx_n$ 則 $x = y + z$，$y \in W$，$z \in W^{\perp}$

現要證明若$x = u + v$則$u = y$，$v = z$（即證明加法之惟一性）

$y + z = x = u + v$，其中 $u \in W$，$v \in W^{\perp}$

$\therefore y - u \in W$，$z - v \in W^{\perp}$，顯然 $y - u \in W \cap W^{\perp}$ 且 $z - v \in W \cap W^{\perp}$（$\because y - u = z - v$）

但 $W \cap W^{\perp} = \{\mathbf{0}\}$

$\therefore y = u$，$z = v$ ■

> **定理 D** S，W 均為 R^n 之子空間：
> (1) 若 $W \subseteq S$，則 $S^\perp \subseteq W^\perp$
> (2) $(S^\perp)^\perp = S$

證明

(1) $x \in S$，則 $x^T y = 0$，$\forall y \in S^\perp$，又 $W \subseteq S$，$\therefore x^T y = 0, \forall y \in W^\perp$，故 $S^\perp \subseteq W^\perp$

(2)「$\Rightarrow$」若 $x \in S$，則 $x^T y = 0$，$\forall y \in S^\perp$ $\therefore x \in (S^\perp)^\perp$，從而 $S \subseteq (S^\perp)^\perp$

「$\Leftarrow$」$\because S^\perp$ 為 R^n 之子空間 $\therefore n = \dim S^\perp + \dim (S^\perp)^\perp$

又由定理 C，$n = \dim S + \dim S^\perp$

$\therefore \dim(S) = \dim(S^\perp)^\perp$ 若 $z \in (S^\perp)^\perp$

又由「$\Rightarrow$」$S \subseteq (S^\perp)^\perp$，由定理 3.4L，$(S^\perp)^\perp = S$ ■

★最小平方解

當我們面對一個方程式比未知數爲多之方程組時，這種方程組通常是無解，此時**最小平方解**（least squares solution）是一個解決之方式。

給定方程組 $Ax = b$，A 爲 $m \times n$ 矩陣，$m > n$，$x \in R^n$，現在我們要找一組向量 x 使得 Ax **接近**（close）b，$b \in R^m$。

首先我們定義**殘值**（residual）$r(x) = b - Ax$，則 b 與 Ax（$Ax \in R^m$）之距離爲 $\|b - Ax\| = \|r(x)\|$，其次我們要找一個向量 $x \in R^n$ 使得 $\|r(x)\|$ 爲最小，也就是使 $\|r(x)\|^2$ 爲最小，這個解以 $\hat{x}$ 表示，特稱 $\hat{x}$ 爲 $Ax = b$ 之最小平方解。

最小平方問題是「找一個 $\hat{x}$ 使得 $A\hat{x}$ 要儘可能趨近 b」，若

W 是 A 之行空間，則 W 之所有向量中最接近 b 的是 projw b，即 W 之所有向量 W 中，$\|b - W\|$ 在 w = projw b 時有最小值，因此最小平方問題又變成「找一個 $\hat{x}$ 使得 $A\hat{x}$ = projw b」，又 b − projw b $= b - A\hat{x}$ 與 W 之所有向量正交，因此 $b - A\hat{x}$ 與 A 之各行正交

$\therefore A^T(A\hat{x} - b) = \mathbf{0}$，即 $A^TA\hat{x} = A^Tb$，$A^TA\hat{x} = A^Tb$ 之 $\hat{x}$ 爲 $Ax = b$ 之**最小平方解**（least square solution），而 $A^TA\hat{x} = A^Tb$ 特稱爲**正規方程式**（normal equation）。

定理 E 若 A 為 $m \times n$ 階矩陣，rank$(A) = n$，則正規方程式 $(A^TA)\hat{x} = A^Tb$ 有惟一之最小平方解 $\hat{x} = (A^TA)^{-1}A^Tb$

證

我們只需證 A^TA 為非奇異，亦即我們只需證 $A^TAx = \mathbf{0}$ 只有一個零解：$A^TAx = \mathbf{0} \Rightarrow x^TA^TAx = \mathbf{0}$，$\therefore (Ax)^T(Ax) = \mathbf{0}$ 得 $Ax = \mathbf{0}$。又 rank$(A) = n$，因此 $x = \mathbf{0}$

$\therefore A^TA$ 為非奇異，從而 $A^TAx = A^Tb$ 有惟一解 $\hat{x} = (A^TA)^{-1}A^Tb$ ■

例 9 解 $\begin{cases} x_1 + x_2 = 2 \\ x_1 + 2x_2 = 3 \\ 0x_1 + 0x_2 = 1 \end{cases}$ (a) 求最小平方解 $\hat{x}$ (b) 投影矩陣 (c) 殘差 $r(\hat{x})$ (d) 驗證 $r(\hat{x}) \in N(A^T)$。

解

(a) $A = \begin{bmatrix} 1 & 1 \\ 1 & 2 \\ 0 & 0 \end{bmatrix}$

$\because$ rank$(A) = 2$

$\therefore$ $AX = b$ 有惟一最小平方解 $\hat{x}$

$$\hat{x} = (A^TA)^{-1}A^Tb$$

$$= \left(\begin{bmatrix}1 & 1 & 0\\1 & 2 & 0\end{bmatrix}\begin{bmatrix}1 & 1\\1 & 2\\0 & 0\end{bmatrix}\right)^{-1}\begin{bmatrix}1 & 1 & 0\\1 & 2 & 0\end{bmatrix}\begin{bmatrix}2\\3\\1\end{bmatrix}$$

$$= \begin{bmatrix}2 & 3\\3 & 5\end{bmatrix}^{-1}\begin{bmatrix}1 & 1 & 0\\1 & 2 & 0\end{bmatrix}\begin{bmatrix}2\\3\\1\end{bmatrix}$$

$$= \begin{bmatrix}5 & -3\\-3 & 2\end{bmatrix}\begin{bmatrix}1 & 1 & 0\\1 & 2 & 0\end{bmatrix}\begin{bmatrix}2\\3\\1\end{bmatrix} = \begin{bmatrix}1\\1\end{bmatrix}$$

$$\therefore \hat{x} = \begin{bmatrix}1\\1\end{bmatrix}$$

(b) $p = A\hat{x} = \begin{bmatrix}1 & 1\\1 & 2\\0 & 0\end{bmatrix}\begin{bmatrix}1\\1\end{bmatrix} = \begin{bmatrix}2\\3\\0\end{bmatrix}$

(c) $r(\hat{x}) = b - A\hat{x} = \begin{bmatrix}2\\3\\1\end{bmatrix} - \begin{bmatrix}2\\3\\0\end{bmatrix} = \begin{bmatrix}0\\0\\1\end{bmatrix}$

(d) $A^T \cdot r(\hat{x}) = \begin{bmatrix}1 & 1 & 0\\1 & 2 & 0\end{bmatrix}\begin{bmatrix}0\\0\\1\end{bmatrix} = \begin{bmatrix}0\\0\end{bmatrix}$

$\therefore r(\hat{x}) \in N(A^T)$

隨堂演練

驗證 $\begin{cases}3x = 2\\x = 3\end{cases}$ 之最小平方解 $\hat{x} = \dfrac{9}{10}$

例 10 用最小平方法求在 (0, 1) 中最接近 $y = x^2$ 之常數函數

解

設 $y = c$ 是 (0, 1) 中最接近 $y = x^2$ 之常數函數的最小平方解，那麼它必須滿足

$$h(c) = \int_0^1 (c - x^2)^2 dx = c^2 - \frac{2}{3}c + \frac{1}{5}$$

$h'(c) = 2c - \frac{2}{3} = 0 \quad \therefore c = \frac{1}{3}$，即 $y = \frac{1}{3}$ 是所求之最小平方解

習題 6-3

1. (1) S 為 R^4 之子空間，S 由 $x_1=(1, 0, -1, 1)^T$，$x_2=(2, 1, -1, 1)^T$ 所生成，求 $S^\perp$ 之一個基底。

   (2) 求下列 W 之正交補集 $W^\perp$ 的基底

   (a) $W=\{(1, 2, 3)\}$

   (b) W = {(1, 2, 3), (1, 0, 1)}

2. 用二種方法求 $\begin{cases} x \quad\ = 1 \\ \quad y = 1 \\ x+y=0 \end{cases}$ 之最小平方解 (a) 直接用定理 G

   (b) 求 $\|Ax-b\|^2$ 之極小值以定出最小平方解。

3. 設 $P=A\,(A^TA)^{-1}A^T$，其中 A 為 $m\times n$ 階矩陣，$\text{rank}(A)=n$，試證 (a)$P^n=P$，$n=1, 2\cdots\cdots$　(b)P 為對稱陣　(c)$Pb=b$，$b\in R(A)$　(d) 若 $b\in R\,(A)^\perp$，則 $Pb=\mathbf{0}$。

4. $\begin{cases} x=1 \\ y=2 \\ x+y=4 \end{cases}$，求 (a) 最小平方解 $\hat{x}$　(b) 投影向量　(c) 殘差 $r(\hat{x})$

   (d) 驗證 $r\,(\hat{x})\in N\,(A^T)$。

5. 利用微分法求 n 個點 $(x_1, y_1)\cdots(x_n, y_n)$ 至擬合曲直線 $y=ax+b$，之距離平方和為最小之 a, b 值（提示求對 a, b 行偏微分以求 $D=\sum_{i=1}^{\hat{n}}(y_i-(ax_i+b))^2$ 之極小值）

6.4 Gram-Schmidt正交過程與QR分解

V 爲一內積空間，Gram-Schmidt 正交過程是應用投影將 V 中之一個基底 $\{x_1, x_2 \cdots x_n\}$ 轉換成**正交正則基底**（orthonormal basis）的方法。

單範正交集

定義

V 為內積空間，$v_1, v_2 \cdots v_n$ 為 V 內之向量，若 $\langle v_i, v_j\rangle = 0$，對所有 $i \neq j$ 均成立，則稱 $\{v_1, v_2 \cdots v_n\}$ 為**正交集**（orthogonal set）。

若 $\{v_1, v_2 \cdots v_n\}$ 爲定義於內積空間 V 之正交集，由定理 6.2B 知 $v_1, v_2 \cdots v_n$ 爲 LIN。這是一個重要結果。

定義

集合 $\{u_1, u_2, \cdots u_n\}$ 若滿足 $\langle u_i, u_j\rangle = \begin{cases} 1, & i=j \\ 0, & i\neq j \end{cases}$，則稱 $\{u_1, u_2, \cdots u_n\}$ 為**單範正交集**（orthonormal set）

定理 A　$\{v_1, v_2 \cdots v_n\}$ 為一正交集，$v_1, v_2 \cdots v_n \neq \mathbf{0}$

(1) 若 $u_i = \left(\dfrac{1}{\|v_i\|}\right)v_i$，$i = 1, 2 \cdots n$ 則 $\{u_1, u_2 \cdots u_n\}$ 爲單範正交集。

(2) 若 $\{u_1, u_2 \cdots u_n\}$ 為內積空間 V 之單範正交集，$v=\sum_{i=1}^{n} c_i u_i$ 則 $\langle u_i, v\rangle = c_i$

■ 證

$$(1)\ \langle u_i, u_j\rangle = \left\langle \frac{v_i}{\|v_i\|} \cdot \frac{v_j}{\|v_j\|} \right\rangle = \frac{1}{\|v_i\|\,\|v_j\|}\langle v_i, v_j\rangle = \begin{cases} 1，i=j \\ 0，i\neq j \end{cases}$$

$$(2)\ \langle u_i, v\rangle = \left\langle u_i, \sum_{j=1}^{n} c_j u_j \right\rangle = \sum_{j=1}^{n} c_j \langle u_i, u_j\rangle = \begin{cases} c_i，i=j \\ 0，i\neq j \end{cases}$$ ■

定理A之(1)表明了，如何將一個正交集轉換成單範正交集。

推論 A1 若 $\{u_1, u_2 \cdots u_n\}$ 是內積空間 V 之單範正交集，令 $v=\sum_{i=1}^{n} c_i u_i$ 則 $\|v\|^2 = \sum_{i=1}^{n} c_i^2$

■ 證

我們先證，若 $u=\sum_{i=1}^{n} a_i u_i$，$v=\sum_{i=1}^{n} b_i u_i$ 則 $\langle u, v\rangle = \sum_{i=1}^{n} a_i b_i$：

$$\langle u, v\rangle = \left\langle \sum_{i=1}^{n} a_i u_i, v \right\rangle = \sum_{i=1}^{n} a_i \langle u_i, v\rangle = \sum_{i=1}^{n} a_i \left\langle u_i, \sum_{i=1}^{n} b_i u_i \right\rangle \overset{\text{定理 A}}{=\!=\!=} \sum_{i=1}^{n} a_i b_i$$

有了上述結果，我們便可證：

$$v=\sum_{i=1}^{n} c_i u_i \quad \therefore \|v\|^2 = \langle v, v\rangle = \left\langle \sum_{i=1}^{n} c_i u_i, \sum_{i=1}^{n} c_i u_i \right\rangle = \sum_{i=1}^{n} c_i^2$$ ■

推論 A.1 即是著名的 Parseval 定理，它在 Fourier 級數上極爲重要。

Gram-Schmidt正交過程

$\{x_1, x_2 \cdots x_n\}$ 為 V 為內積空間的一個基底，我們將其轉換成單範正交基底 $\{u_1, u_2 \cdots u_n\}$。我們由 $k = 1, 2 \cdots n$，以遞迴方式逐步建立。

Gram-Schmidt 正交過程之步驟絕非橫空出世，因其背後之先備知識 、觀念較複雜，在此只將結果摘述如下：

（演算步驟）

設 $\{v_1, v_2, \cdots\cdots v_n\}$ 為內積空間 V 之基底，令

$$u_1 = v_1$$

$$u_2 = v_2 - \frac{\langle v_2, u_1 \rangle}{\langle u_1, u_1 \rangle} u_1$$

$$u_3 = v_3 - \frac{\langle v_3, u_1 \rangle}{\langle u_1, u_1 \rangle} u_1 - \frac{\langle v_3, u_2 \rangle}{\langle u_2, u_2 \rangle} u_2$$

$$u_k = v_k - \sum_{i=1}^{k-1} \frac{\langle v_k, u_i \rangle}{\langle u_i, u_i \rangle} u_i \text{，} k = 2, 3 \cdots\cdots n$$

則 $\{u_1, u_2, \cdots\cdots u_k\}$ 為內積空間 V 之**正交基底**（orthogonal basis），以上之過程稱為 Gram-Schmidt **正交過程**（Gram-Schmidt orthogonalization process）。

例 1 在 R^4 中之一子空間為三個向量 $v_i = (1, -1, 1, -1)^T$，$v_2 = (5, 1, 1, 1)^T$ 及 $v_3 = (-3, -1, 1, -3)^T$ 所生成，試求單範正交基底。

解

應用 Gram-Schmidt 直交過程

$$y_1 = v_1 = (1, -1, 1, -1)^T$$

$$y_2 = v_2 - \frac{\langle v_2, y_1 \rangle}{\langle y_1, y_1 \rangle} y_1$$

$$= (5,1,1,1)^T - \frac{\langle (5,1,1,1)^T, (1,-1,1,-1)^T \rangle}{\langle (1,-1,1,-1)^T, (1,-1,1,-1)^T \rangle}$$

$$(1,-1,1,-1)^T$$

$$= (5,1,1,1)^T - \frac{4}{4}(1,-1,1,-1)^T = (4,2,0,2)^T$$

$$y_3 = v_3 - \frac{\langle v_3, y_1 \rangle}{\langle y_1, y_1 \rangle} y_1 - \frac{\langle v_3, y_2 \rangle}{\langle y_2, y_2 \rangle} y_2$$

$$= (-3,-3,1,-3)^T - \frac{\langle (-3,-3,1,-3), (1,-1,1,-1) \rangle}{\langle (1,-1,1,-1), (1,-1,1,-1) \rangle}$$

$$\cdot (1,-1,1-1)^T - \frac{\langle (-3,-3,1,-3)^T, (4,2,0,2)^T \rangle}{\langle (4,2,0,2)^T, (4,2,0,2)^T \rangle}$$

$$\cdot (4,2,0,2)^T$$

$$= (-3,-3,1,-3)^T - \frac{4}{4}(1,-1,1,-1)^T + \frac{24}{24}(4,2,0,2)^T$$

$$= (0,0,0,0)$$

因 y_1, y_2 為異於 0 之向量 $\therefore \{y_1, y_2\}$ 為此子空間之正交基底求單範正交基底，我們將予以單位化：

$$\frac{y_1}{\|y_1\|} = \frac{1}{2}(1,-1,1,-1)^T = \left(\frac{1}{2}, -\frac{1}{2}, \frac{1}{2}, -\frac{1}{2}\right)^T$$

$$\frac{y_2}{\|y_2\|} = \frac{1}{2\sqrt{6}}(4,2,0,2)^T = \left(\frac{2}{\sqrt{6}}, \frac{1}{\sqrt{6}}, 0, \frac{1}{\sqrt{6}}\right)^T$$

即 $\left(\frac{1}{2}, -\frac{1}{2}, \frac{1}{2}, -\frac{1}{2}\right)^T$ 及 $\left(\frac{2}{\sqrt{6}}, \frac{1}{\sqrt{6}}, 0, \frac{1}{\sqrt{6}}\right)^T$ 為此子空間之單範正交基底

例 2 設一 R^3 之子空間為 $x_1 = (1, 1, 1)^T$，$x_2 = (1, 0, 1)^T$ 及 $x_3 = (3, 2, 3)^T$ 所生成，試求其單範正交基底。

解

$$y_1 = x_1 = (1,1,1)^T$$

$$y_2=x_2-\frac{\langle x_2,y_1\rangle}{\langle y_1,y_1\rangle}y_1$$
$$=(1,0,1)^T-\frac{\langle(1,0,1)^T,(1,1,1)^T\rangle}{\langle(1,1,1)^T,(1,1,1)^T\rangle}(1,1,1)^T$$
$$=(1,0,1)^T-\frac{2}{3}(1,1,1)^T$$
$$=\left(\frac{1}{3},-\frac{2}{3},\frac{1}{3}\right)^T$$
$$y_3=x_3-\frac{\langle x_3,y_1\rangle}{\langle y_1,y_1\rangle}y_1-\frac{\langle x_3,y_2\rangle}{\langle y_2,y_2\rangle}y_2$$
$$=(3,2,3)^T-\frac{\langle(1,0,1)^T,(1,1,1)^T\rangle}{\langle(1,1,1)^T,(1,1,1)^T\rangle}(1,1,1)^T$$
$$-\frac{\left\langle(3,2,3)^T,\left(\frac{1}{3},-\frac{2}{3},\frac{1}{3}\right)^T\right\rangle}{\left\langle\left(\frac{1}{3},-\frac{2}{3},\frac{1}{3}\right)^T,\left(\frac{1}{3},-\frac{2}{3},\frac{1}{3}\right)^T\right\rangle}\left(\frac{1}{3},-\frac{2}{3},\frac{1}{3}\right)^T$$
$$=(3,2,3)^T-\frac{8}{3}(1,1,1)^T-\frac{\frac{2}{3}}{\frac{2}{3}}\left(\frac{1}{3},-\frac{2}{3},\frac{1}{3}\right)^T$$
$$=(0,0,0)^T$$

∴ $\{y_1, y_2\}$ 為此子空間之正交基底，因此此子空間之單範正交基底為：

$$\frac{y_1}{\|y_1\|}=\frac{1}{\sqrt{3}}(1,1,1)^T=\left(\frac{1}{\sqrt{3}},\frac{1}{\sqrt{3}},\frac{1}{\sqrt{3}}\right)^T$$
$$\frac{y_2}{\|y_2\|}=\left(\frac{1}{\sqrt{6}},\frac{-2}{\sqrt{6}},\frac{1}{\sqrt{6}}\right)^T$$

例 3 W 為 R^3 之子空間，其單範正交基底為 $\{w_1, w_2\}$，$w_1=\left(\frac{2}{3},-\frac{1}{3},\frac{2}{3}\right)^T$，$w_2=\left(\frac{1}{\sqrt{2}},0,\frac{-1}{\sqrt{2}}\right)^T$，$v=(1,1,1)^T$，求 (a)$proj_w v$ (b) 向量 u，u 與 W 之所有向量均正交 (c)v 到 W 之距離。

解

(a) $proj_w v = \dfrac{v \cdot w_1}{w_1 \cdot w_1} w_1 + \dfrac{v \cdot w_2}{w_2 \cdot w_2} w_2 = w_1 + 0w_2$

$= \left(\dfrac{2}{3}, -\dfrac{1}{3}, \dfrac{2}{3}\right)^T$

(b) $u = v - proj_w v = (1, 1, 1)^T - \left(\dfrac{2}{3}, -\dfrac{1}{3}, \dfrac{2}{3}\right)^T = \left(\dfrac{1}{3}, \dfrac{4}{3}, \dfrac{1}{3}\right)^T$

(c) $\|u\| = \|v - proj_w v\| = \sqrt{2}$

QR分解

A 爲一矩陣，則存在一個直交陣 Q 及上三角陣 R，使得 $A = QR$。我們以三階方陣爲例說明其過程：

若 $A = [v_1, v_2, v_3]$，令 $r_{12} = \dfrac{\langle v_2, u_1 \rangle}{\langle u_1, u_1 \rangle}$，$r_{13} = \dfrac{\langle v_3, u_1 \rangle}{\langle u_1, u_1 \rangle}$，$r_{23} = \dfrac{\langle v_3, u_2 \rangle}{\langle u_2, u_2 \rangle}$ 則由 Gram-Schmidt 正交過程，

$u_1 = v_1$，　　$v_1 = u_1$

$u_2 = v_2 - \dfrac{\langle v_2, u_1 \rangle}{\langle u_1, u_1 \rangle} u_1$，　　$v_2 = r_{12} u_1 + u_2$

$u_3 = v_3 - \dfrac{\langle v_3, u_1 \rangle}{\langle u_1, u_1 \rangle} u_1 - \dfrac{\langle v_3, u_2 \rangle}{\langle u_2, u_2 \rangle} u_2$，$v_3 = r_{13} u_1 + r_{23} u_2 + u_3$

取 $Q = \left[\dfrac{u_1}{\|u_1\|}, \dfrac{u_2}{\|u_2\|}, \dfrac{u_3}{\|u_3\|}\right]$

$$則\ A = \underbrace{\left[\dfrac{u_1}{\|u_1\|}, \dfrac{u_2}{\|u_2\|}, \dfrac{u_3}{\|u_3\|}\right]}_{Q} \underbrace{\begin{bmatrix} \|u_1\| & \|u_1\| r_{12} & \|u_1\| r_{13} \\ 0 & \|u_2\| & \|u_2\| r_{23} \\ 0 & 0 & \|u_3\| \end{bmatrix}}_{R}$$

若 A 爲一方陣，我們由 Gram-Schmidt 正交過程可求得 Q，則 $A = QR$，所以 $R = Q^{-1}A = Q^T A$。

例 4 求 $A=\begin{bmatrix}1&1\\1&0\end{bmatrix}$ 之 QR 分解

解

$$A=\begin{bmatrix}1&1\\1&0\end{bmatrix} \text{則 } v_1=\begin{bmatrix}1\\1\end{bmatrix},\ v_2=\begin{bmatrix}1\\0\end{bmatrix}$$

$$1^\circ \quad u_1=v_1=\begin{bmatrix}1\\1\end{bmatrix} \quad \therefore \|u_1\|=\sqrt{2},\ Q_1=\frac{u_1}{\|u_1\|}=\begin{bmatrix}\frac{1}{\sqrt{2}}\\ \frac{1}{\sqrt{2}}\end{bmatrix},$$

$$R_1=\begin{bmatrix}\|u_1\|\\0\end{bmatrix}=\begin{bmatrix}\sqrt{2}\\0\end{bmatrix},$$

$$2^\circ \quad u_2=v_2-\frac{\langle v_2,u_1\rangle}{\langle u_1,u_1\rangle}u_1$$

$$=\begin{bmatrix}1\\0\end{bmatrix}-\underbrace{\frac{1}{2}}_{r_{12}}\begin{bmatrix}1\\1\end{bmatrix}=\begin{bmatrix}\frac{1}{2}\\-\frac{1}{2}\end{bmatrix},\ \|u_2\|=\frac{1}{\sqrt{2}}$$

$$Q_2=\frac{u_2}{\|u_2\|}=\begin{bmatrix}\frac{\sqrt{2}}{2}\\-\frac{\sqrt{2}}{2}\end{bmatrix},\ R_2=\begin{bmatrix}\|u_1\|r_{12}\\ \|u_2\|\end{bmatrix}=\begin{bmatrix}\sqrt{2}\left(\frac{1}{2}\right)\\ \frac{1}{\sqrt{2}}\end{bmatrix}=\begin{bmatrix}\frac{\sqrt{2}}{2}\\ \frac{\sqrt{2}}{2}\end{bmatrix}$$

$$\therefore A=\begin{bmatrix}1&1\\1&0\end{bmatrix}=\begin{bmatrix}\frac{1}{\sqrt{2}}&\frac{\sqrt{2}}{2}\\ \frac{1}{\sqrt{2}}&-\frac{\sqrt{2}}{2}\end{bmatrix}\begin{bmatrix}\sqrt{2}&\frac{\sqrt{2}}{2}\\0&\frac{\sqrt{2}}{2}\end{bmatrix}$$

例 5 $A=\begin{bmatrix}1&2&3\\0&1&1\\1&4&6\end{bmatrix}$ 作 QR 分解。

解

$$v_1=\begin{bmatrix}1\\0\\1\end{bmatrix}，v_2=\begin{bmatrix}2\\1\\4\end{bmatrix}，v_3=\begin{bmatrix}3\\1\\6\end{bmatrix}$$

$$1^\circ \quad u_1=v_1=\begin{bmatrix}1\\0\\1\end{bmatrix} \quad \therefore \|u_1\|=\sqrt{2}$$

$$\therefore Q_1=\frac{u_1}{\|u_1\|}=\begin{bmatrix}\frac{1}{\sqrt{2}}\\0\\\frac{1}{\sqrt{2}}\end{bmatrix}, R_1=\begin{bmatrix}\|u_1\|\\0\\0\end{bmatrix}=\begin{bmatrix}\sqrt{2}\\0\\0\end{bmatrix}$$

$$2^\circ \quad u_2=v_2-\frac{\langle v_2,u_1\rangle}{\langle u_1,u_1\rangle}u_1=\begin{bmatrix}2\\1\\4\end{bmatrix}-\underbrace{\frac{6}{2}}_{r_{12}}\begin{bmatrix}1\\0\\1\end{bmatrix}=\begin{bmatrix}-1\\1\\1\end{bmatrix}$$

$$\therefore \|u_2\|=\sqrt{3}, r_{12}=3$$

$$Q_2=\frac{u_2}{\|u_2\|}=\begin{bmatrix}-\frac{1}{\sqrt{3}}\\\frac{1}{\sqrt{3}}\\\frac{1}{\sqrt{3}}\end{bmatrix}, R_2=\begin{bmatrix}\|u_1\|r_{12}\\\|u_2\|\\0\end{bmatrix}=\begin{bmatrix}3\sqrt{2}\\\sqrt{3}\\0\end{bmatrix}$$

$$3^\circ \quad u_3=v_2-\frac{\langle v_2,u_1\rangle}{\langle u_1,u_1\rangle}u_1-\frac{\langle v_3,u_2\rangle}{\langle u_2,u_2\rangle}u_2$$

$$=\begin{bmatrix}3\\1\\6\end{bmatrix}-\underbrace{\frac{9}{2}}_{r_{13}}\begin{bmatrix}1\\0\\1\end{bmatrix}-\underbrace{\frac{4}{3}}_{r_{23}}\begin{bmatrix}-1\\1\\1\end{bmatrix}=\begin{bmatrix}-\frac{1}{6}\\-\frac{1}{3}\\\frac{1}{6}\end{bmatrix}$$

$$\therefore \|u_3\| = \frac{1}{\sqrt{6}}$$

$$Q_3 = \frac{u_3}{\|u_3\|} = \begin{bmatrix} -\frac{\sqrt{6}}{6} \\ -\frac{\sqrt{6}}{3} \\ \frac{\sqrt{6}}{6} \end{bmatrix} = \begin{bmatrix} -\frac{1}{\sqrt{6}} \\ -\frac{2}{\sqrt{6}} \\ \frac{1}{\sqrt{6}} \end{bmatrix}$$

$$R_3 = \begin{bmatrix} \|u_1\| r_{13} \\ \|u_2\| r_{23} \\ \|u_3\| \end{bmatrix} = \begin{bmatrix} \sqrt{2} \cdot \frac{9}{2} \\ \sqrt{3} \cdot \frac{4}{3} \\ \frac{1}{\sqrt{6}} \end{bmatrix} = \begin{bmatrix} \frac{9}{\sqrt{2}} \\ \frac{4}{\sqrt{3}} \\ \frac{1}{\sqrt{6}} \end{bmatrix}$$

得 $A = QR = \begin{bmatrix} \frac{1}{\sqrt{2}} & -\frac{1}{\sqrt{3}} & \frac{-1}{\sqrt{6}} \\ 0 & \frac{1}{\sqrt{3}} & \frac{-2}{\sqrt{6}} \\ \frac{1}{\sqrt{2}} & \frac{1}{\sqrt{3}} & \frac{1}{\sqrt{6}} \end{bmatrix} \begin{bmatrix} \sqrt{2} & 3\sqrt{2} & \frac{9}{\sqrt{2}} \\ 0 & \sqrt{3} & \frac{4}{\sqrt{3}} \\ 0 & 0 & \frac{1}{\sqrt{6}} \end{bmatrix}$

習題 *6-4*

1. 若 R^3 之子空間為 $X_1=(1,1,1)^T$、$X_2=(-1,1,-1)^T$ 及 $X_3=(1,0,1)^T$ 所生成，求此子空間之單範正交基底。

2. 若 R^4 之子空間為 $X_1=(1,1,1,1)^T$、$X_2=(2,-1,-1,1)^T$、$X_3=(-1,2,2,1)^T$ 所生成，求此子空間之單範正交基底。

3. 試證 $\langle u_2, u_1\rangle=0$。

4. 求 $A=\begin{bmatrix}0&0&1\\0&1&1\\1&1&1\end{bmatrix}$ 之 QR 分解。

5. 求 $A=\begin{bmatrix}\cos\theta&\sin\theta\\\sin\theta&0\end{bmatrix}$ 之 QR 分解。

6.5 奇異值分解（SVD）

奇異值分解（singular value decomposition，簡稱 SVD）是線性代數中一個重要分解

定義

（SDV 分解）A 為 $m\times n$ 階矩陣 $m\geq n$ 若 $\text{rank}(A)=r$ 則 A 可分解成

$A=U\Sigma V^T$

U：m 階正交陣，在複數系則 U 為 m 階**酉陣**（unitary matrix），因此，A 之奇異值分解亦常寫成 $A=U\Sigma V^H$

Σ：$\begin{bmatrix} \sigma_1 & & & & & \\ & \sigma_2 & & \mathbf{0} & & \\ & & \ddots & & & \\ & & & \sigma_r & & \\ & \mathbf{0} & & & 0 & \\ & & & & & \ddots \\ & & & & & & 0 \end{bmatrix}$，$\sigma_1\geq\sigma_2\geq\cdots\sigma_r\geq 0$，$\sigma_1$，$\sigma_2\cdots\sigma_r$ 為 A 之**奇異值**（sigular values of A）（注意：SVD 之奇異值由大至小排列是 SVD 之慣例）

V：n 階正交陣（在複數系則 V 為 n 階酉陣）。

這種分解特稱為奇異值分解。

在上述定義中，我們有一個新的名詞 —— 奇異值。A 爲 $m\times n$ 階方陣，那麼 A^TA 之特徵值即爲奇異值，因爲 A^TA 爲對稱

陣，從而它的特徵值必爲非負實數。若 λ_i 爲 A^TA 之一特徵值 $\lambda_i >$ 0，則 A 之奇異值 $\sigma_i = \sqrt{\lambda_i}$，例如 $A = \begin{bmatrix} 0 & 1 \\ -1 & 1 \\ 0 & 0 \end{bmatrix}$ 則 $A^TA = \begin{bmatrix} 1 & -1 \\ -1 & 2 \end{bmatrix}$，

A^TA 之特徵方程式 $\lambda^2 - 3\lambda + 1 = 0$，得 $\lambda = \dfrac{3 \pm \sqrt{5}}{2}$

$$\therefore \sigma_1 = \sqrt{\frac{3+\sqrt{5}}{2}}，\sigma_2 = \sqrt{\frac{3-\sqrt{5}}{2}}$$

定理 A 保證了任一 $m \times n$ 階矩陣之 SVD 存在。

預備定理 A1 A 為 $m \times n$ 階矩陣，則 A^TA 之特徵值均為正實數。

證明

A 為 $m \times n$ 階矩陣，則 A^TA 為一 n 階對稱陣，設 λ 為 A^TA 之特徵值，x 為對應之特徵向量，則

$$\|Ax\|^2 = \langle Ax，Ax \rangle = (Ax)^TAx = x^TA^TAx = x^T\lambda x = \lambda x^Tx$$
$$= \lambda \|x\|^2$$
$$\therefore \lambda = \frac{\|Ax\|^2}{\|x\|^2} \geq 0$$

由預備定理 A1，A^TA 之特徵值 $\lambda_1 \geq \lambda_2 \geq \cdots \geq \lambda_n \geq 0$ 則 A^TA 之奇異值 $\sigma_1 \geq \sigma_2 \geq \cdots \geq \sigma_n \geq 0$（$\sigma_i = \sqrt{\lambda_i}$）

有了預備定理 A1，我們可證明本節核心定理。

定理 A A 為 $m \times n$ 階矩陣則 A 奇異值分解（SVD）存在。

但要注意的是任一階矩陣 A 之 SVD 存在，但並非惟一。

SVD演算法

1. 求 V：先求 A^TA 之特徵值與特徵向量：依特徵大小依序求出對應之特徵向量：
   (i) 所有之特徵向量均互爲正交，則各特徵向量單位化後即爲 V 之行向量。
   (ii)若特徵向量不爲正交則需應用 Gram-Schmidt 過程。
2. 求 U：先求 AA^T 餘依 1. 之步驟。
3. Σ：

注意

在求 U，V 時，我們常會因特徵向量之「－」號位置不同而可能取的 U，V 雖符合正交矩陣之條件，但結果 $U\Sigma V^T \neq A$，此時，你只需調整「－」號位置，例如$\begin{pmatrix} 1 \\ 0 \\ -1 \end{pmatrix}$可能調成$\begin{pmatrix} -1 \\ 0 \\ 1 \end{pmatrix}$

例 1 求 $A=\begin{bmatrix} 1 & 1 \\ 0 & 1 \\ 1 & 0 \end{bmatrix}$之 SVD；2. 驗證 (1) 正確性

3. 驗證：$AV_1 = \sigma_1 u_1$

解

$$(1)\,A^TA = \begin{bmatrix} 1 & 0 & 1 \\ 1 & 1 & 0 \end{bmatrix}\begin{bmatrix} 1 & 1 \\ 0 & 1 \\ 1 & 0 \end{bmatrix} = \begin{bmatrix} 2 & 1 \\ 1 & 2 \end{bmatrix}$$

特徵方程式 $\lambda^2 - 4\lambda + 3 = (\lambda - 1)(\lambda - 3) = 0 \quad \therefore \lambda = 1, 3$

$\lambda = 1$ 時之特徵向量 $(A^TA - I)x = \mathbf{0}$

$$\left[\begin{array}{cc|c}1 & 1 & 0\\1 & 1 & 0\end{array}\right]\to\left[\begin{array}{cc|c}1 & 1 & 0\\0 & 0 & 0\end{array}\right]$$ ∴取特徵向量 $x_2=\begin{pmatrix}-1\\1\end{pmatrix}$

$\lambda_1=3$ 時之特徵向量 $(A^TA-3I)x=\mathbf{0}$：

$$\left[\begin{array}{cc|c}-1 & 1 & 0\\1 & -1 & 0\end{array}\right]\to\left[\begin{array}{cc|c}-1 & 1 & 0\\0 & 0 & 0\end{array}\right]$$ ∴取特徵向量 $x_1=\begin{pmatrix}1\\1\end{pmatrix}$

x_1，x_2 為正交，令 $V_1=\dfrac{x_1}{\|x_1\|}$，$V_2=\dfrac{x_2}{\|x_2\|}$，$V=[V_1，V_2]$

$$\therefore V=\frac{1}{\sqrt{2}}\begin{bmatrix}1 & -1\\1 & 1\end{bmatrix}$$

(2) $$AA^T=\begin{bmatrix}1 & 1\\0 & 1\\1 & 0\end{bmatrix}\begin{bmatrix}1 & 0 & 1\\1 & 1 & 0\end{bmatrix}=\begin{bmatrix}2 & 1 & 1\\1 & 1 & 0\\1 & 0 & 1\end{bmatrix}$$

特徵方程式 $\lambda^3-4\lambda^2+3\lambda=\lambda(\lambda-3)(\lambda-1)=0$

$\therefore\ \lambda=3$，1，0，奇異值 $\sigma_1=\sqrt{3}$，$\sigma_2=\sqrt{1}=1$

$\lambda=3$ 時，AA^T 之特徵向量

$$\left[\begin{array}{ccc|c}-1 & 1 & 1 & 0\\1 & -2 & 0 & 0\\1 & 0 & -2 & 0\end{array}\right]\to\left[\begin{array}{ccc|c}1 & 0 & -2 & 0\\0 & 1 & -1 & 0\\0 & 0 & 0 & 0\end{array}\right]$$

∴取特徵向量 $y_1=\begin{bmatrix}2\\1\\1\end{bmatrix}$

$\lambda=1$ 時，AA^T 之特徵向量

$$\left[\begin{array}{ccc|c}1 & 1 & 1 & 0\\1 & 0 & 0 & 0\\1 & 0 & 0 & 0\end{array}\right]\to\left[\begin{array}{ccc|c}0 & 1 & 1 & 0\\1 & 0 & 0 & 0\\0 & 0 & 0 & 0\end{array}\right]$$

∴取特徵向量 $y_2=\begin{bmatrix}0\\1\\-1\end{bmatrix}$

$\lambda = 0$ 時，AA^T 之特徵向量：

$$\left[\begin{array}{ccc|c} 2 & 1 & 1 & 0 \\ 1 & 1 & 0 & 0 \\ 1 & 0 & 1 & 0 \end{array}\right] \to \left[\begin{array}{ccc|c} 1 & 1 & 0 & 0 \\ 2 & 1 & 1 & 0 \\ 1 & 0 & 1 & 0 \end{array}\right] \to \left[\begin{array}{ccc|c} 1 & 1 & 0 & 0 \\ 0 & 1 & -1 & 0 \\ 0 & 0 & 0 & 0 \end{array}\right]$$

∴取特徵向量 $y_3 = \begin{pmatrix} -1 \\ 1 \\ 1 \end{pmatrix}$

又 y_1，y_2，y_3 為正交，令 $u_1 = \dfrac{y_1}{\|y_1\|}$

∴ $u_2 = \dfrac{y_2}{\|y_2\|}$，$u_3 = \dfrac{y_3}{\|y_3\|}$，$U = [u_1, u_2, u_3]$

則 $U = \begin{bmatrix} \frac{2}{\sqrt{6}} & \frac{0}{\sqrt{2}} & \frac{-1}{\sqrt{3}} \\ \frac{1}{\sqrt{6}} & \frac{1}{\sqrt{2}} & \frac{1}{\sqrt{3}} \\ \frac{1}{\sqrt{6}} & \frac{-1}{\sqrt{2}} & \frac{1}{\sqrt{3}} \end{bmatrix}$

(3) $\Sigma = \begin{bmatrix} \sqrt{3} & 0 \\ 0 & 1 \\ 0 & 0 \end{bmatrix}$

2. 驗證：

$$U\Sigma V^T=\begin{bmatrix}\frac{2}{\sqrt{6}} & 0 & \frac{-1}{\sqrt{3}}\\ \frac{1}{\sqrt{6}} & \frac{1}{\sqrt{2}} & \frac{1}{\sqrt{3}}\\ \frac{1}{\sqrt{6}} & \frac{-1}{\sqrt{2}} & \frac{1}{\sqrt{3}}\end{bmatrix}\begin{bmatrix}\sqrt{3} & 0\\ 0 & 1\\ 0 & 0\end{bmatrix}\begin{bmatrix}\frac{1}{\sqrt{2}} & -\frac{1}{\sqrt{2}}\\ \frac{1}{\sqrt{2}} & \frac{1}{\sqrt{2}}\end{bmatrix}$$

$$=\begin{bmatrix}1 & 1\\ 0 & 1\\ 1 & 0\end{bmatrix}=A$$

3. $AV_1\overset{?}{=}\sigma_1u_1$

$$AV_1=\begin{bmatrix}1 & 1\\ 0 & 1\\ 1 & 0\end{bmatrix}\begin{pmatrix}\frac{1}{\sqrt{2}}\\ \frac{1}{\sqrt{2}}\end{pmatrix}=\begin{pmatrix}\frac{2}{\sqrt{2}}\\ \frac{1}{\sqrt{2}}\\ \frac{1}{\sqrt{2}}\end{pmatrix}$$

$$\sigma_1u_1=\sqrt{3}\begin{pmatrix}\frac{2}{\sqrt{6}}\\ \frac{1}{\sqrt{6}}\\ \frac{1}{\sqrt{6}}\end{pmatrix}=\begin{pmatrix}\frac{2}{\sqrt{2}}\\ \frac{1}{\sqrt{2}}\\ \frac{1}{\sqrt{2}}\end{pmatrix}\qquad\therefore AV_1=\sigma_1u_1$$

例 2 求 $A=\begin{bmatrix}2 & 1\\ 4 & 2\\ 0 & 0\end{bmatrix}$ 之一個 SVD

解

(1) $A^TA=\begin{bmatrix}2 & 4 & 0\\ 1 & 2 & 0\end{bmatrix}\begin{bmatrix}2 & 1\\ 4 & 2\\ 0 & 0\end{bmatrix}=\begin{bmatrix}20 & 10\\ 10 & 5\end{bmatrix}$

A^TA 之特徵方程式 $\lambda^2-25\lambda=\lambda(\lambda-25)=0 \quad \therefore \lambda=25, 0$

(i) $\lambda=25$ 時 $(A^TA-25I)X=\mathbf{0}$：

$$\left[\begin{array}{cc|c} -5 & 10 & 0 \\ 10 & -20 & 0 \end{array}\right] \to \left[\begin{array}{cc|c} 1 & -2 & 0 \\ 0 & 0 & 0 \end{array}\right]$$

$\therefore$ 取特徵向量 $X_1=\begin{pmatrix} 2 \\ 1 \end{pmatrix}$

(ii) $\lambda=0$ 時 $(A^TA-0I)X=\mathbf{0}$：

$$\left[\begin{array}{cc|c} 20 & 10 & 0 \\ 10 & 5 & 0 \end{array}\right] \to \left[\begin{array}{cc|c} 2 & 1 & 0 \\ 0 & 0 & 0 \end{array}\right] \quad \therefore \text{取特徵向量 } X_2=\begin{pmatrix} -1 \\ 2 \end{pmatrix}$$

X_1，X_2 為正交，$v_1=\dfrac{x_1}{\|x_1\|}=\dfrac{1}{\sqrt{5}}\begin{pmatrix} 2 \\ 1 \end{pmatrix}$，$v_2=\dfrac{1}{\sqrt{5}}\begin{pmatrix} -1 \\ 2 \end{pmatrix}$，

$V=[v_1, v_2]$

$$\therefore V=\begin{bmatrix} \frac{2}{\sqrt{5}} & \frac{-1}{\sqrt{5}} \\ \frac{1}{\sqrt{5}} & \frac{2}{\sqrt{5}} \end{bmatrix}$$

(2) $AA^T=\begin{bmatrix} 2 & 1 \\ 4 & 2 \\ 0 & 0 \end{bmatrix}\begin{bmatrix} 2 & 4 & 0 \\ 1 & 2 & 0 \end{bmatrix}=\begin{bmatrix} 5 & 10 & 0 \\ 10 & 20 & 0 \\ 0 & 0 & 0 \end{bmatrix}$

AA^T 特徵方程式 $\lambda^3-25\lambda^2=\lambda^2(\lambda-25) \quad \therefore \lambda=25, 0$

(i) $\lambda=25$ 時 $(AA^T-25I)X=\mathbf{0}$：

$$\left[\begin{array}{ccc|c} -20 & 10 & 0 & 0 \\ 10 & -5 & 0 & 0 \\ 0 & 0 & -25 & 0 \end{array}\right] \quad \text{取特徵向量 } y_1=\begin{pmatrix} 1 \\ 2 \\ 0 \end{pmatrix}$$

(ii) $\lambda=0$ 時 $(AA^T-0I)X=\mathbf{0}$：

$$\left[\begin{array}{ccc|c} 5 & 10 & 0 & 0 \\ 10 & 20 & 0 & 0 \\ 0 & 0 & 0 & 0 \end{array}\right] \to \left[\begin{array}{ccc|c} 1 & 2 & 0 & 0 \\ 0 & 0 & 0 & 0 \\ 0 & 0 & 0 & 0 \end{array}\right],$$

取特徵向量 $y_2=\begin{pmatrix}-2\\1\\0\end{pmatrix}$　$y_3=\begin{pmatrix}0\\0\\1\end{pmatrix}$

y_1，y_2，y_3 兩兩為正交，取 $u_1=\dfrac{1}{\|y_1\|}y_1=\dfrac{1}{\sqrt{5}}\begin{pmatrix}1\\2\\0\end{pmatrix}$，

$u_2=\dfrac{1}{\|y_2\|}y_2=\dfrac{1}{\sqrt{5}}\begin{pmatrix}-2\\1\\0\end{pmatrix}$，$u_3=y_3$

$$\therefore U=\begin{bmatrix}\frac{1}{\sqrt{5}} & \frac{-2}{\sqrt{5}} & 0\\ \frac{2}{\sqrt{5}} & \frac{1}{\sqrt{5}} & 0\\ 0 & 0 & 1\end{bmatrix}$$

(3) $\Sigma=\begin{bmatrix}5 & 0\\0 & 0\\0 & 0\end{bmatrix}$

讀者可驗證

$$\begin{bmatrix}2 & 1\\4 & 2\\0 & 0\end{bmatrix}=\begin{bmatrix}\frac{1}{\sqrt{5}} & \frac{-2}{\sqrt{5}} & 0\\ \frac{2}{\sqrt{5}} & \frac{1}{\sqrt{5}} & 0\\ 0 & 0 & 1\end{bmatrix}\begin{bmatrix}5 & 0\\0 & 0\\0 & 0\end{bmatrix}\begin{bmatrix}\frac{2}{\sqrt{5}} & \frac{1}{\sqrt{5}}\\ \frac{-1}{\sqrt{5}} & \frac{2}{\sqrt{5}}\end{bmatrix}$$

例 3　（承例 2）若 $A=\begin{bmatrix}2 & 4 & 0\\1 & 2 & 0\end{bmatrix}$ 應用例 2 之結果求 A 之一個 SVD

解

$$U=\begin{bmatrix} \frac{2}{\sqrt{5}} & \frac{-1}{\sqrt{5}} \\ \frac{1}{\sqrt{5}} & \frac{2}{\sqrt{5}} \end{bmatrix}，\Sigma=\begin{bmatrix} 5 & 0 & 0 \\ 0 & 0 & 0 \end{bmatrix}，V=\begin{bmatrix} \frac{1}{\sqrt{5}} & \frac{2}{\sqrt{5}} & 0 \\ \frac{2}{\sqrt{5}} & \frac{1}{\sqrt{5}} & 0 \\ 0 & 0 & 1 \end{bmatrix}\text{則}$$

$$\begin{bmatrix} 2 & 4 & 0 \\ 1 & 2 & 0 \end{bmatrix}=\begin{bmatrix} \frac{2}{\sqrt{5}} & -\frac{1}{\sqrt{5}} \\ \frac{1}{\sqrt{5}} & \frac{2}{\sqrt{5}} \end{bmatrix}\begin{bmatrix} 5 & 0 & 0 \\ 0 & 0 & 0 \end{bmatrix}\begin{bmatrix} \frac{1}{\sqrt{5}} & \frac{2}{\sqrt{5}} & 0 \\ \frac{2}{\sqrt{5}} & \frac{1}{\sqrt{5}} & 0 \\ 0 & 0 & 1 \end{bmatrix}$$

習題 6-5

1. 下列敘述何者成立？

 (1) A 與 A^T 有相同之奇異值。

 (2) A 爲對稱陣，其特徵值爲 λ_1，$\lambda_2 \cdots \lambda_n$，則 A 之奇異值爲 $|\lambda_1|$，$|\lambda_2|$，$\cdots|\lambda_n|$

 (3) 任一矩陣 A 均存在惟一之奇異值分解

 求 2～4 題之奇異值分解

2. $A=\begin{bmatrix}1 & 1\\2 & 2\end{bmatrix}$　　3. $A=\begin{bmatrix}1 & 1\\1 & 1\\0 & 0\end{bmatrix}$　　4. $A=\begin{bmatrix}-1 & 0 & 1\\1 & -1 & 1\end{bmatrix}$

5. 若 $\text{rank}(A)=r$，$A=U\Sigma V^T$，試證 $A=\sigma_1 u_1 v_1^T+\sigma_2 u_2 v_2^T+\cdots+\sigma_r u_r v_r^T$，亦即我們可藉 SVD 將 A 表成 r 個秩爲 1 之矩陣的和。

解 答（含提示）

1-1

1. C

2. $B=\begin{bmatrix}-4 & \frac{5}{2}\\ \frac{5}{2} & 5\end{bmatrix}$，$C=\begin{bmatrix}0 & \frac{1}{2}\\ -\frac{1}{2} & 0\end{bmatrix}$

3. $A=\begin{bmatrix}a & m & n\\ 0 & b & p\\ 0 & 0 & c\end{bmatrix}$，$A^T=\begin{bmatrix}a & 0 & 0\\ m & b & 0\\ n & p & c\end{bmatrix}$

4. (a) $\begin{bmatrix}6 & 10\\ 9 & 14\end{bmatrix}$ (b) $\begin{bmatrix}-3 & -5\\ -1 & 0\end{bmatrix}$

5. $x=1$，$y=-2$，$z=3$，$w=2$

6. 令 a_{ij} 爲 A 之任一元素，$rA=\mathbf{0}_{m\times n}$ 則 $ra_{ij}=0$，$\forall i, j$，$m\geq i\geq 1$，$n\geq j\geq 1$

   $\therefore$ $r=0$ 或 $a_{ij}=0$

   即 $rA=\mathbf{0}_{m\times n}$ 則 $r=0$ 或 $A=\mathbf{0}_{m\times n}$

7. 提示：取 $A=\begin{bmatrix}a_{11} & a_{12} & \cdots & a_{1n}\\ a_{21} & a_{22} & \cdots & a_{2n}\\ \cdots & \cdots & \cdots & \cdots\\ a_{m1} & a_{m2} & \cdots & a_{mn}\end{bmatrix}$，$B=\begin{bmatrix}b_{11} & b_{12} & \cdots & b_{1n}\\ b_{21} & b_{22} & \cdots & b_{2n}\\ \cdots & \cdots & \cdots & \cdots\\ b_{m1} & b_{m2} & \cdots & b_{mn}\end{bmatrix}$，

   依定義即得。

1-2

1. 提示：利用數學歸納法

2. (a) $\begin{bmatrix} -1 & -3 \\ 22 & 13 \\ -5 & -2 \end{bmatrix}$ (b) 21

4. 設 A 爲 $m\times n$ 階矩陣則 A^T 爲 $n\times m$ 階，AVA^T 可乘之條件下 V 必爲 $n\times n$ 階方陣，又 AVA^T 爲 $m\times m$ 階，同理 B 爲 $p\times n$ 階（$\because$ BV 可乘且前已證出 V 爲 n 階方陣 $\therefore$ B 可設爲 $p\times n$ 階），BVB^T 爲 $p\times p$ 階，因 $AVA^T = BVB^T$ $\therefore m = p$，即 A，B 均爲 $m\times n$ 矩陣。

5. $\because A^T=A$，$B^T=-B$ $\therefore A^TB^T=-AB$，$\text{tr}(A^TB^T)=-\text{tr}(AB)$

   i.e. $\text{tr}(BA)=-\text{tr}(AB)$，但 $\text{tr}(AB)=\text{tr}(BA)$ $\therefore \text{tr}(AB)=0$

6. ①「$\Rightarrow$」$(AB)^T=B^TA^T=BA=AB$

   ②「$\Leftarrow$」$(AB)^T=AB$；但 $(AB)^T=B^TA^T=BA$ $\therefore AB=BA$

7. 設 $\begin{bmatrix} a & b \\ c & d \end{bmatrix}^2=\begin{bmatrix} 0 & 1 \\ 0 & 0 \end{bmatrix}$，則

   $$\begin{cases} a^2+bc=0 & ① \\ b(a+d)=1 & ② \\ c(a+d)=0 & ③ \\ d^2+bc=0 & ④ \end{cases}$$

   由② $a+d\neq 0$，$\therefore$由③ $c=0$，又 $c=0$ 則由④ $d=0$ 及由① $a=0$，即 $a=0$，$d=0$ 此與② $a+d\neq 0$ 矛盾

   不存在一個 2 階方陣 A，使得 $A^2=\begin{bmatrix} 0 & 1 \\ 0 & 0 \end{bmatrix}$

11. $\begin{bmatrix} x & y \\ z & t \end{bmatrix}\begin{bmatrix} 1 & 2 \\ 3 & 4 \end{bmatrix}=\begin{bmatrix} 1 & 2 \\ 3 & 4 \end{bmatrix}\begin{bmatrix} x & y \\ z & t \end{bmatrix}$

$$\therefore\begin{cases} x+3y=x+2z \\ z+3t=3x+4z \\ 2x+4y=y+2t \\ 2z+4t=3y+4t \end{cases}$$ 化簡得：

即 $$\begin{cases} x+z-t=0 \\ 3y-2z=0 \\ 2x+3y-2t=0 \end{cases}$$

$$\begin{bmatrix} 1 & 0 & 1 & -1 \\ 0 & 3 & -2 & 0 \\ 2 & 3 & 0 & -2 \end{bmatrix} \to \begin{bmatrix} 1 & 0 & 1 & -1 \\ 0 & 3 & -2 & 0 \\ 0 & 3 & -2 & 0 \end{bmatrix} \to \begin{bmatrix} 1 & 0 & 1 & -1 \\ 0 & 3 & -2 & 0 \\ 0 & 0 & 0 & 0 \end{bmatrix}$$

取 $t=0, z=s, y=\frac{2}{3}s, x=-s$

$\therefore \begin{bmatrix} -s & \frac{2}{3}s \\ s & 0 \end{bmatrix}$，$s \in R$ 是爲所求

※11 解的形式不只一種，讀者作完即應自行驗算。

15. 形如 $\begin{bmatrix} x & y \\ 0 & x \end{bmatrix} x, y \in R$ 均爲所解。

1-3

1. $x_1=1+t$，$x_2=1-t$，$x_3=t$，$t \in R$
2. $x_1=3-\frac{t}{3}-s$，$x_2=1-\frac{t}{3}$，$x_3=s$，$x_4=t$，$s, t \in R$
3. $x_1=2-2y-s-t$，$x_2=y$，$x_3=s$，$x_4=t$，$y, s, t \in R$
4. 無解
5. (1) $\lambda=1$ 時，有無限多組解

(2) $\left[\begin{array}{ccc|c}1 & \lambda & 1 & \lambda \\ \lambda & 1 & 1 & 1 \\ 1 & 1 & \lambda & \lambda^2\end{array}\right] \to \left[\begin{array}{ccc|c}1 & \lambda & 1 & \lambda \\ 0 & 1-\lambda^2 & 1-\lambda & 1-\lambda^2 \\ 0 & 1-\lambda & \lambda-1 & \lambda^2-\lambda\end{array}\right]$

$\to \left[\begin{array}{ccc|c}1 & \lambda & 1 & \lambda \\ 0 & 1-\lambda & \lambda-1 & \lambda^2-\lambda \\ 0 & 1-\lambda^2 & 1-\lambda & 1-\lambda^2\end{array}\right] \to \left[\begin{array}{ccc|c}1 & \lambda & 1 & \lambda \\ 0 & 1 & -1 & -\lambda \\ 0 & 1+\lambda & 1 & 1+\lambda\end{array}\right]$

$\to \left[\begin{array}{ccc|c}1 & 0 & 1+\lambda & \lambda+\lambda^2 \\ 0 & 1 & -1 & -\lambda \\ 0 & 0 & 2+\lambda & 1+\lambda^2\end{array}\right]$

$\to \left[\begin{array}{ccc|c}1 & 0 & 1+\lambda & \lambda+\lambda^2 \\ 0 & 1 & -1 & -\lambda \\ 0 & 0 & 1 & \frac{(\lambda+1)^2}{\lambda+2}\end{array}\right] \to \left[\begin{array}{ccc|c}1 & 0 & 0 & -\frac{\lambda+1}{\lambda+2} \\ 0 & 1 & 0 & \frac{1}{\lambda+2} \\ 0 & 0 & 1 & \frac{(\lambda+1)^2}{\lambda+2}\end{array}\right]$

$\therefore \lambda=-2$ 時方程組無解

$\lambda \neq -1, -2$ 時有惟一解

6. $-3b-a+c=0$

7. $a=1$ 時有無限多組解，$a=-1$ 時無解，$a\neq\pm 1$ 恰有一組解

$x=y=\frac{1}{1+a}$

8. (a), (c) 爲眞

9. 眞（提示：$ax+by+cz=h, a'x+b'y+c'z=h'$ 相當於二平面之交集∴解之個數爲 0 或∞）

10. 設 X_0 是 $AX=b$ 之解，則 $AX_0=b \Rightarrow X_0^TA^T=b^T \Rightarrow X_0^T\underbrace{A^TX}_{\mathbf{0}}=b^TX$

$\therefore b^TX=\mathbf{0}$

11. 設 $AX=\mathbf{0}$ 之解為 X_0 則 $AX_0=\mathbf{0}\Rightarrow A^TAX_0=\mathbf{0}$，

即 X_0 為 $A^TAX=\mathbf{0}$之解。

又若 X_0 為 $A^TAX=\mathbf{0}$ 之解則

$X_0^TA^TAX_0=(AX_0)^T(AX_0)=\mathbf{0}$，∴ $A^TAX_0=\mathbf{0}$ 之解亦為 $AX=\mathbf{0}$ 之解。（參考定理 1.2E 下之說明）

$A^TA=\mathbf{0}$
$\Rightarrow A=\mathbf{0}$

1-4

1. $\frac{1}{35}\begin{bmatrix}3&-2&2\\1&2&-3\\4&1&2\end{bmatrix}$

2. $\frac{1}{12}\begin{bmatrix}1&4&3\\-1&-2&0\\2&2&3\end{bmatrix}$

3. $\frac{1}{3}\begin{bmatrix}4&10&-29\\-3&-9&-27\\-1&-4&11\end{bmatrix}$

4. $\begin{bmatrix}1&a&a^2&a^3\\0&1&a&a^2\\0&0&1&a\\0&0&0&1\end{bmatrix}$

5. ② $AP=PA$ ∴ $A=P\wedge P^{-1}$

$\therefore P=\begin{bmatrix}1&0&0\\1&1&0\\1&1&1\end{bmatrix}$ 則 $P^{-1}=\begin{bmatrix}1&0&0\\-1&1&0\\0&-1&1\end{bmatrix}$ 以及 $\wedge^n=\begin{bmatrix}a^n&0&0\\0&b^n&0\\0&0&c^n\end{bmatrix}$

（讀者自行驗證之）

$\therefore A^n=P\wedge^nP^{-1}$

$=\begin{bmatrix}1&0&0\\1&1&0\\1&1&1\end{bmatrix}\begin{bmatrix}a^n&0&0\\0&b^n&0\\0&0&c^n\end{bmatrix}\begin{bmatrix}1&0&0\\-1&1&0\\0&-1&1\end{bmatrix}=\begin{bmatrix}a^n&0&0\\a^n-b^n&b^n&0\\a^n-b^n&b^n-c^n&c^n\end{bmatrix}$

6. $(A+B)A^{-1}(A-B)=(I+BA^{-1})(A-B)=A+BAA^{-1}-B-BA^{-1}B$

$=A-BA^{-1}B$

$(A-B)A^{-1}(A+B)=(I-BA^{-1})(A+B)=A+B-BA^{-1}A-BA^{-1}B$

$=A-B^{-1}AB$

$\therefore (A+B)A^{-1}(A-B)=(A-B)A^{-1}(A+B)$

7. 僅 (c)(d) 成立

8. $(I+A^{-1})^{-1}=(A^{-1}A+A^{-1})^{-1}=[A^{-1}(A+I)]^{-1}=(A+I)^{-1}A$

9. (a) $A-A(A+B)^{-1}A=A(A+B)^{-1}(A+B)-A(A+B)^{-1}A$

$=A(A+B)^{-1}B=(A+B-B)(A+B)^{-1}B$

$=(A+B)(A+B)^{-1}B-B(A+B)^{-1}B$

$=B-B(A+B)^{-1}B$

(b) $(A^{-1}+B^{-1})(A(A+B)^{-1}B)$

$=(A+B)^{-1}B+B^{-1}A(A+B)^{-1}B$

$=(I+B^{-1}A)(A+B)^{-1}B$

$=(B^{-1}B+B^{-1}A)(A+B)^{-1}B$

$=B^{-1}(A+B)(A+B)^{-1}B=B^{-1}B=I$

$\therefore (A^{-1}+B^{-1})^{-1}=A(A+B)^{-1}B$

(c) $\because (A+B)^{-1}=A^{-1}+B^{-1}$ 代入 $A-(A+B)^{-1}A=B-B(A+B)^{-1}B$

$\therefore A-A(A^{-1}+B^{-1})A=B-B(A^{-1}+B^{-1})B$。

$A-A(A^{-1}+B^{-1})A=B-B(A^{-1}+B^{-1})B$

$\Rightarrow A-A-AB^{-1}A=B-BA^{-1}B-B$

$\therefore AB^{-1}A=BA^{-1}B$

10. $A^T=-A \quad \therefore (A^{-1})^T=(A^T)^{-1}=(-A)^{-1}=-A^{-1}$

11. $\begin{bmatrix} \frac{1}{3} & -\frac{2}{3} & -\frac{2}{3} \\ -\frac{2}{3} & \frac{1}{3} & -\frac{2}{3} \\ -\frac{2}{3} & -\frac{2}{3} & \frac{1}{3} \end{bmatrix}$

12. (a) $\frac{1}{7}(A+6I)$　(b) $-\frac{1}{4}(A-3I)$

13. 均成立。

14. $AB=A+2B$，$(A-2I)B=A$　$\therefore B=(A-2I)^{-1}A$

$$\Rightarrow B=(A-2I)^{-1}A=\begin{bmatrix} 5 & -2 & -2 \\ -4 & 5 & 2 \\ -2 & 2 & 3 \end{bmatrix}$$

15. (a) $[(AB)^T]^{-1}=(B^TA^T)^{-1}=(A^T)^{-1}(B^T)^{-1}=A^{-1}B^{-1}$

(b) $AB=A+B$　$\therefore AB-A-B=\mathbf{0}\Rightarrow AB-A-B+I$

$=I\Rightarrow (A-I)(B-I)=I$　$\therefore A-I$ 為可逆。

$\because (A-I)(B-I)=I$　$\therefore A-I$ 與 $B-I$ 互為反矩陣

$(B-I)(A-I)=I\Rightarrow BA=A+B$

$\therefore AB=BA$

16. $(A+2I)(A+4I)$

$=A^2+6A+8I=(A^2+6A+9I)-I=(A+3I)^2-I=\mathbf{0}$，

即 $(A+3I)^2=I$

$\Rightarrow (A+3I)(A+3I)=(A^T+3I)(A+3I)=(A+3I)^T(A+3I)=I$

$\therefore A+3I$ 為直交陣

17. (a) $\frac{1}{2}A^2$　(b) A^2+A+I　18. $I+A$　19. $-\frac{1}{2}A-I$

20. $A^n=\begin{cases} 2^{n-1}A，n \text{ 為奇數} \\ 2^nI，n \text{ 為偶數} \end{cases}$

21. 由定義

$$\begin{cases} \frac{x}{\sqrt{3}}+\frac{y}{\sqrt{3}}+\frac{z}{\sqrt{3}}=0 \\ \frac{x}{\sqrt{2}}-\frac{z}{\sqrt{2}}=0 \\ \sqrt{x^2+y^2+z^2}=1 \end{cases}\quad \therefore \begin{cases} x+y+z=0 & (1) \\ x-z=0 & (2) \\ x^2+y^2+z^2=1 & (3) \end{cases}$$

由 (1), (2) $x=z, y=-2z$ 代入 (3)

$z^2+(-2z)^2+z^2=6z^2=1$

$\therefore z=\dfrac{\pm 1}{\sqrt{6}}$

(1) $z=\dfrac{1}{\sqrt{6}}$ 時 $x=\dfrac{1}{\sqrt{6}}$，$y=-\dfrac{2}{\sqrt{6}}$

(2) $z=-\dfrac{1}{\sqrt{6}}$ 時 $x=-\dfrac{1}{\sqrt{6}}$，$y=\dfrac{2}{\sqrt{6}}$

22. 均不成立。

23. (a) $(I-A)(I+A+A^2+\cdots+A^{k-1})$

$=(I+A+A^2+\cdots+A^{k-1})+(-A-A^2-A^3-\cdots-A^k)=I-A^k$

(b) $\because A^k=\mathbf{0}$

$\therefore (I-A)(I+A+A^2+\cdots+A^{k-1})=I$

得 $(I-A)^{-1}=I+A+A^2+\cdots+A^{k-1}$

24. $I+A+A^2+\cdots+A^{k-1}+A^k=\mathbf{0}$

$\therefore I+A+A^2+\cdots+A^{k-1}=-A^k$

$(I-A)(I+A+\cdots+A^k)=I-A^{k+1}=\mathbf{0}$

$I=A^{k+1}$ $\therefore A^{-1}=A^k$

1-5

1. $A=\begin{bmatrix}0 & 1\\ 1 & 0\end{bmatrix}\begin{bmatrix}1 & 0\\ 3 & 1\end{bmatrix}\begin{bmatrix}1 & -1\\ 0 & 1\end{bmatrix}\begin{bmatrix}1 & 0\\ 0 & -1\end{bmatrix}$

2. $E^{-1}=\begin{bmatrix}1 & 0\\ -6 & 1\end{bmatrix}$；$E^3=\begin{bmatrix}1 & 0\\ 18 & 1\end{bmatrix}$

3. $\because \begin{bmatrix}1 & 0 & 0\\ 0 & 1 & 0\\ 0 & -c & 1\end{bmatrix} \xrightarrow{E_{23}(-c)} \begin{bmatrix}1 & 0 & 0\\ 0 & 1 & 0\\ -b & 0 & 1\end{bmatrix} \xrightarrow{E_{13}(-b)}$

$$\begin{bmatrix} 1 & 0 & 0 \\ -a & 1 & 0 \\ 0 & 0 & 1 \end{bmatrix} = E_{12}(-a)$$

$\therefore A = E_{23}(-c)E_{13}(-b)E_{13}(-a)$

$\Rightarrow A^{-1} = [E_{23}(-c)E_{13}(-b)E_{12}(-a)]^{-1} = E_{12}(a)E_{13}(b)E_{23}(c)$

$$= \begin{bmatrix} 1 & 0 & 0 \\ a & 1 & 0 \\ 0 & 0 & 1 \end{bmatrix}\begin{bmatrix} 1 & 0 & 0 \\ 0 & 1 & 0 \\ b & 0 & 1 \end{bmatrix}\begin{bmatrix} 1 & 0 & 0 \\ 0 & 1 & 0 \\ 0 & c & 1 \end{bmatrix} = \begin{bmatrix} 1 & 0 & 0 \\ a & 1 & 0 \\ b & 0 & 1 \end{bmatrix}\begin{bmatrix} 1 & 0 & 0 \\ 0 & 1 & 0 \\ 0 & c & 1 \end{bmatrix}$$

$$= \begin{bmatrix} 1 & 0 & 0 \\ a & 1 & 0 \\ b & c & 1 \end{bmatrix}$$

4. $\begin{bmatrix} 1 & 0 & -3 & 0 \\ 0 & 1 & 0 & 0 \\ 0 & 0 & 1 & 0 \\ 0 & 0 & 0 & 1 \end{bmatrix}$

5. $EA = \begin{bmatrix} 1 & -4 & 2 & 3 \\ 2 & 3 & 0 & -1 \\ 5 & 2 & -3 & 0 \\ -1 & 2 & 1 & 1 \end{bmatrix}$, $AE = \begin{bmatrix} 3 & 2 & 0 & -1 \\ -4 & 1 & 2 & 3 \\ 2 & 5 & -3 & 0 \\ 2 & -1 & 1 & 1 \end{bmatrix}$,

$E^2A = A$

6. $UA = \begin{bmatrix} 0 & 0 & 0 & 0 \\ 0 & 0 & 0 & 0 \\ 1 & -4 & 2 & 3 \\ 0 & 0 & 0 & 0 \end{bmatrix}$, $AU = \begin{bmatrix} 0 & 0 & 0 & 0 \\ 0 & 2 & 0 & 0 \\ 0 & -3 & 0 & 0 \\ 0 & 1 & 0 & 0 \end{bmatrix}$

7. (a) $\begin{bmatrix} 1 & 0 & 0 \\ 0 & 1 & 0 \\ 1 & 0 & 1 \end{bmatrix}$ (b) $E = \begin{bmatrix} 1 & 0 & 0 \\ 0 & 0 & 1 \\ 0 & 1 & 0 \end{bmatrix}$

8. (a) 眞 (b) 不眞 (c) 不眞 (d) 不眞

9. $\begin{bmatrix} -2 & 1 & 0 & 4 \\ 2 & 5 & -1 & -1 \\ 7 & 14 & -2 & 0 \\ 7 & 6 & 0 & 0 \end{bmatrix}$

10. $P_1^{-1}=\begin{bmatrix} 0 & 1 & 0 \\ 0 & 0 & 1 \\ 1 & 0 & 0 \end{bmatrix}$，$P_2^{-1}=\begin{bmatrix} 0 & 0 & 1 \\ 1 & 0 & 0 \\ 0 & 1 & 0 \end{bmatrix}$

1-6

1. (1) $\mathrm{L}=\begin{bmatrix} 1 & 0 \\ \frac{3}{2} & 1 \end{bmatrix}$，$\mathrm{U}=\begin{bmatrix} 2 & -3 \\ 0 & \frac{11}{2} \end{bmatrix}$，$\mathrm{x}=\begin{bmatrix} 0 \\ 1 \end{bmatrix}$

(2) $\begin{bmatrix} 2 & -3 \\ 3 & 1 \end{bmatrix}=\begin{bmatrix} 1 & 0 \\ \frac{3}{2} & 1 \end{bmatrix}\begin{bmatrix} 2 & 0 \\ 0 & \frac{11}{2} \end{bmatrix}\begin{bmatrix} 1 & -\frac{3}{2} \\ 0 & 1 \end{bmatrix}$

2. (1) $\mathrm{L}=\begin{bmatrix} 1 & 0 & 0 \\ 0 & 1 & 0 \\ \frac{1}{3} & \frac{4}{3} & 1 \end{bmatrix}$，$\mathrm{U}=\begin{bmatrix} 3 & 1 & 0 \\ 0 & 2 & 0 \\ 0 & 0 & 2 \end{bmatrix}$，$\mathrm{x}=\begin{bmatrix} 1 \\ 1 \\ 1 \end{bmatrix}$

(2) $\begin{bmatrix} 3 & 1 & 0 \\ 0 & 2 & 0 \\ 1 & 3 & 2 \end{bmatrix}=\begin{bmatrix} 1 & 0 & 0 \\ 0 & 1 & 0 \\ \frac{1}{3} & \frac{4}{3} & 1 \end{bmatrix}\begin{bmatrix} 3 & 0 & 0 \\ 0 & 2 & 0 \\ 0 & 0 & 2 \end{bmatrix}\begin{bmatrix} 1 & \frac{1}{3} & 0 \\ 0 & 1 & 0 \\ 0 & 0 & 1 \end{bmatrix}$

3. $A=\underbrace{\begin{bmatrix} 1 & 0 & 0 \\ 1 & 1 & 0 \\ 0 & 1 & 1 \end{bmatrix}}_{L}\underbrace{\begin{bmatrix} 1 & 0 & 1 \\ 0 & 1 & -1 \\ 0 & 0 & 2 \end{bmatrix}}_{U}$，$A^{-1}=\begin{bmatrix} \frac{1}{2} & \frac{1}{2} & -\frac{1}{2} \\ -\frac{1}{2} & \frac{1}{2} & \frac{1}{2} \\ \frac{1}{2} & -\frac{1}{2} & \frac{1}{2} \end{bmatrix}$

4. $\begin{bmatrix} 1 & 0 & 0 \\ 2 & 1 & 0 \\ 3 & \frac{3}{2} & 1 \end{bmatrix}\begin{bmatrix} 1 & 0 & 0 \\ 0 & 2 & 0 \\ 0 & 0 & -\frac{7}{2} \end{bmatrix}\begin{bmatrix} 1 & 2 & 3 \\ 0 & 1 & \frac{3}{2} \\ 0 & 0 & 1 \end{bmatrix}$

5. $\begin{bmatrix} 1 & 0 & 0 \\ 0 & 1 & 0 \\ 2 & \frac{1}{3} & 1 \end{bmatrix}\begin{bmatrix} 1 & 0 & 0 \\ 0 & 3 & 0 \\ 0 & 0 & \frac{11}{3} \end{bmatrix}\begin{bmatrix} 1 & 0 & 2 \\ 0 & 1 & \frac{1}{3} \\ 0 & 0 & 1 \end{bmatrix}$

6. $\begin{bmatrix} 1 & 0 & 0 \\ 2 & 1 & 0 \\ 1 & 3 & 1 \end{bmatrix}\begin{bmatrix} 2 & 0 & 0 \\ 0 & 1 & 0 \\ 0 & 0 & 1 \end{bmatrix}\begin{bmatrix} 1 & -\frac{3}{2} & 0 \\ 0 & 1 & 1 \\ 0 & 0 & 1 \end{bmatrix}$

2-1

1. (a)(b) 均爲偶排列

2. (a) 奇排列 (b) 偶排列

3. (a) $x=3, y=2$ (b) 不可能因 a_{35} 不可能出現在 4 階行列式展開項。

4. $i=5$，$j=1$

5. $det(bA)=\Sigma(-1)^{\delta(k)}\cdot(ba_{1k1}\cdot ba_{2k2}\cdots ba_{nkn})$
$\quad\quad = b^n\Sigma(-1)^{\delta(k)}(a_{1k1}\cdot a_{2k2}\cdots a_{nkn})=b^n det(A)$

6. $x=\pm1$ 7. -4 8. a 9. abc

10. 提示：令 $A=\begin{bmatrix} a & c \\ b & 1-a \end{bmatrix}$ 代入 A^2 化簡即得。

11, 12 提示：設 $A=\begin{bmatrix} a & b \\ c & d \end{bmatrix}$

2-2

習題 2-2

1. $abcd$　2. $abcd$　3. -4　4. 40　5. 1　6. -120

7. (1) $-abcdef$　(2) $abcdef$

8. 依題意

$$A=\left[\begin{array}{cc|cc} a_{11} & a_{12} & 0 & \cdots\cdots 0 \\ a_{21} & a_{22} & 1 & 0\cdots\cdots 0 \\ \hline 0 & 1 & & \\ \vdots & 0 & & B \\ \vdots & \vdots & & \\ 0 & 0 & & \end{array}\right]$$

$$\therefore |A| = a_{11}A_{11} - a_{12}\left|\begin{array}{c|cccc} a_{21} & 1 & 0 & \cdots & 0 \\ \hline 0 & & & & \\ \vdots & & & B & \\ 0 & & & & \end{array}\right|$$

$$= a_{11}A_{11} - a_{12}\,a_{21}|\,B\,| = a_{11}A_{11} - a_{12}^2|\,B\,|$$

9. $$\begin{vmatrix} 0 & 1 & 0 & \cdots & 0 \\ 0 & 0 & 2 & \cdots & 0 \\ \vdots & \vdots & \vdots & & \vdots \\ \vdots & \vdots & \vdots & & n-1 \\ n & 0 & 0 & \cdots & 0 \end{vmatrix} = (-1)^{n+1}n\begin{vmatrix} 1 & & & \\ & 2 & & \mathbf{0} \\ & & \ddots & \\ \mathbf{0} & & & n-1 \end{vmatrix} = (-1)^{n+1}n!$$

（由第 n 列展開）

10. 在不失一般性，設第 i 列乘 $k(k \neq 0)$ 後之行列式 det (Å)

$$\det(\text{Å}) = ka_{i1}A_{i1} + ka_{i2}A_{i2} + \cdots + ka_{in}A_{in} = k(a_{i1}A_{i1} + a_{i2}A_{i2} + \cdots + a_{in}A_{in})$$

$$= k\det(A)$$

11. 用餘因式法

$$\begin{vmatrix} a & 0 & 2b & 0 \\ 0 & a & 0 & 2b \\ 2c & 0 & a & 0 \\ 0 & 2c & 0 & a \end{vmatrix} = (-1)^{1+1} a \begin{vmatrix} a & 0 & 2b \\ 0 & a & 0 \\ 2c & 0 & a \end{vmatrix}$$

$$+ (-1)^{3+1} 2c \begin{vmatrix} a & 2b & 0 \\ 0 & 0 & 2b \\ 2c & 0 & a \end{vmatrix} = a \begin{vmatrix} a & 0 & 2b \\ 0 & a & 0 \\ 2c & 0 & a \end{vmatrix} + 2c \begin{vmatrix} a & 2b & 0 \\ 0 & 0 & 2b \\ 2c & 0 & a \end{vmatrix}$$

$$= a \cdot (-1)^{2+2} a \begin{vmatrix} a & 2b \\ 2c & a \end{vmatrix} + 2c\ (-1)^{1+2} 2b \begin{vmatrix} a & 2b \\ 2c & a \end{vmatrix}$$

$$= a^2 (a^2 - 4bc) - 4bc (a^2 - 4bc) = (a^2 - 4bc)^2$$

12. 用餘因式法

$$\begin{vmatrix} a & b & 0 \cdots 0 \\ 0 & a & b \cdots 0 \\ 0 & 0 & a \cdots 0 \\ \vdots & \vdots & \vdots & \vdots \\ b & 0 & 0 \cdots a \end{vmatrix} = (-1)^{1+1} a \begin{vmatrix} a & b & & \mathbf{0} \\ & a & \ddots & \\ & & \ddots & b \\ \mathbf{0} & & & a \end{vmatrix} + (-1)^{n+1} b \begin{vmatrix} b & & & \\ a & b & & \mathbf{0} \\ \vdots & a & \ddots & \\ \vdots & \mathbf{0} \vdots & & \ddots \\ & & \cdots & b \end{vmatrix}$$

$$= a \cdot a^{n-1} + (-1)^{n+1} b \cdot b^{n-1} = a^n + (-1)^{n+1} b^n$$

13. $$\begin{vmatrix} a & b & c & d & e \\ f & g & h & i & j \\ 0 & 0 & 0 & k & l \\ 0 & 0 & 0 & m & n \\ 0 & 0 & 0 & p & q \end{vmatrix} = a \begin{vmatrix} g & h & i & j \\ 0 & 0 & k & l \\ 0 & 0 & m & n \\ 0 & 0 & p & q \end{vmatrix} - f \begin{vmatrix} b & c & d & e \\ 0 & 0 & k & l \\ 0 & 0 & m & n \\ 0 & 0 & p & q \end{vmatrix}$$

$$= ag \begin{vmatrix} 0 & k & l \\ 0 & m & n \\ 0 & p & q \end{vmatrix} - fb \begin{vmatrix} 0 & k & l \\ 0 & m & n \\ 0 & p & q \end{vmatrix} = ag \cdot 0 - fb \cdot 0 = 0$$

14. −3　　15. 394　　16. 12

17.（先將第 3 行調到第 1 行）$\Delta = 2abc(b-c)(a-b)(c-a)$

$\therefore a>b>c>0$ 時 $\Delta<0$

18. 0

19. $\begin{vmatrix} a+b & c & c \\ a & b+c & a \\ b & b & a+c \end{vmatrix} (R_1+R_2+R_3 \longrightarrow R_1)$

$$=\begin{vmatrix} 2(a+b) & 2(b+c) & 2(a+c) \\ a & b+c & a \\ b & b & a+c \end{vmatrix}=2\begin{vmatrix} a+b & b+c & a+c \\ a & b+c & a \\ b & b & a+c \end{vmatrix}$$

$$\xlongequal{(-1)\times R_3+R_1 \longrightarrow R_1} 2\begin{vmatrix} a & c & 0 \\ a & b+c & a \\ b & b & a+c \end{vmatrix}$$

$$\xlongequal{(-1)\times R_1+R_2 \longrightarrow R_2} 2\begin{vmatrix} a & c & 0 \\ 0 & b & a \\ b & b & a+c \end{vmatrix}$$

$$\xlongequal{(-1)\times R_2+R_3 \longrightarrow R_3} 2\begin{vmatrix} a & c & 0 \\ 0 & b & a \\ b & 0 & c \end{vmatrix}=4abc$$（用 Sarrus 法）

20. $\begin{vmatrix} 0 & a & b & c \\ a & 0 & c & b \\ b & c & 0 & a \\ c & b & a & 0 \end{vmatrix}=\dfrac{1}{a^2b^2c^2}\begin{vmatrix} 0 & abc & bac & cab \\ a & 0 & cac & bab \\ b & cbc & 0 & aab \\ c & bbc & aac & 0 \end{vmatrix}$

$$=\frac{1}{abc}\begin{vmatrix} 0 & 1 & 1 & 1 \\ a & 0 & ac^2 & ab^2 \\ b & bc^2 & 0 & a^2b \\ c & b^2c & a^2c & 0 \end{vmatrix}=\begin{vmatrix} 0 & 1 & 1 & 1 \\ 1 & 0 & c^2 & b^2 \\ 1 & c^2 & 0 & a^2 \\ 1 & b^2 & a^2 & 0 \end{vmatrix}$$

21. $\begin{vmatrix} a^2 & bc & a^2 \\ b^2 & b^2 & ac \\ ab & c^2 & c^2 \end{vmatrix}=\dfrac{1}{abc}\begin{vmatrix} a^2c & abc & a^2b \\ b^2c & ab^2 & abc \\ abc & ac^2 & bc^2 \end{vmatrix}=\dfrac{abc}{abc}\begin{vmatrix} ac & bc & ab \\ bc & ab & ac \\ ab & ac & bc \end{vmatrix}=\begin{vmatrix} ac & bc & ab \\ bc & ab & ac \\ ab & ac & bc \end{vmatrix}$

22. $\begin{vmatrix} 0 & c & b & l \\ -c & 0 & a & m \\ -b & -a & 0 & n \\ -l & -m & -n & 0 \end{vmatrix} = \dfrac{-1}{a}\begin{vmatrix} 0 & c & b & l \\ ac & 0 & a & m \\ ab & -a & 0 & n \\ al & -m & -n & 0 \end{vmatrix}$

$\xlongequal{(c_1 + b \times c_2 + (-c) \times c_3 \to c_1)} -\dfrac{1}{a}\begin{vmatrix} 0 & c & b & l \\ 0 & 0 & a & m \\ 0 & -a & 0 & n \\ al-bm+cn & -m & -n & 0 \end{vmatrix}$

$= \dfrac{k}{a}\begin{vmatrix} c & b & l \\ 0 & a & m \\ -a & 0 & n \end{vmatrix}$，$k = al - bm + cn$

$= \dfrac{k}{a^2}\begin{vmatrix} c & b & al \\ 0 & a & am \\ -a & 0 & an \end{vmatrix} \xlongequal[+(c) \times c_3 \to c_3]{n \times c_1 + (-m) \times c_2} \dfrac{k}{a^2}\begin{vmatrix} c & b & al-bm+cn \\ 0 & a & 0 \\ -a & 0 & 0 \end{vmatrix}$

$= \dfrac{k}{a^2}(+a^2)k = k^2 = (al - bm + cn)^2$

23. $\det(A^4) = (\det(A))^4 = \det\left(\begin{bmatrix} 0 & 1 \\ 1 & 0 \end{bmatrix}\right) = -1$，$A$ 爲實數方陣

得 $\det(A)$ 爲實數，$\therefore A^4 = \begin{bmatrix} 0 & 1 \\ 1 & 0 \end{bmatrix}$ 不存在

24. $\det(A)$ 之計算是由 A 之元素乘法與加法運算而來的，A 中元素均爲整數，因整數加乘之封閉性知 $\det(A)$ 亦爲整數。

25. $|a_3, a_2, a_1, b_1 + b_2| = |a_3, a_2, a_1, b_1| + |a_3, a_2, a_1, b_2|$

$= -|a_1, a_2, a_3, b_1| + (-|a_1, a_2, a_3, b_2|)$

$= -x - (-|a_1, a_2, b_2, a_3|) = -x - (-y) = y - x$

26. $|A + B| = |(A + B)^T| = |A^T + B^T| = |A^{-1} + B^{-1}| = |A^{-1}(A + B)B^{-1}|$

$= |A^{-1}||A + B||B^{-1}| = \dfrac{1}{|A||B|}|A + B|$，$|A| = -|B|$

$\therefore |A||B| = -1$，即 $|A + B| = -(A + B)$ $\therefore |A + B| = 0$

2-3

2. $x = 1, y = 1, z = 1$　3. $x = 2, y = 0, z = -1$　4. $x = 1, y = 1, z = 0$

5. (a) $\because A(\text{adj}A) = [\det(A)]I$

$\det[A \cdot \text{adj}(A)] = \det[\det(A)I]$

$\det(A)\det(\text{adj}(A)) = (\det(A))^n$

$\therefore \det(\text{adj}(A)) = (\det(A))^{n-1}$

(b) A 爲非奇異陣，$\det(A) \neq 0$

$\therefore \det(\text{adj}(A)) = (\det(A))^{n-1} \neq 0$

即 $(\text{adj}(A))$ 爲非奇異陣

6. (1) $\text{adj}(A)\text{adj}(\text{adj}(A)) = \det(\text{adj}(A))I = [\det(A)]^{n-1}I$（由上題 (a)）

$\underbrace{A\text{adj}(A)}_{\det(A)I}\text{adj}(\text{adj}(A)) = A[\det(A)]^{n-1}I = [\det(A)]^{n-1}A$

即 $\text{adj}(\text{adj}(A)) = (\det(A))^{n-2}A$

(2) 由 (1)，$\because \det(A) = 1$ $\therefore \text{adj}(\text{adj}(A)) = A$

7. $\text{adj}(A) = \text{adj}(A^T) = (A^T)^{-1}\det(A^T) = (\det(A)A^{-1})^T = (\text{adj}(A))^T$

8. $A \cdot \text{adj}(A) = \det(A)I$　$\therefore [\text{adj}(A)]^{-1}A^{-1} = \dfrac{1}{\det(A)}I$，即

$$[\text{adj}(A)]^{-1} = \frac{1}{\det(A)}A \qquad (1)$$

又 $A^{-1}(\text{adj}(A^{-1})) = \det(A^{-1})I = \dfrac{I}{\det(A)}$

$$\therefore \text{adj}(A^{-1}) = \frac{1}{\det(A)}A \qquad (2)$$

由 (1)、(2) 得　$\text{adj}(A^{-1}) = [\text{adj}(A)]^{-1}$

9. 利用 $A \cdot \text{adj}(A) = |A|I$，先求 $|A|$：

$$\because\begin{vmatrix}-3 & 5 & 2\\ 0 & 1 & 1\\ 6 & -8 & -5\end{vmatrix}=9$$（讀者自證之）

$\therefore |A|=\pm 3$，即 A 爲非奇異陣

次求 $[\text{adj }(A)]^{-1}$：

$$\left[\begin{array}{ccc|ccc}-3 & 5 & 2 & 1 & 0 & 0\\ 0 & 1 & 1 & 0 & 1 & 0\\ 6 & -8 & -5 & 0 & 0 & 1\end{array}\right]\to\left[\begin{array}{ccc|ccc}1 & -\frac{5}{3} & -\frac{2}{3} & \frac{-1}{3} & 0 & 0\\ 0 & 1 & 1 & 0 & 1 & 0\\ 6 & -8 & -5 & 0 & 0 & 1\end{array}\right]$$

$$\to\left[\begin{array}{ccc|ccc}1 & -\frac{5}{3} & -\frac{2}{3} & -\frac{1}{3} & 0 & 0\\ 0 & 1 & 1 & 0 & 1 & 0\\ 0 & 2 & -1 & 2 & 0 & 1\end{array}\right]\to\left[\begin{array}{ccc|ccc}1 & 0 & 1 & -\frac{1}{3} & \frac{5}{3} & 0\\ 0 & 1 & 1 & 0 & 1 & 0\\ 0 & 0 & -3 & 2 & -2 & 1\end{array}\right]$$

$$\to\left[\begin{array}{ccc|ccc}1 & 0 & 0 & \frac{1}{3} & 1 & \frac{1}{3}\\ 0 & 1 & 0 & \frac{2}{3} & \frac{1}{3} & \frac{1}{3}\\ 0 & 0 & 1 & -\frac{2}{3} & \frac{2}{3} & -\frac{1}{3}\end{array}\right]$$

$$\therefore A=|A|(\text{adj }(A))^{-1}=\pm 3\begin{bmatrix}\frac{1}{3} & 1 & \frac{1}{3}\\ \frac{2}{3} & \frac{1}{3} & \frac{1}{3}\\ -\frac{2}{3} & \frac{2}{3} & -\frac{1}{3}\end{bmatrix}=\begin{bmatrix}1 & 3 & 1\\ 2 & 1 & 1\\ -2 & 2 & -1\end{bmatrix}$$ 或

$$\begin{bmatrix}-1 & -3 & -1\\ -2 & -1 & -1\\ 2 & -2 & 1\end{bmatrix}$$

10. $A(adj(A))=|A|I\Rightarrow \text{adj}(A)=|A|A^{-1}=|A|A^{T}$

$$\text{adj}(A)=\begin{bmatrix} A_{11} & A_{12} & \cdots & A_{1n} \\ A_{21} & A_{22} & \cdots & A_{2n} \\ & \cdots\cdots\cdots\cdots & & \\ A_{n1} & A_{n2} & \cdots & A_{nn} \end{bmatrix}^T = |A|\begin{bmatrix} a_{11} & a_{12} & \cdots & a_{1n} \\ a_{21} & a_{22} & \cdots & a_{2n} \\ & \cdots\cdots\cdots\cdots & & \\ a_{n1} & a_{n2} & \cdots & a_{nn} \end{bmatrix}^T$$

$\therefore A_{ij}=|A|a_{ij}$，即 $a_{ij}=\dfrac{1}{|A|}(A_{ij})$

2-4

1. $\begin{bmatrix} 2 & 0 \\ 3 & 2 \\ 1 & 0 \end{bmatrix}$　　2. -54

3. (a) $A^k=\begin{cases} I_{2n}，k \text{ 為偶數} \\ A，k \text{ 為奇數} \end{cases}$　(b) $\begin{bmatrix} \mathbf{0} & I \\ I & \mathbf{0} \end{bmatrix}$

4. (a) $\begin{bmatrix} I & \mathbf{0} \\ kB & I \end{bmatrix}$　(b) $\begin{bmatrix} I & \mathbf{0} \\ -B & I \end{bmatrix}$

5. (a) $\begin{bmatrix} A^{-1} & \mathbf{0} \\ -C^TA^{-1} & 1 \end{bmatrix}\begin{bmatrix} A & a \\ C^T & \beta \end{bmatrix}\begin{bmatrix} X \\ x_{n+1} \end{bmatrix}=\begin{bmatrix} A^{-1} & \mathbf{0} \\ -C^TA^{-1} & 1 \end{bmatrix}\begin{bmatrix} b \\ b_{n+1} \end{bmatrix}$

$\begin{bmatrix} I & A^{-1}a \\ \mathbf{0} & -C^TA^{-1}a+\beta \end{bmatrix}\begin{bmatrix} X \\ x_{n+1} \end{bmatrix}=\begin{bmatrix} A^{-1}b \\ -C^TA^{-1}b+b_{n+1} \end{bmatrix}$

(b) $x_{n+1}=\dfrac{b_{n+1}-C^TA^{-1}b}{\beta-C^TA^{-1}a}$

$X+A^{-1}x_{n+1}a=A^{-1}b \quad \therefore X=A^{-1}b-A^{-1}x_{n+1}a$

6. 只證 $n=k+1$ 部分：

$$P^{k+1}=\begin{bmatrix} I & \mathbf{0} \\ (I-B)^{-1}(I-B^k)C & B^k \end{bmatrix}\begin{bmatrix} I & \mathbf{0} \\ C & B \end{bmatrix}$$

$$=\begin{bmatrix} I & 0 \\ (I-B)^{-1}(I-B^k)C+B^kC & B^{k+1} \end{bmatrix}$$

現證明　$(I-B)^{-1}(I-B^k)C+B^kC=(I-B)^{-1}(I-B^{k+1}C)$：

$$(I-B)^{-1}(I-B^k)C+B^kC$$

$$=(I-B)^{-1}C-(I-B)^{-1}B^kC+B^kC$$

$$=(I-B)^{-1}C+[I-(I-B)^{-1}]B^kC$$

$$=(I-B)^{-1}C+[(I-B)^{-1}(I-B)-(I-B)^{-1}]B^kC$$

$$=(I-B)^{-1}C-(I-B)^{-1}B^{k+1}C$$

$$=(I-B)^{-1}(I-B^{k+1})C$$

7. $$\begin{bmatrix} I & P \\ Q & I \end{bmatrix}\begin{bmatrix} (I-PQ)^{-1} & -(I-PQ)^{-1}P \\ -Q(I-PQ)^{-1} & I+Q(I-PQ)^{-1}P \end{bmatrix}$$

$$=\begin{bmatrix} (I-PQ)^{-1}-PQ(I-PQ)^{-1} & -(I-PQ)^{-1}P+P+PQ(I-PQ)^{-1}P \\ Q(I-PQ)^{-1}-Q(I-PQ)^{-1} & -Q(I-PQ)^{-1}P+I+Q(I-PQ)^{-1}P \end{bmatrix}$$

$$=\begin{bmatrix} (I-PQ)(I-PQ)^{-1} & \mathbf{0} \\ \mathbf{0} & I \end{bmatrix}=\begin{bmatrix} I & \mathbf{0} \\ \mathbf{0} & I \end{bmatrix}$$

$$\therefore\begin{bmatrix} I & P \\ Q & I \end{bmatrix}^{-1}=\begin{bmatrix} (I-PQ)^{-1} & -(I-PQ)^{-1}P \\ -Q(I-PQ)^{-1} & I+Q(I-PQ)^{-1}P \end{bmatrix}$$

※ 上述　$-(I-PQ)^{-1}P+P+PQ(I-PQ)^{-1}P$

$$=P-(I-PQ)(I-PQ)^{-1}P=P-P=\mathbf{0}$$

8. (a) 不可乘

(b) $J_{m\times n}J_{n\times p}=\begin{bmatrix}1 & 1\cdots\cdots 1\\ 1 & 1\cdots\cdots 1\\ \cdots & \cdots\cdots\cdots\\ 1 & 1\cdots\cdots 1\end{bmatrix}_{m\times n}\begin{bmatrix}1 & 1\cdots\cdots 1\\ 1 & 1\cdots\cdots 1\\ \cdots & \cdots\cdots\cdots\\ 1 & 1\cdots\cdots 1\end{bmatrix}_{n\times p}=\begin{bmatrix}n & n\cdots\cdots n\\ n & n\cdots\cdots n\\ \cdots & \cdots\cdots\cdots\\ n & n\cdots\cdots n\end{bmatrix}_{m\times p}=$

$nJ_{m\times p}$

(c) $J_n^2=\begin{bmatrix}1 & 1\cdots\cdots 1\\ 1 & 1\cdots\cdots 1\\ \cdots & \cdots\cdots\cdots\\ 1 & 1\cdots\cdots 1\end{bmatrix}\begin{bmatrix}1 & 1\cdots\cdots 1\\ 1 & 1\cdots\cdots 1\\ \cdots & \cdots\cdots\cdots\\ 1 & 1\cdots\cdots 1\end{bmatrix}=\begin{bmatrix}n & n\cdots\cdots n\\ n & n\cdots\cdots n\\ \cdots & \cdots\cdots\cdots\\ n & n\cdots\cdots n\end{bmatrix}=nJ_n$

(d) $(\overline{J_n})^2=\left(\frac{1}{n}J_n\right)^2=\frac{1}{n^2}J_n^2=\frac{n}{n^2}J_n=\frac{1}{n}J_n=\overline{J_n}$

(e) $C_n^2=(I-\overline{J_n})^2=I-2\overline{J_n}+\overline{J_n}^2=I-2\overline{J_n}+\overline{J_n}=I-\overline{J_n}=C_n$ （由(d)）

$\therefore$ C_n 爲冪等陣

$$C\underset{\sim}{1}=(I-\overline{J_n})\underset{\sim}{1}=\begin{bmatrix}1\\1\\ \vdots\\1\end{bmatrix}-\frac{1}{n}\begin{bmatrix}1 & 1\cdots\cdots 1\\ 1 & 1\cdots\cdots 1\\ \cdots & \cdots\cdots\cdots\\ 1 & 1\cdots\cdots 1\end{bmatrix}\begin{bmatrix}1\\1\\ \vdots\\1\end{bmatrix}=\begin{bmatrix}1\\1\\ \vdots\\1\end{bmatrix}-\frac{1}{n}\begin{bmatrix}n\\n\\ \vdots\\n\end{bmatrix}=\begin{bmatrix}0\\0\\ \vdots\\0\end{bmatrix}=\mathbf{0}$$

$CJ=(I-\overline{J_n})J_n=J_n-\frac{1}{n}J_n\cdot J_n=J_n-J_n=\mathbf{0}$

同法 $JC=\mathbf{0}$

(f) $\sum_{i=1}^{n}(x_i-\overline{x})^2=\sum_{i=1}^{n}x_i^2-\frac{1}{n}\left(\sum_{i=1}^{n}x_i\right)^2=x^Tx-\frac{1}{n}x^TJx=x^T(I-\overline{J_n})x=x^TCx$

(g) $(aI+bJ_n)\cdot\frac{1}{a}\left(I_n-\frac{b}{a+nb}J_n\right)=I_n-\frac{a}{a+nb}J_n+\frac{b}{a}J_n-\frac{b}{a+nb}J_n^2$

$=I-\frac{a}{a+nb}J_n+\frac{b}{a}J_n-\frac{nb^2}{a+nb}J_n=I\therefore(aI_n+bJ_n)^{-1}=\frac{1}{a}\left(I_n-\frac{b}{a+nb}J_n\right)$

9.「$\Rightarrow$」

$AX=B$ $\therefore A\,[X_1|X_2|\cdots\cdots|X_p]=[AX_1|AX_2|\cdots\cdots|AX_p]=[b_1|b_2\cdots\cdots|b_p]$

即 $AX_j=b_j$，$j=1,2\cdots p$

「$\Leftarrow$」

$AX_j=b_j$，$j=1,2\cdots p$ $\therefore [AX_1|AX_2|\cdots\cdots|AX_p]=[b_1|b_2\cdots\cdots|b_p]$即

$AX=B$

10. $\begin{vmatrix}\mathbf{0} & cA\\ -B & \mathbf{0}\end{vmatrix}=(-1)^{m+n}|cA||-B|=(-1)^{m+n}c^m|A|\cdot(-1)^n|B|$

$=(-1)^{m+2n}c^m|A||B|=(-1)^m c^m ab$

11. $C=\begin{bmatrix}A\\B\end{bmatrix}\therefore CC^T=\begin{bmatrix}A\\B\end{bmatrix}[A^T\ B^T]=\begin{bmatrix}AA^T & AB^T\\ BA^T & BB^T\end{bmatrix}=\begin{bmatrix}AA^T & \mathbf{0}\\ \mathbf{0} & BB^T\end{bmatrix}$

$\Rightarrow|CC^T|=\begin{vmatrix}AA^T & \mathbf{0}\\ \mathbf{0} & BB^T\end{vmatrix}=|AA^T||BB^T|=|A||A|\cdot|B||B|=|A|^2|B|^2$

12. C 之伴隨矩陣 $C^*=|C|C^{-1}$

但 $|C|=\begin{vmatrix}A & \mathbf{0}\\ \mathbf{0} & B\end{vmatrix}=|A|\,|B|$

$C^{-1}=\begin{bmatrix}A^{-1} & \mathbf{0}\\ \mathbf{0} & B^{-1}\end{bmatrix}$

$\therefore C^*=|A|\,|B|\begin{bmatrix}A^{-1} & \mathbf{0}\\ \mathbf{0} & B^{-1}\end{bmatrix}=\begin{bmatrix}|A|\,|B|A^{-1} & \mathbf{0}\\ \mathbf{0} & |A|\,|B|B^{-1}\end{bmatrix}=\begin{bmatrix}|B|A^* & \mathbf{0}\\ \mathbf{0} & |A|B^*\end{bmatrix}$

13. 令 $P=\begin{bmatrix}A & B\\ \mathbf{0} & C\end{bmatrix}$爲正交陣則

$\because PP^T=\begin{bmatrix}A & B\\ \mathbf{0} & C\end{bmatrix}^T\begin{bmatrix}A & B\\ \mathbf{0} & C\end{bmatrix}=\begin{bmatrix}A^T & \mathbf{0}\\ B^T & C^T\end{bmatrix}\begin{bmatrix}A & B\\ \mathbf{0} & C\end{bmatrix}=\begin{bmatrix}A^TA & A^TB\\ B^TA & C^TC\end{bmatrix}=\begin{bmatrix}I & \mathbf{0}\\ \mathbf{0} & I\end{bmatrix}$

$\therefore$由 $CC^T=I$ 顯然 C 爲正交陣，

又 $AA^T=I\Rightarrow A$ 亦爲正交陣。

3-1

1～4 均不爲向量空間。

5. $k(u-v)=k[u+(-v)]=ku+k(-v)=ku+(-1)kv=ku-kv$

7. $\mathbf{0}\notin V$ $\therefore V$ 不爲向量空間

8. 否；$x\oplus 0=\min\{x, 0\}$ 不一定爲 x

9. $x+y=z+y \Rightarrow x+y+(-y)=z+y+(-y) \Rightarrow x+(y+(-y))=z+(y+(-y))$

$\Rightarrow x+\mathbf{0}=z+\mathbf{0}$ $\therefore x=z$

3-2

1. 不是 2. 是 3. 不是 4. 是 5. 不是 6. 是

7. (a) 爲 R^n 之子空間 (b) 不爲 R^n 之子空間

8. $M=\frac{1}{2}(M+M^T)+\frac{1}{2}(M-M^T)$ （見 1.2 節例 7）

其中 $\frac{1}{2}(M+M^T)$ 爲對稱陣，$\frac{1}{2}(M-M^T)$ 爲斜對稱陣

① $\frac{1}{2}(M+M^T)\in W_1$，$\frac{1}{2}(M-M^T)\in W_2$

即 $M=W_1+W_2$

② $W_1\cap W_2=\{\mathbf{0}_{n\times n}\}$

（$\because \frac{1}{2}(M+M^T)=\frac{1}{2}(M-M^T)$ 得 $M^T=\mathbf{0}_{n\times n}$ 即 $M=\mathbf{0}_{n\times n}$）

由①，② $M=W_1\oplus W_2$

9. $w+v\in W+V$ 其中 $w\in W, v\in V$ 又 $W\subseteq V$

$\therefore w\in W\Rightarrow w\in V$ 得 $w+v\in V+V=V$

即 $W+V\subseteq V$

又 $V\subseteq W+V$（由例 9）

$\therefore V = W + V$

11. (a) W 不爲 $M_{2\times 2}$ 之子空間。 (b) U 不爲 $M_{2\times 2}$ 之子空間。

12. $A=[a_{ij}]_{m\times n}$，$B=[b_{ij}]_{m\times n}$，則

① $\sum_{i=1}^{m}\sum_{j=1}^{n}(a_{ij}+b_{ij})=\sum_{i=1}^{m}\sum_{j=1}^{n}a_{ij}+\sum_{i=1}^{m}\sum_{j=1}^{n}b_{ij}=0+0=0$

$\therefore A+B\in W$

② $k\sum_{i=1}^{m}\sum_{j=1}^{n}a_{ij}=k0=0$ $\therefore kA\in W$

由①，② W 爲 $M_{m\times n}$ 之子空間。

13. 設 $x+y\in(U\cap T)+(U\cap W)$，則 $x\in U\cap T$，$y\in U\cap W$ 則有

$$\begin{cases}x\in U，y\in U\Rightarrow x+y\in U+U=U\\ x\in T，y\in W\Rightarrow x+y\in T+W\end{cases}$$

$\therefore x+y\in U\cap(T+W)$

即 $(U\cap T)+(U\cap W)\subseteq U\cap(T+W)$

3-3

1. 令 $A=\begin{bmatrix}y & x\\ x & z\end{bmatrix}=x\begin{bmatrix}0 & 1\\ 1 & 0\end{bmatrix}+y\begin{bmatrix}1 & 0\\ 0 & 0\end{bmatrix}+z\begin{bmatrix}0 & 0\\ 0 & 1\end{bmatrix}$，

則 $A=x\begin{bmatrix}0 & 1\\ 1 & 0\end{bmatrix}+y\begin{bmatrix}1 & 0\\ 0 & 0\end{bmatrix}+z\begin{bmatrix}0 & 0\\ 0 & 1\end{bmatrix}$

$\therefore V_1=\text{span}\{M_1, M_2, M_3\}$

2. $k=-8$

3. $(5,-1,6)^T\in\text{span}\ \{W\}$

4. $\text{span}(S)=a_1v_1+a_2v_2+\cdots+a_nv_n$，$v_1, v_2\cdots v_n\in S$

$=a_1v_1+a_2v_2+\cdots+a_nv_n+b\cdot 0=\text{span}(S\cup\{0\})$

5. $at^2+bt+c=\alpha(t-1)^2+\beta(t-1)+\gamma=\alpha t^2+(-2\alpha+\beta)t+(\alpha-\beta+\gamma)$

比較兩邊係數

$\alpha=a$，$-2\alpha+\beta=b \quad \therefore \beta=b+2a$

$\alpha-\beta+\gamma=c$，$\gamma=c-\alpha+\beta=c-a+(b+2a)=a+b+c$

即 $at^2+bt+c=a(t-1)^2+(b+2a)(t-1)+(a+b+c)$

$\therefore$ P_3 可由 $\{(t-1)^2, (t-1), 1\}$ 所生成

6. $D=3A+2B-C$

3-4

（基底部分請讀者自行驗證之）

1. 是　2. 是

3. 取 $\alpha(U+V)+\beta(V+W)+\gamma(U+W)=0$

則 $(\alpha+\gamma)U+(\alpha+\beta)V+(\beta+\gamma)W=0$

解：

$$\begin{cases}\alpha+\gamma=0\\ \alpha+\beta=0\\ \beta+\gamma=0\end{cases} \quad 得\ \alpha=\beta=\gamma=0$$

$\therefore U+V, V+W, U+W$ 為 LIN

4. 不為 LIN

5. $\lambda=2, -2, 4$

6. b 為 $v_1\cdots v_n$ 之線性組合，即 $b=c_1v_1+c_2v_2+\cdots+c_nv_n$

$\therefore -b+c_1v_1+c_2v_2+\cdots+c_nv_n=\mathbf{0}$

$\because$ b 之係數為 -1，不為 0　$\therefore$ $b, v_1, v_2\cdots v_n$ 為 LD

7. (a) $v_1, v_2\cdots v_r$ 為 LD　$\therefore$存在一組不全為 0 之純量使得 $c_1v_1+c_2v_2+\cdots+c_rv_r=0$，因此 $c_1v_1+c_2v_2+\cdots+c_rv_r+0v_{r+1}+\cdots+0v_m=0$ 中

之各純量不需全爲 0

(b) 不一定

8. $z \in V$ 則 $z = au + bv + cw$，a, b, c 爲唯一存在

$\therefore z = a(u+v+w) + (b-a)(v+w) + (c-b)w$，其中，$a$, $b-a$, $c-a$ 亦唯一存在

$\therefore \{u+v+w, v+w, w\}$ 亦爲 V 之一組基底

9. 令 $a_1(u_1+u_2+\cdots+u_n) + (a_2+a_1)u_2 + (a_3+a_1)u_3 + \cdots + (a_n+a_1)u_n = 0$

則

$$\begin{bmatrix} 1 & 0 & 0 & \cdots & 0 \\ 1 & 1 & 0 & \cdots & 0 \\ \cdots & \cdots & \cdots & \cdots & \cdots \\ 1 & \cdots & \cdots & \cdots & 1 \end{bmatrix} \begin{bmatrix} a_1 \\ a_2 \\ \vdots \\ a_n \end{bmatrix} = \begin{bmatrix} 0 \\ 0 \\ \vdots \\ 0 \end{bmatrix}$$

$$\because \begin{vmatrix} 1 & 0 & 0 & \cdots & 0 \\ 1 & 1 & 0 & \cdots & 0 \\ \cdots & \cdots & \cdots & \cdots & \cdots \\ 1 & 0 & \cdots & \cdots & 1 \end{vmatrix} = 1 \quad \therefore a_1 = a_2 = \cdots = a_n = 0$$

知 $\{u_1+u_2+\cdots+u_n，u_2 \cdots u_n\}$ 亦爲 V 之一組基底

10. $\left\{ \begin{bmatrix} 0 & 1 & 0 \\ -1 & 0 & 0 \\ 0 & 0 & 0 \end{bmatrix}, \begin{bmatrix} 0 & 0 & 1 \\ 0 & 0 & 0 \\ -1 & 0 & 0 \end{bmatrix}, \begin{bmatrix} 0 & 0 & 0 \\ 0 & 0 & 1 \\ 0 & -1 & 0 \end{bmatrix} \right\}$；dim = 3

11. 設 $c_1AX_1 + c_2AX_2 + \cdots + c_pAX_p = \mathbf{0}$　則

$A(c_1X_1 + c_2X_2 + \cdots + c_pX_p) = \mathbf{0}$

但 A 爲 n 階非奇異陣

$\therefore A^{-1}A(c_1X_1 + c_2X_2 + \cdots c_pX_p) = c_1X_1 + c_2X_2 + \cdots + c_pX_p = \mathbf{0}$

又 $X_1, X_2 \cdots X_p$ 爲 LIN　$\therefore c_1 = c_2 = \cdots = c_p = 0$

即 $AX_1, AX_2 \cdots AX_p$ 爲 LIN

12. (a) $V=\text{span}\{X_1, X_2\cdots X_n\}$，$v\in V$ $\therefore v=c_1X_1+c_2X_2+\cdots+c_nX_n$

$\Rightarrow c_1X_1+c_2X_2+\cdots+c_nX_n-v=0$

$\therefore X_1\cdots X_n$，v 爲 LD

(b) 利用反證法：

若 $\{X_2, X_3\cdots X_n\}$ 能生成 V，$X_1\in V$ 則

$X_1=c_2X_2+c_3X_3+\cdots+c_nX_n$

$\therefore X_1, X_2\cdots X_n$ 爲 LD，但此與 $X_1, X_2\cdots X_n$ 爲 LIN 假設矛盾。

即 $X_2, X_3\cdots X_n$ 不能生成 V。

13. (a) 考慮線性聯立方程組 $Ab=\mathbf{0}$，其中 $A=[x_1, x_2, \cdots x_n]$，$b=[b_1, b_2, \cdots b_n]^T$ 則 $Ab=[x_1\ x_2\ \cdots x_n]\begin{bmatrix}b_1\\b_2\\\vdots\\b_n\end{bmatrix}=\begin{bmatrix}0\\0\\\vdots\\0\end{bmatrix}$ 有零解之充要條件爲 $|A|\neq 0$，從而 $x_1, x_2\cdots x_n$ 爲 LIN 之充要條件爲 $|A|\neq 0$

(b) 考慮線性聯立方程組 $A_1b=\mathbf{0}$，其中 $A_1=[x_1, x_2, \cdots x_{n,} x_{n+1}]$，$b=[b_1, b_2, \cdots b_n]^T$ 則

$$A_1b=b_1\begin{pmatrix}x_{11}\\x_{12}\\\vdots\\x_{1n}\end{pmatrix}+b_2\begin{pmatrix}x_{21}\\x_{22}\\\vdots\\x_{2n}\end{pmatrix}+\cdots+b_n\begin{pmatrix}x_{n1}\\x_{n2}\\\vdots\\x_{nn}\end{pmatrix}+b_{n+1}\begin{pmatrix}x_{n+1,1}\\x_{n+1,2}\\\vdots\\x_{n+1,n}\end{pmatrix}=\begin{pmatrix}0\\0\\\vdots\\0\end{pmatrix}$$

$\therefore A_1b=\mathbf{0}$ 之未知數比方程組多，由定理 1.2A 知它有異於 $\mathbf{0}$ 之解，即 $x_1, x_2, \cdots x_{n,} x_{n+1}$ 爲 LD

14. 設 $c_1Y+c_2AY+\cdots+c_{k-1}A^{k-1}Y=\mathbf{0}$

(1) $A^{k-1}(c_1Y+c_2AY+\cdots+c_{k-1}A^{k-1}Y)$

$$=c_1A^{k-1}Y+\underbrace{c_2A^kY+\cdots+c_{k-1}A^{2k-2}}_{\mathbf{0}}Y=\mathbf{0}$$

但 $A^{k-1}Y \neq \mathbf{0}$ $\therefore c_1 = 0$

(2) $A^{k-2}(c_2AY + \cdots + c_{k-1}A^{k-1}Y)$

$$= c_2A^{k-1}Y + \underbrace{c_3A^ky + \cdots + c_{k-1}A^{2k-3}}_{\mathbf{0}}Y = \mathbf{0}$$

$\therefore c_2 = 0$

……

(3) $A(c_{k-2}A^{k-2}Y + c_{k-1}A^{k-1}Y) = c_{k-2}A^{k-1}Y + \underbrace{c_{k-1}A^kY}_{\mathbf{0}} = \mathbf{0}$

$\therefore c_{k-2} = 0$

(4) 因 $c_1 = c_2 = \cdots = c_{k-2} = 0$，現只剩 $c_{k-1}A^{k-1}Y = \mathbf{0}$

$\therefore c_{k-1} = 0$

由 (1)，(2)，(3)，(4) 知 $Y, AY, A^2Y \cdots A^{k-1}Y$ 爲 LIN

15. W 之一組基底 $\left\{\begin{bmatrix}1 & -3\\0 & 0\end{bmatrix}, \begin{bmatrix}0 & 3\\0 & 1\end{bmatrix}\right\}$, $\dim(W) = 2$

16. W 之一組基底爲

$$\left\{\begin{bmatrix}1 & 0 & 0\\0 & 1 & 0\\0 & 0 & 1\end{bmatrix}、\begin{bmatrix}0 & 0 & 0\\0 & 1 & 0\\0 & 0 & 1\end{bmatrix}、\begin{bmatrix}0 & 0 & 0\\0 & 0 & 0\\0 & 0 & 1\end{bmatrix}\right\}，\dim(W) = 3$$

17. 令 $k_1W_1 + k_2W_2 = k_1(aU_1 + bU_2) + k_2(cU_1 + dU_2)$

$= (k_1a + k_2c)U_1 + (k_1b + k_2d)U_2 = 0$

又 W_1，W_2 爲 LIN 之充要條件爲

$\begin{cases}k_1a + k_2c = 0\\k_1b + k_2d = 0\end{cases}$ k_1，k_2 有零解

即 $\begin{vmatrix}a & c\\b & d\end{vmatrix} \neq 0$ $\therefore ad \neq bc$

3-5

1. 設 x_0, x_1 均為 $Ax = b$ 之解　則 $Ax_0 = b, Ax_1 = b$

   $\therefore A(x_0 - x_1) = \mathbf{0}$，又 $N(A) = \{\mathbf{0}\}$ 得 $x_0 - x_1 = 0$ 即 $x_0 = x_1$

2. 行空間之基底為 $\left\{\begin{bmatrix}1\\0\\0\\0\end{bmatrix}, \begin{bmatrix}0\\1\\0\\0\end{bmatrix}, \begin{bmatrix}0\\0\\1\\0\end{bmatrix}\right\}$，dim = 3

   列空間之基底為 {[1, 0, 0, 0], [0, 1, 0, 0], [0, 0, 1, 0]}，dim = 3

   零空間之基底為 $\left\{\begin{bmatrix}0\\0\\0\\1\end{bmatrix}\right\}$，dim = 1

4. 列空間之基底 = {[1, 0]}，dim = 1

   行空間之基底 $= \left\{\begin{bmatrix}1\\0\end{bmatrix}\right\}$ dim = 1

   零空間之基底 $\left\{\begin{bmatrix}0\\1\end{bmatrix}\right\}$，dim = 1

5. 零空間之一組基底為 $\{[1, 1, 0]^T\}$，dim = 1

6. 顯然 A 之第一列可為 $[c \quad -c \quad x]$，x 為任意數

   $\therefore A = \begin{bmatrix}1 & -1 & 2\\2 & -2 & 4\\3 & -3 & 6\end{bmatrix}$ 是一可能解。

   （這種解之個數有無限多）

7. 若 $z \in C = AB$ 之行空間，則存在一個 $x \in R^n$ 使得 $z = ABx = A(Bx)$　$\therefore z$ 亦為 A 之行空間，即 $C = AB$ 之行空間為 A 行空間之子空間。

8. $A=xy^T=\begin{bmatrix} x_1y^T \\ x_2y^T \\ \vdots \\ x_ny^T \end{bmatrix} \to \begin{bmatrix} x_1y^T \\ 0 \\ \vdots \\ 0 \end{bmatrix}$ $\therefore \{y^T\}$ 爲 A 列空間之一個基底

9. $\because y=x_0+z$ 爲 $Ax=b$ 之解

$\therefore b=A(x_0+z)=Ax_0+Az=b+Az$

得 $Az=\mathbf{0}$，即 $z\in N(A)$

10. (a) y 爲 $Ax=b$ 之一個解 $\therefore Ay=A(x_0+z)=Ax_0+Az=b$，

但 $Ax_0=b$ $\therefore Az=\mathbf{0}$ 即 $z\in N(A)$

(b) 利用反證法，設 y 爲滿足 $Ax=b$ 之另一解，

則 $Ax_0=b$ 且 $Ay=b$

$\therefore A(x_0-y)=b-b=\mathbf{0}$

又 $N(A)=\mathbf{0}$ $\therefore Az=\mathbf{0}\Rightarrow z=\mathbf{0}$

$\therefore x_0-y=\mathbf{0}$ 即 $y=x_0$

3-6

1. (a) $\begin{bmatrix} 0 & 1 \\ 1 & 0 \end{bmatrix}$ (b) $B=\begin{bmatrix} 0 & 1 \\ 1 & 0 \end{bmatrix}$ (c) $\begin{bmatrix} 2 \\ 1 \end{bmatrix}$

2. (a) $S=\begin{bmatrix} \frac{1}{2} & 0 & -\frac{1}{2} \\ \frac{1}{2} & 0 & \frac{1}{2} \\ \frac{1}{2} & 1 & \frac{1}{2} \end{bmatrix}$ (b) $\begin{bmatrix} 1 & 1 & 0 \\ 0 & -1 & 1 \\ -1 & 1 & 0 \end{bmatrix}$ (c) $\begin{bmatrix} 1 \\ 0 \\ 1 \end{bmatrix}$

3. $\begin{bmatrix} -14 \\ 10 \end{bmatrix}$

4. (a) $\begin{bmatrix} 0 & 0 & 1 \\ 0 & 1 & 0 \\ 1 & 0 & 0 \end{bmatrix}$ (b) $\begin{bmatrix} 0 & 0 & 1 \\ 0 & 1 & 0 \\ 1 & 0 & 0 \end{bmatrix}$ (c) $[v]_U = \begin{bmatrix} 2 \\ 3 \\ 1 \end{bmatrix}$ (d) $[v]_V = \begin{bmatrix} 1 \\ 3 \\ 2 \end{bmatrix}$

6. (a) 設 $w_1 = \begin{bmatrix} a_1 \\ a_2 \end{bmatrix}$，$w_2 = \begin{bmatrix} b_1 \\ b_2 \end{bmatrix}$

$[w_1, w_2] \to [v_1, v_2]$

$$\therefore \left[\begin{array}{cc|cc} 1 & 0 & a_1 & b_1 \\ -1 & 2 & a_2 & b_2 \end{array}\right] \to \left[\begin{array}{cc|cc} 1 & 0 & a_1 & b_1 \\ 0 & 2 & a_1+a_2 & b_1+b_2 \end{array}\right]$$

$$\to \left[\begin{array}{cc|cc} 1 & 0 & a_1 & b_1 \\ 0 & 1 & \dfrac{a_1+a_2}{2} & \dfrac{b_1+b_2}{2} \end{array}\right]$$

$S = \begin{bmatrix} 2 & 3 \\ 3 & 4 \end{bmatrix} = \begin{bmatrix} a_1 & b_1 \\ \dfrac{a_1+a_2}{2} & \dfrac{b_1+b_2}{2} \end{bmatrix}$，由比較可得 $w_1 = \begin{bmatrix} 2 \\ 4 \end{bmatrix}$，$w_2 = \begin{bmatrix} 3 \\ 5 \end{bmatrix}$

(b) $[u_1, u_2] \to [w_1, w_2]$：

$$\left[\begin{array}{cc|cc} 2 & 3 & 1 & 0 \\ 4 & 5 & -1 & 2 \end{array}\right] \to \left[\begin{array}{cc|cc} 2 & 3 & 1 & 0 \\ 0 & 1 & 3 & -2 \end{array}\right] \to \left[\begin{array}{cc|cc} 2 & 0 & -8 & 0 \\ 0 & 1 & 3 & -2 \end{array}\right]$$

$$\to \left[\begin{array}{cc|cc} 1 & 0 & -4 & 0 \\ 0 & 1 & 3 & -2 \end{array}\right]$$

$$\therefore B = \begin{bmatrix} -4 & 0 \\ 3 & -2 \end{bmatrix}$$

(c) $w_1 = \begin{bmatrix} 2 \\ 0 \end{bmatrix}$，$[w_1]_B$：

$$\left[\begin{array}{cc|c} 1 & 0 & 2 \\ 3 & -2 & 0 \end{array}\right] \to \left[\begin{array}{cc|c} 1 & 0 & 2 \\ 0 & -2 & -6 \end{array}\right] \therefore X_1 = 2，X_2 = 3，即 [w_1]_B = \begin{bmatrix} 1 \\ 3 \end{bmatrix}$$

7. (a) $\begin{bmatrix} 1 & 1 & 1 \\ 0 & 0 & 1 \\ 0 & 1 & 1 \end{bmatrix}$ (b) $\begin{bmatrix} 1 & 0 & -1 \\ 0 & -1 & 1 \\ 0 & 1 & 0 \end{bmatrix}$ (c) $4(1+x^2) - 3(1+x+x^2)$

4-1

1. 不是　2. 是　3. 不是　4. 是　5. 不是　6. 不是

7. $T(x+\lambda y)=T(x)+T(\lambda y)=T(x)+\lambda T(y)$, $\forall \lambda \in K$，取 $\lambda=-1$ 即得

8. $\begin{pmatrix} 8 \\ 17 \end{pmatrix}$

9. 否；（提示：取 $T: V \to V$ 定義 $T(x, y)^T=(x, 0)^T$）

10. $T\begin{pmatrix} 1 & 1 & 0 \\ 1 & 0 & 1 \\ 0 & 1 & -2 \end{pmatrix}=\begin{pmatrix} 1 & 0 & -1 \\ 1 & 1 & 2 \end{pmatrix}$

$$\therefore T\begin{pmatrix} x \\ y \\ z \end{pmatrix}=\begin{pmatrix} 1 & 0 & -1 \\ 1 & 1 & 2 \end{pmatrix}\begin{pmatrix} 1 & 1 & 0 \\ 1 & 0 & 1 \\ 0 & 1 & -2 \end{pmatrix}^{-1}\begin{pmatrix} x \\ y \\ z \end{pmatrix}$$

$$=\begin{pmatrix} 1 & 0 & -1 \\ 1 & 1 & 2 \end{pmatrix}\begin{pmatrix} -1 & 2 & 1 \\ 2 & -2 & -1 \\ 1 & -1 & -1 \end{pmatrix}\begin{pmatrix} x \\ y \\ z \end{pmatrix}$$

$$=\begin{pmatrix} -2 & 3 & 2 \\ 3 & -2 & -2 \end{pmatrix}\begin{pmatrix} x \\ y \\ z \end{pmatrix}=\begin{pmatrix} -2x+3y+2z \\ 3x-2y-2z \end{pmatrix}$$

11. (a) $(y+2z, 2x-y+z)^T$　(b) $(3y-4z, x+2y+3z)^T$

12. $(2b-a, b-3a, 7a-b)^T$　13. $3a$　14. $(x+y, y)^T$

15. $2b-c-a$　16. (a) $3t^4+4t^3$

4-2

1. $T^{-1}(\alpha, \beta, \gamma)^T=(\alpha+\beta+\gamma, \beta+\gamma, \gamma)^T$

2. (a) $R(T)$ 之基底 $=\{1\}$，$\dim R(T)=1$,

(b) $N(T)$ 之基底爲 $\left\{\begin{bmatrix}-1\\1\\0\end{bmatrix},\begin{bmatrix}-2\\0\\1\end{bmatrix}\right\}$, $\dim N(t)=2$

3. (a) $R(T)$ 之一組基底爲 $\{(1,1)^T, (0,1)^T\}$；$\dim(R(T))=2$

   (b) $N(T)$ 之一組基底爲 $\{(1,-1,-1)^T\}$；$\dim(N(T))=1$

4. (a) $R(T)$ 之一組基底爲 $\{(1,1)^T,(0,-1)^T\}$；$\dim(R(T))=2$

   (b) $N(T)$ 之一組基底爲 $\{(1,2,-1)^T,(0,1,1)^T\}$；$\dim(N(T))=2$

5. (a) $R(T)$ 之一組基底爲 $\{(1,2,1)^T,(0,1,1)^T\}$ $\therefore \dim(R(T))=2$

   (b) $N(T)$ 之一組基底爲 $\left\{\begin{bmatrix}\frac{1}{5}\\\frac{-3}{5}\\0\\1\end{bmatrix},\begin{bmatrix}\frac{-4}{5}\\\frac{2}{5}\\1\\0\end{bmatrix}\right\}$ $\dim N(T)=2$

6. W 之一組基底爲 $\left\{\begin{bmatrix}-3\\1\\1\end{bmatrix}\right\}$，$\dim(W)=1$

7. 若 $x\in N(A)$ 則 $Ax=\mathbf{0}$ $\therefore A^2x=A(Ax)=A\cdot\mathbf{0}=\mathbf{0}$

   $\therefore x\in N(A^2)$

   得 $N(A)\subseteq N(A^2)$

8. 設 $u,u'\in U$，T 爲一對一且映射 $\therefore T(v)=u$，$T(v')=u'$，$v,v'\in V$

   根據逆映射之定義：$T^{-1}(u)=v$，$T^{-1}(u')=v'$，$T^{-1}(u+u')=v+v'$

   $=T^{-1}(u)+T^{-1}(u')$，$T^{-1}(ku)=kv=kT^{-1}(u)$ $\therefore T^{-1}$ 是線性

9. (a) $(I-T)^2=(I-T)(I-T)=I-T-T+T^2=I-T-T+T=1-T$

   (b) 設 $y\in R(I-T)$ 則存在一個 $x\in V$ 使得 $(I-T)(x)=y$

   $\therefore T(y)=T(I-T)(x)=(T-T^2)(x)=(T-T)(x)=\mathbf{0}$

   $\Rightarrow y\in N(T)$，即 $R(I-T)\subseteq N(T)$ ①

又若 $x \in N(T) \Rightarrow T(x) = \mathbf{0}, (I-T)(x) = x - \mathbf{0} = x$

$\therefore x \in R(I-T)$

即 $N(T) \subseteq R(I-T)$ ②

由①、② $N(T) = R(I-T)$

(c) 由②即得

（取 $U = I - T$，則 $R(I-U) = N(U) \Rightarrow R(T) = N(I-T)$）

(d) 設 $x \in V$ 則 $x = I(x) = (I - T + T)(x) = (I-T)(x) + T(x) = x_1 + x_2$

其中 $x_1 \in R(I-T) = N(T)$（由②）

$x_2 = T(x)$，即 $x_2 \in R(T)$

$\therefore V = N(T) + R(T)$

10. 令 $x \in V_1 + V_2$，則 $x = x_1 + x_2$，其中 $x_1 \in V_1$，$x_2 \in V_2$

$\therefore T(x) = T(x_1 + x_2) = T(x_1) + T(x_2)$，$T(x_1) \in V_1$，$T(x_2) \in V_2$

即 $T(x) \in V_1 + V_2$ $\therefore V_1 + V_2$ 是 T 一不變。

$\therefore I - T$ 為可逆。

11. $I - T^2 = I \Rightarrow (I-T)(I+T) = I$ $\therefore I - T$ 為可逆。

(b) $T^3 + 3T^2 + 3T = T(T^2 + 3T + 3I) = -I$

即 $T(-T^2 - 3T - 3I) = I$ $\therefore T$ 為可逆。

4-3

1. 2　　2. 2　　3. 3　　4. 3

5. AB 為 m 階方陣，AB 為非奇異之條件為 $\text{rank}(AB) = m$，但 $\text{rank}(AB) \le \text{rank}(B) \le n < m$ $\therefore AB$ 為非奇異

6. $\text{rank}(AB - I) = \text{rank}((A-I)B + B - I) \le \text{rank}((A-I)B) + \text{rank}(B-I)$

$\le \text{rank}(A-I) + \text{rank}(B-I) = a + b$

7. $\text{rank}(f(A)) = \text{rank}(a_1A + a_1A^2 + \cdots + a_nA^n) = \text{rank}[A(a_1I + a_2A + \cdots + a_nA^{n-1})] \le \text{rank}(A)$

8. $\text{rank}(B) = \text{rank}(S^{-1}AS) = \text{rank}(AS) = \text{rank}(A)$

9. $\text{tr}(A^TA) = 0$ 則 $A = \mathbf{0}_{n\times n}$ $\quad\therefore \text{rank}(A) = 0$

10. $[I \mid A]$ 已是列梯形式，$\text{rank}(I) = m$ $\quad\therefore \text{rank}([I \mid A]) = m$

11. $\text{rank}(A \mid b) = 3$，$\text{rank}(A) = 2$

   $\text{rank}(A \mid b) \ne \text{rank}(A)$ $\quad\therefore$無解

12. (a) $A = xy^T = \begin{bmatrix} x_1 \\ x_2 \\ \vdots \\ x_n \end{bmatrix} [y_1, y_2, \cdots y_n]$

   x, y 均非零向量，不失一般性下設 $x_1 \ne 0$

$$= \begin{bmatrix} x_1y_1 & x_1y_2 & \cdots\cdots & x_1y_n \\ x_2y_1 & x_2y_2 & \cdots\cdots & x_2y_n \\ x_3y_1 & x_3y_2 & \cdots\cdots & x_3y_n \\ \cdots & \cdots & \cdots & \cdots \\ x_ny_1 & x_ny_2 & \cdots\cdots & x_ny_n \end{bmatrix} \xrightarrow[x_n \times R_1 + (-x_1)R_n \to R_n]{\substack{x_2 \times R_1 + (-x_1)R_2 \to R_2 \\ x_3 \times R_1 + (-x_1)R_3 \to R_3 \\ \cdots\cdots}} \begin{bmatrix} x_1y_1 & x_1y_2 & \cdots & x_1y_n \\ 0 & 0 & & 0 \\ 0 & 0 & & 0 \\ \cdots & \cdots & \cdots & \cdots \\ 0 & 0 & & 0 \end{bmatrix}$$

   僅第一列爲非零列（$y_1, y_2, \cdots y_n$ 至少有 1 個不是 0）

   $\therefore \text{rank}(A) = 1$

   (b) $A^2 = (xy^T)(xy^T) = x\underbrace{(y^Tx)}_{\text{純量}}y^T = \alpha\, x\, y^T = \alpha A$，$\alpha = y^Tx$

13. $\because A^TA = \mathbf{0}$ $\quad\therefore \text{rank}(A^TA) = \text{rank}(\mathbf{0}) = 0$

   但 $\text{rank}(A^TA) = \text{rank}(A)$ $\quad\therefore \text{rank}(A) = 0 \Rightarrow A = \mathbf{0}$

14. $\text{rank}(A) = n - 1 \;\therefore A\,\text{adj}(A) = |A| I = \mathbf{0}$

   $\text{rank}(A\,\text{adj}(A)) \ge \text{rank}(A) + \text{rank}(\text{adj}(A)) - n$

   $\Rightarrow 0 \ge n - 1 + \text{rank}(\text{adj}(A)) - n$，即 $1 \ge \text{rank}(\text{adj}(A))$

又 $\text{rank}\,(A) = n - 1$ $\therefore$ $\text{adj}\,(A) \neq \mathbf{0}$，即 $\text{rank}\,(\text{adj}\,(A)) \geq 1$

綜上 $\text{rank}\,(\text{adj}\,(A)) = 1$

15. $\begin{bmatrix} I & \mathbf{0} \\ -A & I \end{bmatrix}$與$\begin{bmatrix} I & B \\ \mathbf{0} & I \end{bmatrix}$均爲可逆

$\therefore \text{rank}\left(\begin{bmatrix} I & \mathbf{0} \\ -A & I \end{bmatrix}\begin{bmatrix} I & -B \\ A & \mathbf{0} \end{bmatrix}\begin{bmatrix} I & B \\ \mathbf{0} & I \end{bmatrix}\right)$

$= \text{rank}\left(\begin{bmatrix} I & -B \\ A & \mathbf{0} \end{bmatrix}\right) \geq \text{rank}\,(A) + \text{rank}\,(B)$

又 $\text{rank}\begin{pmatrix} I & \mathbf{0} \\ \mathbf{0} & AB \end{pmatrix} = n + \text{rank}\,(AB)$

$\therefore$ $n + \text{rank}\,(AB) \geq \text{rank}\,(A) + \text{rank}\,(B)$

即 $\text{rank}\,(AB) \geq \text{rank}\,(A) + \text{rank}\,(B) - n$

16. $\because$ $(AB)C = \mathbf{0}$，AB 爲 $m \times p$ 階 C 爲 $p \times n$ 階

$\therefore$ $\text{rank}\,(AB) + \text{rank}\,(C) \leq p$

又 $\text{rank}\,(C) = p$ $\therefore$ $\text{rank}\,(AB) = 0 \Rightarrow AB = \mathbf{0}$

因此 $\text{rank}\,(A) + \text{rank}\,(B) \leq n$

$\text{rank}\,(A) = n$ $\therefore$ $\text{rank}\,(B) = 0 \Rightarrow B = \mathbf{0}$

17. $B = A^T A$ $\therefore$ $\text{rank}\,(B) \leq \min(\text{rank}\,(A^T), \text{rank}\,(A)) \leq m < n$

知 $|B| = 0$ 即 $|A^T A| = 0$

18. AB 爲 m 階方陣

$\text{rank}\,(AB) \leq \text{rank}\,(A) \leq n < m$

$|AB| = 0 \Rightarrow |AB||BA| = 0$

19. 由視察法 (a) $x = 1$ 時 $\text{rank}\,(A) = 1$，(b) $x = -2$ 時 $\text{rank}\,(A) = 2$

(c) $x \neq 1, -2$ 時 $\text{rank}\,(A) = 3$

20. $A=\begin{bmatrix} a_1b_1 & a_1b_2 & \cdots & a_1b_n \\ a_2b_1 & a_2b_2 & \cdots & a_2b_n \\ \vdots & \vdots & & \vdots \\ a_nb_1 & a_nb_2 & \cdots & a_nb_n \end{bmatrix}=XY^T$，$X=\begin{bmatrix} a_1 \\ a_2 \\ \vdots \\ a_n \end{bmatrix}$，$Y=[b_1, b_2, \cdots b_n]$

$\therefore$ rank $(A)=1$

4-4

1. (a) $\begin{bmatrix} 3 \\ -2 \end{bmatrix}$ (b) $\begin{bmatrix} 2 \\ 0 \end{bmatrix}$ (c) $\begin{bmatrix} -2 \\ 3 \end{bmatrix}$

2. $\begin{bmatrix} -1 & 0 \\ 2 & -2 \end{bmatrix}$　　3. $\begin{bmatrix} 3 & 1 \\ -3 & -2 \end{bmatrix}$

4. 令 $T\left(\begin{bmatrix} x_1 \\ x_2 \end{bmatrix}\right)=\begin{bmatrix} ax_1+bx_2 \\ cx_1+dx_2 \end{bmatrix}$

$$T\left(\begin{bmatrix} 1 \\ 1 \end{bmatrix}\right)=\begin{pmatrix} a+b \\ c+d \end{pmatrix}=\begin{pmatrix} 3 \\ 0 \end{pmatrix} \tag{1}$$

$$T\left(\begin{bmatrix} 0 \\ 1 \end{bmatrix}\right)=\begin{pmatrix} b \\ d \end{pmatrix}=\begin{pmatrix} 1 \\ -1 \end{pmatrix} \tag{2}$$

$\therefore \begin{cases} a+b=3 \\ c+d=0 \\ b=1 \\ d=-1 \end{cases}$ 得 $a=2, b=1, c=1, d=-1$

即 $T\left(\begin{bmatrix} x_1 \\ x_2 \end{bmatrix}\right)=\begin{pmatrix} 2x_1+x_2 \\ x_1-x_2 \end{pmatrix}$（與上題題目相同）

5. (a) $[\,T\,]_e=A=\begin{bmatrix} 1 & 3 \\ 2 & 4 \end{bmatrix}$

(b) $\beta=\left\{\begin{bmatrix} 1 \\ 0 \end{bmatrix}, \begin{bmatrix} 1 \\ 1 \end{bmatrix}\right\}$，$B=\begin{bmatrix} 1 & 1 \\ 0 & 1 \end{bmatrix}$

$\therefore [T]_\beta = B^{-1}[T]_e B$

$= \begin{bmatrix} 1 & 1 \\ 0 & 1 \end{bmatrix}^{-1} \begin{bmatrix} 1 & 3 \\ 2 & 4 \end{bmatrix} \begin{bmatrix} 1 & 1 \\ 0 & 1 \end{bmatrix} = \begin{bmatrix} 1 & -1 \\ 0 & 1 \end{bmatrix} \begin{bmatrix} 1 & 3 \\ 2 & 4 \end{bmatrix} \begin{bmatrix} 1 & 1 \\ 0 & 1 \end{bmatrix}$

$= \begin{bmatrix} -1 & -2 \\ 2 & 6 \end{bmatrix}$

6. $\begin{bmatrix} 3 & 3 & 6 \\ -2 & -2 & -6 \\ 1 & 2 & 5 \end{bmatrix}$ 7. $\begin{bmatrix} -5 & -8 \\ 6 & 10 \end{bmatrix}$

8. $\begin{bmatrix} 0 & -1 \\ 1 & 0 \end{bmatrix}$

(b) $[T]_\beta = \begin{bmatrix} 1 & 0 & 0 \\ 0 & 2 & 0 \\ 0 & 1 & 2 \end{bmatrix}$

9. (1) $[T]_\beta = \begin{bmatrix} 3 & 3 & 3 \\ -6 & -6 & -2 \\ 6 & 5 & -1 \end{bmatrix}$

(2) $[v]_\beta = \begin{bmatrix} c \\ b-c \\ a-b \end{bmatrix}$

$[T]_\beta [v]_\beta = \begin{bmatrix} 3a \\ -2a-4b \\ -a+6b+c \end{bmatrix}$

(3) 求 $[T(v)]_\beta$：

$T\left(\begin{bmatrix} a \\ b \\ c \end{bmatrix}\right) = T\left(c \begin{bmatrix} 1 \\ 1 \\ 1 \end{bmatrix} + (b-c)\begin{bmatrix} 1 \\ 1 \\ 0 \end{bmatrix} + (a-b)\begin{bmatrix} 1 \\ 0 \\ 0 \end{bmatrix}\right)$

$$=cT\left(\begin{bmatrix}1\\1\\1\end{bmatrix}\right)+(b-c)T\left(\begin{bmatrix}1\\1\\0\end{bmatrix}\right)+(a-b)T\left(\begin{bmatrix}1\\0\\0\end{bmatrix}\right)$$

$$=c\begin{bmatrix}3\\-3\\3\end{bmatrix}+(b-c)\begin{bmatrix}2\\-3\\3\end{bmatrix}+(a-b)\begin{bmatrix}0\\1\\3\end{bmatrix}$$

$$=c(3f_1-6f_2+6f_3)+(b-c)(3f_1-6f_2+5f_3)+(a-b)(3f_1-2f_2+f_3)$$

$$=3af_1+(-2a-4b)f_2+(-a+6b+c)f_3\text{ ；}\beta=\left\{f_1=\begin{pmatrix}1\\1\\1\end{pmatrix},f_2=\begin{pmatrix}1\\1\\0\end{pmatrix},f_3=\begin{pmatrix}1\\0\\0\end{pmatrix}\right\}$$

$$\therefore[T(v)]_\beta=\begin{bmatrix}3a\\-2a-4b\\-a+6b+c\end{bmatrix}$$

故 $[T(v)]_\beta=[T]_\beta[v]_\beta$

5-1

1. (a) $\lambda_1=5$，$c_1\begin{bmatrix}2\\1\end{bmatrix}$；$\lambda_2=-2$，$c_2\begin{bmatrix}1\\-3\end{bmatrix}$

   (b) $\lambda_1=10$，$c_1\begin{bmatrix}2\\1\end{bmatrix}$；$\lambda_2=-10$，$c_2\begin{bmatrix}-1\\2\end{bmatrix}$

2. (a) $\lambda_1=-1$，$c_1\begin{bmatrix}0\\1\\1\end{bmatrix}$；$\lambda_2=2$，$c_2\begin{bmatrix}1\\3\\1\end{bmatrix}$；$\lambda_3=1$，$c_3\begin{bmatrix}3\\2\\1\end{bmatrix}$

   (b) $\lambda_1=-1$，$c\begin{bmatrix}0\\1\\-1\end{bmatrix}$；$\lambda_2=\lambda_3=1$；$s\begin{bmatrix}1\\0\\0\end{bmatrix}+t\begin{bmatrix}0\\1\\1\end{bmatrix}$

(c) $\lambda_1=4$，$c\begin{bmatrix}1\\0\\1\end{bmatrix}$；$\lambda_2=\lambda_3=2$；$s\begin{bmatrix}1\\0\\-1\end{bmatrix}+t\begin{bmatrix}0\\1\\0\end{bmatrix}$

(d) $\lambda_1=1$，$c\begin{bmatrix}1\\1\\0\end{bmatrix}$；$\lambda_2=2$；$c\begin{bmatrix}0\\1\\-1\end{bmatrix}$；$\lambda_2=3$，$c\begin{bmatrix}-1\\1\\-1\end{bmatrix}$

3. 5，0（4 重根）

4. $\lambda=5$；對應特徵向量爲 $c_1\begin{bmatrix}1\\1\end{bmatrix}$

$\lambda=-1$；對應特徵向量爲 $c_2\begin{bmatrix}2\\-1\end{bmatrix}$

5. $\lambda=1$：對應特徵向量爲 $c_1\begin{bmatrix}1\\0\\0\end{bmatrix}$

$\lambda=2$：對應特徵向量爲 $c_2\begin{bmatrix}1\\1\\0\end{bmatrix}$

$\lambda=3$：對應特徵向量爲 $c_3\begin{bmatrix}-1\\1\\1\end{bmatrix}$

7. 設 λ 及 u 均滿足 $Av=\lambda v$ 及 $Av=uv$

則 $Av-Av=\lambda v-uv=(\lambda-u)v$

$\Rightarrow(\lambda-u)v=\mathbf{0}$ 因 $v\neq\mathbf{0}$ $\therefore\lambda=u$

8. $Av=\lambda v$ $\therefore cAv=c\lambda v\Rightarrow A(cv)=\lambda(cv)$ $\therefore$ cv 仍爲 A 之特徵向量

9. $Ax=\lambda x$，$x^TAx=x^T\lambda x=\lambda x^Tx$（$x^Tx$ 與 x^TAx 均爲純量）$\therefore\lambda=\dfrac{\lambda^TAx}{x^Tx}$

10. $\because\sum_{i=1}^{n}\lambda_i=\sum_{i=1}^{n}a_{ii}$ $\therefore\sum_{i=1}^{n}(a_{ii}-\lambda_i)=0\Rightarrow(a_{jj}-\lambda_j)+\sum_{i\neq j}^{n}(a_{ii}-\lambda_i)=0$

移項 $\lambda_j = a_{jj} + \sum_{i \neq j}^{n} (a_{ii} - \lambda_i)$

11. 否

13. (a) $x = a_1x_1 + a_2x_2 + \cdots + a_nx_n$

$\therefore A^m x = a_1A^m x_1 + a_2A^m x_2 + \cdots + a_nA^m x_n$

$= a_1\lambda_1^m x_1 + a_2\lambda_2^m x_2 + \cdots + a_n\lambda_n^m x_n = \sum_{i=1}^{n} a_i\lambda_i^m x_i$

(b) $\lambda_1 = 1$ 時 $A^m x = a_1x_1 + a_2\lambda_2^m x_2 + \cdots + a_n\lambda_n^m x_n$

$\because 1 > \lambda_2 > \lambda_3 \cdots > \lambda_n > 0$

$\therefore \lim_{m \to \infty} A^m x = a_1x_1$

15. 設 $X = (x_1, x_2 \cdots x_n)$ 中

$|x_k| = \max(|x_1|, |x_2|, \cdots |x_n|)$

考慮 $AX = \lambda X$ 之第 k 個方程式，

$a_{k1}x_1 + a_{k2}x_2 + \cdots + a_{kn}x_n = \lambda x_k$

$\Rightarrow |\lambda||x_k| = |a_{k1}x_1 + a_{k2}x_2 + \cdots + a_{kn}x_n|$

$\leq |a_{k1}||x_1| + |a_{k2}||x_2| + \cdots + |a_{kn}||x_n|$

$\therefore |\lambda| \leq |a_{k1}|\frac{|x_1|}{|x_k|} + |a_{k2}|\frac{|x_2|}{|x_k|} + \cdots + |a_{kn}|\frac{|x_n|}{|x_k|}$

$\leq |a_{k1}| + |a_{k2}| + \cdots + |a_{kn}| = \sum_{j=1}^{n} |a_{k_j}| < 1$，即 $-1 < \lambda < 1$

16. $\alpha^T = [a_1, a_2, \cdots a_n]$

$$\therefore A = \alpha\alpha^T = \begin{bmatrix} a_1^2 & a_1a_2 & \cdots & a_1a_n \\ a_2a_1 & a_2^2 & \cdots & a_2a_n \\ \cdots & \cdots & \cdots & \cdots \\ a_na_1 & a_na_2 & \cdots & a_n^2 \end{bmatrix}$$

$\therefore A$ 之特徵方程式爲

$\lambda^n - (a_1^2 + a_2^2 + \cdots + a_n^2)\lambda^{n-1} = \lambda^{n-1}[\lambda - (a_1^2 + a_2^2 + \cdots + a_n^2)] = 0$

A 之特徵值 $\lambda = a_1^2 + a_2^2 + \cdots + a_n^2$，0（$n-1$ 個重根）

17. $AY = A(x_1 + x_2 + x_3) = Ax_1 + Ax_2 + Ax_3 = \lambda_1 x_1 + \lambda_2 x_2 + \lambda_3 x_3$

$A^2Y = A^2(x_1 + x_2 + x_3) = A^2x_1 + A^2x_2 + A^2x_3 = \lambda_1^2 x_1 + \lambda_2^2 x_2 + \lambda_3^2 x_3$

令 $k_1 Y + k_2 A Y + k_3 A^2 Y$

$= k_1(x_1 + x_2 + x_3) + k_2(A(x_1 + x_2 + x_3)) + k_3 (A^2(x_1 + x_2 + x_3))$

$= k_1(x_1 + x_2 + x_3) + k_2(\lambda_1 x_1 + \lambda_2 x_2 + \lambda_3 x_3) + k_3({\lambda_1}^2 x_1 + {\lambda_2}^2 x_2 + {\lambda_3}^2 x_3)$

$= (k_1 + \lambda_1 k_2 + \lambda_1^2 k_3)x_1 + (k_1 + \lambda_2 k_2 + \lambda_2^2 k_3)x_2 + (k_1 + \lambda_2 k_2 + \lambda_3^2 k_3)x_3 =$

0，又三個特徵值互異∴ x_1, x_2, x_3 爲 LIN，得：

$$\begin{bmatrix} 1 & \lambda_1 & \lambda_1^2 \\ 1 & \lambda_2 & \lambda_2^2 \\ 1 & \lambda_3 & \lambda_3^2 \end{bmatrix}\begin{bmatrix} k_1 \\ k_2 \\ k_3 \end{bmatrix} = \begin{bmatrix} 0 \\ 0 \\ 0 \end{bmatrix} \Rightarrow k_1 = k_2 = k_3 = 0$$

即 Y, AY, A^2Y 爲 LIN

18. $|\lambda I - B| = \begin{vmatrix} \lambda I & -A \\ -A & \lambda I \end{vmatrix} = \begin{vmatrix} \lambda I - A & -A \\ \lambda I - A & \lambda I \end{vmatrix}$

$= \begin{vmatrix} \lambda I - A & -A \\ \mathbf{0} & \lambda I + A \end{vmatrix} = |\lambda I - A||\lambda I + A|$

∵ A 之特徵值爲 $\lambda_1, \lambda_2 \cdots \lambda_n$ ∴ B 之特徵值爲 $\pm\lambda_1, \pm\lambda_2 \cdots \pm\lambda_n$

19. 設 $Ax = \lambda x$，$Ay = \mu y$，$\lambda \neq \mu$

由反證法：設 $\alpha x + \beta y$ 爲 A 之一特徵向量

$A(\alpha x + \beta y) = w(\alpha x + \beta y)$

∵ $Ax = \lambda x \Rightarrow \alpha Ax = \alpha\lambda x$

$Ay = \mu y \Rightarrow \beta Ay = \beta\mu y$

$\Rightarrow A(\alpha x + \beta y) = \lambda(\alpha x + \beta y) + (\mu - \lambda)\beta y$

但 $(\mu - \lambda)\beta y \neq \mathbf{0}$ ∴ $\alpha x + \beta y$ 不可能爲 A 之特徵向量

20. $T((1, 0))^T = (0, 1)^T$，$T((0, 1))^T = (-1, 0)^T$

$\therefore [T]e=\begin{bmatrix}0 & -1\\ 1 & 0\end{bmatrix}$

$\begin{bmatrix}0 & -1\\ 1 & 0\end{bmatrix}$之特徵方程式$\lambda^2+1=0$ ∴ T在實數集R中無特徵值。

21. $W=\{(a, 0, c)^T \mid a, c\in R\}$ 爲 R^3 之子空間。

$$T=\left(\begin{bmatrix}a\\0\\c\end{bmatrix}\right)=\begin{bmatrix}1&0&0\\0&0&0\\0&1&1\end{bmatrix}\begin{bmatrix}a\\0\\c\end{bmatrix}=\begin{bmatrix}a\\0\\c\end{bmatrix}=v\in W$$

∴ W 在 R^3 下有 T- 不變

22. $Ax=\mathbf{0}$ 有異於 0 之解的充要條件爲 $|A|=0$，即 A 至少有一特徵值爲 0

5-2

1. $\begin{bmatrix}-1 & -1\\ -1 & 0\end{bmatrix}$ 2. $-3I_2$ 3. $\begin{bmatrix}1 & -1\\ -1 & 2\end{bmatrix}$

4. $\begin{bmatrix}-1 & -2\\ 4 & 4\end{bmatrix}$ 5. $\mathbf{0}$ 6. $\begin{bmatrix}0&1&1\\1&0&1\\1&1&0\end{bmatrix}$

7. (a) 提示：應用教學歸納法。(b) $\theta=\frac{2}{5}\pi$

8. (a) 由 Cayley-Hamilton 定理

$$f(A)=a_0I+a_1A+a_2A^2+\cdots+a_nA^n=\mathbf{0}$$

$$\therefore a_0I=\mathbf{0}-[a_1A+a_2A^2+\cdots+a_nA^n]$$

$$I=A\left(-\frac{1}{a_0}(a_1I+a_2A+\cdots+a_nA^{n-1})\right)$$

∴ A 爲可逆

9. $m(\lambda)=(\lambda-2)^2(\lambda-7)$

10. $m(\lambda)=(\lambda-3)^2$　　11. $m(\lambda)=\lambda-a$

12. A 之 $\Delta(t)=(\lambda-1)^2(\lambda-2)$，$B$ 之 $\Delta(\lambda)=(\lambda-1)(\lambda-2)^2$

A，B 之 $m(\lambda)$ 均為 $(\lambda-1)(\lambda-2)$

5-3

1. 否　2. 否　3. 是

4. $A\sim B$，$B=S^{-1}AS$

$\therefore \mathrm{tr}(B)=\mathrm{tr}(S^{-1}AS)=\mathrm{tr}(SS^{-1}A)=\mathrm{tr}(A)$

5. 是

6. (1) $A\sim B$

$\therefore B=S^{-1}AS\Rightarrow B^{-1}=(S^{-1}AS)^{-1}=S^{-1}A^{-1}S$　即 $A^{-1}\sim B^{-1}$

(2) $\because A\sim B$，$|A|=|B|$，A 為可逆 $\Rightarrow B$ 為可逆

$\therefore \mathrm{adj}\,(B)=|B|B^{-1}=|A|B^{-1}$

由 (1) $B^{-1}=S^{-1}A^{-1}S$

$\therefore |B|B^{-1}=|A|B^{-1}=S^{-1}|A|A^{-1}S\Rightarrow \mathrm{adj}\,(B)=S^{-1}\,\mathrm{adj}(A)S$

即 $\mathrm{adj}\,(A)\sim \mathrm{adj}\,(B)$

7. $A\sim B$

$\therefore$ (a) $B=S^{-1}AS\Rightarrow B^2=(S^{-1}AS)(S^{-1}AS)=S^{-1}A(SS^{-1})AS$

$=S^{-1}A^2S$，即 $A^2\sim B^2$

(b) $B=S^{-1}AS,\ B-\lambda I=S^{-1}AS-\lambda S^{-1}S=S^{-1}(A-\lambda I)S$

$\therefore A-\lambda I\sim B-\lambda I$

8. (1) $\because A\sim B$　$\therefore$存在一個非奇異陣 S 使得

$B=S^{-1}AS\Rightarrow|\lambda I-A|=|\lambda I-SBS^{-1}|=|S^{-1}(\lambda I)S^{-1}-SBS^{-1}|$

$=|S^{-1}(\lambda I-B)S|=|\lambda I-B|$

$\therefore \lambda$ 亦爲 B 之一個特徵值。

(2) $Av=\lambda v$ $\therefore SBS^{-1}v=\lambda v \Rightarrow BS^{-1}v=\lambda S^{-1}v=B(S^{-1}v)=\lambda(S^{-1}v)$

$\therefore B$ 之特徵值 λ 對應之特徵向量 $S^{-1}v$

9. $x=0, y=1$ 10. 4

5-4

1. 不可對角化。

2. $S=\begin{bmatrix}1 & 2 & 1\\ 1 & -1 & 0\\ 1 & 0 & -1\end{bmatrix}$，$\wedge=\begin{bmatrix}1 & 0 & 0\\ 0 & 1 & 0\\ 0 & 0 & 5\end{bmatrix}$ 3. $S=\begin{bmatrix}2 & 1\\ -1 & 1\end{bmatrix}$，$\wedge=\begin{bmatrix}1 & 0\\ 0 & 4\end{bmatrix}$

4. $S=\begin{bmatrix}0 & 1 & 0\\ 1 & -1 & 0\\ -1 & 0 & 1\end{bmatrix}$，$\wedge=\begin{bmatrix}0 & 0 & 0\\ 0 & 1 & 0\\ 0 & 0 & 1\end{bmatrix}$ 5. $\begin{bmatrix}\frac{1}{\sqrt{2}} & \frac{1}{\sqrt{3}} & \frac{1}{\sqrt{6}}\\ 0 & \frac{1}{\sqrt{3}} & \frac{-2}{\sqrt{6}}\\ \frac{-1}{\sqrt{2}} & \frac{1}{\sqrt{3}} & \frac{1}{\sqrt{6}}\end{bmatrix}$

6. A 之各列爲 LIN $\therefore A^{-1}$ 存在又 A 可對角化

$$\Rightarrow S^{-1}AS=\wedge \Rightarrow S^{-1}A^{-1}\cdot S=\wedge^{-1}=\begin{bmatrix}\frac{1}{\lambda_1} & & & 0\\ & \frac{1}{\lambda_2} & & \\ & & \ddots & \\ 0 & & & \frac{1}{\lambda_n}\end{bmatrix}$$

$\therefore A^{-1}$ 亦可對角化

7. A 爲冪等陣且 $\text{rank}(A)=r$ 則 A 之特徵值爲 1（r 個重根），0（n

$-r$ 個重根），由定理 B：

① $\lambda=0$ 時 $\text{rank}(A-0I)=\text{rank}(A)=r$；$n-c_i=n-(n-r)=r$

② $\lambda=1$ 時，$\because$ $\text{rank}(A)+\text{rank}(A-I)=n$（4.3 節例 13）

$\therefore$ $\text{rank}(A-I)=n-r=n-r$；$n-c_i=n-r$

由①,②，A 可對角化。

8. $\wedge=S^{-1}AS$

$\therefore$ $\text{tr}(\wedge)=\text{tr}(S^{-1}AS)=\text{tr}(S\cdot S^{-1}A)=\text{tr}(A)$

但 $\wedge=\text{diag}[\lambda_1,\lambda_2\cdots\lambda_n]$ $\therefore$ $\text{tr}(A)=\text{tr}(\wedge)=\sum_{i=1}^{n}\lambda_i$

9. A，B，E 可被對角化

10. $\begin{bmatrix}\dfrac{2^{101}+3^{101}}{5} & \dfrac{2\cdot 3^{100}-2^{101}}{5}\\ \dfrac{3^{101}-3\cdot 2^{100}}{5} & \dfrac{3\cdot 2^{100}+2\cdot 3^{100}}{5}\end{bmatrix}$

11. $\dfrac{1}{5}\begin{bmatrix}e^{-1}+4e^4 & -2e^{-1}+2e^4\\ -2e^{-1}+2e^4 & 4e^{-1}+e^4\end{bmatrix}$

12. $e^A=\sum_{k=0}^{\infty}\dfrac{(S\wedge S^{-1})^k}{k!}=\sum_{k=0}^{\infty}\dfrac{S\wedge^k S^{-1}}{k!}=S\left(\sum_{k=0}^{\infty}\dfrac{\wedge^k}{k!}\right)S^{-1}$

$\therefore$ $\det(e^A)=\det(S)\det\left(\sum_{k=0}^{\infty}\dfrac{\wedge^k}{k!}\right)\det(S^{-1})=\det\left(\sum_{k=0}^{\infty}\dfrac{\wedge^k}{k!}\right)$

$=\det(\text{diag}[e^{\lambda_1},e^{\lambda_2}\cdots e^{\lambda_n}])=e^{(\lambda_1+\lambda_2+\cdots+\lambda_n)}\neq 0$ $\therefore$ e^A 爲非奇異陣。

13. 利用 $A\sim B$ 則 (1)$\text{tr}(A)=\text{tr}(B)$ 與 $|A|=|b|$，求出 a，b：

$\text{tr}(A)=\text{tr}(B)\Rightarrow 5+\text{a}=4+b$，即 $b-a=1$ ①

$|A|=|B|\Rightarrow\begin{vmatrix}4 & -2\\ -3 & a\end{vmatrix}+\begin{vmatrix}2 & -2\\ -3 & a\end{vmatrix}+\begin{vmatrix}2 & 4\\ -3 & -3\end{vmatrix}=4b$ ②

即 $6a-4b=6$

由①，②，$a=5$，$b=6$

5-5

1. A 之特徵值爲 1（重根）

$$\lambda I - A = \begin{bmatrix} \lambda-1 & -1 \\ 0 & \lambda-1 \end{bmatrix} \sim \begin{bmatrix} 1 & 0 \\ 0 & (\lambda-1)^2 \end{bmatrix}$$

不變因子 $(\lambda-1)^2 \longrightarrow 2$ 階 Jordan 塊

$\therefore A$ 之 Jordan 形式爲 $\begin{bmatrix} 1 & 1 \\ 0 & 1 \end{bmatrix}$

2. A 之特徵值爲 1、2

$$\lambda I - A = \begin{bmatrix} \lambda & 2 \\ -1 & \lambda-3 \end{bmatrix} \sim \begin{bmatrix} 1 & 0 \\ 0 & (\lambda-1)(\lambda-2) \end{bmatrix}$$

$\therefore A$ 之 Jordan 形式爲 $\begin{bmatrix} 1 & 0 \\ 0 & 2 \end{bmatrix}$

3. A 之特徵值爲 2（三重根）

$$\lambda I - A = \begin{bmatrix} \lambda & -1 & 0 \\ 4 & \lambda-4 & 0 \\ 2 & -1 & \lambda-2 \end{bmatrix} \sim \begin{bmatrix} -1 & 0 & 0 \\ 0 & (\lambda-2) & 0 \\ 0 & 0 & (\lambda-2)^2 \end{bmatrix}$$

A 之不變因子爲 $\begin{cases} (\lambda-2)：1 \text{ 階 Jordan 塊} \\ (\lambda-2)^2：2 \text{ 階 Jordan 塊} \end{cases}$

$\therefore A$ 之 Jordan 形式爲 $\begin{bmatrix} 2 & 0 & 0 \\ 0 & 2 & 1 \\ 0 & 0 & 2 \end{bmatrix}$

4. A 之特徵值爲 $\lambda=0$（重根），2

$$\lambda I - A = \begin{bmatrix} \lambda-1 & 1 & -2 \\ -3 & \lambda+3 & -6 \\ -2 & 2 & \lambda-4 \end{bmatrix} \sim \begin{bmatrix} 1 & 0 & 0 \\ 0 & \lambda & 0 \\ 0 & 0 & -\frac{1}{2}\lambda(\lambda-2) \end{bmatrix}$$

A 之不變因子有

$\begin{cases}\lambda：1\text{ 階 Jordan 塊}(\lambda=0)\\ \lambda(\lambda-2)：1\text{ 階 Jordan 塊}(\lambda=0)\text{ 及 }1\text{ 階 Jordan 塊}(\lambda=2)\end{cases}$

∴ A 之 Jordan 形式為 $\begin{bmatrix}0&0&0\\0&0&0\\0&0&2\end{bmatrix}$

5. A 之 Jordan 形式為 $\begin{bmatrix}0&0\\0&2\end{bmatrix}$

6-1

1. (a) $\begin{bmatrix}1&\frac{1}{2}\\\frac{1}{2}&1\end{bmatrix}$ (b) $\begin{bmatrix}1&0&\frac{1}{2}\\0&0&0\\\frac{1}{2}&0&1\end{bmatrix}$ (c) $\begin{bmatrix}0&\frac{1}{2}&0\\\frac{1}{2}&0&\frac{1}{2}\\0&\frac{1}{2}&0\end{bmatrix}$

2. (a) 正定 (b) 半正定

3. 設 $\lambda_1,\lambda_2\cdots\lambda_n$ 為 A 之特徵值，A 為正定

   $\therefore\lambda_1,\lambda_2\cdots\lambda_n>0\Rightarrow|A+I|=(1+\lambda_1)(1+\lambda_2)\cdots(1+\lambda_n)>1$（定理 5.1D）

4. $\sum_{j=1}^{n}\sum_{i=1}^{n}a_{ij}^2=\text{tr}(A^TA)=\text{tr}(A^2)=\sum_{k=1}^{n}\lambda_i^2$

5. A 為正定 ∴可找到一個非奇異陣 M 使得 $A=M^TM$

   $\therefore B=C^TAC=C^T(M^TM)C=(MC)^TMC$，即 B 為正定

6. $C=\begin{bmatrix}0&1\\0&0\end{bmatrix}$，$C^T=\begin{bmatrix}0&0\\1&0\end{bmatrix}$，$C^TC$ 顯然非正定

7. A 為對稱陣且 A 之特徵方程式 $\lambda^3-5\lambda^2+7\lambda-3=(\lambda-1)^2(\lambda-3)$

   $=0$ ∴ $\lambda=1,1,3$ 由定理 A(1) 知 A 為正定。

8. A 正定　∴存在一個非奇異陣 M 使得 $A=M^TM$

∴$B=QAQ^T=QM^TMQ^T=(MQ^T)^T(MQ^T)$（$Q$ 爲直交陣，故爲非奇異陣）

得 B 爲正定

9. A 之特徵值爲 $1, -1, 2$　∴ $k>1$ 時，$A+kI$ 爲正定。

10. (1) B 爲對稱陣顯然成立。

(2) $X^TBX=X^T(\lambda I+A^TA)X=\lambda X^TX+X^TA^TAX$

$=\lambda(X^TX)+(AX)^TAX>0$

∴ B 爲正定。

6-2

2. 否

3. $P1$：$\langle A, A\rangle>0$

$$\left\langle \begin{bmatrix} a_{11} & a_{12} \\ a_{21} & a_{22} \end{bmatrix}, \begin{bmatrix} a_{11} & a_{12} \\ a_{21} & a_{22} \end{bmatrix} \right\rangle = a_{11}^2+a_{12}^2+a_{21}^2+a_{22}^2>0$$

當 $A=0_{2\times 2}$ 時 $\langle A, A\rangle=0$

$P2$：$\langle A, B\rangle=\langle B, A\rangle$：

$$\langle A, B\rangle = \left\langle \begin{bmatrix} a_{11} & a_{12} \\ a_{21} & a_{22} \end{bmatrix}, \begin{bmatrix} b_{11} & b_{12} \\ b_{21} & b_{22} \end{bmatrix} \right\rangle$$

$$=a_{11}b_{11}+a_{12}b_{12}+a_{21}b_{21}+a_{22}b_{22}$$

$$=b_{11}a_{11}+b_{12}a_{12}+b_{21}a_{21}+b_{22}a_{22}$$

$$=\left\langle \begin{bmatrix} b_{11} & b_{12} \\ b_{21} & b_{22} \end{bmatrix}, \begin{bmatrix} a_{11} & a_{12} \\ a_{21} & a_{22} \end{bmatrix} \right\rangle = \langle B, A\rangle$$

$P3$：$\langle \alpha A+\beta B, C\rangle=\alpha\langle A, C\rangle+\beta\langle B, C\rangle$；

$$\langle \alpha A+\beta B, C\rangle = \langle \begin{bmatrix} \alpha a_{11}+\beta b_{11} & \alpha a_{21}+\beta b_{12} \\ \alpha a_{21}+\beta b_{21} & \alpha a_{22}+\beta b_{22} \end{bmatrix}, \begin{bmatrix} c_{11} & c_{12} \\ c_{21} & c_{22} \end{bmatrix} \rangle$$

$$=(\alpha a_{11}+\beta b_{11})c_{11}+(\alpha a_{12}+\beta b_{12})c_{12}$$

$$+(\alpha a_{21}+\beta b_{21})c_{21}+(\alpha a_{22}+\beta b_{22})c_{22}$$

$$=\alpha(a_{11}c_{11}+a_{12}c_{12}+a_{21}c_{21}+a_{22}c_{22})+\beta(b_{11}c_{11}$$

$$+b_{12}c_{12}+b_{21}c_{21}+b_{22}c_{22})$$

$$=\alpha\langle A, C\rangle+\beta\langle B, C\rangle$$

4. $k>9$

5. (a) $\langle u+v, u-v\rangle = \langle u, u\rangle + \langle u, -v\rangle + \langle v, u\rangle + \langle v, -v\rangle$

$$=\|u\|^2-\langle u, v\rangle+\langle u, v\rangle-\|v\|^2=0$$

$\therefore \|u\|^2=\|v\|^2$ 從而 $\|u\|=\|v\|$

(b) $\|u+v\|^2+\|u-v\|^2$

$$=\langle u+v, u+v\rangle+\langle u-v, u-v\rangle$$

$$=\langle u, u\rangle+\langle u, v\rangle+\langle v, u\rangle+\langle v, v\rangle+\langle u, u\rangle+\langle u, -v\rangle$$

$$+\langle -v, u\rangle+\langle -v, -v\rangle$$

$$=\|u\|^2+\langle u, v\rangle+\langle u, v\rangle+\|v\|^2+\|u\|^2-\langle u, v\rangle-\langle u, v\rangle+\|v\|^2$$

$$=2(\|u\|^2+\|v\|^2)$$

6. (a) $\langle u, v+w\rangle=\langle v+w, u\rangle=\langle v, u\rangle+\langle w, u\rangle=\langle u, v\rangle+\langle u, w\rangle$

(b) $\langle u, v\rangle=\langle u, w\rangle$, $\forall u\in V$ $\therefore$ $\langle u, v\rangle-\langle u, w\rangle=0$, $\forall u\in V$

$\langle u, v-w\rangle=0$

7. $\|x\|_1=3$

$\|x\|_2=\sqrt{3}$

$\|x-y\|_2=\sqrt{6}$

$\|x\|_\infty=1$

$\|x-y\|_\infty=2$

8. (a) (b) (c)

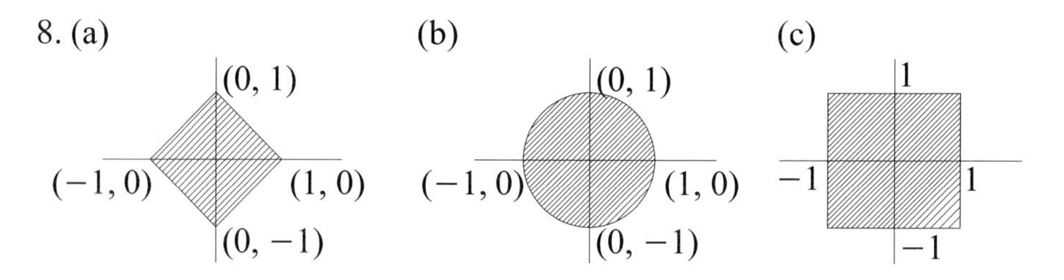

9. (a) $\langle Ax, y \rangle = (Ax)^T y = x^T A^T y = \langle x, A^T y \rangle$

(b) $\langle A^T Ax, x \rangle = (A^T Ax)^T x = x^T A^T Ax = (Ax)^T Ax = \| Ax \|^2$

11. 否

12. 取 $x = [a, b]$，$y = [c, d]$，則 $\|x\|^2 = a^2 + b^2 = 121$，$\|y\|^2 = c^2 + d^2 = 529$。$\|x - y\|^2 = (a - c)^2 + (b - d)^2 = 400$

解之 $2(ac + bd) = 250$ $\therefore \|x + y\|^2 = (a + c)^2 + (b + d)^2 = (a^2 + b^2 + c^2 + d^2) + 2(ac + bd) = 900 \Rightarrow \|x + y\| = 30$

6-3

1. (1) $u = [x_1, x_2, x_3, x_4]^T$

$u \cdot x_1 = x_1 - x_3 + x_4 = 0$

$u \cdot x_2 = 2x_1 + x_2 - x_3 + x_4 = 0$

$$\left[\begin{array}{cccc|c} 1 & 0 & -1 & 1 & 0 \\ 2 & 1 & -1 & 1 & 0 \end{array}\right] \to \left[\begin{array}{cccc|c} 1 & 0 & -1 & 1 & 0 \\ 0 & 1 & 1 & -1 & 0 \end{array}\right]$$

取 $X_4 = t$，$X_3 = s$，則 $X_2 = -s + t$，$X_1 = s - t$

$$\therefore x = \begin{bmatrix} s - t \\ -s + t \\ s \\ t \end{bmatrix} = s \begin{bmatrix} 1 \\ -1 \\ 1 \\ 0 \end{bmatrix} + t \begin{bmatrix} -1 \\ 1 \\ 0 \\ 1 \end{bmatrix}$$

$\therefore S^{\perp} = \{[1, -1, 1, 0]^T, [-1, 1, 0, 1]^T\}$

(2)(a)$u=[x,y,z]^T$，$x+2y+3z=0$ 之解爲

$$\begin{pmatrix}x\\y\\z\end{pmatrix}=\begin{pmatrix}-2s-3t\\s\\t\end{pmatrix}=s\begin{pmatrix}-2\\1\\0\end{pmatrix}+t\begin{pmatrix}-3\\0\\1\end{pmatrix}$$

$$\therefore W^{\perp}=\left\{\begin{pmatrix}-2\\1\\0\end{pmatrix},\begin{pmatrix}-3\\0\\1\end{pmatrix}\right\}$$

(b)$u=[x,y,z]^T$ 則$\begin{cases}x+2y+3z=0\\x\qquad\quad+z=0\end{cases}$之解

$$\begin{pmatrix}x\\y\\z\end{pmatrix}=t\begin{pmatrix}-1\\-1\\1\end{pmatrix}\qquad\therefore W^{\perp}=\left\{\begin{pmatrix}-1\\-1\\1\end{pmatrix}\right\}$$

2. $A=\begin{bmatrix}1&0\\0&1\\1&1\end{bmatrix}$，$b=\begin{bmatrix}1\\1\\0\end{bmatrix}$

(a) $$\hat{x}=(A^TA)^{-1}A^Tb=\left(\begin{bmatrix}1&0&1\\0&1&1\end{bmatrix}\begin{bmatrix}1&0\\0&1\\1&1\end{bmatrix}\right)^{-1}\begin{bmatrix}1&0&1\\0&1&1\end{bmatrix}\begin{bmatrix}1\\1\\0\end{bmatrix}$$

$$=\begin{bmatrix}2&1\\1&2\end{bmatrix}^{-1}\begin{bmatrix}1&0&1\\0&1&1\end{bmatrix}\begin{bmatrix}1\\1\\0\end{bmatrix}=\frac{1}{3}\begin{bmatrix}1\\1\end{bmatrix}$$

(b)

$$\varepsilon=\|Ax-b\|^2=\left\|\begin{bmatrix}x\\y\\x+y\end{bmatrix}-\begin{bmatrix}1\\1\\0\end{bmatrix}\right\|^2=(x-1)^2+(y-1)^2+(x+y)^2=4$$

$$\frac{\partial}{\partial x}\varepsilon=2(x-1)+2(x+y)=0$$

$$\frac{\partial}{\partial y}\varepsilon=2(y-1)+2(x+y)=0$$

$\therefore \begin{matrix} 2x+y=1 \\ x+2y=1 \end{matrix}$ 得 $\begin{pmatrix} x \\ y \end{pmatrix}=\begin{pmatrix} \frac{1}{3} \\ \frac{1}{3} \end{pmatrix}$

3. (a) $n=1$ 時顯然成立，$n=k$ 時　令 $P^k=A(A^TA)^{-1}A^T$

$n=k+1$ 時：$P^{k+1}=A(A^TA)^{-1}A^T \cdot A(A^TA)^{-1}A^T=A(A^TA)^{-1}A^T=P$

(b) $P^T=[A(A^TA)^{-1}A^T]^{-1}=A(A^TA)^{-1}A^T=P$，即 P 為對稱陣

(c) $b\in R(A)$　$\therefore$　$AX=b$

$\Rightarrow Pb=A(A^TA)^{-1}A^TAX=AX=b$

(d) $b\in R(A)^{\perp}$　$\therefore$　$AX=\mathbf{0}$

$\Rightarrow Pb=A(A^TA)^{-1}Ab=A(A^TA)^{-1}\mathbf{0}=\mathbf{0}$

4. (a) $\begin{bmatrix} \frac{4}{3} \\ \frac{7}{3} \end{bmatrix}$　(b) $\begin{bmatrix} \frac{4}{3} \\ \frac{7}{3} \\ \frac{11}{3} \end{bmatrix}$　(c) $\begin{bmatrix} -\frac{1}{3} \\ -\frac{1}{3} \\ \frac{1}{3} \end{bmatrix}$　(d) $\begin{bmatrix} 0 \\ 0 \end{bmatrix}$ 即 $r(\hat{x})\in N(A^T)$

5. $D=\Sigma\,(y-ax-b)^2$

由 $\frac{\partial}{\partial a}D=\frac{\partial}{\partial b}D=0$ 解出

$a=\frac{\begin{bmatrix} \Sigma xy & \Sigma x \\ \Sigma y & n \end{bmatrix}}{\Delta}$，$b=\frac{\begin{bmatrix} \Sigma x^2 & \Sigma xy \\ \Sigma x & \Sigma y \end{bmatrix}}{\Delta}$，$\Delta=\begin{bmatrix} \Sigma x^2 & \Sigma x \\ \Sigma x & n \end{bmatrix}$

6-4

1. $\left(\frac{1}{\sqrt{3}},\frac{1}{\sqrt{3}},\frac{1}{\sqrt{3}}\right)^T$ 及 $\frac{1}{\sqrt{6}}(1,-1,1)^T$

2. $\frac{1}{2}(1,1,1,1)^T$，$\frac{1}{2\sqrt{3}}(3,-1,-1,1)^T$ 及 $\frac{1}{\sqrt{6}}(0,1,1,2)^T$

3. $\langle u_2, u_1\rangle = \left\langle v_2 - \frac{\langle v_2, u_1\rangle}{\langle u_1, u_1\rangle} u_1, u_1\right\rangle$

$= \langle v_2, u_1\rangle - \frac{\langle v_2, u_1\rangle}{\langle u_1, u_1\rangle}\langle u_1, u_1\rangle$

$= \langle v_2, u_1\rangle - \langle v_2 - u_1\rangle = 0$

4. $A = \begin{bmatrix} 0 & 0 & 1 \\ 0 & 1 & 1 \\ 1 & 1 & 1 \end{bmatrix}$，$v_1 = \begin{bmatrix} 0 \\ 0 \\ 1 \end{bmatrix}$，$v_2 = \begin{bmatrix} 0 \\ 1 \\ 1 \end{bmatrix}$，$v_3 = \begin{bmatrix} 1 \\ 1 \\ 1 \end{bmatrix}$

1° $u_1 = v_1 = \begin{bmatrix} 0 \\ 0 \\ 1 \end{bmatrix}$，$\|u_1\| = 1$，$Q_1 = \begin{bmatrix} 0 \\ 0 \\ 1 \end{bmatrix}$，$R_1 = \begin{bmatrix} 1 \\ 0 \\ 0 \end{bmatrix}$

2° $u_2 = v_2 - \frac{\langle v_2, u_1\rangle}{\langle u_1, u_1\rangle} u_1 = \begin{bmatrix} 0 \\ 1 \\ 1 \end{bmatrix} - \underbrace{\frac{1}{1}}_{r_{12}}\begin{bmatrix} 0 \\ 0 \\ 1 \end{bmatrix} = \begin{bmatrix} 0 \\ 1 \\ 0 \end{bmatrix}$

$\|u_2\| = 1$

$Q_2 = \frac{u_2}{\|u_2\|} = \begin{bmatrix} 0 \\ 1 \\ 0 \end{bmatrix}$，$R_2 = \begin{bmatrix} \|u_1\| r_{12} \\ \|u_2\| \\ 0 \end{bmatrix} = \begin{bmatrix} 1 \\ 1 \\ 0 \end{bmatrix}$

3° $u_3 = v_3 - \frac{\langle v_3, u_1\rangle}{\langle u_1, u_1\rangle} u_1 - \frac{\langle v_3, u_2\rangle}{\langle u_2, u_2\rangle} u_2$

$= \begin{bmatrix} 1 \\ 1 \\ 1 \end{bmatrix} - \underbrace{\frac{1}{1}}_{r_{13}}\begin{bmatrix} 0 \\ 0 \\ 1 \end{bmatrix} - \underbrace{\frac{1}{1}}_{r_{23}}\begin{bmatrix} 0 \\ 1 \\ 0 \end{bmatrix} = \begin{bmatrix} 1 \\ 0 \\ 0 \end{bmatrix}$

$\therefore Q_3 = \frac{u_3}{\|u_3\|} = \begin{bmatrix} 1 \\ 0 \\ 0 \end{bmatrix}$，$R_3 = \begin{bmatrix} \|u_1\| r_{13} \\ \|u_2\| r_{23} \\ \|u_3\| \end{bmatrix} = \begin{bmatrix} 1 \\ 1 \\ 1 \end{bmatrix}$

$$\therefore A=\begin{bmatrix}0&0&1\\0&1&0\\1&0&0\end{bmatrix}\begin{bmatrix}1&1&1\\0&1&1\\0&0&1\end{bmatrix}$$

5. $A=\begin{bmatrix}\cos\theta&\sin\theta\\\sin\theta&0\end{bmatrix}$，$v_1=\begin{bmatrix}\cos\theta\\\sin\theta\end{bmatrix}$，$v_2=\begin{bmatrix}\sin\theta\\0\end{bmatrix}$

1° $u_1=v_1=\begin{bmatrix}\cos\theta\\\sin\theta\end{bmatrix}$，$\|u_1\|=1$ $\quad\therefore Q_1=\begin{bmatrix}\cos\theta\\\sin\theta\end{bmatrix}$，$R_1=\begin{bmatrix}1\\0\end{bmatrix}$

$$u_2=v_2-\frac{\langle v_2,u_1\rangle}{\langle u_1,u_1\rangle}u_1=\begin{bmatrix}\sin\theta\\0\end{bmatrix}-\underbrace{\frac{\sin\theta\cos\theta}{1}}_{r_{12}}\begin{bmatrix}\cos\theta\\\sin\theta\end{bmatrix}$$

$$=\begin{bmatrix}\sin\theta-\sin\theta\cos^2\theta\\-\cos\theta\sin^2\theta\end{bmatrix}=\begin{bmatrix}\sin^3\theta\\-\cos\theta\sin^2\theta\end{bmatrix}$$

$$\|u_2\|=\sqrt{\sin^6\theta+\cos^2\theta\sin^4\theta}=\sin^2\theta$$

$$\therefore Q_2=\frac{u_2}{\|u_2\|}=\frac{1}{\sin^2\theta}\begin{bmatrix}\sin^3\theta\\-\cos\theta\sin^2\theta\end{bmatrix}=\begin{bmatrix}\sin\theta\\-\cos\theta\end{bmatrix}$$

$$R_2=\begin{bmatrix}\|u_1\|r_{12}\\\|u_2\|\end{bmatrix}=\begin{bmatrix}\sin\theta\cos\theta\\\sin^2\theta\end{bmatrix}$$

即 $\quad A=\begin{bmatrix}\cos\theta&\sin\theta\\\sin\theta&-\cos\theta\end{bmatrix}\begin{bmatrix}1&\sin\theta\cos\theta\\0&\sin^2\theta\end{bmatrix}$

6-5

1. (1) 不對（應改為：A 與 A^T 有相同非零奇異值）

(2) 對：（A 為對稱陣，λ 為 A 之一特徵值，則 λ^2 為 A^2 之一特徵值，$\Rightarrow A^2x=\lambda x\Rightarrow A^TAx=\lambda x$ $\quad\therefore\sqrt{\lambda^2}=|\lambda|$ 為 A 之奇異值）

(3) 不對（A 之 SVD 不為惟一）

2. $V=\begin{bmatrix}\frac{1}{\sqrt{2}} & \frac{-1}{\sqrt{2}}\\ \frac{1}{\sqrt{2}} & \frac{1}{\sqrt{2}}\end{bmatrix}$；$U=\begin{bmatrix}\frac{1}{\sqrt{5}} & \frac{-2}{\sqrt{5}}\\ \frac{2}{\sqrt{5}} & \frac{1}{\sqrt{5}}\end{bmatrix}$；$\Sigma=\begin{bmatrix}\sqrt{10} & 0\\ 0 & 0\end{bmatrix}$

3. $V=\begin{bmatrix}\frac{1}{\sqrt{2}} & \frac{1}{\sqrt{2}}\\ \frac{1}{\sqrt{2}} & \frac{-1}{\sqrt{2}}\end{bmatrix}$；$U=\begin{bmatrix}\frac{1}{\sqrt{2}} & \frac{1}{\sqrt{2}} & 0\\ \frac{1}{\sqrt{2}} & \frac{-1}{\sqrt{2}} & 0\\ 0 & 0 & 1\end{bmatrix}$；$\Sigma$：$\begin{bmatrix}2 & 0\\ 0 & 0\\ 0 & 0\end{bmatrix}$

$$\begin{bmatrix}1 & 1\\ 1 & 1\\ 0 & 0\end{bmatrix}=\begin{bmatrix}\frac{1}{\sqrt{2}} & \frac{1}{\sqrt{2}} & 0\\ \frac{1}{\sqrt{2}} & \frac{-1}{\sqrt{2}} & 0\\ 0 & 0 & 1\end{bmatrix}\begin{bmatrix}2 & 0\\ 0 & 0\\ 0 & 0\end{bmatrix}\begin{bmatrix}\frac{1}{\sqrt{2}} & \frac{1}{\sqrt{2}}\\ \frac{1}{\sqrt{2}} & -\frac{1}{\sqrt{2}}\end{bmatrix}$$

4. $V=\begin{bmatrix}\frac{1}{\sqrt{3}} & \frac{-1}{\sqrt{2}} & \frac{1}{\sqrt{6}}\\ -\frac{1}{\sqrt{3}} & 0 & \frac{2}{\sqrt{6}}\\ \frac{1}{\sqrt{3}} & \frac{1}{\sqrt{2}} & \frac{1}{\sqrt{6}}\end{bmatrix}$；$U=\begin{bmatrix}0 & 1\\ 1 & 0\end{bmatrix}$；$\Sigma=\begin{bmatrix}\sqrt{3} & 0\\ 0 & \sqrt{2}\\ 0 & 0\end{bmatrix}$

5. $$A=U\Sigma V^T=[u_1 : u_2 : \cdots u_r : \cdots u_n]\begin{bmatrix}\sigma_1 & & & & & \\ & \sigma_2 & & & & \\ & & \ddots & & & \\ & & & \sigma_r & & \\ & & & & 0 & \\ & & & & & \ddots \\ & & & & & & 0\end{bmatrix}\begin{bmatrix}v_1^T\\ v_2^T\\ \vdots\\ v_n^T\end{bmatrix}$$

$$=u_1\sigma_1v_1^T+u_2\sigma_2v_2^T+\cdots+u_r\sigma_rv_r^T+u_{r+1}0v_{r+1}^T+\cdots u_n0v_n^T$$

$$=\sigma_1u_1v_1^T+\sigma_2u_2v_2^T+\cdots+\sigma_ru_rv_r^T$$

∵ $\sigma_1u_1v_1^T$，$\sigma_2u_2v_2^T \cdots \sigma_ru_rv_r^T$ 均爲純量

∴ A 之秩爲 r 時可藉 SVD 將 A 表成 r 個秩爲 1 之矩陣之和。

國家圖書館出版品預行編目資料

基礎線性代數 = A short course in linear algebra／黃學亮編著. --五版. --臺北市：五南圖書出版股份有限公司, 2023.03
面； 公分
ISBN 978-626-343-837-8(平裝)

1.CST: 線性代數

313.3 112001768

5B89

基礎線性代數

A Short Course in Linear Algebra

作　　者 — 黃學亮(305.2)
發 行 人 — 楊榮川
總 經 理 — 楊士清
總 編 輯 — 楊秀麗
副總編輯 — 王正華
責任編輯 — 金明芬、張維文
封面設計 — 陳亭瑋
出 版 者 — 五南圖書出版股份有限公司
地　　址：106台北市大安區和平東路二段339號4樓
電　　話：(02)2705-5066　傳　　真：(02)2706-6100
網　　址：https://www.wunan.com.tw
電子郵件：wunan@wunan.com.tw
劃撥帳號：01068953
戶　　名：五南圖書出版股份有限公司

法律顧問　林勝安律師

出版日期　2003年 6 月初版一刷
　　　　　2007年 1 月二版一刷
　　　　　2013年 7 月三版一刷
　　　　　2018年 3 月四版一刷
　　　　　2023年 3 月五版一刷

定　　價　新臺幣550元